Die

Art der Wasserversorgung

der

Städte des Deutschen Reiches.

Die

Art der Wasserversorgung

der

Städte des Deutschen Reiches

mit mehr als 5000 Einwohnern.

Statistische Erhebungen,

angeregt durch die

Hygiene-Ausstellung 1883 in Berlin,

im Auftrag des

Deutschen Vereins von Gas- und Wasserfachmännern

vom 1. Februar bis 20. Mai 1883

gesammelt und zusammengestellt von

E. Grahn.

München und **Leipzig.**

Druck und Verlag von R. Oldenbourg.

1883.

Inhaltsverzeichniss.

(Die Zahlen in Klammern bezeichnen die fortlaufenden Nummern im Text.)

I. Königreich Preussen.

A. Provinz Ostpreussen.

B. Provinz Westpreussen.

C. Provinz Brandenburg.

IV. Königreich Württemberg.

V. Grossherzogthum Baden.

Vorwort.

(Vortrag, gehalten am 13. Juni 1883 in der Versammlung des deutschen Vereins von Gas- und Wasserfachmännern in Berlin.)

Für die Wahl unseres diesjährigen Versammlungsortes war die hier jetzt stattfindende Hygieneausstellung entscheidend; denn die Fächer, deren Förderung unsere Vereinsbestrebungen gewidmet sind, nehmen eine ganz hervorragende Stelle auf dem Gebiete der öffentlichen Gesundheitspflege ein.

Bedurfte es noch eines Beweises dafür, so hat ihn der vor 4 Wochen hier tagende Congress der deutschen Gesellschaft für öffentliche Gesundheitspflege geliefert, der sich am ersten Tage seines Zusammenseins mit der hygienischen Beurtheilung der Beschaffenheit von Trink- und Nutzwasser, am zweiten Tage mit der Städtereinigung und der Verwendung der städtischen Unreinigkeiten und am dritten Tage mit der künstlichen Beleuchtung beschäftigte, also mit den drei Factoren, denen unsere Thätigkeit ausschliesslich gewidmet ist.

Ich konnte es daher schon auf unserer vorigjährigen Versammlung in Hannover als eine sich von selbst verstehende Aufgabe unseres Vereines bezeichnen, durch irgendwelche Vereinsarbeit den Antheil zum Ausdrucke zu bringen, den unser Verein an den grossen Bestrebungen nimmt, wie sie die diesjährige Ausstellung in so überraschend vollendeter Weise documentirt hat.

Wir konnten natürlich nicht daran denken, auf der Ausstellung durch die Vorführung specieller Objecte aus dem Gebiete der von uns vertretenen Fächer zu wirken, da diese Betheiligung ja dem Einzelnen, den Städten sowohl als den grösseren Corporationen, Gesellschaften und Privaten überlassen bleiben musste.

Wir mussten vielmehr suchen, die Ausdehnung, die unser Verein über ganz Deutschland besitzt und das Vertrauen, das wir uns durch unsere bisherige Wirksamkeit auch in weiteren Kreisen zu erwerben gewusst haben, zur Herstellung von Arbeiten zu benutzen, die sich mehr auf dem Gebiete der Statistik und des Sammelfleisses bewegen, und diese der Oeffentlichkeit zu übergeben.

Das Fach der städtischen Wasserversorgungen bot uns hierfür die beste Gelegenheit.

Schon im Jahre 1865, als ich zum ersten Male die Frage der Hineinziehung dieses Faches in unsere Vereinsbestrebungen anregte, hob ich hervor, dass neben anderen Zwecken gerade die freie Vereinsthätigkeit in der Lage sei, die für dieses Fach so wichtige Aufgabe des Sammelns und Zugänglichmachens der Betriebszahlen etc. in die Hand zu nehmen.

Und nachdem der frühere Verein von Gasfachmännern sich 1869 zu einem Vereine von Gas- und Wasserfachmännern umgebildet, hat der Vorstand dieser Richtung seine Aufmerksamkeit fortlaufend zugewendet. 1870, 1872, 1874 und 1876 wurde es wiederholt versucht, nach dieser Richtung Materialien zusammen zu stellen und da mir die Aufgabe des Sammelns und des Verarbeitens stets zugefallen ist, so bin ich Zeuge davon gewesen, wie die Unverdrossenheit unseres steten Wiederanregens nicht nur für uns den Kreis der Antwortenden immer mehr erweiterte, sondern uns auch ermuthigte, in immer weiter detailirte Fragestellungen einzutreten.

Auf Grund solcher Vereinserhebungen entstand auch die 1878 von mir im Auftrage des Vereins veröffentlichte Statistik der städtischen Wasserversorgungen, deren beabsichtigte Fortsetzung mir bislang durch dienstliche Verhältnisse und aus Gesundheitsrücksichten unmöglich gewesen ist. Diese frühere Arbeit beschränkte sich hauptsächlich auf die einheitlichen Versorgungen und zog Oesterreich und die Schweiz mit in ihren Rahmen hinein. Ausser auf die allgemeinen Fragen war dabei auch auf ein weiteres Eingehen in die technischen Details der einzelnen Anlagen Rücksicht genommen und die Arbeit hatte dadurch einen speciell technischen Charakter erhalten.

Für eine neue Arbeit war dagegen der Wunsch bestimmend, auch für einen grösseren Kreis Interessirter zu wirken und es entstand damit das Verlangen, in erster Linie ein Bild über die Art der Wasserversorgung sämmtlicher Orte Deutschlands zu liefern, ganz gleichgültig in welchem Stadium dieselbe sich augenblicklich befinden möge, mag die Versorgung aus Regenwassertonnen oder aus dem im Hofe befindlichen Ziehbrunnen mit durch den Boden inficirtem Wasser, mag sie durch Quellwasser erfolgen, das auf meilenlangen Aquäducten zugeführt wird.

Nachdem der Vorsitzende des Vereines durch Rundschreiben vom 12. August v. J. die Ansichten der Mitglieder von Ausschuss und

Vorstand über die Art der Betheiligung des Vereines an der hygienischen Ausstellung, resp. über etwaige in Veranlassung der Ausstellung vorzunehmende Vereinsarbeiten eingeholt hatte, beschloss der Vorstand in seiner am 8. October v. J. in München abgehaltenen Sitzung, für die Wasserversorgungen Deutschlands eine Arbeit in dem oben angedeuteten Sinne anzustreben.

Weil die Vereinsversammlung in Frankfurt a. M. 1881 eine besondere Commission niedergesetzt hatte, welche den Wasserbedarf für die verschiedenen häuslichen und Gewerbszwecke ermitteln sollte, so hielt es der Vorstand für angemessen, sich mit dieser Commission darüber ins Einvernehmen zu setzen, ob und in welcher Weise für beide Aufgaben das Material gemeinschaftlich gesammelt werden könne. Die Verhandlungen hierüber, sowie über die für die nöthigen Erhebungen zu stellenden Fragen etc. und über die gleichzeitig mit zur Versendung bestimmten Anfragen über die Gasversorgung und die Wohlfahrtseinrichtungen in Gaswerken nahmen leider mehrere Monate in Anspruch und so konnte denn erst Ende Januar 1883 die Versendung des Rundschreibens und der Fragebogen für die Wasserstatistik erfolgen.

Wenn ich ursprünglich gedacht hatte, die Erhebungen auf alle Orte im deutschen Reiche mit mehr als 2000 Einwohnern auszudehnen, deren es 2707 nach der Volkszählung von 1881 gibt, so mussten wir, weil ein wenn auch noch unvollkommenes Resultat der Arbeit doch jedenfalls bis zur diesjährigen Versammlung vorzulegen erstrebt werden sollte, uns bei der Kürze der Zeit auf die Orte von mehr als 5000 Einwohner beschränken, deren Zahl 773 beträgt. Im weiteren Verlaufe der Arbeit musste auch diese Zahl noch weiter reducirt und die Orte, welche keine Stadtgemeinden sind, vorläufig gestrichen werden, weil die Antworten nur etwa von der Hälfte derselben trotz angestrengtesten Bemühens zu erlangen waren. Ein grosser Werth der Arbeit musste aber auf die Vollständigkeit bis zu einer bestimmt normirten, geographischen Grenze gelegt werden. Diese wurde denn endlich in den Städten des deutschen Reiches von mehr als 5000 Einwohnern nach der Zählung von 1881 gefunden, deren Zahl 621 beträgt.

Es war nun mein Bestreben, die möglichste Vollzähligkeit wenigstens insoweit zu erreichen, dass ich über den Zustand jeder Stadt betreffs ihrer Versorgung etwas und wenn auch noch so wenig erführe; denn davon musste ich bei der Kürze der Zeit von vornherein Abstand nehmen, die einzelnen Orte in gleicher Weise behandeln zu können.

Wenngleich die Ungleichartigkeit des mir eingesandten Materials den Werth der Arbeit und meine Befriedigung an derselben wesentlich beeinträchtigen musste, so wurde meine Hoffnung, trotzdem etwas Nützliches zu leisten, durch die Anfang dieses Jahres mir zu Händen gekommene, ausführliche Arbeit des Geh. Ober-Medizinalraths Dr. Eulenberg, „Die Wasserversorgung der preussischen Städte", welche auf Grund von 1878 eingezogenen, officiellen Erhebungen 1882 in der Zeitschrift des Königlich preussischen statistischen Bureaus erschienen ist, wieder frisch angeregt, indem mir die Schwierigkeit der Arbeit, die ich mir glaubte stellen zu sollen, dadurch zu voller Erkenntniss gelangte. Bis auf eine verschwindend kleine Zahl von Städten — es sind deren 16 von 621 — ist es mir denn auch gelungen, allerdings mit Zuhülfenahme vorstehender Arbeit des Herrn Dr. Eulenberg und meiner eigenen früheren Arbeiten und Correspondenzen, Nachrichten von fast allen Städten bieten zu können. Welche Mühe und Arbeit damit verbunden gewesen, wie vieler Anfragen, bei welcher Zahl von Personen, direct und indirect durch gütige Vermittlung von Zwischenträgern gestellt, es zuweilen bedurfte, um wenn auch mitunter noch so wenig inhaltsreiche Antworten zu erhalten, darüber kann der Einnahmeetat des Generalpostmeisters reden und lassen Sie mich schweigen. Nur als Curiosa will ich 4 Antworten, die mir von städtischen Behörden ertheilt sind, erwähnen; die eine erklärt durch eine Verordnung der Regierung an einer Beantwortung verhindert zu sein; die andere hat für eine Beantwortung nicht das nöthige Schreiberpersonal, die dritte hat beobachtet, dass mit derartigen Erhebungen oft Missbrauch getrieben wird und die vierte adressirt mich an die ihr vorgesetzte Polizeibehörde, um für sie die Erlaubniss zur Antwort zu erwirken.

Wenn ich hier der Schwierigkeiten, die das Sammeln mir bereitet, zuerst erwähne, so geschieht es, um mit um so freierem und dankbarerem Gemüthe der entgegenkommendsten Bereitwilligkeit zu gedenken, die mir von der bei weitem überwiegenden Mehrzahl der Gefragten entgegengebracht ist, sowohl der städtischen Behörden, als der Verwaltungen von Wasserwerken und von Privaten.

Ich glaube darin einen deutlichen Beweis der Anerkennung unserer bisherigen Vereinsbestrebungen und einen Lohn für diese erblicken zu können, und wenn ich mir auf Grund meiner seit 1868 in dieser Richtung gepflogenen Correspondenzen ein Urtheil gestatten darf, so geht das dahin, dass unsere Bestrebungen jetzt mit einem Wohlwollen aufgenommen zu werden scheinen, welches, wenn auch nicht von der Kenntniss dessen, was wir bislang geleistet, so doch von dem, was wir erzielen möchten, eingeflösst erscheint und dass das Verständniss für diese unsere Thätigkeit, die nicht dem Interesse des Einzelnen, sondern dem der Gesammtheit dient, in nicht unbedeutendem Wachsen begriffen ist.

Ich wende mich nunmehr zu den ausgesandten Fragebogen. An den Kopf hatten wir gesetzt: „Zur Statistik der Wasserversorgung in hygienischer Beziehung“. Berechtigt war dieser Zusatz, soweit bei Wasserversorgungen fast alles, was nicht rein technisch oder kaufmännisch ist, hygienisch ist. Denn jede Wasserverwendung mit Ausnahme der für Gewerbe- und Industriebetriebe, und auch diese Ausnahme nur in beschränktem Maasse zugegeben, kann einen gesundheitlichen Effect haben, sei es, dass das Wasser dieselbe direct fördert oder dass es schädliche Einflüsse verhindert. Nicht berechtigt war der Zusatz aber, wenn er sich auf die späteren Fragen beschränken sollte:

> Ist die Sterblichkeit und der Gesundheitszustand abnormal und wird das auf das Trinkwasser zurückgeführt?

ferner bei den einheitlichen Versorgungen:

> Liegen Beobachtungen resp. Vermuthungen über den Einfluss der Wasserversorgung auf die Sterblichkeit und den Gesundheitszustand des Ortes vor?

Denn wie es vorher zu vermuthen war und wie es die Erfahrung auch gelehrt hat, ist die erste Frage fast durchgehends mit „Ja“ und die letzte fast durchgehends mit „Nein“ beantwortet. Etwaige Abweichungen hiervon haben mit sehr geringen Ausnahmen nur einen komischen Character, wie z. B. „die Sterblichkeit hat nicht auf das Trinkwasser eingewirkt“ etc.

Um eine Beantwortung von allen Seiten zu erreichen, war der Fragebogen in zwei Abtheilungen getrennt; der eine, der 2. Theil, für die einheitlichen Versorgungen, der andere, der 1. Theil, für die gemischten Versorgungen, welche neben oder ohne eine einheitliche Versorgung in den Orten bestehen.

Die auf den Fragebogen angegebene Definition der einheitlichen Versorgung: „dass das Wasser künstlich unter solchem Drucke zugeführt wird, dass es in den oberen Stockwerken der Häuser zum Ausflusse gelangen kann“ hat sich als nicht stets ganz correct erwiesen und ich möchte statt dessen lieber sagen: „dass die Möglichkeit des Anschlusses der Häuser zur Erlangung von frei ausfliessendem Wasser vorhanden ist“, ohne die Grösse des Druckes selbst als ausnahmslos maassgebend hinzustellen. Natürlich ist es nicht nöthig, dass diese Anlagen insofern einheitlich sind, dass sie unbedingt aus Einer Anlage für denselben Ort bestehen müssen. Auch habe ich die Versorgungen als einheitliche bezeichnet, wenn 10% bis 20% der Wohnhäuser des Ortes an die Leitungen angeschlossen sind und ein Regulativ für den Anschluss der Häuser besteht, also die Möglichkeit weiterer Anschlüsse vorhanden ist.

Gemischte Versorgungen haben nach dieser Eintheilung alle die Orte, welche keine einheitliche Versorgung haben. Für diese ist zuerst die Frage der Wassergewinnung, ob durch Grundbrunnen, Regenwassercysternen oder durch directe Entnahme aus einem Wasserlaufe etc. oder ob durch künstliche Zuleitung bewirkt, gestellt.

Für die Brunnen ist gefragt, ob sie gegraben, gesenkt oder gebohrt, wie viele derselben für öffentliche und für private Zwecke bestehen, wie tief dieselben sind, wie tief das Wasser in denselben steht und ob der Wasserstand in den Brunnen constant oder schwankend ist.

Für die künstliche Zuleitung ist gefragt, ob sie aus Quellen, Wasserläufen, Teichen gespeist wird, ob das Wasser mit natürlichem Gefälle zufliesst oder ob es künstlich gehoben wird, ob die Zuleitungen aus offenen Rinnen, Gräben, gedeckten Kanälen oder aus Röhren bestehen und in letzterem Falle, ob aus Holz, Thon, Stein, Blei oder Eisen, und wie weit die Entnahmestelle vom Orte entfernt liegt.

Ferner ist gefragt, ob das künstlich zugeführte Wasser nur für die allgemeine Benutzung abgegeben wird oder ob es nur Privatgrundstücken zugeleitet wird oder ob es für beide Zwecke gleichzeitig dient, event. bei den auf die Privatgrundstücke eingeleiteten unterschieden nach dem Wasser für den Hausgebrauch und dem für den Gewerbebetrieb, und ob es direct oder nur als Abwasser der öffentlichen Ausläufe eingeleitet wird. Weitere Fragen beziehen sich darauf, ob das Wasser genügend oder zeitweise mangelnd, ob es als Trinkwasser gut und untersucht ist und ob ein Bedürfniss nach oder ein Plan zu einer anderen Versorgung vorliegt.

Für die einheitlichen Versorgungen ist nach dem Erbauer und dem Eigenthümer der Anlage, nach dem Jahre ihrer Betriebseröffnung und den Herstellungskosten, nach dem jetzigen Buchwerthe und nach der Maximalleistungsfähigkeit der Anlage pro Tag in ihrem jetzigen Zustande gefragt.

Die ferneren Fragen sind getheilt in Wassergewinnung, Reservoire, Zuleitung, Betrieb, Abgabe für öffentliche und Abgabe für private Zwecke.

Betreffs der Wassergewinnung ist gefragt nach dem Namen und nach der Entfernung der Bezugsstelle vom Orte, ob und auf welche Höhe über der Bezugsstelle das Wasser künstlich gehoben wird und zwar, ob durch Dampf-, Wasser- oder eine andere motorische Kraft, und ob eine künstliche Reinigung durch Klärung, durch Sandfiltration oder auf andere Weise stattfindet.

Ferner ist gefragt, ob das Wasser aus natürlichen Seen, aus offenen Wasserläufen oder aus natürlich austretenden Quellen entnommen oder ob es durch Drainage gesammelt, durch Tiefbohrungen erschlossen oder aus dem Grundwasser geschöpft ist und zwar in letzterem Falle, ob durch Brunnen, Filterrohre oder Sammelkanäle erschlossen und in welchem Abstande vom nächsten Oberflächenwasser.

Ich will hier gleich erwähnen, dass nach der Art der Beantwortung und da wir zwischen Quell- und Grundwasser keinen qualitativen Unterschied machen, diese 6 Abtheilungen der Bezugsarten auf 2 zusammengeschmolzen sind, nämlich Quell- oder Grundwasser oder Wasser aus offenen Wasserläufen etc.

Betreffs der Reservoire ist nach deren Zahl und Inhalt und nach deren Entfernung und Höhenlage zum Gewinnungsorte und zum Versorgungsgebiete gefragt, ferner ob sie gemauert, überwölbt, offen, auf künstlichem Unterbau, unter Dach oder in den Boden versenkt aufgestellt sind und ob sie in ersterem Falle aus Schmiedeeisen oder aus Gusseisen bestehen.

Betreffs der Zuleitung ist gefragt, ob das Wasser einheitlich als Trink- und Brauchwasser, ob es nach verschiedenen Druckzonen getrennt, ob es constant oder intermittirend und ob es mit oder ohne Anwendung von Hausreservoiren abgegeben wird, ob die Anschlüsse der Häuser obligatorisch sind, ob dafür Wassergeld gezahlt wird und ob Wassermesser für diese Abgabe aufgestellt werden müssen; ferner ob für die Hausleitungen die Anwendung eines bestimmten Materials und eventuell welches vorgeschrieben ist, und ob und mit welchem Ueberzuge die Röhren vor dem Verlegen im Innern versehen sind; endlich ob der Ort kanalisirt ist, ob Hausanschlüsse an und directe Closeteinlässe in die Kanäle gestattet sind.

Betreffs des Betriebes ist nach der ganzen Jahresabgabe, nach der Abgabe im Monate des grössten und im Monate des geringsten Consums und der grössten und geringsten Tagesabgabe, sowie nach der Abgabe in verschiedenen Tagesstunden gefragt. Endlich ist um Angabe der eventuellen Jahresabgabe an Aussengemeinden ersucht.

Es ist ferner das Quantum des im Jahre für öffentliche Zwecke benutzten Wassers im Ganzen, sowie ob und wieviel davon nach Messern oder nach Schätzung bestimmt, anzugeben ersucht. Ferner ist gefragt,

wieviel davon die öffentlichen Gebäude verbraucht haben,

wieviel, für welche Strassenflächen resp. Rinnenlängen während welcher Zeit im Jahre und in welcher Weise für Strassensprengen und directes Rinnsteinspülen benutzt ist,

wieviel für Kanalspülung, in welcher Weise bestimmt und in welcher Art entnommen, verwendet ist,

wie oft und mit welchem jährlichen Wasserquantum die Spülung des Rohrnetzes stattgefunden,

wieviel Wasser für Feuerlöschzwecke im Jahre verbraucht ist, wie viele Hydranten, in welchen durchschnittlichen Entfernungen, über oder unter Flur aufgestellt, mit oder ohne Selbstentleerung versehen, vorhanden sind und ob aus diesen bei Bränden direct gespritzt wird oder ob sie den Spritzen nur als Zubringer dienen,

wieviel Wasser im Jahre durch Freibrunnen zur allgemeinen Benutzung abgegeben wird und wie viele solcher vorhanden sind, ob sie continuirlich laufen oder ob sie mit Hand- oder Selbstverschluss versehen sind,

wie viele öffentliche Springbrunnen vorhanden sind, wie lange Zeit sie im Jahre spielen und wieviel Wasser sie verbrauchen,

ob öffentliche Badeanstalten, städtische oder private, vorhanden sind, wie viele Wannenbäder sie haben, ob in ihnen ein überdachtes Schwimmbassin vorhanden ist, von wie vielen Personen die Anstalten im Jahre benutzt werden und wieviel Wasser sie der Leitung entnehmen

und dann endlich, wie viele öffentliche Pissoirs mit Spülung aus der Leitung versehen sind, ob diese Spülung eine continuirliche ist und mit welchem Wasserquantum im Jahre sie stattfindet.

Angaben über das für Privatzwecke im Jahre abgegebene Wasser sind getrennt nach dem Quantum für Gewerbszwecke und zum Hausgebrauche und jedes wieder getrennt, ob nach Schätzung oder nach Messern und eventuell nach wie vielen derselben bestimmt abgegeben, erbeten.

Ferner ist gefragt, wie viele Häuser mit wie vielen Haushaltungen und mit wie vielen Bewohnern an die Leitungen angeschlossen sind; wie viele Badeeinrichtungen, Waterclosets und Pissoirs, nach Ständen und Länge getrennt, in Benutzung sind, wie viele Privatspringbrunnen vorhanden sind, wie viele Hof-, Garten- etc. Flächen für Sprengzwecke veranlagt ist.

Endlich ist noch bei den einheitlichen Versorgungen nach der Vornahme chemischer und mikroskopischer Untersuchungen, sowie regelmässiger Temperaturbeobachtungen gefragt und es sind über die Resultate eingehendere Mittheilungen erbeten. Auch ist um die Einsendung der neuesten Tarife für Wasserabgabe und Reglements für die Hauseinrichtungen etc. ersucht.

Diese Aufzählung alles dessen, wonach gefragt ist, muss mit Recht die Vermuthung erwecken, dass nur wenige vollkommene Beantwortungen sämmtlicher Fragen erfolgen konnten. Aber durch die Vielgliedrigkeit der Fragestellung war es möglich, das, was geantwortet wurde und was bei den einzelnen Orten sich auf sehr verschiedene Punkte bezog, an die rechte Stelle und kurz und klar gefasst zu bringen.

Die im einzelnen Falle unbeantworteten Fragen sind ausserdem, wie meine Erfahrungen gelehrt haben und mir auch verschiedentlich bestätigt ist, damit durchaus nicht als nutzlos gestellt zu betrachten; sie lenken ja die Aufmerksamkeit auf diese Punkte und regen damit informatorisch an. Speciell habe ich das bei den Fragen über die Art und Menge der Wasserverwendung für öffentliche Zwecke im Auge gehabt, ein Punkt, dem meines Erachtens bis jetzt die allgemeine Aufmerksamkeit im grösseren Umfange noch nicht genügend zugewendet ist. Ich zweifle jedoch nicht daran, dass diesen Punkten zweifellos ein grösseres Interesse zugewandt werden muss mit dem Fortschreiten der Erkenntniss in hygienischen Kreisen, dass das Wasser für die gesundheitliche Erhaltung und Besserung von Bevölkerungscentren eine bei weitem bedeutendere Rolle als Schädlichkeits-Beseitiger spielt, als ihm früher als möglicher Schädlichkeits-Erzeuger zugeschrieben wurde.

Wie ich schon vorhin angedeutet, wünschte der Vorstand für den heutigen Tag die fertige Drucklegung des gesammelten Materiales theilweise oder im Ganzen. Bei der Kürze der Zeit musste ich daher natürlich vorläufig Abstand nehmen von der speciellen, gruppenmässigen Bearbeitung einzelner Punkte; es blieb mir auch nicht die Zeit zu Rückfragen und zum Erbitten von Aufklärungen bei den Beantwortern frei. Das über Wasseruntersuchungen und Temperaturbeobachtungen, sowie über Wassertarife und Regulative eingegangene Material musste ich vorläufig ganz zurückstellen und mich darauf beschränken, ein

Concept aus dem sonst eingegangenen Materiale, ergänzt durch die Arbeit des Herrn Dr. Eulenberg und durch meine früher erschienene Statistik und sonstige Correspondenzen, von dem Gesichtspunkte ausgehend zusammenzustellen, dass ich mehr oder weniger nur das äussere Gewand für den einzelnen Ort und die gesammte Gruppirung zu liefern hatte.

Wenn Ihnen nun heute diese Arbeit in einem Bande von über 20 Druckbogen vorgelegt werden kann, so wollen Sie bei der Beurtheilung des Inhaltes gütigst nicht unberücksichtigt lassen, dass heute vor 4½ Monaten die Anfragen nach diesem Material von einem freien Vereine ohne jede officielle Unterstützung in alle Städte des deutschen Reiches hinausgeschickt wurden. Von vielen hunderten von Menschen musste ich die allmählich einlaufenden Antworten in Empfang nehmen und das Empfangene sofort verarbeiten, um es blattweise, wie es entstanden, nach München zur Druckerei zu senden. Nach wieder von mir geschehener Correctur und Ergänzung musste die Anordnung zu Bogen erfolgen und nur der wirklich fabelhaften Thätigkeit der Oldenbourg'schen Officin, der ich hiermit öffentlich den anerkennendsten Dank auszusprechen mich verpflichtet fühle, allerdings wohl nicht ohne die kategorische Anstachlungsfähigkeit unseres I. Herrn Vorsitzenden, des Herrn Dr. Bunte, die auch ich in nicht geringem Umfange schätzen zu lernen Gelegenheit gefunden habe, ist es zu danken, dass meine Arbeit Ihnen heute in diesem Kleide vorgelegt werden kann.

Im Anschluss daran erlaube ich mir noch ferner eine Karte von Deutschland anzufügen, welche für die Städte von mehr als 5000 Einwohnern die Art der Wasserversorgung danach getrennt darstellt, ob sie eine einheitliche oder nur eine gemischte ist, wie ich diese Begriffe vorhin präcisirt habe. Die einheitlichen Versorgungen zerfallen in solche, die Quell- oder Grundwasser benutzen, und solche, die Fluss- etc. Wasser benutzen. Die ersteren habe ich danach getheilt, ob das Wasser mit natürlichem Gefälle zufliesst oder ob es künstlich gehoben werden muss. Die letzteren sondern sich in zwei Abtheilungen danach, ob das Wasser vor der Abgabe einer künstlichen Reinigung unterworfen wird, oder ob es ohne eine solche zur Abgabe gelangt. Natürlich war es bei manchen Städten nicht möglich, bei Durchführung dieser Eintheilung sie in die streng richtige Klasse zu bringen, wenn sie zum Theil in eine andere gleichfalls hinübergriffen. Der Text gibt darüber in Zweifelsfällen ja die nähere Information. Für die gemischten Versorgungen habe ich den Unterschied gemacht, ob für sie das Wasser nur aus Grundbrunnen entnommen wird oder ob dafür auch künstlich Wasser eingeleitet wird. Dasselbe kann dann entweder der allgemeinen Benutzung oder nur einzelnen Privaten dienen. Ein Schritt zum Vollkommeneren ist es, wenn das Wasser in beiden Formen zur Verwendung gelangt. Das gab mir wieder Veranlassung zu einer doppelten Theilung.

Endlich dürfte ich die Orte nicht unerwähnt lassen, die mir keine Auskunft ertheilt haben. Einzelne derselben haben noch nachträglich, aber leider zu spät für die Einreihung, Material geschickt.

E. Grahn.

I. Königreich Preussen.

A. Provinz Ostpreussen.

a) Regierungsbezirk Königsberg.

1. **Memel** hat 19600 Einwohner in 1092 Wohnhäusern und 4566 Haushaltungen.

Die Versorgung erfolgt ausser aus dem offenen Wasserlaufe innerhalb der Stadt durch gegrabene Flachbrunnen von ca. 5 m Tiefe, deren 14 für den öffentlichen Gebrauch und 947 auf Privatgrundstücken vorhanden sind. Der Wasserstand derselben steht ca. 4 m unter Terrainhöhe, ist aber stark schwankend. An Wasser tritt zeitweise Mangel ein; dasselbe ist jedoch als Trinkwasser gut. Von einer Untersuchung des Wassers ist nichts bekannt. Zu einer Veränderung der Versorgung liegt vorläufig kein Bedürfniss vor.

2. **Königsberg** hat 140900 Einwohner in ca. 6000 Wohnhäusern und 30000 Haushaltungen.

Die Versorgung erfolgt ausser aus dem die Stadt mit verschiedenen Armen durchziehenden Pregel und aus ca. 70 Grundbrunnen seit alten Zeiten durch künstliche Zuleitung mittels hölzerner Röhren aus dem unmittelbar vor den Thoren von Königsberg liegenden Oberteiche, dem Sammelbassin für die aus einem Theile des Samlandes mittels natürlicher und künstlicher Wasserläufe zufliessenden Wassermengen. Dieses Wasser ist ein Gemisch von Quell- und Tageswasser. Es ist zu allen wirthschaftlichen und gewerblichen Zwecken brauchbar und eignet sich auch zum Trinken. Die Höhenlage des Teiches genügt für einen Theil der Stadt zur Vertheilung mit natürlichem Gefälle.

Seit 1874 ist ferner eine einheitliche Versorgung in Benutzung, deren Project vom Geh. Baurath Henoch in Gotha aufgestellt ist.

Der Bau ist für Rechnung der Stadt vom Stadtbaurath Leitner ausgeführt. Die Um- und Zubauten, das Hebewerk etc. während der Jahre 1876 bis 1878 sind vom Oberingenieur Feistel ausgeführt. Die Anlage hat 3 960 214 M. gekostet und steht jetzt mit 1 659 815 M. zu Buche. Die Maximalleistungsfähigkeit der Anlage in ihrem jetzigen Zustande beträgt 10 000 cbm.

Die Entnahme des Wassers findet bei Dammhof, 15 000 m von der Stadt entfernt, aus dem Grundwasser statt. 4 m tief in den Wasser führenden Sand- und Kiesschichten ist an den Ufern des Dammteiches und unter diesem und dem Stobbenteiche selbst mit einer Verlängerung bis zum Walsteiche ein eiförmiger, gemauerter Kanal von 1 m Höhe und 0,63 m Breite mit Sickerfugen hergestellt. Der Kanal hat 5168 m Länge und mündet bei einem Gefälle von 1 zu 2000 bis 3000 in eine zweitheilige Sammelstube, in der sich suspendirte erdige Theile und Algenflocken niedersetzen können.

Von hier führt eine 8240 m lange, gusseiserne Leitung das Wasser bei 5,72 m Gefälle einem zweitheiligen Reservoire von 2500 cbm Inhalt zu. Dasselbe ist gemauert und überwölbt und liegt 4000 m von der Stadt entfernt. Neben demselben ist ein Hebewerk mit Dampfbetrieb hergestellt, welches das Wasser aus dem Reservoire 16 m hoch in ein auf künstlichem Unterbau unter Dach aufgestelltes, schmiedeeisernes Reservoir von 500 cbm Inhalt fördert.

Die Versorgung erfolgt einheitlich für Brauch- und Trinkwasser, constant und ohne Anwendung von Hausreservoiren, jedoch in 2 Druckzonen, deren jede ca. 24 m Wasserdruck über Terrainhöhe hat. Die Abgabe des Wassers für den Hausbedarf ist facultativ und es geschieht die Zahlung für dieses Wasser nach Schätzung. Für die Hausleitungen ist kein bestimmtes Material vorgeschrieben. Die Hauptleitungen haben im Innern einen Goudronanstrich. Die Stadt ist nicht kanalisirt.

Die gesammte Abgabe, welche ausschliesslich für die Stadt stattfindet, hat 1882 1 818 857 cbm betragen. Im August ist das meiste Wasser, nämlich 168 974 cbm, im Februar das wenigste, nämlich 117 370 cbm verbraucht. Die Abgabe betrug am mittleren Jahrestage 4983 cbm, am Maximaltage 7200 cbm und am Minimaltage 2300 cbm.

Für öffentliche Zwecke sind im Jahre 1882 65 000 cbm benutzt. Für Strassensprengen entfallen davon 15 000 cbm. Das Sprengen geschieht mit Sprengfässern auf ca. 12 000 m Strassenlänge 90 Tage im Jahre. Directe Rinnsteinspülung findet nicht statt. Das Wasserrohrnetz wird zweimal im Jahre gespült und es werden dabei 10000 cbm bis 15000 cbm Wasser verbraucht. Die Wasserabgabe für Feuerlöschzwecke beläuft sich auf 1000 cbm im Jahre. Es sind dafür 350 Hydranten in durchschnittlich 80 m Entfernung unter Flur, mit Selbstentleerung versehen, aufgestellt, aus denen jedoch nicht direct gespritzt wird. Durch 27 Freibrunnen mit Selbstabschluss werden im Jahre 21000 cbm abgegeben. 2 öffentliche Springbrunnen spielen vom 1. Mai bis 1. October, also 150 Tage im Jahre, je 12 Stunden und verbrauchen 5000 cbm im Jahre. 5 öffentliche Pissoirs mit 12 Ständen werden ausser bei starkem Froste continuirlich gespült und es werden dadurch 8000 cbm im Jahre verbraucht. Eine öffentliche Badeanstalt besteht nicht im Anschluss an die Leitung.

Für Privatzwecke sind 1882 1750000 cbm abgegeben. 2450 Häuser mit ca. 12000 Haushaltungen und 60000 Einwohnern waren an die Leitung angeschlossen und verbrauchten im Jahre 1508000 cbm, davon 150000 cbm nach Messern. Es befanden sich darin 396 Badeeinrichtungen, 10 Closets, 106 Pissoirs und 12 Springbrunnen. Für 85000 qm Hof- und Gartenfläche wurde Wassergeld erhoben. Für Gewerbe- und Industriebetrieb sind 1882 242000 cbm, davon 60000 cbm nach Messern bestimmt, abgegeben. Ein Wassermotor von 1 Pferdekraft war in Benutzung.

3. **Wehlau** hat 5442 Einwohner in 368 Wohnhäusern und 1155 Haushaltungen.

Die Versorgung erfolgt ausschliesslich aus 10 öffentlichen und ca. 50 privaten Brunnen, die gegraben und gesenkt sind und 8 m Tiefe mit einem ziemlich constanten Wasserstande von 5 m bis 6 m unter Terrain haben. Das Wasser genügt quantitativ, ist aber als Trinkwasser nur theilweise gut, wie durch Untersuchungen bestätigt ist. Der Ort wird von der Pregel und der Alle durchflossen. Ein Bedürfniss nach einer Veränderung in der Versorgung liegt nicht vor.

4. **Braunsberg a. d. P.** hat 11542 Einwohner in 750 Wohnhäusern und ca. 2500 Haushaltungen.

Die Versorgung erfolgt aus 65 Pumpenbrunnen, von denen 53 gesenkt und die übrigen gebohrt sind. 11 Brunnen dienen der allgemeinen Benutzung, 54 befinden sich auf Privatgrundstücken. Sie haben 3 m bis 11 m Tiefe mit einem 2,5 m bis 9,5 m tiefen, constanten Wasserstande. Das Wasser in 30 der gesenkten Brunnen ist als Trinkwasser gut, wie Untersuchungen desselben bestätigt haben, und stets genügend.

Ausserdem findet aus 2000 m Entfernung die Einleitung von Quellwasser theils im offenen Graben, theils mittels hölzerner Röhren durch natürliches Gefälle statt. Das Wasser gelangt an 20 öffentlichen Brunnen, sowie auf 8 Privatgrundstücken zum Gewerkebetriebe zum Ausflusse.

5. **Bartenstein** hat 7132 Einwohner in 390 Wohnhäusern und 1332 Haushaltungen.

Die Versorgung erfolgt aus 11 öffentlichen und 88 privaten Brunnen von 6 m Tiefe mit einem ca. 3 m tiefen Wasserstande, der sehr schwankend ist. Die Brunnen sind gegraben und genügen quantitativ stets. Ferner werden 7 öffentliche Brunnen durch das Einleiten von kleinen Quellen, untermischt mit Tageswasser, mittels hölzerner Röhren versorgt. 2 solcher Einleitungen dienen auch für 9 Privatgrundstücke. Zu einer Aenderung liegt kein Bedürfniss vor.

6. **Heilsberg** hat 5874 Einwohner in 441 Wohnhäusern und 1646 Haushaltungen.

Für die Versorgung bestehen 5 öffentliche und 3 private, gegrabene Brunnen von ca. 5 m Tiefe mit einem 3 m tiefen, constanten Wasserstande. Das Wasser ist als Trinkwasser gut und quantitativ genügend.

Ausserdem wird aus 300 m Entfernung Quellwasser durch natürliches Gefälle seit 500 Jahren mittels einer hölzernen Rohrleitung zugeführt und an 2 öffentlichen Brunnen zur allgemeinen Benutzung gestellt. Dieses Wasser wird als sehr gut bezeichnet.

7. **Rastenburg** hat 6534 Einwohner in 425 Wohnhäusern und 1450 Haushaltungen.

Die Versorgung erfolgt durch 10 öffentliche und 50 private Brunnen von ca. 8 m Tiefe. Das Wasser ist gut und genügend und daher das Bedürfniss nach einer Aenderung nicht vorhanden. Eine Untersuchung desselben hat nicht stattgefunden.

8. **Allenstein** hat 7610 Einwohner in 527 Wohnhäusern und 1552 Haushaltungen.

Der Allefluss, welcher durch die Stadt fliesst, dient einem grossen Theile der Einwohner zur ausschliesslichen Versorgung durch directe Entnahme ohne künstliche Zuleitung oder Hebung. Ausserdem besteht eine grosse Zahl gegrabener und gesenkter Brunnen. 11 derselben von 6 m bis zu 27 m Tiefe dienen der allgemeinen Benutzung. Der Wasserstand bei den tieferen Brunnen ist stabil, bei den flacheren aber schwankend. Die Zahl der privaten Brunnen ist nicht bekannt; doch wird bei Ertheilung von Bauerlaubnissen auf die Anlage von Privatbrunnen gehalten. Das Wasser der älteren Brunnen ist zeitweise schlecht; das der neueren ist von gleichmässiger Qualität. Ein Wassermangel tritt nie ein, schon wegen des Alleflusses. Zu einer einheitlichen Versorgung liegt wohl der Wunsch vor; jedoch wird gutes Wasser schwer in der Nachbarschaft zu erhalten sein.

9. **Osterode i. P.** hat 6468 Einwohner in 396 Wohnhäusern und 1333 Haushaltungen.

Die Versorgung erfolgt ausser aus dem den Ort durchfliessenden offenen Wasserlaufe aus 18 privaten und 4 öffentlichen Brunnen, welche gebohrt sind und 5 m bis 10 m Tiefe haben. Der Wasserstand ist constant und steht ca. 3 m unter Terrain. Das Wasser ist quantitativ genügend, aber als Trinkwasser von mittlerer Qualität, wie Untersuchungen desselben ergeben haben. Für eine als ein dringendes Bedürfniss geltende Aenderung liegt bereits ein Plan vor.

b) Regierungsbezirk Gumbinnen.

10. **Tilsit** hat 19753 Einwohner.

Die Entnahme des Wassers für Wirthschaftszwecke findet aus dem Memelstrome und aus einem Mühlenteiche statt. Das Trinkwasser liefern gesenkte Brunnen, deren 12 für öffentliche Benutzung vorhanden sind. Der Wasserstand der Brunnen schwankt von 2 m bis 6 m. In der Nähe des Stromes ist das Wasser der Brunnen, welches durch eine starke Kiesschicht filtrirt, gut, sonst aber meist schlecht. Auch tritt im Sommer bei anhaltender Dürre Wassermangel ein. Ein Bedürfniss nach einer Aenderung ist wohl vorhanden, wegen Geldmangel jedoch nicht auszuführen beabsichtigt.

Es sind ferner 3 private und eine öffentliche Tiefbohrung zur Wassererschliessung bis auf 123 m bis 130 m Tiefe ausgeführt. In drei Fällen wurde ein ziemlich weiches (8 Härtegrade) Wasser von 8° Temperatur erschlossen, das in 1000 Theilen 1,75 Theile Salz enthält und bis auf 5,4 m bis 6 m unter Terrain steigt. Bei der vierten Bohrung zeigte das Wasser Spuren von Schwefelwasserstoff, wahrscheinlich in Folge nicht genügender Absperrung der Lotten gegen Oberwasser.

11. **Insterburg** hat 16303 Einwohner in 888 Wohnhäusern und 3640 Haushaltungen.

Die Versorgung erfolgt ausschliesslich aus gegrabenen und gesenkten Brunnen von bis zu 30 m Tiefe mit einem bis zu 23 m tiefen, theils schwankenden, theils constanten Wasserstande. Das Wasser genügt quantitativ stets und ist als Trinkwasser gut, wie Untersuchungen desselben bestätigt haben. Eine Aenderung der Versorgung wird nicht beabsichtigt.

12. **Gumbinnen** hat 9530 Einwohner in 309 Wohnhäusern und 1932 Haushaltungen.

Die Versorgung erfolgt aus ca. 200 Brunnen, von denen 7 für die allgemeine Benutzung dienen. Der Wasserstand derselben ist constant und das Wasser ist als Trinkwasser gut und quantitativ genügend. Specielle Untersuchungen desselben haben nicht stattgefunden; auch liegt das Bedürfniss nach einer anderen Versorgung nicht vor.

13. **Goldap** hat 5313 Einwohner in 269 Wohnhäusern und 1171 Haushaltungen.

Die Versorgung erfolgt durch 44 gegrabene und 4 gebohrte Brunnen von 22 m bis 32 m Tiefe mit einem 16 m bis 19 m tiefen, aber constanten Wasserstande. 8 Brunnen dienen der allgemeinen Benutzung, 40 befinden sich auf Privatgrundstücken. Das Wasser ist als Trinkwasser sehr gut und stets in genügender Menge vorhanden. Eine Untersuchung desselben hat nicht stattgefunden. Ein Bedürfniss zu einer Aenderung liegt nicht vor.

14. **Lyk** hat 6846 Einwohner in 208 Wohnhäusern und 1398 Haushaltungen.

Die Versorgung erfolgt aus dem Lyksee, an dessen Ufern entlang die ganze Stadt liegt. Für Trinkwasser sind 4 öffentliche und 65 private, gegrabene Brunnen vorhanden von 8 m Tiefe mit 5 m bis 6 m tiefem, constantem Wasserstande. Das Wasser ist stets genügend und als Trinkwasser gut, wie häufige Untersuchungen bestätigt haben. Für eine Aenderung der Versorgung liegt kein Bedürfniss vor.

B. Provinz Westpreussen.

a) Regierungsbezirk Danzig.

15. **Danzig** hat mit sämmtlichen Vorstädten 97931 Einwohner nach der Zählung von 1880 und nach der Aufnahme vom 12. November 1882 109860 Einwohner.

Die Versorgung erfolgt durch zwei getrennte Anlagen, von denen die eine für die Stadt und die Vorstädte Altschottland, Stadtgebiet und Schidlitz und die andere für die Vorstädte Langfuhr, Neuschottland und Neufahrwasser dient. Beide Anlagen sind Eigenthum der Stadt und von Alexander Aird projectirt und ausgeführt.

Die erstere Anlage, die sog. Prangenauer Leitung, ist seit 1869 in Benutzung und versorgt ein Gebiet von 98052 Einwohnern in ca. 5000 Wohnhäusern und 40512 Haushaltungen. Die Herstellungskosten derselben haben 1622000 M. betragen.

Das Wasser ist 22000 m von Danzig entfernt in dem kgl. Forstrevier Stangenwalde und in der Feldmark Nieder-Prangenau 110 m hoch über dem mittleren Wasserstande der Ostsee erschlossen und wird mit natürlichem Gefälle einem gemauerten und überwölbten Reservoire, das in den Boden versenkt und mit Erde überdeckt ist, zugeführt. Dasselbe fasst 5000 cbm, liegt 50 m höher als das Versorgungsgebiet und ist von letzterem 3076 m und vom Gewinnungspunkte 14750 m entfernt. Das disponible Wasserquantum beträgt im Maximum 14000 cbm, im Mittel 10000 cbm in 24 Stunden.

Die Versorgung erfolgt einheitlich für Brauch- und Trinkwasser, constant, unter einheitlichem Drucke und ohne Hausreservoire. Der Anschluss der Häuser ist nicht obligatorisch; dasselbe gilt betreffs der Wassermesser. Zahlung des Wassergeldes erfolgt nach besonderem Tarif. Die Stadt ist kanalisirt und es sind Hausanschlüsse und Closeteinlässe gestattet. Die Hauptleitungen sind im Innern mit Asphaltlack überzogen. Für die Hausleitungen sind Bleiröhren vorgeschrieben, für grössere Durchmesser aber Röhren von Guss- und Schmiedeeisen gestattet.

Die gesammte Wasserabgabe hat 1882 3666495 cbm oder 10045 cbm durchschnittlich pro Tag betragen. Die Monatsabgabe war am grössten im December und betrug 321699 cbm und am geringsten im Februar und betrug 278708 cbm. Der Maximaltagesconsum fand am 26. November mit 13139 cbm, der Minimaltagesconsum am 13. October mit 9593 cbm statt. Der Stundenconsum in Procenten des Tagesconsums aus sämmtlichen Montagen und Sonnabenden des ganzen Jahres ermittelt, stellt sich wie folgt fest:

Stunde 6—7 Morgens	4,5 %	Abends	5,0 %
„ 7—8 „	5,4	„	4,8
„ 8—9 „	5,7	„	4,5
„ 9—10 „	5,5	„	4,3
„ 10—11 „	5,4	„	3,7
„ 11—12 „	5,2	„	2,1
„ 12—1 Mittags	5,2	Mitternacht	2,1
„ 1—2 „	5,4	„	1,9
„ 2—3 „	5,2	„	1,9
„ 3—4 „	5,3	„	2,1
„ 4—5 „	5,3	„	2,2
„ 5—6 Abends	5,1	Morgens	2,5

Die Abgabe für öffentliche Zwecke wird für das Jahr 1881 auf 700000 cbm geschätzt und ist für die einzelnen Zwecke nicht speciell ermittelt. Die Strassensprengung geschieht mit Sprengfässern. Besondere Rinnsteinspülung findet nicht statt. Für die Kanalspülung sind 9 Spülschieber und 48 Spülhähne angebracht; ausserdem werden eventuell Hydranten dafür benutzt. Eine Spülung des Rohrnetzes findet alljährlich einmal gelegentlich der Hydrantenrevision statt. Auch wird das Hochreservoir jährlich einmal gereinigt. Die Hydranten werden direct zum Spritzen bei Feuersgefahr benutzt. Sie stehen unter Flur und sind zum Theil mit Selbstentleerung versehen. Ihre Zahl beträgt 378 und sie sind in 50 m bis 150 m Entfernung aufgestellt. 32 öffentliche Wasserständer mit Selbstabschluss und 4 öffentliche Springbrunnen sind vorhanden. 13 öffentliche Pissoirs werden continuirlich gespült. Oeffentliche Badanstalten im Anschluss an die Leitung existiren nicht.

Die Abgabe für Privatzwecke wird zu 80 % der Gesammtabgabe geschätzt. Die Zahl der Anschlussleitungen, annähernd die Zahl der angeschlossenen Grundstücke repräsentirend, betrug Ende 1882 3917. Die Abgabe nach Messern hat einschliesslich des Wassers für Industrie- und Gewerbzwecke 1881 426848 cbm oder 11,42 % des gesammten Zuflusses (3737070 cbm) betragen. Anfangs 1880 betrug die Zahl der Badeeinrichtungen 326, die Zahl der Waterclosets 12898 (ausserdem 196 Tragclosets mit 779 Sitzen) und die Zahl der Privatpissoirs mit Spülung 100 und desgleichen ohne Spülung 116. Auch war ein Wassermotor von 1,5 Pferdekräften in Benutzung.

Die Versorgung für die Vorstädte Langfuhr, Neuschottland und Neufahrwasser, die sog. Pelonker-Leitung, hat 199233 M. gekostet und ist seit 1878 in Betrieb. Diese Vorstädte umfassen nach der Zählung vom 12. November 1882 10321 Einwohner in 541 Wohnhäusern und 3630 Haushaltungen.

Das Wasser ist 8000 m von Danzig entfernt in dem kgl. Forstrevier Oliva und der Gemarkung Pelonken durch Filterrohre erschlossen. Das Aufschlussgebiet liegt 40 m über dem Mittelwasser der Ostsee, 2500 m von Langfuhr und 9500 m von Neufahrwasser entfernt. Die Ergiebigkeit der Quellen hat im Maximum 1824 cbm (am 14. August 1878) betragen. Die Zuleitungsanlagen sind für 600 cbm pro 24 Stunden projectirt.

Unmittelbar am Quellengebiete ist ein Reservoir von 250 cbm Fassungsraum, dessen höchster Wasserstand 18 m bis 35 m über den Abgabeorten liegt, hergestellt. Dasselbe ist gemauert, überwölbt, in den Boden versenkt und mit Erde überdeckt.

Die Zuleitung erfolgt einheitlich für Brauch- und Trinkwasser und constant. Nur unter besonderen Verhältnissen sind Hausleitungen mit eigenen Reservoiren versehen. Die versorgten Ortschaften sind nicht kanalisirt. Der Anschluss an die Wasserleitung ist nicht obligatorisch, wohl aber die Aufstellung von Wassermessern für solche Anschlüsse. Die Hauptleitungen sind innen und aussen asphaltirt. Für die Hausleitungen werden Bleiröhren und bei grösseren Durchmessern solche aus Guss- oder Schmiedeeisen verwendet.

Der berechnete Quellenzufluss pro 1881 ergibt sich zu 413545 cbm. Nach einer directen Messung im Mai 1882 betrug das Zuflussquantum pro 24 Stunden 984 cbm. Es ist das das bisher beobachtete Minimum, während der Consum bislang 142 cbm beträgt und der Ueberschuss als Freiwasser abfliesst.

Der Consum für öffentliche Zwecke wird nicht speciell ermittelt. Eine Rinnsteinspülung findet mittels der Hydranten statt. Das Rohrnetz wird des geringen Consums wegen in etwa vierwöchentlichen Intervallen regelmässig gespült. Das Hochreservoir wird vierzehntägig gereinigt, um ein Stagniren und eine Trübung des Wassers zu vermeiden. In 120 bis 160 m Entfernung sind 38 Hydranten (1881), mit Selbstentleerung versehen, unter Flur aufgestellt, die für Feuerlöschzwecke zum directen Spritzen verwendet werden. 10 öffentliche Wasserständer und ein öffentlicher Springbrunnen werden aus der Leitung gespeist.

Die Abgabe für Haus-, Industrie- und Gewerbezwecke hat einschliesslich desjenigen für die öffentlichen Gebäude 1881 16734 cbm oder 4,05 % des ganzen disponibeln Quantums betragen. An Anschlussleitungen waren 1881 54 vorhanden, welche im Ganzen 848,5 m Länge hatten.

16. **Pr. Stargard** hat 6253 Einwohner.

Die Versorgung erfolgt ausschliesslich aus 22 gegrabenen Brunnen, von denen 7 der allgemeinen Benutzung dienen und 15 sich auf privaten Grundstücken befinden. Nähere Mittheilungen liegen nicht vor.

17. **Dirschau** hat 10939 Einwohner in 599 Wohnhäusern und 2276 Haushaltungen.

Die Versorgung für gewerbliche Zwecke erfolgt direct aus der Weichsel und das Trinkwasser wird durch 15 öffentliche und 21 private Brunnen gewonnen, die ca. 20 m Tiefe und einen constanten Wasserstand haben. Das Wasser der letzteren ist als Trinkwasser gut, wie die 1881 stattgefundenen Untersuchungen bestätigt haben. Da das

Wasser auch in genügender Menge vorhanden ist, so liegt ein Bedürfniss nach einer Aenderung der Versorgung nicht vor.

18. **Marienburg** hat 9559 Einwohner in 772 Wohngebäuden.

Die Versorgung erfolgt ausser aus dem den Ort durchfliessenden, offenen Wasserlaufe durch eine schon von den alten Rittern im 13. Jahrhundert zur Versorgung der damaligen Hochmeisterresidenz hergestellten Zuleitung. Das Wasser von Quellen, die 6 Meilen südlich von der Stadt entspringen, ist durch den Mühlengraben dem Grünhagener See, einem künstlichen Reservoire, das eine Meile von der Stadt entfernt liegt, zugeleitet und von hier einem 2. Reservoire, dem Becker See, der 1/3 Meile von der Stadt entfernt liegt, zugeführt. Dieses Wasser dient ausser zum Betriebe einiger Mühlen zur Speisung öffentlicher Brunnen in der Stadt. Die allmähliche Versumpfung des Sees, sowie dessen Bewachsen mit Rohr haben das Wasser qualitativ und quantitativ wesentlich verschlechtert, so dass eine Aenderung sehr erwünscht wäre.

Verschiedene in der Stadt in Folge dieses Mangels angelegte Grundbrunnen sollen zu einem qualitativ befriedigenden Erfolge geführt haben.

19. **Elbing** hat 35842 Einwohner in 2429 Wohnhäusern und 7991 Haushaltungen.

Die Versorgung erfolgt aus dem Hommelbache, einem offenen Wasserlaufe neben der Stadt, mittels hölzerner Röhren und aus dem die Stadt durchfliessenden Elbingflusse. Ferner ist eine alte Trinkwasserleitung vorhanden, durch die mittels eines 2000 m von der Stadt entfernt liegenden Brunnens durch eiserne Röhren das Wasser zum allgemeinen Gebrauche zugeführt wird.

Das disponible Wasser war sehr gut, aber quantitativ nicht genügend, und es hat die Stadt daher durch den Geh. Baurath Henoch eine neue Versorgung herstellen lassen, die 180000 *M.* gekostet hat und 1870 in Betrieb gekommen ist.

Das Wasser wurde aus dem Grundwasser einer 5600 m von der Stadt entfernten Thalschlucht erschlossen, führte aber solch bedeutende Mengen Eisenocker, dass dieser Bezugsort verlassen wurde, nachdem durch die Stadtbauräthe Giede und Lehmann 1879 bis 1882 neue Quellen mit gutem Wasser erschlossen waren. Der Buchwerth der Anlage beträgt jetzt 255850 M. und die tägliche Maximalleistung derselben 500 cbm.

Das jetzt benutzte Wasser wird in Stolzenhof und Drewshof ca. 6000 m von der Stadt entfernt durch Filterrohre erschlossen und durch natürliches Gefälle zugeführt. Ein gemauertes, überwölbtes, in den

Boden versenktes Reservoir von 1360 cbm Inhalt liegt 46,5 m über dem Versorgungsgebiete und 2400 m von diesem und 3600 m vom Gewinnungspunkte entfernt.

Die Versorgung erfolgt einheitlich für Brauch- und Trinkwasser, constant und ohne Hausreservoire. Der Anschluss an die Leitung ist nicht obligatorisch, wohl aber die Anwendung von Wassermessern für die Anschlüsse. Eine Kanalisation des Ortes ist nur theilweise ausgeführt und es ist die Einführung flüssiger Abfallstoffe in die Kanäle gestattet. Die Hauptleitungen sind mit keinem inneren Ueberzuge versehen verlegt und für die Hausleitungen ist kein bestimmtes Material vorgeschrieben.

Die Gesammtabgabe für Private hat 1881/82 18671 cbm betragen. Angeschlossen an die Leitung waren 74 Häuser mit einem Consum von 10527 cbm für den Hausgebrauch. Für Industrie- und Gewerbezwecke wurden im ganzen 8144 cbm abgegeben.

35 Hydranten in 80 m bis 150 m Entfernung dienen als Zubringer für die Feuerspritzen und werden zugleich zur Rinnstein- und Kanalspülung benutzt. Das Strassensprengen erfolgt mittels Sprengfässern. 2 öffentliche Pissoirs mit 4 Ständen werden continuirlich gespült. 16 Ventilbrunnen dienen für die allgemeine Benutzung. Das Krankenhaus und das Rathhaus verbrauchten im Jahre 731 cbm.

b. Regierungsbezirk Marienwerder.

20. **Deutschkrone** hat 6568 Einwohner.

Die Versorgung erfolgt ausser durch 27 gegrabene Brunnen von ca. 5 m Tiefe, von denen 9 öffentliche und 18 private sind, für öffentliche Zwecke durch eine Zuleitung mittels Thonröhren aus dem nahe der Stadt gelegenen Schlosssee. Auf diese Weise wird auch einem Privaten und einer Selterswasserfabrik Wasser zugeführt. Das Wasser der Brunnen ist gut und quantitativ genügend. Es ist daher ein Bedürfniss nach einer Aenderung nicht vorhanden.

21. **Jastrow** hat 5456 Einwohner in 387 Wohnhäusern und 990 Haushaltungen.

Die Versorgung erfolgt durch einen öffentlichen und 208 Privatbrunnen von 2 m bis 8 m Tiefe mit constantem Wasserstande. Das Wasser ist als Trinkwasser gut. Es ist auch stets in genügender Quantität vorhanden und daher kein Bedürfniss zu einer Aenderung vorhanden.

22. **Konitz** hat 9096 Einwohner in 450 Wohnhäusern und 1460 Haushaltungen.

Die Versorgung erfolgt durch Brunnen, die im Grundwasser abgeteuft sind. Es sind deren 24 öffentliche und ca. 20 private vorhanden. Das Wasser ist weder gut noch genügend. Untersuchungen desselben haben ersteres bestätigt. Aber trotz des entschiedenen Bedürfnisses nach einer Aenderung gestatten die finanziellen Mittel der Commune nicht, eine solche auszuführen.

23. **Schwetz** hat 5964 Einwohner.

Die Versorgung erfolgt ausschliesslich durch gegrabene und gesenkte Brunnen von durchschnittlich 22 m Tiefe mit einem Wasserstande von 1,6 m. Es sind deren 7 für die allgemeine Benutzung und 45 auf Privatgrundstücken vorhanden. Das Wasser ist gut und genügend und eine Aenderung der Versorgung wird nicht beabsichtigt.

Die im Orte bestehende Provinzialirrenanstalt hat ihre eigene Versorgung, für welche das Wasser mittels Dampfpumpen aus einem Brunnen künstlich gehoben wird.

24. **Kulm** hat 9937 Einwohner.

Der hohen Lage der Stadt wegen fehlen Brunnen fast vollständig. Eine seit 1836 bestehende, künstliche Versorgung ist 1867 nach Plänen des Fabrikanten O. P. Oechelhäuser in Berlin für Rechnung der Stadt umgebaut.

Das Wasser wird durch zwei 50 m von einander entfernte Grundbrunnen von 11 m Tiefe, die an dem der Weichsel zugewendeten Fusse des Berges, auf dem die Stadt 45 m hoch über dem Weichselufer liegt, abgeteuft sind, gewonnen. Dasselbe ist theils Quellwasser, theils Grundwasser, welches aus der 2000 m entfernten Weichsel und dem 500 m entfernten Weichselarme Poporoka durch den dazwischen liegenden Sandboden filtrirt wird. Das Wasser ist zum Trinken, Kochen und Waschen und für Industriezwecke gleich gut benutzbar, wenngleich quantitativ sehr beschränkt, da die Ergiebigkeit der Brunnen nur 240 cbm pro Tag beträgt.

Die Förderung des Wassers erfolgt mittels durch Dampfkraft betriebene Pumpen, die dasselbe einem schmiedeeisernen Reservoire von 78 cbm Inhalt zuführen, das in einem 10 m hohen Thurme auf dem Marktplatze der Stadt aufgestellt ist.

Das Wasser gelangt durch 22 öffentliche Brunnen zur allgemeinen Benutzung und wird ferner der Cadettenanstalt und 25 Privaten zugeleitet. Ein unterhalb des Hochreservoirs gelegenes zweites Reservoir wird stets gefüllt gehalten und kann, mit dem Strassenrohrnetze in Verbindung gebracht, 2 bis 3 Feuerspritzen 6 bis 8 Stunden mit Wasser versorgen.

25. **Thorn** hat 20617 Einwohner in 770 Wohnhäusern und ca. 4000 Haushaltungen. Davon entfallen 5200 Einwohner in 250 Wohnhäusern auf die Vorstadt.

In der Stadt bestehen 24 öffentliche und 146 private und in der Vorstadt 14 öffentliche und 75 private Brunnen, die gegraben oder gesenkt sind und deren Wasser im Allgemeinen gut ist. Nur in dem südwestlichen Theile der Stadt ist das Wasser der Grundbrunnen als Trinkwasser absolut unbrauchbar. Untersuchungen des Wassers haben verschiedentlich stattgefunden.

Ferner wird 5 Brunnen im westlichen Theile der Stadt das Wasser mittels einer hölzernen Rohrleitung durch natürliches Gefälle zugeführt, welches aus dem Stadtgraben entnommen wird. Dasselbe durchläuft eine Filterschicht aus gelbem Kies und Steinkohlen, die sich in einem Pfahlwerke befindet und wird in einer gemauerten Cysterne gesammelt. Aus den Brunnen wird das Wasser mittels Handpumpen gehoben. Eine fernere Zuleitung aus gusseisernen Röhren führt, gleichfalls mit natürlichem Gefälle, aus 1000 m Entfernung das in einem hölzernen Reservoir gesammelte Wasser aus einem Bache zu und kommt an 7 öffentlichen Laufbrunnen unter einem Drucke von 3 m bis 5 m zum Ausflusse. Endlich ist seitens der Militärbehörde eine Quelle mit gutem Trinkwasser erbohrt, deren Wasser durch eiserne Röhren der sog. Defensionskaserne zugeführt wird und für diese und für das Criminalgefängniss den Wasserbedarf liefert. Das Bachwasser ist nur Wirthschaftswasser und das aus dem Stadtgraben ist überhaupt schlecht.

Wenngleich Wassermangel niemals eintritt, so ist eine einheitliche Versorgung schon seit Jahren geplant. Es liegen dafür 2 Entwürfe vor, von denen der eine in diesem Jahre zur Ausführung gelangen dürfte. Die zeitweilig abnorme Sterblichkeit wird zum Theil auf das Trinkwasser zurückgeführt, wenngleich andere Ursachen, das enge Zusammenwohnen, Unreinlichkeit, Zuzug kranker Personen etc. nicht ohne Einfluss sein werden.

26. **Graudenz** hat 17321 Einwohner in 821 Wohnhäusern und 3342 Haushaltungen.

Die Versorgung erfolgt durch gesenkte Brunnen aus dem Grundwasser, dessen Wasserstand mit dem der Weichsel übereinstimmt, welche die Stadt direct und in Form eines aus ihr gespeisten Kanals, des Trinkekanals, durchfliesst. Die Brunnen haben 9 m bis 20 m Tiefe bis zur Sohle und 7 m bis 18 m Tiefe bis zum Wasser. Das Wasser genügt in der Quantität, ist aber als Trinkwasser mittelmässig, wie durch Untersuchungen bestätigt ist.

Ausserdem besteht für die Versorgung eine sehr alte, städtische Wasserkunst, mittels welcher eine durch Wasserkraft betriebene Pumpe Grundwasser aus einem gegrabenen Bassin hebt und 3 öffentliche Pumpenbrunnen, sowie eine selbstthätige Einrichtung zum Füllen von Wasserfässern zum Feuerlöschen und Strassensprengen versorgt. Dieses Wasser wird auch 30 Privatgrundstücken zum Haus- und Gewerbebetriebe zugeführt.

Eine bessere Versorgung ist als Bedürfniss erkannt, jedoch ist ein bestimmter Plan dafür noch nicht ins Auge gefasst.

27. **Marienwerder** hat 8238 Einwohner in 574 Wohnhäusern und 1640 Haushaltungen.

Die Versorgung erfolgt durch 109 gegrabene Brunnen mit 2 m bis 2,2 m tiefem, constanten Wasserstande. 16 derselben dienen der allgemeinen Benutzung, 93 befinden sich auf privaten Grundstücken. Ein öffentlicher Brunnen wird durch eingeleitetes Quellwasser gespeist. Das Wasser ist im allgemeinen stets gut, wie mehrfache Untersuchungen bestätigt haben. Es ist auch immer in genügender Menge vorhanden, so dass das Bedürfniss nach einer Aenderung nicht vorliegt.

28. **Strasburg a. D.** hat 5801 Einwohner.

Die Versorgung erfolgt ausser aus dem am Orte vorbeifliessenden Drewenzflusse aus gegrabenen und gesenkten Brunnen mit einem sehr schwankenden Wasserstande von durchschnittlich 1,3 m Tiefe. Es sind 30 Brunnen für öffentliche Benutzung und 7 auf Privatgrundstücken vorhanden. Das Wasser der Brunnen ist gut und genügend und eine Aenderung der Versorgung wird nicht als nöthig erkannt.

C. Provinz Brandenburg.

a) Regierungsbezirk Berlin.

29. **Berlin** hat 1122330 Einwohner.

Für die Versorgung sind 1133 öffentliche Brunnen vorhanden, die aus den mit Wasser gesättigten Sandschichten des Spreethals, welche sich kaum mehr als 3 m über dem Wasserspiegel der Spree erheben, mit geringen Kosten einen unerschöpflichen Wasservorrath erschliessen. Wenn auch die Qualität dieses Wassers sich mit der räumlichen Ausdehnung der Stadt rasch verschlechtert hat, so muss jedes Grundstück nach einer baupolizeilichen Vorschrift heute noch mit einem Brunnen auf dem Hofe versehen sein. In neuerer Zeit sind in mehreren Strassen für den öffentlichen Gebrauch abessynische Brunnen von ca. 30 m Tiefe mit gutem Erfolge angelegt.

Die erste einheitliche Versorgung ist seit 1857 in Betrieb. Sie wurde auf Veranlassung des derzeitigen Polizeipräsidenten v. Hinkeldey, ursprünglich zum Zwecke der Rinnsteinspülung bestimmt, auf Grund einer zeitlich begrenzten Exclusivberechtigung von den Herren Fox und Crampton mit einem ursprünglichen Kostenaufwande von 1 200 000 M. hergestellt, welche dieselbe später einer Actiengesellschaft übertrugen, und ging 1874 in den Besitz der Stadt über, die 1874 bis 1877 durch den Ingenieur Gill, Director der Berliner Wasserwerke, neue Anlagen ausführen liess, welche augenblicklich nach dessen weiteren Plänen in abermaliger, grösserer Entwicklung begriffen sind. Der Buchwerth der sämmtlichen Anlagen beträgt augenblicklich 26 576 300 M. und die tägliche Maximalleistungsfähigkeit kann auf 80 000 cbm gesteigert werden.

Die alte Anlage entnimmt das Wasser aus der Spree, oberhalb der Oberbaumbrücke. Dasselbe wird durch 8 offene Sandfilter von 28 285 qm und 3 überwölbte Filter von 9605 qm Fläche künstlich gereinigt. Die Hebung erfolgt durch Dampfkraft. Die neue Anlage entnimmt das Wasser im Westen der Stadt, 7000 m davon entfernt, aus dem Untergrunde am Ufer des von fiskalischen Forsten umgebenen Tegler Sees mittels 23 Tiefbrunnen, 50 m bis 190 m vom See entfernt, aus den gesättigten Diluvial-Sandablagerungen des Havelbeckens. Die Hebung des Wassers erfolgt auch hier durch Dampfkraft. Diese Anlage ist seit 1877 in Betrieb und es zeigte das von hier gelieferte Wasser nach einjährigem Betriebe einen trüben Zustand. Es war durch schwebende, röthliche Beimengungen verunreinigt, die durch eine in dem Wasser sich ausserordentlich rasch entwickelnde Algenart Crenothrix polispora und gleichzeitige Eisenausscheidung entstehen, welche die Pflanzen panzert und zum Absterben bringt. Alle Vorschläge zur Beseitigung dieses Uebelstandes erwiesen sich als ungenügend und es wurde 1882 beschlossen, die Brunnen zu verlassen und das Wasser direct dem See zu entnehmen und, nachdem es einer künstlichen Sandfiltration unterworfen ist, zur Vertheilung zu bringen. Die Filteranlagen hierfür sind noch im Bau begriffen. Da die jetzigen Anlagen aber auch quantitativ an die Grenze ihrer Leistungsfähigkeit herangerückt sind, so liegt ein neuer Vergrösserungsplan, nach welchem ferner 43 000 cbm pro 24 Stunden künstlich filtrirten Seewassers, an gleicher Stelle entnommen, gewonnen werden sollen, für die eine Hälfte seiner Ausdehnung der Beschlussfassung augenblicklich vor.

Wenngleich bei den verschiedenen Anlagen sieben überwölbte Reservoire mit im Ganzen 45280 cbm Fassungsraum vorhanden sind, so wird doch nur die obere Zone durch ein Vertheilungsreservoir versorgt. Der Druck für diese beträgt 56 m und der für die niedere Zone 48 m. Im Uebrigen ist die Versorgung für Brauch- und Trinkwasser einheitlich und constant und geschieht ohne Anwendung von Hausreservoiren.

Der Anschluss an die Grundstücke ist in den Strassen, in welchen die Kanalisation ausgeführt ist, obligatorisch und es sind Closeteinlässe in die Kanäle nicht nur erlaubt, sondern sogar vorgeschrieben. Die Abgabe des Wassers erfolgt nur durch Messer. Die Hauptleitungen sind im Innern asphaltirt; für die Hausleitungen ist ein bestimmtes Material nicht vorgeschrieben; Schmiedeeisen ist jedoch verboten.

Der gesammte Consum hat 1881/82 22000000 cbm oder durchschnittlich 60274 cbm pro Tag betragen. Das Maximum pro Tag betrug 79067 cbm, das Minimum 45345 cbm. Die Abgabe während eines Monats betrug im Maximum 2163571 cbm und im Minimum 1534017 cbm.

Von dem gesammten Consum entfallen 3778075 cbm auf öffentliche und 18200000 auf Privatzwecke. Für letztere sind 16525 Häuser mit ca. 935435 Einwohnern an die Leitung angeschlossen, während Ende 1873 nur 8114 Grundstücke mit 437864 Einwohnern versorgt wurden und die Wasserabgabe 14500000 cbm im Jahre im Ganzen betrug. Der Verbrauch an Wasser pro Tag und Kopf betrug 1870 110 l, 1874 bis 1877 nach theilweiser Einführung von Wassermessern 90 l bis 93 l und nach der allgemeinen Einführung der Messer im Herbst 1878 für dieses Jahr 78 l pro Kopf. Derselbe fiel 1879 auf 62 l, 1880 auf 63,3 l und 1881 auf 64 l pro Kopf. Da die Abgabe nur nach Messern erfolgt, so sind für die einzelnen privaten Verbrauchszwecke keine Angaben vorhanden.

Zum Strassensprengen wurden im Jahre 1881/82 625436 cbm mittels 130 Sprengwagen täglich vom 1. April bis Ende October für 3870000 qm Strassenfläche verwendet. Die Rinnsteinspülung fand an 275 Tagen durch Hydranten und besondere Spüleinrichtungen statt; es wurden dafür 555684 cbm verbraucht. Für die Kanalspülung sind, theils gemessen, theils geschätzt, 431513 cbm verwendet. Das Rohrnetz ist täglich an 22 Stellen je 30 Minuten gespült und es sind dafür pro Monat im Durchschnitt 15800 cbm verbraucht. Für Feuerlöschzwecke sind im ganzen Jahre 2177 cbm abgegeben. Es sind für diesen Zweck 3762 Hydranten in durchschnittlich 75 m Entfernung aufgestellt. Freibrunnen existiren nicht. 6 öffentliche Springbrunnen haben im Jahre 1881 bei einer täglichen Springzeit von 10 Stunden 207221 cbm Wasser verbraucht. Oeffentliche Badeanstalten sind nicht an die Leitung angeschlossen. Für 81 öffentliche Pissoirs (63 zweiständige und 18 siebenständige) sind zur continuirlichen Spülung 275931 cbm Wasser im Jahre verbraucht.

b) Regierungsbezirk Potsdam.

30. **Wittenberge** hat 9711 Einwohner in ca. 1200 Wohnhäusern und 2000 Haushaltungen.

Die Versorgung erfolgt ausschliesslich durch Flachbrunnen innerhalb des Ortes, deren jedes Haus einen besitzt. Ausserdem sind 16 öffentliche Brunnen vorhanden, die 2 m bis 4 m Tiefe und einen schwankenden Wasserstand haben. Das Wasser ist quantitativ stets genügend und als Trinkwasser ziemlich gut, wie angestellte Untersuchungen bestätigt haben. In der Versorgung der Stadt eine Veränderung eintreten zu lassen, liegt kein Bedürfniss vor.

Für den Bahnhof der Berlin-Hamburger Bahn besteht eine künstliche Versorgung aus einem 400 m von demselben entfernten Brunnen, dessen Wasser durch Dampfkraft gehoben wird.

31. **Perleberg** hat 7825 Einwohner in ca. 1000 Wohnhäusern und 1700 Haushaltungen.

Die Versorgung erfolgt ausschliesslich aus gegrabenen und gebohrten Brunnen, deren 235 auf privaten Grundstücken und 33 zur allgemeinen Benutzung vorhanden sind. Das Wasser genügt quantitativ, ist aber hart und als Trinkwasser theils sehr gut, theils schlecht, wie Untersuchungen desselben bestätigt haben. Eine Aenderung der Versorgung ist kein Bedürfniss.

32. **Pritzwalk** hat 6041 Einwohner.

Die Versorgung erfolgt wahrscheinlich nur aus Pumpenbrunnen im Orte. Mittheilungen darüber zu erhalten war nicht möglich.

33. **Wittstock** hat 6838 Einwohner in 671 Wohnhäusern und 1728 Haushaltungen.

Die Versorgung erfolgt ausschliesslich durch Brunnen, deren 30 für die öffentliche Benutzung vorhanden sind. Das Wasser ist im Durchschnitt als Trinkwasser gut und in stets genügender Menge vorhanden, so dass an eine Aenderung der Versorgung nicht gedacht wird.

34. **Havelberg** hat 7054 Einwohner in ca. 680 Wohnhäusern. Die Versorgung erfolgt direct aus der Havel und aus gegrabenen Brunnen. Ein Wasserwerk ist nicht vorhanden und es liegt auch ein Bedürfniss dafür nicht vor, weil das Brunnenwasser als Trinkwasser gut und in genügender Menge vorhanden ist.

35. **Kyritz** hat 5111 Einwohner in 577 Wohnhäusern und 1159 Haushaltungen.

Die Versorgung erfolgt ausschliesslich durch Brunnen, deren 29 für öffentliche und 215 für private Benutzung vorhanden sind. Das Wasser ist stets in genügender Menge vorhanden und ist als Trinkwasser durchweg brauchbar. An eine Aenderung der Versorgung wird daher nicht gedacht.

36. **Neu Ruppin** hat 13985 Einwohner in 948 Wohnhäusern und 3251 Haushaltungen.

Die Versorgung erfolgt ausschliesslich aus gesenkten und gebohrten Brunnen von ca. 8 m Tiefe mit einem ca. 2,5 m tiefen, constanten Wasserstande. 71 Brunnen sind für die allgemeine Benutzung vorhanden. Die Zahl der privaten Brunnen ist nicht bekannt. Das Wasser ist als Trinkwasser gut, wie Untersuchungen desselben bestätigt haben, und immer genügend vorhanden, so dass das Bedürfniss einer Aenderung nicht vorliegt.

37. **Strassburg i. d. U.** hat 5353 Einwohner in 540 Wohnhäusern und 1257 Haushaltungen.

Brauchwasser ist in dem Stadtsee und in dem Hellteiche in genügender Menge stets vorhanden und leicht zu erhalten. Für Trinkwasser dienen 155 Brunnen, von denen 12 für die allgemeine Benutzung sind. Dieselben sind bei trockenem Wetter häufig leer und es herrscht dann um so mehr ein Mangel an Trinkwasser, weil nur wenige Brunnen wirklich gutes Trinkwasser haben. Eine Untersuchung des Wassers hat nicht stattgefunden. Eine Aenderung der Versorgung wäre sonach sehr wünschenswerth.

38. **Prenzlau** hat 16933 Einwohner in 1159 Wohnhäusern und 3670 Haushaltungen.

Die Versorgung erfolgt ausschliesslich aus gegrabenen und gesenkten Brunnen aus dem Grundwasser des Ortes von bis 25 m Tiefe mit 12 m bis 13 m tiefem, wenig schwankendem Wasserstande. Es sind deren 20 öffentliche und 165 private vorhanden. Das Wasser genügt quantitativ, ist aber als Trinkwasser mittelmässig, wie Untersuchungen bestätigt haben. 2 der öffentlichen Brunnen sind wegen grosser Mengen organischer Substanzen und starken Salpetergehaltes geschlossen. Eine Aenderung der Versorgung ist geplant. Durch einen kürzlich auf 90 m Tiefe in einer Brauerei niedergebrachten Röhrenbrunnen ist Wasser erschlossen, das bis zur Erdoberfläche in die Höhe steigt.

39. **Schwedt a. d. O.** hat 9899 Einwohner in 507 Wohnhäusern und 2250 Haushaltungen.

Die Versorgung erfolgt ausschliesslich aus gesenkten Brunnen, von welchen sich fast auf jedem Grundstücke einer befindet und deren 34 öffentliche vorhanden sind. Das Wasser ist stets gut und auch immer in genügender Quantität vorhanden. Ein Bedürfniss nach einer Aenderung des jetzigen Zustandes wird daher nicht empfunden.

40. **Angermünde** hat 6833 Einwohner.

Die Versorgung erfolgt ausschliesslich durch gegrabene oder gesenkte Brunnen von ca. 10 m Tiefe, deren Wasserstand um 1 m bis 2 m schwankt. Solcher Brunnen sind 33 öffentliche und 198 private vorhanden. Das Wasser ist als Trinkwasser im allgemeinen gut, wie es die Untersuchungen, die zu einem recht befriedigenden Resultate geführt haben, und auch die recht günstigen Gesundheitsverhältnisse des Ortes beweisen. Da auch ein Wassermangel niemals eintritt, so ist die Absicht, eine Aenderung der Versorgung einzuführen, nicht vorhanden.

41. **Eberswalde** hat 11524 Einwohner in 815 Wohnhäusern und 2483 Haushaltungen.

Die Versorgung erfolgt aus 20 öffentlichen und ca. 300 privaten Brunnen von 5 m bis 6 m Tiefe mit einem 2 m bis 2,5 m tiefen Wasserstande. Zwei Brunnen an hochgelegenen Punkten sind auf 22 m bis 25 m Tiefe gesenkt. Der Bahnhof entnimmt das Wasser aus dem Finower Kanal; dasselbe muss 25 m hoch gehoben werden.

Ausserdem dient das Wasser von 6 verschiedenen Quellen, die innerhalb und ausserhalb der Stadt bis auf 200 m Entfernung entspringen, zur Versorgung. Dasselbe wird durch natürliches Gefälle mittels hölzerner, eiserner und zum Theil bleierner Röhren zugeführt und gelangt an 6 öffentlichen Brunnen zur allgemeinen Benutzung. 8 private Grundstücke haben eine Quellwasserzuführung, davon 4 aus städtischen Zuleitungen, jedoch auf Widerruf erhalten. Endlich speist der Schwärzefluss einige die Stadt durchschneidende, theils offene, theils überdeckte Gräben, aus denen das Wasser für Gewerbezwecke entnommen wird, und betreibt zwei grosse Mühlen.

Das Wasser der meisten Brunnen ist gut; einige derselben sind eisenhaltig, andere sind aber auch von zweifelhafter Beschaffenheit, wie Untersuchungen zur Zeit der Choleraepidemie ergeben haben. Der Herstellung einer einheitlichen Versorgung, welche sich aus dem Grundwasser in einem grossen, bewaldeten, mächtigen Kieslager herstellen liesse, das 30 m bis 35 m über dem tiefsten und 15 m bis 20 m über dem höchsten Theile der Stadt liegt, stehen finanzielle Bedenken entgegen.

Der Ort ist Badeort wegen des dort erbohrten sog. Gesundbrunnens, der eisenhaltig ist, über dessen Heilkraft aber Zweifel bestehen.

42. **Rathenow** hat 11394 Einwohner.

Die Versorgung erfolgt ausschliesslich aus 44 öffentlichen und ca. 60 privaten Brunnen. Das Wasser ist als Trinkwasser gut und genügend. In speciellen Fällen vorgenommene Untersuchungen haben die schlechte Qualität auf mangelhafte Beschaffenheit der betreffenden Brunnen zurückführen lassen. Ein Bedürfniss zu einheitlicher Versorgung liegt nicht vor.

43. **Brandenburg** hat 29066 Einwohner in 1973 Wohnhäusern und 6729 Haushaltungen.

Für Wirthschafts- und Fabricationszwecke wird das Wasser der Havel entnommen. Für Trinkwasser dienen 85 öffentliche und ca. 800 private Brunnen von durchschnittlich 3 m Tiefe. Der Grundwasserstand schwankt um 2,5 m. Das Wasser ist ziemlich gut und nur bei starken Schwankungen im Grundwasserstande ungenügend. Bei einzelnen Brunnen ist eine Verunreinigung durch Leuchtgas, sowie starker Gehalt an organischer Substanz und Salpetersäure nachgewiesen. Ein Mangel an Wasser tritt nicht ein und es ist daher ein Antrag auf Errichtung einer einheitlichen Versorgung von der Stadtverordneten-Versammlung abgelehnt.

44. **Nauen** hat 7124 Einwohner in 618 Wohnhäusern und 1565 Haushaltungen.

Eine allgemeine Versorgung ist nicht vorhanden. Das Wasser wird ausschliesslich gegrabenen Brunnen entnommen, von welchen 283 private und 22 öffentliche vorhanden sind. Das Wasser ist stets genügend und als Trinkwasser gut, so dass ein Bedürfniss zu einer Aenderung nicht vorliegt.

45. **Potsdam** hat 48447 Einwohner in 2196 Wohnhäusern und 10910 Haushaltungen.

Für die Versorgung bestehen 162 gegrabene Pumpenbrunnen zur allgemeinen Benutzung. Die Zahl der privaten Brunnen ist nicht bekannt. Die Brunnen haben einen 2,5 m tiefen, constanten Wasserstand. Das Wasser derselben ist, wenn auch stets genügend vorhanden, doch zeitweise schlecht, wie die Untersuchung einzelner Brunnen bestätigt hat.

Seit 1876 ist die Anlage für eine einheitliche Versorgung in Benutzung, die Eigenthum einer englischen Actiengesellschaft, der „City of Potsdam Water Works Company“, ist. Die Anlage hat einen Kostenaufwand von 2191580 M. verlangt und ist für eine tägliche Maximalleistung von 6000 cbm bestimmt.

Das Wasser wird am Ufer des Jungfernsees (Havel) im Weichbilde der Stadt und 4200 m von deren Mittelpunkte entfernt durch 10 Röhrenbrunnen von 25 m bis 40 m Tiefe erschlossen und durch Dampfkraft in ein 34,7 m höher als der Gewinnungspunkt gelegenes Reservoir gepumpt. Eine künstliche Reinigung findet nicht statt.

Das Reservoir liegt 1000 m von der Pumpstation und 3200 m vom Mittelpunkte der Stadt entfernt, ist gemauert, überwölbt, in den Boden versenkt und hat einen Fassungsraum von 4500 cbm. Der Druck in dem Versorgungsgebiet schwankt zwischen 37 m und 26 m.

Die Versorgung erfolgt einheitlich für Brauch- und Trinkwasser, constant und ohne Hausreservoire. Der Anschluss der Häuser ist nicht obligatorisch. Das Wasser für den Hausgebrauch wird, wenn solches auch nicht vorgeschrieben ist, meist nach Messern bezahlt. Für Hausleitungen ist kein bestimmtes Material vorgeschrieben; es sind jedoch meistens Bleiröhren in Benutzung. Die Hauptleitungen sind innen asphaltirt. Die Stadt ist theilweise kanalisirt; Closeteinlässe sind jedoch verboten.

Die gesammte Abgabe hat 1882 301426 cbm betragen. Der grösste Monatsconsum fand im Juli mit 37650 cbm, der geringste im Februar mit 14524 cbm statt. Der stärkste Tagesverbrauch (am 18. Juli) betrug 2040 cbm und der schwächste (am 1. Februar) 390 cbm.

Für öffentliche Zwecke sind 1882 27425 cbm verwendet worden. Im Laufe des Jahres wurden 19148 cbm an 71 Tagen zum Strassensprengen mittels Sprengfässern, 8277 cbm zum Rinnsteinspülen durch Hydranten entnommen und 15765 cbm zum Spülen des Rohrnetzes benutzt. Für Feuerlöschzwecke dienen 280 Hydranten, in durchschnittlich

60 m Entfernung aufgestellt. Oeffentliche Springbrunnen, Freibrunnen, öffentliche Pissoirs und öffentliche Badeanstalten erhalten kein Wasser aus der Leitung.

650 Privatgrundstücke bezogen im Jahre 1882, durch Messer bestimmt, 217 820 cbm Wasser.

Der seit 1878 stark zugenommene Gehalt des Leitungswassers an Eisen und Chlornatrium hat zum Bohren von 2 neuen Brunnen von 175 mm Durchmesser und 40,5 m Tiefe, deren Sauger in 6 m Tiefe in grobem Quarzkies und grobem Quarzsande stehen, veranlasst.

46. **Spandau** hat 29 311 Einwohner in 1150 Wohnhäusern und 6047 Haushaltungen.

Die Versorgung erfolgt ausschliesslich aus gegrabenen und gebohrten Brunnen. 65 solcher sind für die allgemeine Benutzung vorhanden. Die Zahl der auf Privatgrundstücken befindlichen ist nicht bekannt. Das Wasser ist als Trinkwasser gut, wie theilweise angestellte Untersuchungen bestätigt haben. Ein Mangel an Wasser tritt nie ein und ein Bedürfniss zu einer Aenderung liegt nicht vor.

47. **Charlottenburg** hat 30 483 Einwohner in 2230 Wohnhäusern und 7861 Haushaltungen.

Die Versorgung erfolgt durch die Actiengesellschaft „Charlottenburger Wasserwerke“, deren Anlage, durch den Ingenieur F. Schmetzer, jetzt in Frankfurt a. d. Oder, ausgeführt, seit 1873 in Betrieb ist. Die Kosten der ersten Anlagen sollen 3 600 000 M. betragen haben; der jetzige Buchwerth beläuft sich auf ca. 890 000 M. Die Maximalleistungsfähigkeit des Werkes beträgt pro Tag 8000 cbm.

Das Wasser wird aus 10 Brunnen mit 27 m bis 36 m tiefer Sohle und einem 3 m tiefen Wasserstande im Grunewald, 11 m bis 90 m vom Teufelsee entfernt, gewonnen und durch Dampfkraft 56 m hoch gehoben. Es wird durch eiserne Leitungen dem 3900 m von der Gewinnungsstelle entfernt in Westend gelegenen Hochreservoire zugeführt, das aus Schmiedeeisen besteht, auf künstlichem Unterbau unter Dach aufgestellt ist und 1000 cbm Inhalt hat. Der höchste Wasserstand desselben liegt 28 m über Westend und 50 m über Charlottenburg.

Die Versorgung erfolgt einheitlich für Brauch- und Trinkwasser, constant und ohne Hausreservoire. Der Anschluss an die Leitung ist nicht obligatorisch, wohl aber die Aufstellung von Wassermessern für diese Anschlüsse. Die Kanalisation der Stadt ist nur zum Theil ausgeführt; in dieselbe sind Closeteinlässe und Hausanschlüsse gestattet.

Die Gesammtabgabe hat 1881/82 vom 1. bis zum 1. October 539 307 cbm betragen und zwar am stärksten Verbrauchstage (19. Juli) 3589 cbm und am schwächsten Verbrauchstage (30. October) 649 cbm. Der grösste Monatsconsum fand im Juli mit 70 953 cbm und der geringste im November mit 27 626 cbm statt.

Für Privatzwecke sind 1881/82 an 501 Grundstücke 470 000 cbm abgegeben. Da die Abgabe nur nach Messern erfolgt, so fehlen Notizen über die privaten Gebrauchszwecke.

Die öffentlichen Gebäude haben im Jahre 1881/82 2120 cbm verbraucht. Zum Strassensprengen sind 14 500 cbm verwendet; dasselbe fand mittels Sprengfässern an 120 Tagen auf 3200 m Strassenlänge und 45 000 qm Strassenfläche statt. Für Feuerlöschzwecke sind im Jahre 500 cbm verbraucht; es sind dafür 222 Hydranten in 100 m bis 120 m Entfernung unter Flur, mit Entwässerung versehen, aufgestellt. Freibrunnen, öffentliche Fontainen und öffentliche Pissoirs sind nicht mit der Leitung verbunden. Eine Privatbadeanstalt für den allgemeinen Gebrauch mit 4 Wannen hat 1650 cbm im Jahre consumirt. Zur Spülung des Rohrnetzes sind im Jahre 1881/82 50 000 cbm verwendet. Besondere Rinnstein- und Kanalspülung findet aus der Leitung nicht statt.

48. **Bernau** hat 6744 Einwohner in 424 Wohnhäusern nnd 1647 Haushaltungen.

Die Versorgung erfolgt ausschliesslich aus gegrabenen und gebohrten Brunnen, deren 32 für öffentliche Zwecke und 203 auf privaten Grundstücken vorhanden sind. Dieselben haben eine Tiefe von 8 m bis 9 m bei einer 5 m bis 6 m schwach schwankenden Tiefe des Wasserstandes. Das Wasser genügt quantitativ, hat aber als Trinkwasser nur einen mittleren Werth, wie Untersuchungen in einzelnen Fällen bestätigt haben. An eine Aenderung der Versorgung wird nicht gedacht.

49. **Freienwalde a. O.** hat 6463 Einwohner in ca. 460 Wohnhäusern und 1600 Haushaltungen.

Eine künstliche Zuleitung von Wasser besteht nicht; es erfolgt die Versorgung vielmehr ausschliesslich aus 21 gegrabenen Brunnen, die der allgemeinen Benutzung dienen. Das Wasser derselben ist gut und genügend. Untersuchungen desselben sind nicht vorgenommen. Zu einer Aenderung liegt kein Bedürfniss vor.

50. **Wriezen** hat 7208 Einwohner in 617 Wohnhäusern und 1750 Haushaltungen.

Für die Versorgung dienen 500 private und 25 öffentliche Pumpenbrunnen, die gegraben und gebohrt sind. Sie haben durchschnittlich

12,5 m Tiefe und einen 9,5 m tiefen, constanten Wasserstand. Das Wasser ist in stets genügender Menge und als Trinkwasser qualitativ genügend vorhanden, wie Untersuchungen bestätigt haben. Für eine Aenderung liegt kein Bedürfniss vor.

51. **Straussberg** hat 6647 Einwohner in 375 Wohnhäusern und 1271 Haushaltungen.

Die Versorgung erfolgt aus 18 öffentlichen und 180 privaten Brunnen, die auf 10 m bis 20 m Tiefe gesenkt sind und einen 6 m bis 16 m tiefen, constanten Wasserstand haben. Das Wasser ist in stets genügender Quantität vorhanden und wird mit dem Prädikate „durchschnittlich“ als Trinkwasser bezeichnet. Untersuchungen desselben sind nicht vorgenommen.

52. **Köpnick** hat 8924 Einwohner in 367 Wohnhäusern und 2052 Haushaltungen.

Die Versorgung erfolgt aus den den Ort berührenden Wasserläufen, der Spree und der Dahme, sowie aus 7 öffentlichen und ca. 200 gegrabenen Privatbrunnen von 4 m Tiefe mit einem ca. 2 m tiefen, nicht schwankenden Wasserstande. Das Wasser ist stets in genügender Menge vorhanden; jedoch nur das aus wenigen Brunnen ist als gutes Trinkwasser zu bezeichnen. Bei einer Untersuchung von 4 Brunnen wurde das von zweien als der Gesundheit nachtheilig gefunden. Vorgekommene Typhusfälle sind auch auf das Trinkwasser zurückgeführt. Die Absicht, eine Veränderung in der Versorgung einzuführen, liegt jedoch nicht vor.

53. **Luckenwalde** hat 14706 Einwohner in 1046 Wohnhäusern und 3486 Haushaltungen.

Die Versorgung erfolgt ausschliesslich durch gegrabene und gebohrte Brunnen. Im Ganzen sind solcher 748 vorhanden, von denen 15 für die allgemeine Benutzung dienen und 733 sich auf Privatgrundstücken befinden. Das Wasser ist im Allgemeinen als Trinkwasser gut; Untersuchungen desselben haben nicht stattgefunden. Mangel an Wasser existirt nie und die jetzige Versorgung genügt daher vollkommen.

54. **Jüterbock** hat 6955 Einwohner in 718 Wohnhäusern und 1637 Haushaltungen.

Die Versorgung erfolgt ausschliesslich aus gegrabenen Brunnen, deren 33 öffentliche vorhanden sind. Die Zahl der privaten Brunnen ist nicht bekannt. Das Wasser ist quantitativ genügend und als Trinkwasser gut, wenngleich besondere Untersuchungen darüber nicht angestellt sind. Eine Aenderung des jetzigen Zustandes wird nicht beabsichtigt.

55. **Dahme** hat 5400 Einwohner in 427 Wohnhäusern und 1259 Haushaltungen.

Die Versorgung erfolgt ausschliesslich durch gegrabene und gebohrte Grundbrunnen von 5 m bis 6 m Tiefe mit einer constanten Wassertiefe von 4 m bis 5 m unter Terrain. Es sind deren 21 für die allgemeine Benutzung und 78 auf privaten Grundstücken vorhanden. Das Wasser ist als Trinkwasser sehr gut, wie durch Untersuchungen vielfach bestätigt ist. Auch existirt niemals Mangel an Wasser, so dass an eine Aenderung nicht gedacht wird.

c. Regierungsbezirk Frankfurt.

56. **Arnswalde** hat 7358 Einwohner in 600 Wohnhäusern und 1690 Haushaltungen.

Die Versorgung erfolgt ausser durch eingeleitetes Quellwasser durch 20 öffentliche und 180 private Brunnen. Das Brunnenwasser wird als zeit- und theilweise schlecht bezeichnet und es hat eine Untersuchung desselben ein wenig erfreuliches Resultat ergeben. Ein Wassermangel tritt jedoch nie ein, so dass die Absicht zu einer Veränderung nicht vorliegt.

57. **Königsberg i. Neum.** hat 6568 Einwohner in 493 Wohnhäusern und 1352 Haushaltungen.

Die Versorgung erfolgt ausschliesslich durch gegrabene Brunnen. Von diesen sind 24 öffentliche und ungefähr 100 private vorhanden. Wassermangel tritt nie ein. Das Wasser einzelner Brunnen ist gut, das anderer mehr oder weniger geniessbar. Auf Grund von vor einigen Jahren vorgenommenen Untersuchungen sind einige Brunnen geschlossen. Eine Aenderung des jetzigen Zustandes wird nicht beabsichtigt.

58. **Soldin** hat 6167 Einwohner in 451 Wohnhäusern und 1265 Haushaltungen.

Die Versorgung erfolgt durch 25 öffentliche und 30 private Brunnen. Wassermangel ist nie eingetreten. Von den Brunnen geben jedoch nur wenige ein gutes Trinkwasser, vielmehr ist das Wasser der meisten Brunnen schlecht und trübe. Dem schlechten Trinkwasser ist auch die vor einigen Jahren im Orte herrschende Diphtheritisepidemie zugeschrieben. Dieselbe ist jedoch erloschen, ohne dass eine Aenderung in der Beschaffenheit des Trinkwassers vorher eingetreten wäre. Ein Bedürfniss zu einer anderen Versorgung wird nicht anerkannt. Trotzdem sind eingehende Untersuchungen der Brunnenwässer im Gange.

59. **Friedeberg i. d. Neum.** hat 6381 Einwohner.

Das Wasser wird ausschliesslich aus gesenkten Brunnen entnommen, deren Wasserstand zwischen 8 m und 16 m schwankt. Es sind deren 21 für die allgemeine Benutzung und 28 auf Privatgrundstücken vorhanden. Das Wasser ist als Trinkwasser durchweg gut, wie durch Untersuchungen bestätigt ist. Wassermangel tritt nie ein und das Bedürfniss nach einer Aenderung wird nicht empfunden.

60. **Landsberg a. d. Warthe** hat 23612 Einwohner in ca. 1400 Wohnhäusern und gegen 5000 Haushaltungen.

Die Versorgung erfolgt durch 67 öffentliche und ca. 300 private Brunnen. Dieselben sind 7 m bis 8 m tief und haben einen constanten Wasserstand. Das Wasser der Brunnen in der Stadt ist gut, in der Vorstadt jenseits der Warthe jedoch schlecht. Ein Mangel an Wasser existirt nie und trotzdem einige Wasseruntersuchungen schädliche Bestandtheile nicht nachgewiesen und der Gesundheitszustand kein abnormaler ist, ist der Wunsch zu einer einheitlichen Versorgung vorhanden, wenn auch ein bestimmter Plan dafür noch nicht ins Auge gefasst ist.

61. **Fürstenwalde** hat 10781 Einwohner in 866 Wohnhäusern und ca. 3000 bis 3500 Haushaltungen.

Die Versorgung erfolgt ausschliesslich aus Pumpenbrunnen, die theils gesenkt, theils gebohrt sind. Es sind deren 32 öffentliche und ca. 450 private vorhanden, die bei einer Tiefe von bis zu 9 m einen Wasserstand von bis zu 6 m unter Terrain haben. Das Wasser ist quantitativ stets genügend und als Trinkwasser gut, wie Untersuchungen bestätigt haben, so dass an eine Aenderung nicht gedacht wird.

62. **Frankfurt a. Oder** hat 51147 Einwohner in 2273 Wohnhäusern und 11711 Haushaltungen.

In der Stadt sind 102 öffentliche und 227 private Brunnen von ca. 6,50 m Tiefe mit wenig schwankendem Wasserstande vorhanden. Das Wasser ist durchschnittlich gut. Brunnenuntersuchungen haben in den letzten Jahren mehrfach stattgefunden und bei ungenügendem Befunde zu Neuanlagen oder Verlegen einzelner Brunnen geführt.

Ausser dieser Versorgung besteht eine einheitliche Anlage, die Eigenthum einer Actiengesellschaft: „Wasserwerk zu Frankfurt a. d. O.“ ist und vom Ingenieur F. Schmetzer dort mit einem ursprünglichen Kostenaufwande von 1050000 M. hergestellt wurde. Dieselbe ist seit 1874 in Betrieb und hatte Ende 1882 einen Buchwerth von 769264 M. Die Maximalleistungsfähigkeit der Anlage ist zu 8000 cbm pro Tag angenommen.

Im Weichbilde der Stadt, ca. 300 m von der Oder entfernt, ist durch Brunnen und Sammelkanäle Grundwasser erschlossen, das durch Dampfkraft gehoben wird. Es sind 2 Reservoire, ein gemauertes, überwölbtes und in den Boden versenktes von 1200 cbm Inhalt und ein schmiedeeisernes und auf künstlichem Unterbau unter Dach aufgestelltes von 400 cbm Inhalt vorhanden, von denen das eine 49 m, das andere 70 m mit dem höchsten Wasserstande über dem Gewinnungspunkte des Wassers liegt. Beide liegen 800 m davon entfernt.

Die Versorgung erfolgt einheitlich für Trink- und Brauchwasser, aber in 2 Druckzonen, da die bebauten Strassen um 38 m in der Höhenlage differiren. Die Abgabe erfolgt constant und ohne Hausreservoire. Der Anschluss der Häuser, sowie die Benutzung von Wassermessern für diese Anschlüsse ist nicht obligatorisch. Die Zahlung für das Wasser zum Hausgebrauche erfolgt nach dem Miethwerthe. Eine Kanalisation der Stadt ist nur theilweise ausgeführt; Hausanschlüsse an dieselbe sind gestattet, Closeteinlässe aber verboten. Die Hauptrohre sind innen asphaltirt. Für die Hausleitungen ist ein Material nicht vorgeschrieben.

Die Gesammtabgabe hat 1882 626 479 cbm betragen und zwar am meisten im Monat Juli, nämlich 66 367 cbm und am wenigsten im Monat Februar, nämlich 42 914 cbm. Der grösste Tagesconsum betrug 1480 cbm in der Hochdruck- und 1403 cbm in der Niederdruckzone; der geringste Tagesconsum war 899 cbm resp. 817 cbm.

Zum Strassensprengen mittels Sprengfässern sind im Laufe des Jahres 3640 cbm und zur Rinnsteinspülung mittels der Hydranten sind 4660 cbm verwendet. Die Eisenbahnen haben im Jahre 166 560 cbm Wasser bezogen. 177 Hydranten, in durchschnittlich 70 m Entfernung unter Flur aufgestellt, mit Selbstentleerung versehen, werden zum Spritzen bei einem Brande direct benutzt. Oeffentliche Springbrunnen, öffentliche Pissoirs und Badeanstalten zur allgemeinen Benutzung werden nicht aus der Leitung gespeist; wohl aber ein Freibrunnen, für welchen das Abgabequantum nicht angegeben ist.

620 Häuser mit ca. 14 000 Bewohnern haben im Jahre 310 000 cbm Wasser zum Hausgebrauch durch Anschluss an die Leitung erhalten, während für Industrie- und Gewerbszwecke 130 000 cbm, davon 120 000 cbm durch Messer ausser dem vorstehend für die Eisenbahnen angegebenen Consum verabfolgt sind.

63. **Küstrin** hat 14 069 Einwohner in 646 Wohnhäusern und 2980 Haushaltungen.

Die Versorgung erfolgt durch 30 öffentliche und ca. 300 private Brunnen, deren Wasserstand mit dem Hochwasser veränderlich ist. Das Wasser in der alten Stadt (Festung) ist meistens schlecht und es haben Wasseruntersuchungen vor einigen Jahren zur theilweisen Schliessung von Brunnen geführt, die man mit dem Anschlage „Ungesundes Trinkwasser“ gekennzeichnet hat. Trotzdem die Sterblichkeit früher bedeutender als jetzt gewesen ist, liegt die Absicht zu einer besseren Versorgung vor, ohne dass sie schon zu einem bestimmten Plane gediehen wäre.

64. **Sonnenburg** hat 6298 Einwohner in 428 Wohnhäusern und 1220 Haushaltungen.

Die Versorgung erfolgt nur durch Brunnen, deren Wasser quantitativ immer genügend und als Trinkwasser gut ist. Es sind 33 öffentliche und etwa 400 private Brunnen vorhanden. Eine Aenderung wird nicht beabsichtigt.

65. **Drossen** hat 5357 Einwohner in 495 Wohnhäusern und 1279 Haushaltungen.

Die Versorgung erfolgt ausschliesslich durch gegrabene Brunnen von 3 m bis 4 m Tiefe mit einem nur wenig schwankenden Wasserstande. Es sind deren 27 öffentliche und 70 private vorhanden. Das Wasser ist als Trinkwasser gut und stets in genügender Menge vorhanden und daher ist eine anderweitige Beschaffung nicht beabsichtigt.

66. **Zielenzig** hat 5880 Einwohner in 591 Wohnhäusern und 1424 Haushaltungen.

Die Versorgung erfolgt ausschliesslich aus 31 öffentlichen und 148 privaten Brunnen, welche theils gegraben, theils gebohrt sind und einen constanten Wasserstand haben. Das Wasser ist im Allgemeinen gut und stets in genügender Menge vorhanden. Eine Untersuchung desselben hat nicht stattgefunden. Das Bedürfniss nach einer Aenderung liegt nicht vor.

67. **Schwiebus** hat 8296 Einwohner.

Die Versorgung erfolgt wahrscheinlich nur aus Pumpenbrunnen im Orte. Eine Auskunft darüber zu erlangen, war nicht möglich.

68. **Züllichau** hat 7538 Einwohner in 779 Wohnhäusern und 1709 Haushaltungen.

Die Versorgung erfolgt ausschliesslich aus gesenkten Brunnen, deren Zahl nicht bekannt ist. Mangel an Wasser tritt nie ein und dasselbe ist durchschnittlich gut, wie eine Untersuchung desselben durch die Militär-Medicinal-Abtheilung des Kriegsministeriums in

Berlin ergeben hat. Eine Aenderung der Versorgung wird nicht beabsichtigt.

69. **Krossen** hat 6746 Einwohner in 500 Wohnhäusern.

Die Versorgung erfolgt durch Quellwasser, welches 2500 m vom Orte entfernt in der Feldmark von Russdorf am linken Thalhange des alten Oderufers im Sandboden erschlossen ist und durch natürliches Gefälle mittels hölzerner Röhren und im Orte selbst mittels Thonröhren zugeführt wird. Ausser zur allgemeinen Benutzung dient es auch 5 Privatgrundstücken, in die es eingeleitet wird. Das Wasser ist als Trinkwasser gut, gibt aber zeitweise einen torfartigen Bodensatz. Einer Untersuchung ist es bislang nicht unterzogen worden. Mangel an Wasser existirt nie und es ist das Bedürfniss nach einer Aenderung daher nicht empfunden.

70. **Guben** hat 25840 Einwohner in 1943 Wohnhäusern und 7803 Haushaltungen.

Für die Versorgung bestehen gegrabene und gesenkte Brunnen, deren 48 für die allgemeine Benutzung dienen und ca. 750 auf Privatgrundstücken vorhanden sind. Dieselben haben je nach ihrer Lage eine Tiefe von 2 m bis zu 29 m. Der Grundwasserstand ist wenig veränderlich. Die Qualität des Brunnenwassers ist je nach der Lage derselben sehr verschieden. Eine Untersuchung des Wassers findet periodisch statt und es werden mangelhafte Brunnen verbessert oder geschlossen. Mangel an Wasser existirt in den Brunnen nie.

Die alte, innere Stadt hat ausserdem eine künstliche Versorgung mit Brauchwasser. Dasselbe wird der Neisse unmittelbar am Orte entnommen und keiner vorherigen künstlichen Reinigung vor der Vertheilung unterzogen. Die frühere Stadtmühle hat nämlich die Verpflichtung, 1 cbm Wasser pro Minute in ein über einer dafür vorhandenen Pumpe in 8 m Höhe aufgestelltes Blechbassin von 3,25 cbm Inhalt zu heben. Von hier findet die Vertheilung des Wassers mittels einer der Stadt gehörigen, gusseisernen Rohrleitung statt. Das Wasser wird für öffentliche Zwecke benutzt und gelangt an 5 continuirlich laufenden und 8 mit Selbstabschluss versehenen Freibrunnen zur allgemeinen Benutzung, Für Feuerlöschzwecke sind 8 Hydranten vorhanden. An die Leitung sind ferner 95 Grundstücke angeschlossen. Auf 20 derselben wird das Wasser ausser zum Hausgebrauche auch zum Gewerbebetriebe benutzt. 7 Privatspringbrunnen sind angeschlossen. Für das Wassergeld sind feste Taxen maassgebend.

Die Herstellung einer einheitlichen Versorgung ist schon länger beabsichtigt. Zwei Projecte sind dafür aufgestellt; das eine, auf umfassenden Grundwasserbohrungen beruhend, kämpft noch mit dem anderen, welches aus 15000 m Entfernung das Quellwasser eines Sees mit natürlichem Gefälle zuleiten will.

71. **Lüben** hat 5818 Einwohner in 423 Wohnhäusern und 1328 Haushaltungen.

Für die Versorgung dienen gegrabene und gesenkte Brunnen von 3 m bis 5 m Tiefe. Es sind deren 6 für die allgemeine Benutzung und 30 auf privaten Grundstücken vorhanden.

Seit 1876 besteht ferner eine einheitliche Versorgung, die für Rechnung der Stadt vom Gasinspector Schütze mit einem Kostenaufwande von 43197 M. hergestellt ist.

Das Wasser wird 1100 m von der Stadt entfernt auf der Brunnenwiese durch 3 m bis 4 m tiefe Brunnen als Quellwasser gewonnen, 2000 m vom nächsten Wasserlaufe entfernt. Durch natürliches Gefälle mittels gusseiserner Röhren, die innen asphaltirt sind, wird es von einem Reservoire von 240 cbm Inhalt aus, das 980 m von der Stadt entfernt und 5 m höher als diese liegt, derselben zugeführt. Es gelangt hier jedoch nur in den unteren Stockwerken zum Auslaufe.

Das Wasser dient einheitlich als Trink- und Brauchwasser, ohne Anwendung von Hausreservoiren. Die Abgabe erfolgt durch 16 Freibrunnen für die allgemeine Benutzung. Eine Einleitung auf Privatgrundstücke findet statt, jedoch ohne dass dafür Wassergeld erhoben wird. Für die Hausleitungen wird Bleirohr und verzinktes Schmiedeeisen-Rohr verwendet. 95 Privatgrundstücke sind an die Leitung angeschlossen.

12 Hydranten in 150 m Entfernung sind für Feuerlöschzwecke aufgestellt. Für die Rinnsteinspülung sind 15 Spülhähne vorhanden, die vom April bis zum November constant laufen; jeder Hahn spült 50 m bis 400 m Rinnenlänge. Die Stadt ist nicht kanalisirt.

Ueber die Ergiebigkeit der Quellen und den Wasserverbrauch im Allgemeinen und Speciellen fehlen alle Angaben; statt dessen heisst es, dass Wassermangel nie eintritt. Das Wasser ist als Trinkwasser gut, wenn auch etwas eisenhaltig, wie ein Ausscheiden von Eisenoxydhydrat bei längerem Stehen anzeigt. Eine einmalige Untersuchung des Wassers hat zu einem befriedigenden Resultate geführt.

72. **Finsterwalde** hat 7300 Einwohner in 528 Wohnhäusern und 1609 Haushaltungen.

Die Versorgung erfolgt ausschliesslich aus 28 öffentlichen und 263 privaten Brunnen. Von letzteren sind 151 gesenkt und 112 gebohrt. Sie haben 7 m bis 11 m Tiefe mit einem 3,8 m bis 7,8 m tiefen, constanten Wasserstande. Das Wasser ist nicht untersucht und es herrscht steter Mangel daran.

73. **Kottbus** hat 25 584 Einwohner auf 1459 Grundstücken.

Die Versorgung erfolgt durch gesenkte Brunnen mit eisernen oder hölzernen Röhrenpumpen. Es sind deren 56 für die öffentliche Benutzung und ca. 1200 auf privaten Grundstücken vorhanden. Sie haben 7 m bis 8 m Tiefe mit einem ca. 2 m tiefen Wasserstande, welcher nicht variabel ist.

Zum Gewerbebetriebe wird Spreewasser künstlich zugeleitet und es sind dafür kupferne Leitungen von 100 mm Durchmesser und bis zu 500 m Länge vorhanden. Einzelne Hausbesitzer haben für ihre Versorgung durch Gaskraftmaschinen aus Brunnen gespeiste Pumpen verwendet, die das Wasser in unter dem Dache aufgestellte eiserne Reservoire fördern. Zu den Rohrleitungen wird Blei verwendet. Endlich ist ein durch Wasserkraft getriebenes Druckwerk an der Stadtmühle als Wasserstation für die freiwillige Feuerwehr errichtet.

Das Brunnenwasser ist als Trinkwasser gut, was durch verschiedene Untersuchungen bestätigt ist. Ein Wassermangel tritt nie ein und es liegt die Absicht zu einer einheitlichen Versorgung der Mittellosigkeit der Gemeinde wegen nicht vor.

74. **Spremberg** hat 11 338 Einwohner in 650 Wohnhäusern und 2300 Haushaltungen.

Die Versorgung erfolgt durch Pumpenbrunnen von 6 m bis 7 m Tiefe aus dem Grundwasser des Ortes. Es sind deren 22 öffentliche und 200 bis 250 private vorhanden. Das Wasser ist frisch und klar und von mässiger Härte, allerdings etwas eisenhaltig.

Für das frühere herzogliche Schloss, das jetzige Gerichtsgebäude, besteht ferner eine Zuführung von Quellwasser mittels hölzerner und bleierner Röhren aus 400 m Entfernung durch natürliches Gefälle. Eine einheitliche Versorgung herzustellen liegt kein Bedürfniss vor.

75. **Forst** hat 16 124 Einwohner in 850 Wohnhäusern und 3848 Haushaltungen.

Die Versorgung erfolgt ausser aus dem die Stadt durchfliessenden Neisse-Arme durch gegrabene Pumpenbrunnen von 4 m bis 6 m Tiefe mit einem 2 m bis 3 m tiefen, wenig schwankenden Wasserstande. Auf privaten Grundstücken sind von solchen Brunnen 250 bis 300 Stück vorhanden; für öffentliche Benutzung dienen deren 24 Stück. Das Wasser der Brunnen ist als Trinkwasser mittelmässig. Das Wasser der öffentlichen Brunnen ist untersucht. Mangel an Wasser tritt nie ein und an eine Aenderung der Versorgung wird nicht gedacht.

76. **Sommerfeld** hat 11073 Einwohner.

Schon seit mehreren Jahrhunderten besass die Stadt eine aus hölzernen Röhren hergestellte Wasserleitung, die aus 2000 m Entfernung Quellwasser aus dem Dominium Dölzig mit natürlichem Gefälle zuführte.

1866 ist auf Kosten der Stadt durch den Ingenieur Umlauf in Sorau mit einem Kostenaufwande von 66000 M. die Fassung dieser Quellen durch 5 neue Sammelbrunnen verbessert und das Wasser mittels einer Eisenrohrleitung einem in der Vorstadt aufgestellten eisernen Reservoire von 175 cbm Fassungsraum zugeführt. Die Leistung dieser Anlage betrug 1000 cbm pro 24 Stunden.

1881 ist durch den Stadtbaumeister Radoff ein fernerer Umbau ausgeführt, der die Leistung auf 1500 cbm gebracht hat. Auch ist ein gemauertes und überwölbtes Reservoir von 500 cbm Fassungsraum, dessen Wasserstand 20 m höher als der Ort liegt, hergestellt. Die Versorgung erfolgt einheitlich für Brauch- und Trinkwasser ohne Hausreservoire. Anschlüsse der Häuser und Wassermesser für solche Anschlüsse sind nicht obligatorisch. Die Zahlung für das Wasser erfolgt nach Messern zum Preise von 10 Pf. pro cbm oder nach Schätzung.

An die Leitung sind 128 Häuser mit 189 Haushaltungen angeschlossen, welche im Jahre 1882 32600 cbm Wasser verbraucht haben, von welchem Quantum 4800 cbm durch 14 Messer bestimmt sind. 7 Badeeinrichtungen, 3 Closets, 2 Privatpissoirs mit 4 Ständen und 3 Privatspringbrunnen werden aus der Leitung gespeist.

Für öffentliche Zwecke sind 25 Freibrunnen vorhanden. Auch wird ein öffentlicher Springbrunnen aus der Leitung versorgt. Das Wasser ist sehr eisenhaltig, so dass zuziehende Fremde sich erst nach und nach daran gewöhnen müssen.

77. **Sorau** hat 13918 Einwohner in 955 Wohnhäusern und 3314 Haushaltungen.

Die Versorgung erfolgt seit 1874 durch eine Anlage, die für Rechnung der Stadt von der Continental-Actiengesellschaft für Gas- und Wasseranlagen in Berlin mit einem Kostenaufwande von 142000 M. hergestellt ist nnd eine Leistungsfähigkeit von 500 cbm pro Tag hat.

Das Wasser wird 1000 m vom Orte entfernt durch 10 Quellenbrunnen erschlossen und einem Sammelbrunnen zugeführt, aus welchem es durch Dampfkraft gehoben und mittels gusseiserner Röhren einem in einem Thurme in der Stadt unter Dach aufgestellten Reservoire von 50 cbm Inhalt auf 30 m Höhe zugeführt wird. Die Stadt selbst liegt 30 m bis 45 m niedriger als das Reservoir.

Die Versorgung ist für Trink- und Brauchwasser gemeinschaftlich. Eine Abgabe des Wassers für den Haus- und kleinen Gewerbebetrieb findet gegen Zahlung, jedoch nur nach Messern, statt. Eine Kanalisation des Ortes existirt nicht. Für die Hausleitungen werden meistens Bleirohre verwendet. Die Hauptleitungen sind ohne einen inneren Ueberzug.

Die gesammte Abgabe hat 1881/82 205430 cbm betragen und zwar am stärksten Verbrauchstage 500 cbm, am schwächsten 300 cbm. Die Abgabe im Maximalmonate belief sich auf 17000 cbm, im Minimalmonate auf 15000 cbm.

Von diesem Jahresconsum entfallen 44525 cbm auf 231 angeschlossene Wohnhäuser. 25200 cbm wurden durch 14 Freibrunnen abgegeben. Durch zwei kleine, öffentliche Fontainen sind im Jahre 400 cbm consumirt. Für Feuerlöschzwecke sind 300 cbm verwendet; hierfür sind 16 Hydranten in 50 m bis 100 m Entfernung aufgestellt, welche zum directen Spritzen benutzt werden. Besondere Rinnsteinspülung und Wasserverwendung für öffentliche Pissoirs, Badeanstalten etc. findet nicht statt. Das Rathhaus verbraucht 200 cbm und zum Strassensprengen mittels Sprengfässern werden an 20 Tagen im Jahre ca. 200 cbm verwendet.

D. Provinz Pommern.

a) Regierungsbezirk Stettin.

78. **Demmin** hat 10470 Einwohner in 747 Wohnhäusern und 2720 Haushaltungen.

Die Versorgung erfolgt ausschliesslich durch Pumpenbrunnen, die aus dem Sickerwasser des Ortes gespeist werden und theils gegraben, theils gesenkt sind. Es sind 23 Brunnen für die allgemeine Benutzung und ca. 200 auf privaten Grundstücken vorhanden. Sie haben ca. 5 m Tiefe und einen schwankenden Wasserstand. Ein kürzlich gebohrter Brunnen hat 35 m Tiefe. Das Wasser ist als Trinkwasser meist schlecht und es tritt auch ein zeitweiser Mangel ein. Untersuchungen haben die schlechte Qualität bestätigt und es wird beabsichtigt, durch fernere Bohrungen besseres Wasser zu erschliessen. Der Ort wird von der Peene durchflossen.

79. **Anklam** hat 12361 Einwohner in 953 Wohnhäusern und 3095 Haushaltungen.

Die Versorgung für gewerbliche Zwecke erfolgt aus dem Pronefiusse. Das Trinkwasser wird aus gesenkten Brunnen entnommen, deren 36 für die allgemeine Benutzung vorhanden sind. 80 solcher Brunnen befinden sich auf Privatgrundstücken. Das Brunnenwasser ist quantitativ stets genügend vorhanden und meistentheils als Trinkwasser gut. Dasselbe wird regelmässig durch einen Chemiker untersucht und zwar jährlich von etwa 5 Brunnen und wenn sonst Anzeichen das Bedürfniss nach einer ausserordentlichen Prüfung erwecken. Die Absicht, eine andere Versorgung herzustellen, liegt nicht vor.

80. **Swinemünde** hat 8478 Einwohner in 700 Wohnhäusern und 1500 Haushaltungen.

Die Versorgung erfolgt aus gegrabenen Brunnen, deren Wasserstand mit dem der Ostsee schwankt. Fast auf jedem Grundstücke befindet sich ein Brunnen und ausserdem sind 6 Stück für die öffentliche Benutzung vorhanden. Das Wasser wird, wenn es auch nicht untersucht ist, als gutes Trinkwasser bezeichnet. Es ist stets in genügender Menge vorhanden und es liegt daher kein Bedürfniss zu einer Aenderung vor.

81. **Ueckermünde** hat 5405 Einwohner in 408 Wohnhäusern und 1119 Haushaltungen.

Den Ort durchfliesst die Uecker und die Versorgung erfolgt durch 13 öffentliche und 50 private Brunnen von constantem Wasserstande, die theils gesenkt, theils gegraben sind. Die Quantität genügt stets und das Wasser ist auch, wie Untersuchungen ergeben haben, als Trinkwasser gut, so dass eine Aenderung nicht beabsichtigt wird.

82. **Pasewalk** hat 9469 Einwohner in 666 Wohnhäusern und 2127 Haushaltungen.

Die Versorgung erfolgt ausschliesslich aus gegrabenen und gesenkten Brunnen von 3 m bis 12 m Tiefe mit einem Wasserstande von 1,5 m bis 9 m Tiefe, welcher ziemlich constant ist. Das Wasser ist als Trinkwasser mittelmässig, wie einzelne Untersuchungen der Brunnen bestätigt haben. 33 Brunnen dienen der allgemeinen und 295 der privaten Benutzung. An eine Aenderung der Versorgung wird nicht gedacht.

83. **Grabow** hat 13672 Einwohner.

Zur Versorgung besitzt fast jedes Grundstück einen gegrabenen Brunnen. Oeffentliche Brunnen existiren nicht. Einzelne Grundstücke werden aus der Stettiner Wasserleitung versorgt.

84. **Garz a. d. O.** hat 5184 Einwohner in 450 Wohnhäusern und 1200 Haushaltungen.

Die Versorgung erfolgt ausschliesslich aus 25 öffentlichen und 60 privaten Brunnen. Ein Wassermangel tritt nie ein und das Wasser ist fast durchweg als Trinkwasser gut, wie Untersuchungen bestätigt haben. Ein Bedürfniss nach einer Veränderung der Versorgung liegt nicht vor.

85. **Greifenhagen** hat 6906 Einwohner.

Die Versorgung erfolgt ausschliesslich aus gegrabenen Brunnen. Es sind deren 19 für die allgemeine Benutzung und eine grössere Zahl privater vorhanden. Das Wasser ist quantitativ genügend und als Trinkwasser meistentheils gut, wie Untersuchungen bestätigt haben.

86. **Pyritz** hat 8123 Einwohner in 572 Wohnhäusern und 1778 Haushaltungen.

Die Versorgung erfolgt durch gesenkte Brunnen von verschiedener Tiefe mit constantem Wasserstande. Es sind deren 33 für die allgemeine Benutzung und etwa 100 auf Privatgrundstücken vorhanden. Das Wasser genügt quantitativ und ist auch theilweise qualitativ untersucht und gut befunden. Ein Bedürfniss nach einer Aenderung ist nicht erkannt.

87. **Stettin** hat 91756 Einwohner in 2229 Wohnhäusern.

Die Versorgung erfolgte früher aus einer grösseren Zahl öffentlicher und privater Pumpenbrunnen, nämlich 720 öffentlichen und 285 privaten, die noch jetzt vielfach zum Trinken benutzt werden. Sie unterliegen der Controle der Polizeidirection, die deren zeitweise Untersuchung veranlasst und bedenklich befundene mit dem Schilde „Kein Trinkwasser“ kenntlich macht.

Seit 1865 ist ein vom Baurath Hobrecht in Berlin erbautes städtisches Wasserwerk in Betrieb, dessen erste Anlage 1000000 M. kostete und dessen jetziger Buchwerth 1711655 M. beträgt. Die tägliche Maximalleistung desselben ist 15000 cbm.

Das Wasser wird der Oder oberhalb der Weichbildgrenze ca. 300 m von Stettin entfernt hinter dem Dorfe Sommerensdorf durch einen 825 m langen, unter dem niedrigsten Wasserstande der Oder liegenden Holzkanal von 2,5 qm Querschnitt entnommen. Das Wasser wird mittels Dampfkraft zuerst auf künstliche Sandfilter zur Reinigung und dann nochmals 56 m hoch über Null der Oder gehoben. Ein schmiedeeisernes Reservoir von 2965 cbm Fassungsraum auf gemauertem Unterbau, mit Holzdach und Dachpappe überdeckt, steht 1600 m von der Pumpstation entfernt an dem einen Ende der Stadt und mit seinem höchsten Wasserstande 25 m über den höchst gelegenen Strassen.

Die Versorgung erfolgt unter einheitlichem Drucke, constant, für Trink- und Brauchwasser gemeinschaftlich und ohne Anwendung von Hausreservoiren. Die Stadt ist zum grössten Theile kanalisirt. Hausanschlüsse sind an die Kanäle für die Häuser gestattet, für die ein Anschluss an die Wasserleitnng besteht. Closets dürfen nicht direct, sondern nur durch Vermittlung von Sammelgruben angeschlossen werden. Im übrigen ist der Anschluss an die Wasserleitung freigestellt; auch wird die Benutzung von Messern nicht verlangt. Zu den Hausleitungen wird meistens Blei verwendet, wenngleich eine Vorschrift dazu nicht besteht. Die Hauptleitungen sind innen asphaltirt.

Die gesammte Abgabe hat 1881/82 2 693 600 cbm betragen. Der Monatsconsum war am stärksten im Juli, nämlich 256 242 cbm und am schwächsten im Februar, nämlich 183 386 cbm. Am stärksten Verbrauchstage sind 10 263 cbm, am schwächsten 5638 cbm abgegeben. Der Stundenverbrauch betrug als Maximum 656 cbm, als Minimum 147 cbm.

Zum Strassensprengen sind während des Jahres 1881/82 an 73 Tagen 6000 cbm verwendet; dasselbe geschieht mittels 4 einspänniger Sprengwagen von je 1 cbm Inhalt mit gelochten Röhren. Eine Rinnsteinspülung findet nur ausnahmsweise, z. B. bei Epidemien, statt. Die Kanalspülung geschieht durch die Hydranten und es sind für diesen Zweck nach Schätzung 17 950 cbm im Laufe des Jahres verwendet. Die Spülung des Rohrnetzes findet nur an den Endhydranten in so weit statt, als das ursprüngliche Verästelungssystem noch nicht in das Circulationssystem umgeändert ist. Für Feuerlöschzwecke sind 460 Hydranten in durchschnittlich 90 m Entfernung unter Flur und ohne Entleerung (Berliner Modell) aufgestellt, aus denen direct gespritzt wird. Der Consum für Löschzwecke ist sehr gering. 9 Freibrunnen mit Selbstabschluss sind vorhanden. 4 öffentliche Fontainen spielen im Sommer von 7 Uhr Morgens bis 6 Uhr Abends. 13 öffentliche Pissoirs, die meisten mit 2 Ständen, werden am Tage continuirlich gespült. Nachts und bei starkem Frost sind sie abgeschlossen. Oeffentliche Badeanstalten werden nicht aus der Leitung gespeist.

1835 Wohnhäuser sind 1881/82 an die Leitung angeschlossen gewesen. Durch 80 Messer sind 392368 cbm für Industrie- und Gewerbszwecke abgegeben. Kleinere Gewerbtreibende erhalten das Wasser nach Taxe. Es waren 926 Badeeinrichtungen, 4919 Closets und 38 Privatspringbrunnen in den Privathäusern in Benutzung. Auch wurden 3 Fahrstühle durch Leitungswasser betrieben.

88. **Wollin** hat 5506 Einwohner in 594 Wohnhäusern und 1265 Haushaltungen.

Die Versorgung erfolgt ausschliesslich aus Brunnen, deren 12 öffentliche und 48 private vorhanden sind. Die Menge des Wassers ist stets genügend. Von den öffentlichen Brunnen ist durch Untersuchungen festgestellt, dass 10 ein gutes Trinkwasser haben, während das Wasser von zweien schlecht ist. Ein Bedürfniss nach einer Veränderung der Versorgung liegt nicht vor.

89. **Kammin i. P.** hat 5856 Einwohner.

Die Versorgung erfolgt ausschliesslich aus gegrabenen und gesenkten Brunnen. Ausser solchen auf Privatgrundstücken bestehen 15 zur allgemeinen Benutzung. Diese haben innerhalb der Stadt ca. 20 m Tiefe, in den Vorstädten ca. 13 m Tiefe und 1 m bis 3 m Wasservorrath. Das Brunnenwasser ist innerhalb der Stadt meist schlecht, in den Vorstädten aber sehr gut. Wassermangel tritt nie ein und das Bedürfniss nach einer Aenderung liegt nicht vor.

90. **Treptow a. R.** hat 7052 Einwohner.

Die Versorgung erfolgt wahrscheinlich aus Grundbrunnen im Orte. Nachrichten darüber waren nicht zu erhalten.

91. **Greifenberg i. P.** hat 5860 Einwohner.

Die Versorgung findet aus gegrabenen Brunnen von durchschnittlich 3 m Tiefe mit einem 1,6 m tiefen, constanten Wasserstande statt. Es sind deren 23 für die allgemeine Benutzung und etwa 50 auf privaten Grundstücken vorhanden. Das Wasser ist quantitativ stets genügend. Es ist als Trinkwasser gut und an eine Aenderung wird um so weniger gedacht, weil die Rega den Ort durchfliesst.

92. **Gollnow** hat 8708 Einwohner.

Für die Versorgung sind Grundbrunnen vorhanden, von denen 18 der öffentlichen Benutzung dienen. Ferner werden 9 öffentliche Brunnen mit aus dem Oberkron-Mühlenteiche durch natürliches Gefälle zugeleitetem Wasser gespeist, welches vor dem Eintritte in die Brunnen zwei gemauerte Bassins zu passiren hat, in denen es durch Lager von Kies und Sand filtrirt wird; letztere werden zeitweise gereinigt. Sowohl die Grundbrunnen, wie die Röhrenbrunnen sollen ein taugliches Wasser liefern. Vor Einführung der Filtration soll die Erkrankung am Typhus abdominalis bedeutend stärker gewesen sein.

93. **Labes** hat 5603 Einwohner in 483 Wohnhäusern und 1255 Haushaltungen.

Die Versorgung erfolgt ausschliesslich aus gegrabenen Brunnen. Von diesen sind 12 für die öffentliche Benutzung vorhanden. Die Zahl der Privatbrunnen ist nicht bekannt. Das Wasser ist quantitativ genügend und als Trinkwasser gut. Wasseruntersuchungen haben nicht stattgefunden. Das Bedürfniss nach einer Aenderung der Versorgung ist nicht vorhanden.

94. **Stargard a. d. I.** hat 21816 Einwohner in ca. 1200 Wohnhäusern.

Ausser aus der die Stadt durchfliessenden Ihna erfolgt die Versorgung durch Pumpenbrunnen, die gesenkt sind und in neuerer Zeit gebohrt werden. Sie haben 10 m bis 30 m Tiefe und ein ganz gutes und genügendes Trinkwasser, wie durch zahlreiche Analysen bestätigt ist. 100 Brunnen dienen der allgemeinen Benutzung und etwa 200 befinden sich auf Privatgrundstücken. Ein Bedürfniss zu einer Aenderung liegt nicht vor.

b) Regierungsbezirk Köslin.

95. **Kolberg** hat 16027 Einwohner in 1202 Wohnhäusern und 3105 Haushaltungen.

Die Versorgung erfolgt ausser durch Grundbrunnen, deren Wasser durch den an Moor und verwesten Pflanzentheilen reichen Untergrund verunreinigt ist, durch unfiltrirtes Flusswasser, welches an der Schleusenbrücke am Gelderthore durch ein Schöpfrad aus der Persante gehoben und in ein Reservoir, das etwa in Stockwerkshöhe liegt, ausgegossen wird. Von hier gelangt es durch Holz- und Thonröhren zur öffentlichen Vertheilung. Privaten wird es, 6 Brauereien ausgenommen, nicht zugeleitet. Das Wasser ist als Trinkwasser brauchbar.

Die Vorarbeiten für eine einheitliche Quellwasserversorgung, wofür schon verschiedene Projecte aufgestellt sind, sind soweit gediehen, dass in nächster Zeit voraussichtlich mit dem Bau begonnen wird.

96. **Schievelbein** hat 6069 Einwohner in 530 Wohnhäusern und 1340 Haushaltungen.

Für die Versorgung bestehen 134 private und 23 öffentliche Brunnen von 12 m bis 36 m Tiefe mit einem 5 m bis zu 30 m tiefen Wasserstande.

Von denselben sind 16 gegraben, 133 gesenkt und 8 gebohrt. Das Wasser ist quantitativ genügend und als Trinkwasser vorzüglich, wie mehrfache, bei einzelnen Brunnen vorgenommene Untersuchungen bestätigt haben. Zu einer Aenderung liegt kein Bedürfniss vor.

97. **Dramburg** hat 6049 Einwohner in 423 Wohnhäusern und 1232 Haushaltungen.

Die Versorgung erfolgt ausschliesslich durch gegrabene Brunnen von ca. 5 m Tiefe mit einem nicht schwankenden Wasserstande von 1 m. Solcher Brunnen sind 19 öffentliche und 25 private vorhanden. Das Wasser derselben wird als gut und genügend bezeichnet und es liegt die Absicht einer Aenderung des jetzigen Zustandes nicht vor.

98. **Neustettin** hat 8604 Einwohner.

Die Versorgung erfolgt aus Pumpenbrunnen innerhalb der Stadt. Weitere Nachrichten fehlen.

99. **Belgard** hat 7868 Einwohner in 598 Wohnhäusern und 1555 Haushaltungen.

Der Ort liegt an der Persante und am Burtznitzbache. Die Versorgung erfolgt durch gesenkte und gebohrte Pumpenbrunnen, deren 25 für die allgemeine Benutzung vorhanden sind. Das Wasser ist als Trinkwasser nicht gut, wie durch Untersuchungen bestätigt ist. Es ist aber in genügender Quantität vorhanden. 3 Private haben eine directe Zuleitung durch hölzerne Röhren für den Hausgebrauch in Benutzung.

100. **Köslin** hat 16834 Einwohner in 1030 Wohnhäusern und 4300 Haushaltungen.

Die Versorgung der Vorstädte erfolgt durch Grundbrunnen, während die innere Stadt mit ca. 10000 Einwohnern schon seit 200 Jahren durch Einführung von Quellwasser aus dem 2260 m von der Stadt entfernt gelegenen Gollenberge versorgt wird. Die Anlage, die früher aus einem offenen Bassin und hölzernen Röhren bestand, ist seit 1872 durch den Oberbaurath Räntsch in Berlin mit einem Kostenaufwande von 33000 M. umgebaut.

Das durch Drainageleitungen erschlossene Wasser wird einer Sammelkammer und aus dieser einem Sand- resp. Kiesfilter in Form eines Strainers zugeführt, von wo es in ein gemauertes, überwölbtes und in den Boden versenktes Reservoir von 262,7 cbm Inhalt tritt. Dasselbe liegt am Abhange des Gollenberges 16 m höher als das mittlere Niveau der Stadt und es wird das Wasser von hier durch eine gusseiserne Leitung der Stadt zugeführt.

Das Wasser wird als Brauch- und Trinkwasser in der Stadt durch 26 öffentliche Druckständer der freien Benutzung überlassen. Eine Zuführung auf Privatgrundstücke findet nur für die 9 am Orte befindlichen Brauereien statt, welchen das Wasser, nach Messern gemessen, zum Preise von 8,5 Pf. pro cbm abgegeben wird. Dieser Consum hat 1882 im Ganzen 13 690 cbm betragen. Für Feuerlöschzwecke sind 30 Hydranten unter Flur, mit Selbstentleerung versehen, aufgestellt, die den Spritzen das Wasser zuführen.

Das Wasser ist als Trinkwasser vorzüglich, im trockenen Sommer aber leider in nicht immer genügender Menge vorhanden, weshalb eine Vergrösserung des Sammelbassins in Aussicht genommen ist. Auch ist es beabsichtigt, die Leitung für die Hydranten in den Vorstädten fortzusetzen.

101. **Rügenwalde** hat 5442 Einwohner in 659 Wohnhäusern und 1357 Haushaltungen.

Die Versorgung erfolgt nur durch gegrabene und gesenkte Brunnen von ca. 5 m Tiefe mit constantem Wasserstande. Es befinden sich 100 solcher auf Privatgrundstücken und 13 dienen der allgemeinen Benutzung. Das Wasser ist gut. Untersuchungen desselben haben nicht stattgefunden. Mangel an Wasser existirt nie und die Versorgung zu ändern liegt keine Absicht vor.

102. **Schlawe** hat 5565 Einwohner in 462 Wohnhäusern und 1197 Haushaltungen.

Die Versorgung erfolgt ausser aus 3 öffentlichen Brunnen von 6 m Tiefe mit nicht schwankendem Wasserstande und verschiedenen Privatbrunnen durch Einleiten von Quellwasser mit natürlichem Gefälle mittels eiserner und hölzerner Röhren. Dieses Wasser wird 10 Privaten zu Haushaltszwecken und ausserdem 8 Gewerbebetrieben, als Färbereien, Brauereien etc. zugeführt. Ein Mangel an Wasser tritt nie ein. Das Wasser von zweien der Grundbrunnen ist untersucht und für gut befunden. Die Absicht einer Aenderung liegt nicht vor.

103. **Rummelsburg** hat 5304 Einwohner in 375 Wohnhäusern und 1068 Haushaltungen.

Für die Versorgung dienen 13 öffentliche Brunnen, die 3 m bis 4 m Tiefe haben und gesenkt sind. Auf privaten Grundstücken sind 32 Pumpenbrunnen und 28 Ziehbrunnen vorhanden. Das Brunnenwasser ist als Trinkwasser stets genügend und gut, wie durch Untersuchungen desselben bestätigt ist.

104. **Stolp** hat 21591 Einwohner in ca. 5050 Haushaltungen.

Die Versorgung erfolgt ausser durch 36 öffentliche und ca. 100 private gegrabene Brunnen von durchschnittlich 4,5 m Tiefe und 2 m constantem Wasserstande durch Quellwasser, welches 1500 m von der Stadt entfernt am sog. Piepenbrunnen gesammelt und, nachdem es ein Filterbassin passirt hat, mittels eiserner Röhren durch natürliches Gefälle einem Theile der Stadt zugeleitet wird, wo es mit einem Drucke von 10 m durch 20 öffentliche Wasserständer zum Ausfluss gelangt und ausserdem 28 Privaten, darunter 20 auch zum Gewerbebetriebe, zugeleitet wird.

Das Wasser ist, wenn auch eisenhaltig, wie sich ausser aus dem Niederschlage in den Zuleitungen auch bei den verschiedenen Untersuchungen desselben ergeben hat, als Trinkwasser gut und weich. Dennoch wird das Wasser der Grundbrunnen zum Trinken vorgezogen.

Obgleich ein Mangel an Wasser nie eintritt, so ist das Bedürfniss nach einer einheitlichen Versorgung, die sich über die ganze Stadt ausdehnt, doch schon lange erkannt, wenn auch zu dessen Befriedigung noch keine einleitenden Schritte gethan sind.

105. **Lauenburg i. P.** hat 7545 Einwohner in 482 Wohnhäusern und 1543 Haushaltungen.

Die Versorgung erfolgt ausschliesslich durch Grundwasserbrunnen, von welchen 28 für die öffentliche Benutzung und 39 auf Privatgrundstücken vorhanden sind. Das Wasser ist quantitativ genügend und als Trinkwasser gut. Untersuchungen desselben sind nicht vorgenommen. Ein Bedürfniss nach einer Aenderung ist nicht erkannt.

c) Regierungsbezirk Stralsund.

106. **Barth** hat 5792 Einwohner in 900 Wohnhäusern und 1683 Haushaltungen.

Die Versorgung erfolgt durch Einleiten von Wasser aus einer 1880 m von der Stadt entfernt auf einer hügelartigen Bodenerhebung entspringenden Quelle durch natürliches Gefälle mittels hölzerner Röhren. In der Stadt wird es den städtischen Pumpenbrunnen zugeleitet und dient der allgemeinen Benutzung. Das Wasser wird als sehr gut bezeichnet, wenn es auch nicht näher untersucht ist. Es ist in immer genügender Menge vorhanden und das Bedürfniss nach einer Aenderung ist nicht erkannt.

107. **Stralsund** hat 29481 Einwohner in ca. 1720 Wohnhäusern und 6800 Haushaltungen, sowie 37 öffentlichen Anstalten.

Die Versorgung erfolgt seit Ende des 13. Jahrhunderts aus einem künstlich aufgebauten Stadtteiche, dem Knieper- oder Frankenteiche. Eine grössere Anzahl hölzerner Rohrleitungen speiste von hier aus 41 öffentliche Brunnen im Innern der Stadt. Ein Theil der Vorstädte versorgt sich aus offenen Wasserläufen. In neuerer Zeit sind durch gesenkte und gebohrte Brunnen, von letzteren 4 Stück von 60 m Tiefe bis auf die Kreide hinabgetrieben, ausgeführt. Das Wasser der Brunnen ist aber meistens zu hart oder durch örtliche Umstände verunreinigt und in der Qualität schwankend, wie Untersuchungen bestätigt haben.

Dem Knieperteiche ist später durch einen Mühlengraben das Wasser des 8000 m davon entfernt liegenden Püttersees, nachdem es zwei Mühlen getrieben hat, zugeführt und seit Ende des 17. Jahrhunderts schon ist das Wasser des Knieperteiches durch eine mittels eines Göpels getriebene Pumpe in einen hochgestellten hölzernen Bottich gehoben und von hier in der Stadt durch hölzerne Leitungen vertheilt.

1873 ist die erste und 1876 die zweite Dampfmaschine für diesen Zweck in Betrieb genommen, welche das Wasser in ein auf massivem Unterbau aufgestelltes, eisernes Reservoir von 200 cbm Inhalt auf 23 m Höhe fördern, von wo es in der Stadt zur Vertheilung gelangt. Diese Anlagen sind vom Stadtbaumeister v. Haselberg für Rechnung der Stadt mit einem Kostenaufwande von 211262,75 M. hergestellt und befinden sich noch in beständiger Erweiterung. Die jetzige Maximalleistung der Anlage ist 5280 cbm bei 22 Stunden Maschinenarbeit. Der höchste Theil der Stadt liegt 14,9 m unter dem höchsten Wasserstande des Hochreservoirs.

Das Wasser des Teiches ist, durch organische Substanzen verunreinigt, zum Trinken nicht sehr brauchbar und namentlich im Sommer grüngelb gefärbt und nicht selten von üblem Geruche. Es ist deshalb eine künstliche Reinigung in Aussicht genommen und es wird ferner beabsichtigt, ein besseres Wasser durch Tiefbohrungen zu erschliessen.

Die Versorgung erfolgt constant in einheitlicher Zone und mit einzelnen Ausnahmen ohne Hausreservoire. Der Anschluss findet gegen Zahlung von Wassergeld, meistens nach Schätzung, statt. Für die Hausleitungen ist als Material Gusseisen und Blei gestattet, die Röhren aus letzterem dürfen jedoch innen nicht geschwefelt sein. Die gusseisernen Röhren sind innen getheert. Nach Vollendung der Kanalisation (1884) ist es die Absicht, den Anschluss an die Wasserleitung obligatorisch zu machen und Hausanschlüsse und Closeteinlässe in die Kanäle zu gestatten.

Der gesammte Consum, einschliesslich eines Theiles der Vorstädte, betrug im Jahre 1882 675766 cbm und zwar beim stärksten Monatsverbrauche 65233 cbm und beim schwächsten 41698 cbm. Am Maximaltage sind 2376 cbm, am Minimaltage 1239 cbm abgegeben. Der stündliche Verbrauch hat Morgens zwischen 8 und 9 Uhr schon bis zu 150 cbm betragen. Mit Hausleitungen sind 631 Häuser mit ca. 11360 Bewohnern versehen. Durch 3 Messer sind 1882 1599 cbm abgegeben. Bis jetzt sind 47 Hydranten, aus denen nicht direct gespritzt wird, unter Flur, mit Selbstentleerung versehen, aufgestellt. Ausser 26 alten Freibrunnen mit Wirbelhähnen sind 4 neue mit Selbstabschluss in Benutzung. Das Strassensprengen geschieht mittels Sprengfässern, jedoch sehr unregelmässig. Rinnsteinspülung findet nicht statt. Oeffentliche Pissoirs und Badeanstalten sind nicht an die Leitung angeschlossen. Ueber den Wasserverbrauch für die verschiedenen, öffentlichen Verbrauchszwecke fehlen Angaben.

108. **Greifswald** hat 19924 Einwohner.

Die Versorgung erfolgt ausschliesslich aus Strassenbrunnen, welche zum Theil nur mittelmässiges Wasser liefern. Dasselbe hat durchschnittlich 70° französische Härte und ist daher zu vielen Zwecken ganz unbrauchbar. Man behilft sich deshalb zum Waschen etc. mit aufgefangenem Regenwasser. An einzelnen Stellen der Stadt haben vorgenommene Bohrungen zur Anlage von Brunnen sofort salziges Wasser ergeben. So ist jüngst eine Soolquelle von 3½ % freigelegt. Aus diesen Ursachen ist die Absicht, eine künstliche Wasserzuführung einzurichten, schon längere Zeit vorhanden, und es sind zu deren Effectuirung ausser anderen Vorarbeiten mehrere Tiefbohrungen ausgeführt. Im Sommer 1878 ist in etwa 3000 m Entfernung von der Stadt in einer höher gelegenen Moorgegend eine Bohrung vorgenommen und man hat dort gutes Trinkwasser erschlossen. Ob dasselbe hier aber in genügender Menge zu erhalten sein wird, ist noch fraglich.

109. **Wolgast** hat 7832 Einwohner in 925 Wohnhäusern und 1954 Haushaltungen.

Die Versorgung erfolgt ausschliesslich durch gesenkte und durch Röhrenbrunnen, deren Tiefe 7 m bis 18 m beträgt und deren Wasserstand um 6 m bis 15 m je nach der Terrainformation variirt.

Das Wasser ist stets in genügender Menge vorhanden und wird, wenn es auch einer Untersuchung nicht unterzogen ist, als gutes Trinkwasser bezeichnet. Eine andere Versorgung herzustellen, liegt kein Bedürfniss vor.

E. Provinz Posen.

a) Regierungsbezirk Posen.

110. **Schwerin a. d. W.** hat 6838 Einwohner in 521 Wohnhäusern und 1484 Haushaltungen.

Die Versorgung erfolgt ausschliesslich aus 269 gegrabenen und 18 gebohrten Brunnen, von denen 37 der allgemeinen Benutzung dienen und 250 sich auf privaten Grundstücken befinden. Die Brunnen haben 6 m Tiefe mit einem 5 m tiefen und constanten Wasserstande. Das Wasser ist als Trinkwasser gut, wie Untersuchungen bestätigt haben und quantitativ ist es stets genügend, so dass an eine Aenderung nicht gedacht wird.

111. **Meseritz** hat 5169 Einwohner.

Die Versorgung erfolgt ausser aus den Flüssen Obra und Paklitz durch gesenkte Brunnen, deren 10 für die öffentliche Benutzung und 80 bis 90 auf privaten Grundstücken vorhanden sind. Dieselben haben ca. 8 m Tiefe und einen ziemlich constanten Wasserstand. Das Wasser ist, wie 1876 und 1882 vorgenommene Untersuchungen ergeben haben, kein gutes Trinkwasser, da es zu viele organische Substanz enthält und es werden demselben die in der Stadt wiederholt vorgekommenen Typhusfälle zur Last gelegt. Trotzdem liegt die Absicht einer Aenderung der jetzigen Versorgung nicht vor.

112. **Rogasen** hat 5235 Einwohner in 418 Wohnhäusern und 1113 Haushaltungen.

Die Versorgung erfolgt für Gewerbezwecke aus dem an der Stadt sich entlang ziehenden Rogasener See und aus dem Welnaflusse durch directe Entnahme. Für Trink- und Wirthschaftswasser dienen 3 öffentliche und ca. 200 private Brunnen. Das Wasser ist als Trinkwasser gut; Untersuchungen desselben haben nicht stattgefunden. Mangel an Wasser tritt nie ein und es ist daher die Absicht zu einer Aenderung der Versorgung nicht vorhanden.

113. **Posen** hat 65713 Einwohner mit 1380 Wohnhäusern und 11430 Haushaltungen.

Für die Versorgung besteht eine Quellwasserleitung, die aus einem Quellgebiete aus den nördlichen Höhen, etwa 1000 m von der Stadt entfernt, gespeist wird und durch natürliches Gefälle mittels gusseiserner Leitungen von 6424 m Länge das Wasser durch 39 Quellenständer, von denen 27 öffentliche sind und durch 19 Pumpenständer, von denen 16 öffentliche sind, zur allgemeinen Benutzung bringt.

Ausserdem werden 3 öffentliche Fontainen durch dieses Wasser gespeist. Der Bauwerth dieser Quellwasserleitung stellte sich am 1. April 1882 auf 89490,38 M. und nach Abzug der schuldenfreien, alten Anlage mit 27664,86 M. auf 61825,52 M.

Das Quellwasser ist von guter Qualität, aber quantitativ durchaus nicht genügend, weshalb die Hauptversorgung Posens durch ein Wasserwerk, welches für Rechnung der Stadt vom Baurath Moore, d. Z. in Berlin, hergestellt wurde und seit 1866 in Betrieb ist. Die ersten Anlagekosten betrugen 525574 M. und der Bauwerth am 1. April 1882 995943,02 M., wovon aber 73978,50 M. amortisirt waren, so dass der Buchwerth sich am 1. April 1882 auf 921964,52 M. belief. Die Maximalleistungsfähigkeit der jetzigen Anlage beträgt 14400 cbm in 24 Stunden.

Das Wasser wird der Warthe innerhalb der Stadt im stromaufwärts gelegenen Theile derselben entnommen, durch künstliche Sandfilter gereinigt und mittels Dampfkraft gehoben der Stadt zum Consum zugeführt.

Hinter der Stadt, 3100 m von der Pumpstation und 1250 m von der Stadt entfernt, ist ein gemauertes und überwölbtes Hochreservoir von 3890 cbm Inhalt, 38 m über dem Gewinnungspunkte und ca. 15 m bis 30 m hoch über den verschiedenen Terrainpunkten der Stadt liegend, hergestellt. Da dieser Druck aber nicht für alle Consumenten genügt, so wird täglich 14 Stunden lang mit Ausschaltung des Reservoirs bei Anwendung eines Standrohres auf eine 14 m grössere Höhe, also auf 52 m Höhe gepumpt.

Die Versorgung ist innerhalb dieser Grenzen constant. Weder der Anschluss der Häuser, noch die Anwendung von Messern dafür ist obligatorisch, wenn letztere auch neuerdings meistens vorgeschrieben werden, so dass beim letzten Abschlusse deren 478 in Verwendung waren. Die Hausleitungen sind von Blei und die Hauptleitungen sind innen asphaltirt. Die Stadt ist nicht kanalisirt.

Die gesammte Wasserförderung hat 1881/82 970751 cbm oder im Durchschnitt 2659 cbm pro Tag betragen. Die Maximalabgabe pro Tag belief sich auf 4403 cbm, die Minimalabgabe auf 1655 cbm. Die Monatsabgabe war am grössten im Juli, nämlich 105689 cbm und am geringsten im Februar, nämlich 66685 cbm.

Von dem Jahresquantum wurden 805008 cbm gegen Entgelt für Privatzwecke abgegeben und zwar 464774 cbm nach Messern, 336480 cbm nach Tarif und 3754 cbm für Bauzwecke. Von dem übrigen Quantum von 165743 cbm entfallen 70803 cbm auf den Betrieb des Gas- und

Wasserwerkes und der Filterwäsche, für Leckage etc., und der Rest von 94940 cbm wurde für öffentliche Zwecke benutzt.

Von diesem Wasserquantum für öffentliche Zwecke entfallen auf Feuerlöschzwecke 2493 cbm, für 8 Freibrunnen mit Selbstabschluss 38500 cbm, für Rinnsteinspülung (aus 80 Hydranten 133 Tage je 9 Stunden) 22650 cbm, für Spülen des Rohrnetzes (durch Ablassen der Endhydranten 28 mal) 7840 cbm, zum Besprengen der Strassen, Promenaden etc. (51 bis 71 Tage) 21366 cbm, zur Kanalspülung 546 cbm, für ein öffentliches Pissoir 876 cbm und für einen öffentlichen Springbrunnen 650 cbm (100 Tage à 10 Stunden). Für Feuerlöschzwecke sind 300 Hydranten in ca. 60 m Entfernung, theils mit Hand-, theils mit Selbstentleerung versehen, unter Flur aufgestellt.

962 Häuser waren 1882 an die Leitung angeschlossen.

114. **Schrimm** hat 6411 Einwohner in 395 Wohnhäusern und 1326 Haushaltungen.

Die Versorgung erfolgt nur aus Brunnen, deren 9 für die allgemeine Benutzung und 24 auf privaten Grundstücken vorhanden sind. Trotzdem das Wasser nach den vorgenommenen Analysen, die von 4 zu 4 Jahren regelmässig angestellt werden, nicht als gut zu bezeichnen ist, hat man doch nicht die Absicht, eine Aenderung der Versorgung eintreten zu lassen.

115. **Lissa** hat 11758 Einwohner in 827 Wohnhäusern und 2177 Haushaltungen.

Für die Versorgung bestehen 20 theils gemauerte, theils gebohrte öffentliche Brunnen von 5 m bis 12 m Tiefe mit einem ziemlich constanten Wasserstande, der ca. 2 m unter Terrain liegt. Ausserdem wurde früher das Wasser aus in ca. 500 m Entfernung von der Stadt entspringenden Quellen mittels hölzerner Röhren durch natürliches Gefälle zugeleitet.

Im Jahre 1865 wurde diese Versorgung mit einem Kostenaufwande von 36000 M. umgebaut. Die Zuleitungen wurden durch Röhren von Gusseisen ersetzt und es wurde ein gemauertes und überwölbtes Reservoir von 126 cbm Inhalt innerhalb der Stadt hergestellt. 1876 wurde für das Wasser, welches durch 2, fast innerhalb der Stadt erbohrte, artesische Brunnen ohne künstliche Hebung zum Ausfluss gelangt, ein zweites Reservoir von 122 cbm Inhalt, ähnlich dem ersteren, hergestellt. Das Wasser von beiden Bezugsstellen gelangt jetzt durch gemeinschaftliche Röhren zur Vertheilung. Dasselbe kommt an 29 öffentlichen Wasserständern zur allgemeinen Benutzung und wird 8

Privatgrundstücken für Haus- und Gewerbszwecke gegen Zahlung abgegeben.

Es sind 36 Hydranten aufgestellt, die des geringen Druckes wegen nur als Zubringer für Feuerlöschzwecke dienen können. 3 öffentliche Fontainen werden aus der Leitung gespeist. Das Rohrnetz wird jährlich zweimal gespült. Das Wasser ist ein immer gleichmässig gutes Trinkwasser und ist stets in genügender Menge vorhanden. Aus demselben scheidet sich an der Luft Eisenocker ab, der in den Reservoiren durch Ablagerung ohne künstliche Filtration entfernt wird. Es sollen bei der ersten Leitung durch solche Niederschläge Verstopfungen der Röhren eingetreten sein.

116. **Fraustadt** hat 6755 Einwohner in ca. 640 Wohnhäusern und über 1600 Haushaltungen.

Die Versorgung erfolgt durch 36 öffentliche und 69 private Flachbrunnen. Das Wasser derselben ist gut, wie stattgehabte Untersuchungen ergeben haben und auch für häusliche Zwecke in genügender Menge vorhanden. Ausser diesen Brunnen sind noch 12 artesische Brunnen auf 14 m bis 25 m Tiefe gebohrt, die ein sehr schönes und reichliches Wasser liefern. Endlich wird noch aus 1500 m Entfernung durch eiserne und hölzerne Röhren Wasser aus einem Teiche durch natürliches Gefälle einem in der Stadt gelegenen Reservoire von ca. 50 cbm Inhalt zugeführt, aus welchem es zum Gebrauche geschöpft wird. Nur eine Brauerei leitet dieses Wasser ihrem Grundstücke zu, wo es hoch gepumpt werden muss. Die jetzige Versorgung befriedigt alle Bedürfnisse vollkommen.

117. **Rawitsch** hat 12260 Einwohner.

Die Versorgung erfolgt ausschliesslich aus Pumpenbrunnen. Weitere Mittheilungen fehlen.

118. **Krotoschin** hat 8289 Einwohner in ca. 700 Wohnhäusern und 1800 Haushaltungen.

Die Versorgung erfolgt durch 26 öffentliche und 53 private Grundbrunnen, deren Wasser, wie durch Untersuchungen constatirt ist, bis auf einige, die als schädlich geschlossen sind, gut ist. Auch ist dasselbe stets in genügender Menge vorhanden. Ferner wird mittels gusseiserner Röhren durch künstliches Gefälle Quellwasser aus 2000 m Entfernung zugeführt, welches an 5 Stellen zur öffentlichen Benutzung gelangt. An 4 Stellen muss es mit der Hand gepumpt werden, an einer fliesst es frei aus. Auch wird es 4 Gewerbetreibenden zugeleitet. Eine vollkommenere Versorgung wird als Bedürfniss erkannt, aber vorläufig nicht beabsichtigt anzulegen.

119. **Ostrowo** hat 9104 Einwohner in 363 Wohnhäusern und 1759 Haushaltungen.

Die Versorgung erfolgt ausschliesslich aus gegrabenen und gesenkten Brunnen. Es sind 28 solcher für die allgemeine Benutzung und 87 auf Privatgrundstücken vorhanden. Von diesen 115 Brunnen ist auf Grund vorgenommener Untersuchungen das Wasser von 83 als gut, von den anderen 32 dagegen als schlecht bezeichnet.

120. **Pleschen** hat 6336 Einwohner.

Die Versorgung erfolgt ausschliesslich aus Pumpenbrunnen. Weitere Mittheilungen fehlen.

121. **Kempen i. P.** hat 6168 Einwohner in 471 Wohnhäusern und 1616 Haushaltungen.

Die Versorgung erfolgt ausschliesslich aus gegrabenen Brunnen von 5 m bis 6 m Tiefe mit einem 2 m bis 4 m tiefen Wasserstande. Es sind deren 21 öffentliche und 86 auf Privatgrundstücken vorhanden. Auf Veranlassung einer im Jahre 1873 herrschenden Typhusepidemie sind sämmtliche Brunnen einer Untersuchung unterzogen. Das Wasser von 22 derselben, das Bedenken erregte, wurde darauf nochmals vom Medicinalassessor Reimann in Posen untersucht und darauf vorgeschlagen, aus 12 derselben die Entnahme von Trinkwasser zu verbieten; bei den übrigen wurde meistens starker Inhalt an organischer Substanz, Ammoniak etc. constatirt und es wurden dieselben als verdächtig bezeichnet. Die Einwohner sollen sich jedoch an das schlechte Wasser gewöhnt haben, so dass an eine Aenderung der Versorgung nicht gedacht wird.

b) Regierungsbezirk Bromberg.

122. **Schneidemühl** hat 11610 Einwohner in 648 Wohnhäusern und 2363 Haushaltungen.

Die Versorgung erfolgt durch 17 öffentliche und 221 private Brunnen mit einem schwankenden Wasserstande (3 m bis 10 m). Das Wasser ist als Trinkwasser gut und quantitativ genügend. Es liegt daher das Bedürfniss zu einer Aenderung nicht vor, obgleich das Wasser einiger der öffentlichen Brunnen bei kürzlich vorgenommenen Untersuchungen als wenig gut befunden ist.

Die Ostbahn versorgt ihren Bahnhof mittels eines durch Dampfkraft getriebenen Pumpwerkes.

123. **Nakel** hat 6035 Einwohner in 349 Wohnhäusern und 1276 Haushaltungen.

Die Versorgung erfolgt ausschliesslich durch 112 gegrabene Brunnen von ca. 10 m Tiefe mit constantem Wasserstande. 7 derselben sind für die öffentliche Benutzung bestimmt und 105 befinden sich auf Privatgrundstücken. Das Wasser ist quantitativ genügend und meistentheils als Trinkwasser gut. Bei einer 1873 vorgenommenen Untersuchung des grössten Theiles der öffentlichen Brunnen hatten diese gutes Wasser. Trotzdem liegt die Absicht vor, für die öffentlichen Brunnen Quellwasser mit natürlichem Gefälle einzuleiten.

124. **Gnesen** hat 13 826 Einwohner in 621 Wohnhäusern und 2662 Haushaltungen.

Die Versorgung erfolgt ausschliesslich aus 15 öffentlichen und 22 privaten Pumpenbrunnen, die gesenkt sind und 7 m bis zu 25 m Tiefe mit einem schwach schwankenden Wasserstande von 5 m bis 20 m Tiefe haben. Das Wasser ist quantitativ genügend, aber als Trinkwasser nur mittelmässig, wie eine theilweise Untersuchung desselben bestätigt hat. Da die Stadt an einem See mit schönem Wasser liegt, so würde die Versorgung mit künstlich gehobenem Wasser nicht schwierig sein und es liegen dafür auch verschiedene Projecte vor.

125. **Inowrazlaw** hat 11 558 Einwohner in 682 Wohnhäusern und 2367 Haushaltungen.

Die Versorgung erfolgt durch eine der Firma „Schlesingen, Trier und Comp.“ in Berlin gehörige Anlage, welche von der Breslauer Metallgiesserei in Breslau hergestellt und seit December 1880 in Betrieb ist. Die Kosten der ersten Anlage haben 210 000 M. betragen. Der jetzige Buchwerth derselben beläuft sich auf 230 000 M. Die Maximalleistungsfähigkeit der Anlage beträgt 300 cbm pro Tag.

Das Wasser wird 1750 m vom Orte entfernt in der Nähe eines früheren Schwefelkiesbergwerkes durch zwei gesenkte Brunnen von 5,50 m Tiefe in 5600 m Entfernung von der Netze gewonnen. Seit 1881 hat sich ein stark salziger Zufluss zu denselben eingestellt, der von dem Wasser eines Steinsalzbergwerkes, welches in einer Entfernung von 550 m von den Brunnen vorbeifliesst, herrührt. Die Wassermenge ist genügend und, wie Untersuchungen ergeben haben, ist die Qualität des Wassers der Gesundheit nicht schädlich. Trotzdem liegt die Absicht vor, das Pumpwerk in nächster Zeit unweit der Netze, wo gutes Trinkwasser vorhanden ist, zu verlegen.

Das Wasser wird durch Dampfkraft gehoben und unterliegt keiner künstlichen Reinigung. 1750 m vom Gewinnungspunkte und 600 m vom Orte entfernt ist in einem Thurme ein schmiedeeisernes Reservoir von 300 cbm Fassungsraum aufgestellt, dessen höchster Wasserstand sich 30 m hoch über dem Gewinnungspunkte und 28 m hoch über dem Versorgungsgebiete befindet.

Die Versorgung erfolgt einheitlich für Brauch- und Trinkwasser, constant und ohne Anwendung von Hausreservoiren. Für die Abgabe ist die Anwendung von Wassermessern obligatorisch und es wird pro cbm 30 Pf. gezahlt. Die Stadt ist nicht kanalisirt. Die Hauptrohre sind innen getheert und für die Hausleitungen sind Bleirohre vorgeschrieben.

Die Gesammtabgabe hat 1882 55 539 cbm betragen. Der Monatsconsum war am stärksten im Juli und zwar 6563 cbm und am schwächsten im December und zwar 2348 cbm. Der grösste Tagesconsum betrug 218 cbm und der geringste 78 cbm.

Für öffentliche Zwecke sind 7268 cbm, nach Schätzung bestimmt, abgegeben. Ein Besprengen der Strassen findet nicht statt. 1500 lfd. m Rinnenlängen sind durch 12 Spülhähne 90 Tage im Jahre je 10 Stunden mit im Ganzen 4500 cbm gespült. Für die Spülung des Wasserrohrnetzes, die zweimal im Monate erfolgt, sind 1200 cbm im Jahre abgegeben. Für Feuerlöschzwecke sind 1568 cbm verwendet. Das Spritzen bei Bränden findet direct aus den Hydranten statt, deren 38 in ca. 100 m Entfernung aufgestellt sind. Sie stehen unter Flur und sind ohne Selbstentleerung. Freibrunnen, öffentliche Pissoirs und öffentliche Springbrunnen sind nicht vorhanden.

Für Privatzwecke sind im ganzen 48 271 cbm abgegeben und zwar 22 930 cbm durch 303 Messer zum Hausgebrauche und 25 341 cbm durch 7 Messer für Gewerbe- und Industriebetriebe. 4 Badeeinrichtungen, 1 Closet und 2 Privatspringbrunnen waren in Benutzung.

126. **Bromberg** hat 34 044 Einwohner in 1942 Wohnhäusern und 7018 Haushaltungen.

Die Versorgung erfolgt ausser aus der die Stadt durchfliessenden Brahe aus 60 öffentlichen und ca. 150 privaten Brunnen, die gesenkt und zum Theil gebohrt sind. Erstere haben ca. 5 m Tiefe bei 3 m tiefem Wasserstande; letztere sind bis zu 20 m tief bei bis zu 18 m tiefem Wasserstande. Das Wasser ist als Trinkwasser meistens ziemlich gut, wie Untersuchungen bestätigt haben; es tritt jedoch zeitweise an einzelnen Stellen Mangel ein. Eine bessere Versorgung ist wünschenswerth und auch bereits geplant.

F. Provinz Schlesien.

a) Regierungsbezirk Breslau.

127. **Neumarkt** hat 5862 Einwohner in 350 Wohnhäusern.

Die Versorgung erfolgt durch Quellwasser, welches mittels hölzerner Röhren (zum Theil auch durch solche von Thon) durch natürliches Gefälle 8 öffentlichen Entnahmestellen zufliesst. Eine Zuführung auf Privatgrundstücke findet nicht statt.

Das Wasser ist als Trinkwasser gut, wie auch alljährlich vorgenommene Untersuchungen desselben bewiesen haben. Bei trockener Witterung und starkem Consum tritt jedoch zeitweiser Mangel ein.

128. **Oels** hat 10157 Einwohner.

Der Bedarf an Trinkwasser wird aus Brunnen geschöpft. Das Nutzwasser wird dem Oelsbache entnommen und ohne vorherige Reinigung künstlich gehoben. Die Zuleitung geschah früher durch hölzerne, seit 1876 aber durch gusseiserne Röhren. Die Verwendung des Wassers erfolgt für öffentliche und private Zwecke. Speciellere Angaben über Anlage und Betrieb fehlen.

129. **Namslau** hat 5868 Einwohner in 355 Wohnhäusern und 1160 Haushaltungen.

Die Versorgung erfolgt ausschliesslich aus 40 öffentlichen und 26 privaten Brunnen, die theils gesenkt, theils gebohrt sind und 20 m bis 40 m Tiefe mit einem 12 m bis 30 m tiefen, theils constanten, theils schwankenden Wasserstand haben. Das Wasser ist stets genügend und als Trinkwasser gut, wie Untersuchungen bestätigt haben. Ein Bedürfniss nach einer Aenderung liegt nicht vor.

130. **Breslau** hat 272912 Einwohner in 6230 Wohnhäusern und 61400 Haushaltungen.

Die Versorgung erfolgte früher ausser durch 63 öffentliche und eine grosse Zahl privater Grundbrunnen, deren wenig schwankender Wasserstand durchschnittlich 2 m bis 3 m unter Terrain bei circa 8 m tiefer Brunnensohle steht und deren Wasser zum grössten Theile zu Genusszwecken unbrauchbar ist, durch ein altes Wasserwerk, welches innerhalb der Stadt aus der Oder durch centrale, künstliche Hebung, mittels Wasserkraft betrieben, Wasser entnimmt und in unfiltrirtem Zustande durch gusseiserne Rohrleitungen auf 466 privaten und 18 öffentlichen Grundstücken, ferner für den Schlachthof, für die Brauereien und für die Rinnsteinspülung zur Vertheilung bringt Dieses Wasser ist als Trinkwasser ebenfalls nicht brauchbar.

Seit 1871 ist das auf Kosten der Stadtgemeinde von den Stadtbauräthen Zimmermann und Kaumann mit einem Kostenaufwande von 5816000 M. erbaute, neue Wasserwerk in Betrieb, welches eine tägliche Maximalleistungsfähigkeit von 59000 cbm hat.

Das Wasser wird innerhalb des Stadtgebietes in der Morgenau, 540 m von der Stadt entfernt, der Oder entnommen, durch künstliche Sandfiltration gereinigt und durch Dampfkraft in ein 42 m hoch auf künstlichem Unterbau unter einem Dache aufgestelltes, zweitheiliges, schmiedeeisernes Reservoir, welches 40 m vom Gewinnungspunkte entfernt liegt und 4200 cbm Fassungsraum hat, gefördert. Der höchste Wasserstand des Reservoirs liegt 39,6 m höher als die Stadt.

Das Wasser wird einheitlich für alle Zwecke, nicht nach verschiedenen Zonen getrennt und constant abgegeben. Hausreservoire sind nicht vorhanden. Der Anschluss an die Leitung ist für alle Grundstücke, welche an das Schwemmkanalnetz angeschlossen sind, obligatorisch und es sind Wassermesser für die Privatabgabe allgemein vorgeschrieben. Der Wasserpreis beträgt 15 Pf. pro cbm. Für die Hausleitungen ist als Material Blei und Eisen vorgeschrieben. Die Hauptleitungen sind zum grössten Theile ohne inneren Überzug; nur ein Theil derselben hat einen solchen durch Eintauchen in heissen Steinkohlentheer erhalten.

Die Wasserabgabe hat 1881/82 im Ganzen 6406785 cbm oder durchschnittlich 17553 cbm pro Tag betragen. Der Maximalverbrauch hat im Monate 736076 cbm oder 23744 cbm im Tage und der Minimalverbrauch im Monate 470731 cbm oder 16812 cbm im Tage betragen. Als grösster Tagesconsum ist 26347 cbm, als geringster Tagesconsum 12123 cbm beobachtet. Der stärkste Stundenconsum fand am Dienstag, den 15. August, Morgens zwischen 8 und 9 Uhr mit 1495 cbm, d. i. 5,7 % des Consums des Maximaltages, statt. An Aussengemeinden sind in dem betreffenden Jahre 57500 cbm abgegeben.

Der Verbrauch für öffentliche Zwecke hat im Jahre 1881/82 1943160 cbm betragen, wovon 353570 cbm durch Messer und 1589590 cbm durch Schätzung bestimmt sind. Von diesem Consum entfallen 294345 cbm auf öffentliche Gebäude, 59225 cbm auf Wasser für öffentliche Springbrunnen und 145686 cbm auf Wasser zum Strassensprengen. Die Rinnsteinspülung erfolgt durch 120 Spülhähne vom alten Wasserwerke aus und zwar constant, ausser im Winter. Zur Kanalspülung, für Feuerlöschzwecke, zur Spülung des Wasserrohrnetzes, für Pissoirs und für 51 Freibrunnen mit Selbstabschluss sind 1443904 cbm verwendet. Oeffentliche Badeanstalten im Anschlusse an das Wasserwerk existiren nicht.

Für Privatzwecke, d. h. zum Hausgebrauche und für Industrie- und Gewerbezwecke sind 4463600 cbm und zwar ausschliesslich durch Messer an 5060 Häuser mit 270000 Einwohnern abgegeben. Die Zahl der vorhandenen Closets beträgt 24700 Stück. Die Zahl der übrigen Verbrauchseinrichtungen in Privathäusern ist nicht ermittelt.

131. **Ohlau** hat 8395 Einwohner.

Das Trinkwasser liefern eine genügende Zahl von Grundbrunnen innerhalb des Ortes; dasselbe ist von guter Beschaffenheit. Als Brauchwasser dient unfiltrirtes Flusswasser aus der Ohle. Die Anlage dafür ist seit 1856 in Betrieb und 1874 erweitert. Sie ist Eigenthum der Stadt und ist für ein Maximalquantum von 488 cbm pro Tag ausreichend.

Das Wasser wird 400 m vom Orte durch ein mittels Wasser- und Dampfkraft getriebenes Pumpwerk auf 20 m Höhe gehoben und durch gusseiserne Leitungen ohne ein Reservoir zu den Verbrauchsstellen geführt. Die Versorgung ist intermittirend. Es erfolgt die Abgabe an Private nur durch Messer und zwar zum Preise von 5 Pf. pro cbm. Zu Hausleitungen werden Röhren aus Schmiedeeisen benutzt.

An die Leitung sind 79 Häuser zum Hausgebrauch angeschlossen, deren Consum 1882 27011 cbm betrug; in diesen befanden sich 8 Badeeinrichtungen, 6 Closets und 1 Springbrunnen. 5 Gewerbetreibende (Bierbrauereien) consumirten ferner in dem Jahre 11674 cbm.

Für öffentliche Benutzung sind 13 continuirlich laufende Freibrunnen aufgestellt. Für Feuerlöschzwecke sind 23 Hydranten unter Flur, mit Selbstentleerung versehen, vorhanden, welche nicht zum directen Spritzen benutzt werden. Eine Rinnsteinspülung findet an 200 Tagen im Jahre je 7 Stunden statt.

132. **Brieg** hat 17508 Einwohner in circa 700 Wohnhäusern und 3400 Haushaltungen.

Seit 1864 ist eine von der Stadtgemeine hergestellte, einheitliche Wasserversorgung in Betrieb, deren erste Anlage 280000 M. gekostet hat und deren jetziger Buchwerth 320000 M. beträgt. Die Maximalleistungsfähigkeit derselben pro Tag beträgt in ihrem jetzigen Zustande 9000 cbm.

Das Wasser wird der Oder entnommen, durch Sandfiltration künstlich gereinigt und durch Dampfkraft auf 32 m Höhe in ein schmiedeeisernes Reservoir gehoben, welches auf künstlichem Unterbau unter Dach unmittelbar neben den Filtern aufgestellt ist und 540 cbm fasst.

Die Versorgung erfolgt für Trink- und Brauchwasser einheitlich und constant. Nicht der Anschluss der Häuser, wohl aber die Anwendung von Wassermessern für diese Anschlüsse ist obligatorisch. Die Hauptleitungen sind ohne inneren Ueberzug. Für die Hausleitungen ist kein bestimmtes Material vorgeschrieben; jedoch wird meistens Blei verwendet. Die Stadt ist nur theilweise kanalisirt.

Die Jahresförderung hat 1881/82 im Ganzen 246465 cbm und 1882/83 263626 cbm betragen, wovon 175080 cbm resp. 189066 cbm für Privatzwecke abgegeben sind. An Aussengemeinden findet eine Abgabe nicht statt.

Für öffentliche Zwecke wurden 1881/82 71385 cbm und 1882/83 74560 cbm verwendet. Das Wasser für Strassensprengen, Rinnstein-, Kanal- und Wasserrohrnetz-Spülen wird aus Hydranten entnommen. Oeffentliche Pissoirs mit Spülung existiren nicht; auch sind keine öffentlichen Badeanstalten, wohl aber 3 Promenadenfontainen an die Leitung angeschlossen. 1875 waren 5 Freibrunnen und 45 Hydranten als vorhanden angegeben; ferner 489 Wassermesser, 25 Closets, 20 Badeeinrichtungen und 6 Privatfontainen. 1882 waren 537 Häuser angeschlossen. Eine Untersuchung des Wassers findet jährlich 2 bis 3 mal statt.

133. **Strehlen** hat 7261 Einwohner in circa 550 Wohnhäusern.

Die Versorgung erfolgt durch Brunnen innerhalb des Ortes, deren 15 öffentliche und 40 auf Privatgrundstücken vorhanden sind. Von diesen sind 51 gegraben, 3 gesenkt und einer gebohrt. Sie haben 6 m bis 8 m Tiefe und einen Wasserstand von 4 m bis 6 m Tiefe unter Terrain.

Ausserdem werden aus 1500 m und 2000 m Entfernung vom Orte mittels eiserner und hölzerner Röhren Quellwasser durch natürliches Gefälle 2 Reservoiren, eines im Südosten der Stadt für 45 cbm, das andere im Nordosten für 20 cbm Inhalt zugeführt und es gelangt dieses Wasser, welches nicht in die Häuser eingeleitet wird, an 3 Stellen zur öffentlichen Abgabe, wo es jedoch mit Handpumpen gehoben werden muss. Das Wasser ist gut, wie durch Untersuchungen bestätigt ist, und genügend, und es wird eine Aenderung nicht beabsichtigt.

134. **Striegau** hat 11470 Einwohner in 503 Wohnhäusern und 1259 Haushaltungen.

Die Versorgung erfolgt ausschliesslich durch Brunnen, deren 2 für die öffentliche Benutzung und 406 auf privaten Grundstücken vorhanden sind. Dieselben haben circa 15 m Tiefe und einen ziemlich constanten Wasserstand. Ein Wassermangel existirt nie; wohl aber ist das Wasser der Brunnen von sehr verschiedener Beschaffenheit. In der inneren Stadt ist dasselbe fast durchweg schlecht oder von mittlerer

Qualität, wogegen es in den Vorstädten besser ist. Die Wässer von 105 Brunnen sind 1877 eingehend chemisch untersucht und das Resultat davon war ein sehr wenig beruhigendes. Das Bedürfniss nach einer Aenderung der jetzigen Versorgung ist erkannt; jedoch ist noch kein fester Plan über das Wie gefasst.

135. **Freiburg i. Schl.** hat 8348 Einwohner in 380 Wohnhäusern und 1850 Haushaltungen.

Die Versorgung erfolgt durch gegrabene Brunnen innerhalb des Ortes, deren 11 für öffentliche Benutzung und 145 auf Privatgrundstücken vorhanden sind. Ausserdem wird das Wasser einer 1000 m von der Stadt entfernt gefassten Quelle durch natürliches Gefälle mittels Röhren aus Holz und aus Gusseisen ohne Vermittlung eines Reservoirs in die Stadt geleitet. Dasselbe gelangt an 7 Stellen zur allgemeinen Benutzung, wird jedoch auf Privatgrundstücken nicht abgegeben. Im Allgemeinen ist kein Mangel an Wasser vorhanden. Das Wasser ist als Trinkwasser gut, wie es einzelne Untersuchungen bestätigt haben, und es liegt das Bedürfniss zu einer Aenderung nicht vor.

136. **Gottesberg** (Schlesien) hat 6345 Einwohner in 304 Wohnhäusern und 1585 Haushaltungen.

Die Versorgung findet durch im Grundwasser des Ortes abgeteufte Brunnen und seit 1873 durch künstliche Zuführung statt. Dieselbe wird als genügend und, wie sich aus Untersuchungen ergeben hat, als durchaus gut bezeichnet. Von den Pumpenbrunnen befinden sich 4 auf Privatgrundstücken und 8 dienen der allgemeinen Benutzung.

Das künstlich zugeführte Wasser wird bei der Vorstadt Kohlau, 1000 m von der Stadt entfernt, aus Quellen in eine Sammelkammer eingeleitet, aus der es mittels einer durch Dampfkraft getriebenen Pumpe, deren Leistung 200 cbm pro Tag beträgt, durch eiserne Röhren einem in der Stadt gelegenen Reservoire von circa 80 cbm Inhalt zugeführt wird. In der Stadt befinden sich 14 öffentliche Zapfstellen für dieses Wasser und es wird ausserdem eine Brauerei damit versorgt, die 1882 1500 cbm erhielt. Die Anlage ist Eigenthum der Stadt und hat 45562 M. gekostet. 1882 wurden im Ganzen 73000 cbm Wasser gefördert. Bei heftigen Regengüssen ist das Wasser mitunter trübe. Auch verringert sich das Wasser im Sommer bei anhaltender Hitze merklich.

137. **Waldenburg i. Schl.** hat 12063 Einwohner.

Die Versorgung mit Trinkwasser erfolgt durch Einleiten von Quellwasser mit natürlichem Gefälle. Als Brauchwasser wird künstlich gehobenes Flusswasser benutzt, welches vorher einer künstlichen Klärung unterworfen ist.

138. **Schweidnitz** hat 22202 Einwohner.

Zur Versorgung besteht eine Quellwasserleitung, die Gebirgsquellen mit natürlichem Gefälle zuführt und ein gutes Trinkwasser liefert.

Seit 1876 ist eine zweite, einheitliche Versorgung im Betrieb, die für Rechnung der Stadt vom Ingenieur Briesnitz nach dem Projecte des Ingenieurs Veitmeyer in Berlin und des Stadtbaurath Heydrich in Schweidnitz ausgeführt ist. Die Anlage ist für 1400 cbm tägliche Maximalabgabe hergestellt und hat 330250 M. in der ersten Anlage gekostet. Der jetzige Buchwerth beläuft sich auf 360250 M.

Das Wasser wird 900 m vom Orte entfernt durch 4 Brunnen von 5 m Tiefe und durch Sammelkanäle im Kiesbette des Weistritzflusses, sowie aus dem Flusse selbst entnommen und durch Dampfkraft 40 m hoch in ein auf künstlichem Unterbau unter Dach aufgestelltes Reservoir gehoben, welches in der Stadt selbst sich befindet und dessen Wasserstand 26 m über dem Terrain des Versorgungsgebietes liegt.

Die Versorgung erfolgt einheitlich für Brauch- und Trinkwasser und constant. Der Anschluss der Häuser ist nicht obligatorisch, wohl aber die Anwendung von Wassermessern, nach welchen gemessen das Wasser mit 10 Pf. pro cbm bezahlt wird. Der Ort ist nur zum geringsten Theile kanalisirt und es sind Closetanschlüsse verboten. Die Hauptleitungen sind mit Angus Smith'scher Masse aussen und innen überzogen; für die Hausleitungen sind Bleiröhren vorgeschrieben.

Die Gesammtabgabe hat 1881/82 202046 cbm betragen und zwar in dem Monate des stärksten Verbrauches 21420 cbm und in dem des schwächsten Verbrauches 12240 cbm. Am Maximalverbrauchstage sind 714 cbm und am Minimalverbrauchstage 410 cbm abgegeben. Aussengemeinden haben im Laufe des Jahres im Ganzen 272 cbm Wasser bezogen.

430 Häuser waren im Jahre 1881/82 an die Leitung angeschlossen und verbrauchten 101022 cbm. Für Industrie- und Gewerbszwecke sind 10724 cbm abgegeben. Für öffentliche Zwecke sind im Ganzen 90000 cbm, darnnter 1430 cbm für öffentliche Gebäude verwendet. Oeffentliche Pissoirs mit Spülung existiren nicht. Ueber die einzelnen Verbrauchsarten und Verbrauchsmengen fehlen detaillirte Angaben.

139. **Reichenbach u. E.** hat 7255 Einwohner.

Die Versorgung erfolgt aus 14 öffentlichen und ca. 30 privaten Brunnen, welche im Sommer häufig das erforderliche Wasser nicht besitzen. Das Bedürfniss nach einer einheitlichen Versorgung hat schon zu einem Projecte und zum Abteufen eines Versuchsbrunnens, einige tausend Meter von der Stadt entfernt, geführt. Derselbe giebt genügendes und für technische und wirthschaftliche Zwecke geeignetes Wasser, welches 10° Temperatur hat und frei von organischen Substanzen ist. Eine Pumpstation mit Hochreservoir und einem entsprechenden Leitungsnetze wird demnächst zur Ausführung gelangen.

140. **Neurode** hat 6916 Einwohner in 434 Wohnhäusern.

Die Versorgung erfolgt ausser aus 10 öffentlichen und 5 privaten, gegrabenen Brunnen durch das Einleiten von Quellwasser aus 3000 m Entfernung mittels Röhren aus Holz, Eisen und Thon durch natürliches Gefälle. Das Wasser dient nur der allgemeinen Benutzung und wird Privatgrundstücken nicht zugeführt. Dasselbe ist meist gut, wie Untersuchungen bestätigt haben. Es ist nie Mangel daran vorhanden und es wird daher eine Aenderung der Versorgung nicht beabsichtigt.

141. **Frankenstein** hat 7861 Einwohner in 508 Wohnhäusern und 1897 Haushaltungen.

Für die Versorgung bestehen gegrabene Brunnen von 6 m bis 30 m Tiefe mit schwankendem Wasserstande. Ausser einer nicht bekannten Anzahl privater Brunnen sind solcher 20 für die öffentliche Benutzung vorhanden. Ausserdem wird mittels eiserner Röhren Quellwasser durch natürliches Gefälle aus 4000 m Entfernung zugeleitet und gelangt an 20 öffentlichen Brunnen zur Abgabe. Auch wird dasselbe 5 Privatgrundstücken zugeführt.

142. **Münsterberg** hat 5980 Einwohner.

Die Versorgung erfolgt ausser durch gegrabene Brunnen von 3 m bis 5 m Tiefe, deren 8 für die allgemeine Benutzung und ca. 250 auf Privatgrundstücken vorhanden sind, durch Quellwasser, welches in den Röhrwiesen, 1500 m von der Stadt entfernt, gesammelt wird. Die Zuleitung erfolgt durch natürliches Gefälle mittels Röhren, die zu $^1/_3$ der Länge aus Holz und zu $^2/_3$ aus Eisen bestehen. Dieses Wasser dient nur der allgemeinen Benutzung und wird Privaten nicht zugeleitet. Das Wasser ist als Trinkwasser immer gut. Eine Untersuchung desselben vor 4 Jahren hat ein günstiges Resultat ergeben. Wassermangel tritt nie ein. Man denkt daher nicht an eine Aenderung.

143. **Glatz** hat 13 307 Einwohner in 597 Wohnhäusern und 2362 Haushaltungen.

Die Versorgung erfolgt ausser durch 32 öffentliche und 73 private Brunnen durch künstliche Hebung mittels Wasserkraft aus der Glätzer

Neisse. Das Wasser wird dem Flusse innerhalb der Stadt selbst entnommen und durch Sandfiltration künstlich gereinigt.

Die jetzige Anlage ist 1864 aus der alten, die seit 1582 bestanden hat, umgebaut; sie ist Eigenthum der Stadt und hat eine tägliche Maximalleistung von 300 cbm.

Das Wasser wird einem 34 m hoch über dem Gewinnungspunkte, ca. 1000 m davon entfernt liegenden, gemauerten und überwölbten Reservoire von 20 cbm Inhalt zugeführt und durch gusseiserne Röhren geleitet und vertheilt. An die Leitung sind 42 Grundstücke, von denen 16 dasselbe auch zum Gewerbebetriebe benutzen, angeschlossen. Das Wasser wird, da das Trinkwasser aus den vorerwähnten Brunnen entnommen wird, nur als Brauchwasser verwendet und constant, ohne Hausreservoire und ohne Wassermesser geliefert. Für die Hausleitungen sind schmiedeeiserne Röhren vorgeschrieben.

Ein öffentlicher Springbrunnen und eine private Badeanstalt für öffentliche Benutzung mit 11 Wannen werden aus der Leitung gespeist; ferner sind damit 8 Closets, ein Privatspringbrunnen, ein Privatpissoir und eine private Badeeinrichtung verbunden. Für Strassen- und Rinnsteinspülung, für öffentliche Pissoirs etc. findet eine Wasserabgabe nicht statt. Von 14 vorhandenen Freibrunnen sind 5 continuirlich laufende und 9 Druckständer mit Ventilverschluss.

Die Filtration des Wassers soll eine unvollständige sein. Auch muss das Hebewerk bei der jährlich vorgenommenen Reinigung des Mühlgrabens ausser Betrieb gesetzt werden, so dass die ganze Einrichtung keine sehr vollkommene zu sein scheint.

144. **Habelschwerdt** hat 5550 Einwohner in 420 Wohnhäusern und 1357 Haushaltungen.

Die Versorgung erfolgt ausser durch 10 Pumpenbrunnen, auf Privatgrundstücken gelegen, durch eine einheitliche Anlage, die von der Stadtgemeinde mit einem Kostenaufwande von 100000 M. durch die Breslauer Metallgiesserei in Breslau hergestellt ist. Das Wasser wird dem Kressenbache dicht neben der Stadt entnommen, durch Sand künstlich filtrirt und durch eine mittels Wasserkraft getriebene Pumpe einem Reservoire von ca. 400 cbm Fassungsraum zugeführt. Das Wasser findet als Brauch- und Trinkwasser, durch innen asphaltirte gusseiserne Röhren vertheilt und durch Zinnbleiröhren den Privatgrundstücken zugeführt, allgemeine Verwendung. Die Zahlung für die Abgabe an Private erfolgt nach Schätzung.

b) Regierungsbezirk Liegnitz.

145. **Grünberg i. Schl.** hat 13 039 Einwohner in 1411 Wohnhäusern und 3399 Haushaltungen.

Die Versorgung erfolgt ausser durch 21 öffentliche und zahlreiche private Pumpenbrunnen, die gesenkt sind, durch Einleiten von Quellbrunnenwasser durch natürliches Gefälle mittels gusseiserner Röhren.

Die Anlage ist für Rechnung der Stadtgemeinde von der Firma J. u. A. Aird in Berlin hergestellt und seit 1875 in Benutzung. Dieselbe hat ursprünglich 147 383 M. gekostet und ihr jetziger Buchwerth beträgt 100 248 M. Sie ist für eine tägliche Maximallieferung von ca. 1000 cbm bestimmt.

Das Wasser wird unmittelbar am Orte durch 9 in das Grundwasser getriebene Brunnen erschlossen und durch natürliches Gefälle, ohne einer vorherigen Reinigung unterworfen zu werden, einem Reservoire von 430 cbm Inhalt zugeführt. Dasselbe ist gemauert, überwölbt und in den Boden versenkt und dessen höchster Wasserstand liegt 40 m über dem tiefsten Punkte des Ortes.

Die Versorgung erfolgt einheitlich für Trink- und Brauchwasser, constant, ohne Anwendung von Hausreservoiren und in zwei getrennten Druckzonen. Der Anschluss der Häuser ist nicht obligatorisch, wohl aber seit kurzem die Benutzung von Wassermessern für die angeschlossenen Grundstücke. Die Hauptleitungen sind mit Asphaltüberzug im Innern versehen. Eine Kanalisation des Ortes ist bisher nur theilweise und unvollkommen ausgeführt.

Für Feuerlöschzwecke sind 68 Hydranten unter Flur, mit Selbstentleerung versehen, in ca. 100 m Entfernung aufgestellt. 49 Druckständer mit Selbstabschluss dienen der allgemeinen Benutzung. An die Leitung sind 96 Privatgrundstücke angeschlossen, von denen 56 das Wasser auch zum Gewerbebetriebe benutzen.

Während die Pumpenbrunnen zum Theil wenig gutes Wasser haben, ist das Leitungswasser auch als Trinkwasser vorzüglich. Durch eine allgemeine Senkung des Grundwasserstandes in den letzten Jahren ist eine Verminderung des Wasserzuflusses bemerkbar. Mehrere Pumpenbrunnen mussten daher tiefer gesenkt werden und es hat sich auch eine Vermehrung der Brunnen für die Leitung als wünschenswerth gezeigt. Das Leitungswasser ist wiederholt qualitativ chemisch und mikroskopisch untersucht und als normal befunden worden.

146. **Neusalz a. O.** hat 6756 Einwohner in 440 Wohnhäusern und 1600 Haushaltungen.

Die Versorgung erfolgt durch gesenkte und gebohrte Brunnen aus dem Grundwasser, welches eine constante Höhe von 1,8 m bis 2,2 m unter Terrain hat. Die Brunnen sind 4 m bis 6 m tief 21 Brunnen dienen der allgemeinen Benutzung, 170 befinden sich auf Privatgrundstücken. Das Wasser ist als Trinkwasser gut, wie Untersuchungen desselben bestätigt haben, und es ist in stets genügender Menge vorhanden, so dass an eine Aenderung nicht gedacht wird.

147. **Sagan** hat 11 373 Einwohner in 731 Wohnhäusern und 2823 Haushaltungen.

Die Versorgung erfolgt ausser durch gegrabene Brunnen, deren 12 für die öffentliche Benutzung vorhanden sind, durch die Einführung von Quellwasser, welches 2000 m von der Stadt entfernt auf einem Wiesenterrain erschlossen ist. Die Maximalmenge desselben beträgt 120 cbm pro Tag.

Das Wasser wird in einem Reservoire von 144 cbm Inhalt, welches gemauert und überwölbt ist, und dessen höchster Wasserstand 10 m höher als der Ort liegt, gesammelt und mittels gusseiserner Röhren durch natürliches Gefälle zur Vertheilung gebracht. Dasselbe versorgt 49 Grundstücke und 2 Brauereien und gelangt ferner an 5 öffentlichen Laufbrunnen mit Hebelwerk zur Abgabe. Auch werden davon 3 öffentliche Springbrunnen, deren Abwasser zur Strassenspülung dient, gespeist. An die Leitungen sind für Feuerlöschzwecke, als Zubringer benutzbar, 16 Hydranten angeschlossen. Grösseren Consumenten wird das Wasser zu 15 Pf. pro cbm, kleineren nach Schätzung berechnet.

Das Wasser ist gut und brauchbar, versorgt aber nicht alle Strassen der Stadt. Es ist daher für später eine Hochdruckleitung in Aussicht genommen, jedoch noch kein fester Plan dafür acceptirt.

148. **Sprottau** hat 7231 Einwohner in 413 Wohnhäusern und 1755 Haushaltungen.

Für die Versorgung dient seit 1866 eine einheitliche Anlage, die nach dem Projecte des Stadtbauinspectors Fabian dort für Rechnung der Stadt mit einem Kostenaufwande von 90 000 M. durch die Firma J. u. A. Aird in Berlin ausgeführt ist.

Das Wasser wird 220 m von der Stadt entfernt der Bober entnommen und durch Klärung und Sandfiltration gereinigt. Durch Wasserkraft getriebene Pumpen von täglich 530 cbm bis 620 cbm Leistungsfähigkeit heben dasselbe in ein 17,6 m hoch in einem Thurme unter Dach aufgestelltes Reservoir von 213 cbm Inhalt, von wo es durch eiserne Röhren zur Vertheilung gelangt.

Es sind 32 öffentliche Laufständer für die allgemeine Benutzung vorhanden und 110 Privaten wird das Wasser zum Haus- und Gewerbebetriebe zugeführt. 34 Hydranten dienen für Feuerlöschzwecke.

Für die Versorgung mit Trinkwasser sind 9 öffentliche und 22 private gesenkte und gebohrte Brunnen von 5,5 m Tiefe mit constantem Wasserstande vorhanden, die genügendes und gutes Wasser, wie durch Untersuchungen bestätigt ist, liefern.

149. **Gross-Glogau** hat 18630 Einwohner in ca. 850 Wohnhäusern.

Die Versorgung des Stadttheiles am rechten Oderufer (ca. 100 Häuser) erfolgt durch Pumpenbrunnen, während der Haupttheil der Stadt am linken Oderufer schon seit 200 Jahren mit Quellwasser versorgt wird. Diese Anlage wurde 1859 umgebaut und zu einer Maximalleistung von 400 cbm pro 24 Stunden gebracht. Jetzt ist unter Leitung des Stadtbaurath Wingen eine Vergrösserung auf 600 cbm Leistung pro Tag in Bau begriffen, durch welche auch dem hochgelegenen Stadttheile Wasser zugeführt werden soll. Die Anlage hat bis jetzt 120000 M. gekostet und ist Eigenthum der Stadtgemeinde.

Beim Dorfe Gurkau, bei Brostau und am Paulinenhofe wird an vier Stellen Grundwasser durch Filterröhren und Brunnen in 1700 m, 2500 m, 2600 m und 2700 m Entfernung von der Stadt erschlossen und, nachdem es durch 2 künstliche, überwölbte Sandfilter von 200 qm Filterfläche gereinigt ist, einem Reinwasserreservoire, welches gemauert und überwölbt ist und 500 cbm Inhalt hat, zugeführt. Dasselbe liegt 2500 m von der Stadt entfernt und 21 m höher als der untere Theil derselben.

Die Versorgung erfolgt einheitlich für Brauch- und Trinkwasser. Die Anschlüsse der Häuser sind dem Belieben überlassen. Zahlung für das Wasser zum Hausgebrauch erfolgt nach Schätzung; jedoch sollen Messer obligatorisch eingeführt werden. Die Hauptleitungen sind innen asphaltirt; für die Hausleitungen ist kein bestimmtes Material vorgeschrieben.

1875 waren 80 Wohnhäuser mit 300 Haushaltungen mit Wasser versorgt. 45 Hydranten und 36 Freibrunnen waren aufgestellt. 20000 cbm waren in dem Jahre für öffentliche Zwecke, 13400 cbm für technische Gewerbe abgegeben.

150. **Lüben** hat 5026 Einwohner in 413 Wohnhäusern und 1323 Haushaltungen.

Die Versorgung erfolgt aus 6 öffentlichen und 118 privaten, gegrabenen Brunnen von 4 m Tiefe mit einem constanten, etwa 2 m tiefen Wasserstande, welche gutes Trinkwasser, wie die Untersuchungen bestätigt haben, liefern. Ferner ist seit 1876 eine für Rechnung der Stadt mit einem Kostenaufwande von 43 197 M. vom Ingenieur Schütze, Inspector der dortigen Gasanstalt hergestellte Anlage, deren tägliche Leistungsfähigkeit 400 cbm beträgt, in Betrieb.

Das Wasser wird, 1100 m von der Stadt und 2000 m vom nächsten Wasserlaufe entfernt, verschiedenen Quellen, die durch 4 Brunnen erschlossen sind, entnommen und einem gemauerten und überwölbten Reservoire von 240 cbm Inhalt, welches 980 m von der Stadt entfernt liegt, zugeführt. Dasselbe liegt so hoch, dass, wenn es gefüllt ist, über dem höchsten Terrainpunkte in der Stadt noch 3,5 m Druck vorhanden ist. Das Wasser gelangt an 18 Laufbrunnen zur allgemeinen Benutzung und wird in 111 Privatgrundstücke zum Hausgebrauche und für Gewerbszwecke eingeleitet. Für Feuerlöschzwecke sind 10 Hydranten aufgestellt.

151. **Görlitz** hat 50 307 Einwohner in 2200 Wohnhäusern und 13 000 Haushaltungen.

Ausser aus einer grösseren Zahl privater und 28 öffentlicher Pumpenbrunnen geschah die Versorgung früher durch mit natürlichem Gefälle aus der Nähe der Stadt eingeleitetes Quellwasser mittels hölzerner Röhrenleitungen, welche jetzt fast sämmtlich durch solche von Gusseisen ersetzt sind. Von diesem sind noch 9 verschiedene städtische Leitungen in Benutzung, welche aus 24 Quellen ein anerkannt gutes Trinkwasser in die Stadt führen. Dasselbe gelangt an 30 in der Stadt vertheilten Röhrtrögen und an 8 Druckständern mit Selbstabschluss zur allgemeinen Benutzung. Ausserdem befinden sich Ausläufe dieses Wassers auf 61 privaten und 7 städtischen Grundstücken. Das jetzt noch vorhandene Wasser ist gut, da auf Grund von zeitweise wiederholten Untersuchungen alle alten Leitungen, welche schlechtes Wasser liefern, cassirt sind.

Seit 1878 ist eine allgemeine Versorgung in Benutzung, die nach dem Entwurfe der Firma I. & A. Aird in Berlin für Rechnung der Stadt mit einem Kostenaufwande von 1 000 000 M. hergestellt ist und einen jetzigen Buchwerth von 1 170 253 M. hat. Die Leistungsfähigkeit der Anlage beträgt in ihrer jetzigen Ausdehnung bis zu 6000 cbm pro Tag.

Das Wasser wird aus den Neissewiesen bei Leschwitz, die südlich von der Stadt auf dem linken Ufer der Neisse liegen und den letzten

Theil des Niederschlaggebietes für einen etwa 9000 m langen Höhenzug (Rauschwalder-Höhen, Landeskron, Jauernicker-Berg), welcher dem Flusse annähernd parallel geht, bilden, gewonnen. 500 m von der Neisse entfernt sind 2 Filterbrunnen in den mächtigen Sandschichten am Flussufer hergestellt, welche 2100 m vom Bahnhofe und 3000 m vom Mittelpunkte der Stadt entfernt sind. Durch mittels Dampfkraft betriebene Pumpen wird das Wasser auf durchschnittlich 60 m Höhe gehoben und einem 1700 m entfernt gelegenen, gemauerten, überwölbten und in den Boden versenkten Reservoire zugeführt, welches 1520 cbm Inhalt hat. Der höchste Wasserstand desselben liegt 12 m über dem höchsten und 52 m über dem niedrigsten Theile der Stadt. Die Entfernung vom Reservoir bis zum Bahnhofe beträgt 600 m und bis zum Mittelpunkt der Stadt 1500 m.

Die Abgabe des Wassers erfolgt einheitlich für Trink- und Brauchwasser, constant und ohne Anwendung von Hausreservoiren. Die Zahlung für das Wasser zum Haus- und Wirthschaftsgebrauche erfolgt, gleichgiltig ob die Häuser an die Leitung angeschlossen sind oder nicht, nach einem Zinssatze des Nutzungswerthes der Grundstücke, der so bestimmt wird, dass damit ¹/₃ der Kosten des Betriebes incl. Amortisation etc. gedeckt wird, während ¹/₃ davon für das Wasser für öffentliche Zwecke entfällt und der Rest durch das Wasser für gewerbliche und für Luxuszwecke, dessen Zahlung nach Messern und Taxe erfolgt, gedeckt werden, event. dafür ein Zuschuss aus der Gemeindekasse geleistet werden soll. Die Hauptleitungen sind mit einem Asphaltüberzuge versehen. Für die Hausleitungen ist bei den kleineren Dimensionen die Wahl zwischen Blei, Zinn und verzinntem Schmiedeeisen gelassen; für die grösseren Dimensionen sind emaillirte oder asphaltirte gusseiserne Röhren vorgeschrieben. Die Stadt ist kanalisirt und mit Hauseinlässen versehen; Closeteinlässe sind jedoch verboten.

Die gesammte Wasserförderung hat im Jahre 1882/83 545 567 cbm betragen. Der Monatsconsum war am grössten im Juli, nämlich 58 904 cbm und am geringsten im Februar nämlich 37 111 cbm. Der grösste Tagesverbrauch belief sich auf 3272 cbm und zwar am 27. Juli, der geringste auf 824 cbm und zwar am 26. December. An Aussengemeinden wird kein Wasser abgegeben.

Für Feuerlöschzwecke sind 327 Hydranten in durchschnittlich 80 m Entfernung aufgestellt. Dieselben stehen unter Flur und werden in den unteren Stadttheilen zum directen Spritzen benutzt. Die älteren Hydranten sind mit Selbstentleerung versehen. 33 Freibrunnen mit

Selbstabschluss dienen der allgemeinen Benutzung. 5 öffentliche Springbrunnen werden aus der Leitung versorgt und spielen im Sommer täglich 11 Stunden. 4 öffentliche Pissoirs werden constant gespült. Eine Spülung des Rohrnetzes findet regelmässig statt. Die Rinnsteine werden nach Bedarf aus den Hydranten gespült. Das Strassensprengen erfolgt durch Sprengfässer. Ueber das Gebrauchsquantum für obige Zwecke im Ganzen und im Einzelnen fehlen nähere Angaben.

1882/83 waren an die Leitung im Ganzen ca. 1700 Häuser mit 10 000 Haushaltungen und 41 000 Bewohnern angeschlossen. Es waren darin ca. 200 Badeeinrichtungen, 8 Closets, 8 Pissoirs und 10 Springbrunnen vorhanden. Für gewerbliche und andere Zwecke wurden 1882/83 138 533 cbm, nach Messern bestimmt, abgegeben.

152. **Lauban** hat 10 775 Einwohner in 406 Wohnhäusern und 2043 Haushaltungen.

Die Versorgung erfolgt seit 1865 durch eine, 1869 erweiterte, einheitliche Anlage, die nach dem Projecte des derzeitigen Stadtbaurath Mende, jetzt in Breslau, für Rechnung der Stadtgemeinde mit einem Kostenaufwande von 180 000 M. durch die Firma Alexander Aird in Berlin hergestellt wurde. Der jetzige Buchwerth der Anlage beträgt 325 000 M. und deren jetzige Maximalleistungsfähigkeit pro Tag 300 cbm.

Das Wasser wird bei Tragsheim, 3000 m von der Stadt entfernt, auf einem bewaldeten Bergrücken durch 7 gebohrte Brunnen (artesische) erschlossen und, durch Thonrohrleitungen zusammengeleitet, einem Sammel- resp. Filterbrunnen zugeführt. Von hier fliesst es durch natürliches Gefälle mittels einer gusseisernen Rohrleitung von 3450 m Länge einem 300 m von der Stadt entfernt gelegenen Reservoire zu, welches einen Fassungsraum von 310 cbm hat und aus Mauerwerk, überwölbt und in den Boden versenkt, hergestellt ist. Dasselbe liegt 9 m tiefer als der Gewinnungspunkt und 16 m höher als der höchste Terrainpunkt des Versorgungsgebietes.

Die Versorgung erfolgt einheitlich für Trink- und Brauchwasser, constant und ohne Anwendung von Hausreservoiren. Der Anschluss der Privaten an die Leitung geschieht auf Antrag gegen Zahlung eines nach Schätzung festgesetzten Wassergeldes. Für die Hausleitungen ist kein bestimmtes Material vorgeschrieben und die Hauptleitungen sind ohne einen inneren Ueberzug verlegt.

Die Gesammtabgabe hat im Jahre 1882 92 000 cbm betragen. Speciellere Angaben, nach Verbrauchsarten und Quantitäten getrennt, liegen nicht vor. 1876 waren 38 Hydranten und 38 Freibrunnen vorhanden. Das Wasser ist als Trinkwasser vorzüglich und in stets genügender Menge vorhanden, jedoch, wie durch Untersuchungen nachgewiesen ist, etwas eisenhaltig.

153. **Bunzlau** hat 10790 Einwohner in 614 Wohnhäusern und 2533 Haushaltungen.

Die Versorgung der Stadt erfolgt seit ihrer Erbauung im Jahre 1190 aus dem in der Nähe derselben gelegenen Queck- und Scheunbrunnen, aus welchem mittels hölzerner, thönerner und theilweise gusseiserner Leitungen, deren einzelne bis zu 1000 m Länge haben, und deren gesammte Länge 10127 m beträgt, vorzügliches Trinkwasser durch natürliches Gefälle in reichlicher Menge zugeführt wird. Die Ergiebigkeit der Quellenleitung beträgt 2850 cbm pro 24 Stunden. Für die Obervorstadt wird am Drüsselberge durch Drainage und offene Gräben gewonnenes Wasser in einem offenen Bassin gesammelt und zur Vertheilung gebracht. Das künstlich zugeleitete Wasser kommt an 35 öffentlichen Laufständern zur Vertheilung und wird ausserdem 160 Privatgrundstücken zum Hausgebrauche, sowie zu Gewerbebetrieben durch Leitungen zugeführt.

Ausser diesen künstlichen Zuleitungen sind 5 öffentliche und 160 private, gesenkte Brunnen in Benutzung, die 5 m bis 8 m Tiefe haben und deren Wasserstand constant ist. Das Wasser derselben ist als Trinkwasser gut, wie durch Untersuchungen bestätigt ist, und es tritt ein Mangel an Wasser in ihnen niemals ein. Eine Aenderung der Versorgung wird nicht beabsichtigt.

154. **Hainau** hat 5724 Einwohner in 331 Wohnhäusern und 1230 Haushaltungen.

Die Versorgung erfolgt ausser aus 11 gegrabenen Brunnen, von denen 3 der allgemeinen Benutzung dienen, durch Quellwasser, für welches die Zuleitung, die früher aus hölzernen Röhren bestand, 1867 durch eiserne Röhren ersetzt wurde und deren weiterer Ausbau 1878 stattgefunden hat. Die Quellen entspringen 2500 m von der Stadt entfernt bei Michelsdorf. Das Wasser fliesst aus Sammelbassins durch Klärbassins in die Rohrleitung. Es beträgt das Gefälle bis zur Stadt 5 m. Das Wasser wird an 22 öffentlichen Druckständern abgegeben und in 74 Privatgrundstücke eingeführt. 11 Hydranten dienen als Zubringer für die Spritzen bei Feuersgefahr. Das Wasser ist immer gut, rein und wohlschmeckend. Die Untersuchungen desselben haben das bestätigt. Mangel an Wasser existirt nie; es ist im Gegentheil Ueberfluss davon vorhanden.

155. **Liegnitz** hat 37157 Einwohner in 1735 Wohnhäusern und 9273 Haushaltungen.

Die Wasserversorgung ist seit 1878 eine einheitliche. Eigenthümer des Wasserwerkes ist die Stadt. Das Project des Hebewerkes und der Filteranlage ist vom Ingenieur W. Pfeffer, das Project des Rohrnetzes von J. u. A. Aird & Marc ausgearbeitet. Die ersten Anlagekosten betrugen 635952 M. 78 Pf., während der jetzige Buchwerth sich auf 812976 M. 37 Pf. beläuft. Die tägliche Maximalleistung der Anlage im jetzigen Zustande beträgt 6600 cbm.

Die Wassergewinnung erfolgt in einer Entfernung von circa 500 m von der Stadt aus der Katzbach und einem Nebenlauf derselben, dem Mühlgraben. Das Wasser gelangt aus beiden in einen gemeinschaftlichen Sammelbrunnen. Die künstliche Hebung des Wassers erfolgt durch Dampfkraft. Die Reinigung geschieht durch Klärung in 2 Klärbassins von zusammen 1944 cbm Inhalt und durch Sandfilter von im Ganzen 1296 qm Flächenraum. Ein Reinwasserreservoir mit 1389 cbm Inhalt ist vorhanden. Dasselbe ist gemauert und überwölbt und liegt 2620 m vom Hebewerk (Gewinnungspunkt) und 1970 m von der Stadt entfernt. Der höchste Wasserstand desselben über dem Gewinnungspunkte beträgt 46,9 m und über dem Orte selbst ca. 40 m.

Die Zuleitung erfolgt einheitlich für Trink- und Brauchwasser, constant und ohne Anwendung von Hausreservoiren. Der Anschluss der Häuser ist obligatorisch. Wassergeld wird meist nach Schätzung, nicht nach Messern gezahlt. Die Stadt ist kanalisirt und mit Hausanschlüssen versehen; Closeteinlässe mit vorheriger Desinfection sind erlaubt. Für die Hausleitungen sind auf 8 Atm. geprüfte Bleiröhren und asphaltirte Gusseisenröhren vorgeschrieben. Die Hauptleitungen sind nicht mit innerem Ueberzuge versehen.

Die Gesammtabgabe im Jahre 1881/82 betrug 1002618 cbm, die Maximalmonatsabgabe 117973 cbm und die Minimalmonatsabgabe 63832 cbm. Die Abgabe am Maximaltage belief sich auf 5690 cbm und am Minimaltage auf 2280 cbm.

Für öffentliche Zwecke sind im Jahre 1881/82 84000 cbm (nach Schätzung) abgegeben, und zwar für öffentliche Gebäude, Anstalten etc. 4000 cbm, zum Strassensprengen, durch Fässer vertheilt, ca 21000 cbm, für Rinnsteinspülung aus Hydranten 3600 cbm, für directe Kanalspülung durch 15 Spülhähne und Hydranten ohne besondere Messung 4500 cbm, für Spülung des Wasserrohrnetzes (alle 6 Wochen durch die Endhydranten) 1200 cbm; für Feuerlöschzwecke (in Entfernungen von 90 m bis 100 m sind 272 Stück Hydranten mit Selbstentleerung unter Flur aufgestellt, aus welchen direct gespritzt wird) 2000 cbm; für 7 öffentliche Springbrunnen, welche im Jahre 150 Tage à 8 Stunden spielen, 40 500 cbm; für 4 öffentliche Pissoirs mit continuirlicher Spülung 7200 cbm. Freibrunnen existiren nicht und öffentliche Badeanstalten sind im Anschluss an die Wasserleitung nicht vorhanden.

Die Zahl der angeschlossenen Häuser beträgt 1594. Die Wasserabgabe nach Messern betrug 1881/82 59 983 cbm. In den Wohnhäusern waren 76 Badeeinrichtungen, 243 Closets und 175 Pissoirs in Benutzung.

156. **Löwenburg i. Schl.** hat 5197 Einwohner in 443 Wohnhäusern und 1291 Haushaltungen.

Für die Versorgung sind 14 öffentliche und 58 private Pumpenbrunnen vorhanden, die gegraben sind, 8 m Tiefe haben und deren ca. 6 m tiefer Wasserstand constant ist. Das Wasser ist als Trinkwasser gut, und quantitativ stets genügend. Einer Untersuchung ist dasselbe nicht unterworfen.

Ferner wird durch natürliches Gefälle Quellwasser aus 1000 m Entfernung mittels eiserner Röhren zugeführt und an 14 öffentlichen Laufbrunnen zur Vertheilung gebracht. Auch sind 28 Privatgrundstücke mit Einleitungen dieses Wassers für den Hausgebrauch und den Gewerbebetrieb versehen.

157. **Goldberg** hat 6460 Einwohner.

Die Versorgung erfolgt für Trinkwasser und für Brauchwasser durch zwei verschiedene Anlagen. Das erstere wird unterhalb des Wolfsberges, 1000 m von der Stadt entfernt, auf einer Wiese durch 10 Quellbrunnen, die ausgemauert und theils überwölbt, theils abgedeckt sind, gewonnen und Druckständern und Pumpen durch natürliches Gefälle mittels gusseiserner Röhren zugeführt, jedoch nicht auf Privatgrundstücke eingeleitet. Das Wasser ist als Trinkwasser gut und stets in genügender Menge vorhanden. Das Brauchwasser wird aus einem Nebenzweige der Katzbach, dem Mühlengraben, entnommen, durch Wasserkraft in einen Wasserthurm gehoben und durch eiserne Röhren in 3 Reservoire der Stadt geleitet. Ein Bedürfniss nach einer Aenderung der jetzigen Versorgung liegt nicht vor.

158. **Jauer** hat 10603 Einwohner in 657 Wohnhäusern und 2457 Haushaltungen.

Die Versorgung erfolgt durch 22 öffentliche und eine grössere Anzahl privater Brunnen. Ausserdem werden 3 öffentliche Laufständer mit Quellwasser versorgt, das 1000 m von der Stadt zu Tage tritt

5*

und durch eine Leitung theils von hölzernen, theils von eisernen Röhren, einem mittels Wasserkraft betriebenen, kleinen Pumpwerke zugeführt wird. Dasselbe hebt das Wasser in einen 6 m hoch aufgestellten Bottich, von wo es der Stadt zufliesst. Das Wasser ist vorzüglich und nur bei starken Regengüssen zeitweise getrübt. In der Wasserkunst passirt das Wasser noch einen mit Kieseln gefüllten Behälter zum Niederschlagen etwaiger Schlammtheile.

Das Quellwasser ist immer in genügender Menge vorhanden; doch fehlt es zeitweise an dem nöthigen Aufschlagwasser zum Betriebe des Hebewerkes. Für spätere Zeiten ist eine Wasserleitung zur Speisung sämmtlicher Haushaltungen in Aussicht genommen.

159. **Hirschberg** hat 14388 Einwohner in 1042 Wohnhäusern und 3468 Haushaltungen.

Die Versorgung erfolgt ausser durch gegrabene Brunnen, von denen 32 für die allgemeine Benutzung dienen, durch die Zuführung von 2 kleinen und 2 grösseren Quellen aus den umliegenden Höhen durch natürliches Gefälle mittels gusseiserner Röhren. Die beiden grösseren Leitungen beginnen in ca. 2400 m Entfernung vom Mittelpunkte der Stadt. Das Quellwasser wird, ausser dass es zur allgemeinen Benutzung abgegeben wird, auch 18 Grundstücken, darunter 2 Brauereien, zugeführt.

Das Wasser von 5 Pumpenbrunnen ist als untauglich zum Trinken, das der Quellen jedoch als gutes Trinkwasser befunden. Zeitweiser Wassermangel, der früher eintrat, ist durch Umbau und Erweiterung der 4 Leitungen vorläufig gehoben. Die projectirte Erbauung eines Wasserhebewerkes ist von der städtischen Vertretung abgelehnt. Die Sterblichkeit ist sehr gross und es überwiegt in den letzten Jahren die Zahl der Gestorbenen die der Geborenen.

160. **Landshut i. Schl.** hat 6697 Einwohner in 476 Wohnhäusern und 1500 Haushaltungen.

Zur Versorgung dienen 4 öffentliche und ca. 90 Privatbrunnen, welche auf 3 m Tiefe im Grundwasser abgeteuft sind. Das Wasser derselben wird auf Grund der vorgenommenen Untersuchungen als ziemlich gut bezeichnet.

Ausserdem findet noch eine künstliche Zuleitung von Quellwasser statt. Dasselbe wird ca. 780 m vom Orte entfernt in einem aus Sandstein erbauten Reservoire von 90 cbm Fassungsraum gesammelt, welches ca. 40 m höher als die Stadt liegt. Von hier fliesst es durch eine gusseiserne Leitung der Stadt zu und wird in 8 öffentlichen Druckständern zum allgemeinen Gebrauch gestellt. Eine Einleitung für den Hausgebrauch oder für gewerbliche Zwecke findet nicht statt. Das Bedürfniss, eine bessere Versorgung zu schaffen, liegt wohl vor, doch fehlt es an den dafür erforderlichen Mitteln.

c) Regierungsbezirk Oppeln.

161. **Kreuzburg i. O.-S.** hat 6135 Einwohner in 342 Wohnhäusern und 1115 Haushaltungen.

Die Versorgung erfolgt ausschliesslich aus 6 öffentlichen und 84 privaten Pumpenbrunnen, sowie aus 16 Ziehbrunnen. Dieselben sind gegraben und gesenkt, haben 10 m bis 15 m Tiefe und einen 3 m bis 4 m constanten Wassserstand. Das Wasser ist quantitativ genügend und wird als Trinkwasser mit den Prädicaten theils ziemlich gut, theils gut bezeichnet. Eine Untersuchung desselben hat theilweise stattgefunden.

162. **Oppeln** hat 14447 Einwohner.

Eine alte, theils aus hölzernen, theils aus eisernen Röhren bestehende Leitung führt Quellwasser mit natürlichem Gefälle zu, welches mittels 5 öffentlicher Pumpenbrunnen zur Vertheilung gelangt. Das Wasser versiegt in heissen Sommertagen und ist auch nur zum Waschen und Kochen, nicht aber zum Trinken geeignet. Für letzteren Zweck dient Wasser, aus gegrabenen Brunnen entnommen. Eine Aenderung der Versorgung ist ein schon lange empfundenes Bedürfniss, dessen Befriedigung die mangelnden Geldmittel jedoch entgegenstehen.

163. **Patschkau** hat 5639 Einwohner in 394 Wohnhäusern und 1412 Haushaltungen.

Die Versorgung erfolgt durch 13 öffentliche und 187 private Brunnen. Dieselben haben ca. 13 m Tiefe bei einem fast constanten Wasserstande von 2,5 m. Ausserdem wird durch gusseiserne Röhren mittels natürlichen Gefälles Wasser aus 500 m Entfernung vom Orte zugeführt und als Brauchwasser, nicht als Trinkwasser, benutzt. Auf Privatgrundstücke wird dasselbe nicht geleitet. Die Versorgung ist eine genügende und es wird eine Aenderung derselben daher nicht beabsichtigt.

164. **Neisse** hat 20507 Einwohner in 590 Wohnhäusern.

Die Versorgung erfolgt seit 1879 durch eine von der Firma J. u. A. Aird & Marc in Berlin für Rechnung der Stadt erbaute Anlage, deren Maximalleistung pro Tag auf 3500 cbm bemessen ist.

Das Wasser wird am Walle der Neisser Festungswerke, 300 m von der Stadt und 15 m vom nächsten Flusslaufe entfernt, durch 2 gesenkte Brunnen von 9 m Tiefe, in denen das Grundwasser 2 m tief steht, gewonnen und ohne künstliche Klärung durch mit Turbinen getriebene Pumpen auf 60 m Höhe in ein gemauertes und überwölbtes Reservoir von 1650 cbm Fassungsraum, welches 40 m von der Stadt und 500 m von der Pumpstation entfernt liegt, gefördert.

Das Wasser gelangt einheitlich als Brauch- und Trinkwasser zur Vertheilung. Die Abgabe erfolgt constant und, ausgenommen bei einzelnen Gewerbebetrieben, ohne Anwendung von Hausreservoiren. Das Wassergeld ist durch Tarif festgestellt. Die Hausleitungen bestehen aus Bleiröhren und die Hauptleitungen sind innen asphaltirt. Die Stadt ist theilweise kanalisirt und es sind Closeteinlässe gestattet.

Der Consum wird nicht genau ermittelt; er beträgt nach Schätzung ca. 400000 cbm bis 500000 cbm im Jahre. Auch über die Verbrauchsmengen für die einzelnen Zwecke liegen eingehendere Mittheilungen nicht vor.

100 Hydranten, mit Selbstentleerung versehen, sind in durchschnittlich 80 m Entfernung unter Flur aufgestellt und werden zum Spritzen bei Bränden direct benutzt. 2 Freibrunnen und eine öffentliche Fontaine werden aus der Leitung gespeist. Das Rohrnetz wird alljährlich zweimal gespült Zum Strassensprengen werden, mittels Sprengwagen und direct aus der Leitung entnommen, ca. 2000 cbm und für Rinnsteinspülung ca. 150 cbm im Jahre verwendet. An die Leitung waren 1882 im Ganzen 350 Grundstücke angeschlossen; auf 150 derselben wurde das Wasser auch zum Gewerbebetriebe benutzt.

165. **Ziegenhals** hat 6125 Einwohner in 348 Wohnhäusern und 1408 Haushaltungen.

Die Versorgung erfolgt ausschliesslich durch Brunnen von 3 m bis 5 m Tiefe, deren Wasserstand constant ist. Die Zahl der öffentlichen Brunnen beträgt 18, die der privaten ist nicht angegeben. Das Wasser wird als stets gut und der jetzige Zustand als genügend bezeichnet.

166. **Neustadt i. O.-S.** hat 14292 Einwohner in 634 Wohnhäusern und ca. 3500 Haushaltungen.

Für Trinkwasser sind 16 öffentliche Brunnen mit gutem Wasser vorhanden. Als Brauchwasser dient unfiltrirtes Flusswasser, welches 150 m vom Orte entfernt aus dem Flusse Prudnik entnommen und durch Dampf- und Wasserkraft in ein auf künstlichem Unterbau 18 m hoch aufgestelltes, gusseisernes Reservoir von 14 cbm Inhalt gehoben wird. Die Zuleitung besteht aus hölzernen Röhren. Das Wasser gelangt an 11 öffentlichen Bassins zur Vertheilung und speist zwei öffentliche Springbrunnen. Auch wird es 16 privaten Grundstücken zugeführt, von denen es 4 nur zum Hausgebrauche, die übrigen aber auch zum Gewerbebetriebe (5 Brauereien etc.) benutzen. Das Röhrenwasser ist zum Trinken ganz ungeeignet und es liegt für eine bessere, einheitliche Versorgung schon längere Zeit ein fester Plan vor, der jedoch noch nicht in Ausführung getreten ist.

167. **Ober-Glogau** hat 5138 Einwohner in 366 Wohnhäusern und 565 Haushaltungen.

Die Versorgung mit Trinkwasser erfolgt aus 9 öffentlichen und 46 privaten Pumpenbrunnen, die gegraben und gesenkt sind und eine Tiefe bis zu 21 m bei 17 m Wasserstand haben. Das Brauchwasser wird durch eine mit Wasserkraft betriebene, dem Majorat gehörige Pumpenanlage künstlich aus einem Wasserlaufe, 1000 m vom Orte entfernt, gehoben und ohne vorherige Reinigung durch hölzerne Röhren zur Vertheilung gebracht.

168. **Kosel** hat 5030 Einwohner in 290 Wohnhäusern und 816 Haushaltungen.

Die Versorgung erfolgt durch 12 öffentliche und 100 private Pumpenbrunnen von ca. 23 m Tiefe mit einem constanten Wasserstande.

Ausserdem existirt eine Quellwasserzuleitung aus eisernen Röhren, die aus der Nähe des 2000 m entfernten Dorfes Reinschdorf das Wasser durch natürliches Gefälle zwei Brunnen auf dem Kasernenhofe zuführt. Das Wasser der Brunnen ist sehr gut und stets genügend und eine Aenderung wird nicht beabsichtigt.

169. **Leobschütz** hat 12018 Einwohner in ca. 640 Wohnhäusern und ca. 2600 Haushaltungen.

Die Versorgung erfolgt ausschliesslich durch Grundbrunnen im Orte, deren 44 für die allgemeine Benutzung und ca. 50 Stück auf Privatgrundstücken vorhanden sind. Das Wasser genügt in Quantität und ist auf Grund vorgenommener Untersuchungen als gutes Trinkwasser bezeichnet, so dass eine Aenderung der Versorgung nicht beabsichtigt wird.

170. **Ratibor** hat 18373 Einwohner in 808 Wohnhäusern und ca. 5200 Haushaltungen.

Die Versorgung erfolgte früher aus einer vom Herzog von Ratibor zu unterhaltenden Quellenleitung. Dieselbe führte aus der Oberau das Wasser von 5 zusammengeleiteten Quellen aus 5000 m Entfernung durch natürliches Gefälle mittels hölzerner und gusseiserner Röhren 5 im Innern der Stadt aufgestellten, immer laufenden, öffentlichen Ständern zu und lieferte ein gutes Trinkwasser. Die Ergiebigkeit der Quellen beträgt im Mittel 340 cbm im Tage; dieselbe nimmt im Sommer aber sehr ab. In den Vorstädten befinden sich ferner 11 private und ein öffentlicher Pumpenbrunnen von 2 m bis 3 m Tiefe mit einem 1 m tiefen, nicht schwankenden Wasserstande, deren Wasser jedoch immer schlecht ist.

Seit 1874 besitzt die Stadt ferner eine einheitliche Versorgung, die nach einem Projecte des Oberbaurath Henoch mit einem Kostenaufwande von 450 000 M. erbaut ist. Der Buchwerth der Anlage, die mit 4¾% verzinst und von der 1% jährlich amortisirt wird, beträgt jetzt 396 741 M. Die jetzige Maximalleistungsfähigkeit der Anlage beläuft sich auf 3000 cbm pro Tag.

Das Wasser wird der Oder, 860 m von der Stadt entfernt, entnommen und durch Sandfilter künstlich gereinigt. Dasselbe wird dann durch Dampfkraft in ein 160 m von der Oder entfernt auf künstlichem Unterbau unter Dach aufgestelltes, schmiedeeisernes Reservoir von 500 cbm Inhalt gefördert, dessen Wasserspiegel 33 m höher als die Oder und 22,5 m über dem höchsten Punkte der Strassen liegt.

Das Wasser wird einheitlich als Trink- und Brauchwasser, constant und ohne Anwendung von Hausreservoiren abgegeben. Der Anschluss an die Leitungen ist nicht obligatorisch. Als Wasserpreis ist 30% Zuschlag zur Gebäudesteuer zu zahlen. Messer sind nur bei Verwendung des Wassers zu gewerblichen Zwecken vorgeschrieben. Die Hauptleitungen sind innen mit gekochtem Theer gestrichen. Für die Hausleitungen ist kein bestimmtes Material vorgeschrieben; meistens jedoch ist Blei in Anwendung. Die Stadt ist kanalisirt und es sind Hausanschlüsse gestattet, Closeteinlässe aber verboten.

Die gesammte Abgabe hat 1881 397 766 cbm betragen und ist 1882, nachdem ausser den bereits seit 1874 gestellten 18 Messern für Fabriken und öffentliche Gebäude 120 neue Messer aufgestellt sind, auf 354 640 cbm gesunken, hat sich also um 11% vermindert. 1882 fand der grösste Monatsconsum im Mai mit 32 436 cbm, der geringste im December mit 26 323 cbm statt. Am stärksten und schwächsten Consumtage des Jahres sind 1500 cbm resp. 650 cbm abgegeben.

Der Consum für öffentliche Zwecke betrug im Laufe des Jahres 1882 27 500 cbm, wovon 19 000 cbm durch Messer, 8500 cbm. durch Schätzung bestimmt sind. Oeffentliche Gebäude haben 12 000 cbm nach Messern verbraucht. Zum Strassensprengen sind während des Jahres mittels Sprengfässern an 100 Tagen à 25 cbm mithin 2500 cbm verwendet. Besondere Rinnsteinspülung findet nicht statt. Für Kanalspülung, Rohrnetzspülung und für Feuerlöschzwecke sind im ganzen 1000 cbm verbraucht. Das Rohrnetz wird von 4 zu 4 Wochen durch die Endröhren, die nicht zum Circulationsnetze gehören, gelegentlich des Probirens der Hydranten gespült. Für Feuerlöschzwecke dienen 52 unter Flur in 100 m Entfernung aufgestellte Hydranten, die mit Selbstentleerung versehen sind, mit denen direct zu spritzen der nicht genügende Druck jedoch nicht immer gestattet. Durch 24 Freibrunnen mit Selbstabschluss wurden im Jahre 2500 cbm abgegeben. 2 öffentliche Fontainen spielen 200 Tage je 10 Stunden im Jahre und verbrauchen pro Stunde 0,5 cbm, also im Jahre 2000 cbm. Zwei private Badeanstalten für öffentliche Benutzung mit 30 Wannenbädern entnehmen der Leitung im Jahre 7000 cbm. Ein öffentliches Pissoir mit 2 Ständen wurde 100 Tage im Jahre mit im ganzen 500 cbm gespült.

An die Leitung waren 1882 468 Häuser, von denen 138 (mit 78000 cbm Consum) das Wasser nach Messern und 330 nach Schätzung bezahlen, angeschlossen. Der Privatconsum betrug incl. Verluste im Jahre 327 000 cbm.

171. **Gleiwitz** hat 15077 Einwohner.

Das Wasser, welches gesenkten Brunnen entnommen wird, deren 34 zur allgemeinen Benutzung vorhanden sind, die ca. 6 m Tiefe und 2 m Wasserstand haben, ist als Trinkwasser gut, wie durch Untersuchungen desselben bestätigt ist, und in genügender Quantität vorhanden. Ausserdem wird mittels hölzerner und eiserner Röhren von im ganzen 2170 m Länge Quellwasser, sowie ferner auch aus einem ausserhalb der Stadt angelegten Teiche angesammeltes Tageswasser durch natürliches Gefälle zugeführt und ausser für öffentliche Zwecke auch auf 7 Privatgrundstücke zum Hausgebrauche und zum Gewerbebetriebe eingeleitet. Eine Aenderung der Versorgung wird als ein Bedürfniss anerkannt; die augenblicklichen Verhältnisse sind einer Ausführung jedoch nicht günstig.

172. **Nikolai** hat 5779 Einwohner in 433 Wohnhäusern.

Für die Versorgung bestehen 15 gegrabene Brunnen, nämlich 2 öffentliche und 13 private. Ferner besitzt die Stadt seit Ende des vorigen Jahrhunderts künstlich zugeführtes Quellwasser von einer vorzüglichen Güte, einer gleichbleibenden Temperatur von 6° bis 8° und einem sehr angenehmen Geschmacke. Das Wasser wird 300 m bis 1200 m vom Orte entfernt von verschiedenen Quellen aus Kies- und Sandschichten entnommen und durch natürliches Gefälle mittels hölzerner Röhren zugeführt. Dasselbe wird sämmtlichen Stadteinwohnern und 4 Gewerbebetrieben (Dampf-, Schneide-, Papiermühle, Giesserei) zugeleitet. Jährlich findet ein- oder zweimal eine Untersuchung des Wassers statt. Nur bei sehr grosser Dürre tritt zeitweiser Mangel an Wasser ein.

173. **Tarnowitz** hat 7956 Einwohner in 389 Wohnhäusern und 1679 Haushaltungen.

Zur Versorgung sind 6 öffentliche und 4 private, gegrabene Brunnen von durchschnittlich 23 m Tiefe, deren Wasserstand ziemlich constant ist, vorhanden. Ferner besteht seit langer Zeit eine der Stadtgemeinde gehörige, einheitliche Versorgung, die s. Z. vom Oberbergamte in Breslau hergestellt ist.

Aus einem verlassenen Bleierzstollen, 1500 m von der Stadt entfernt, wird durch einen 54 m tiefen Schacht mittels Dampfkraft Wasser in offene Reservoire gefördert. Nachdem dasselbe künstlich durch Sand filtrirt ist, wird es durch eiserne Röhren unter 20 m Druck der Stadt zugeführt.

Es wird als Brauch- und Trinkwasser ohne die Anwendung von Hausreservoiren constant abgegeben. Der Anschluss der Häuser ist gestattet und zwar ohne Wassermesser; die Zahlung des Wassergeldes erfolgt nach Schätzung. Für die Hausleitungen sind schmiedeeiserne Röhren vorgeschrieben. Die Hauptleitungen sind ohne inneren Anstrich verlegt. Der Ort ist nicht kanalisirt.

Der gesammte Consum hat 1882 46700 cbm betragen, wovon 100 cbm an Aussengemeinden abgegeben sind. 16 Hydranten, in ca. 100 m Entfernung aufgestellt; dienen bei Bränden zum directen Spritzen. 6 Freibrunnen sind für die allgemeine Benutzung vorhanden. Eine private Badeanstalt für öffentliche Benutzung ist an die Leitung angeschlossen. Für Spülen von Strassen, Rinnsteinen, öffentlichen Pissoirs etc. findet keine Abgabe von Wasser statt.

An die Leitung sind 103 Häuser mit 350 Haushaltungen und 1750 Bewohnern angeschlossen, in welchen 7 Badeeinrichtungen und 2 Springbrunnen angebracht sind. In 50 von diesen Häusern wird das Wasser auch zu gewerblichen Zwecken benutzt. Letzteres Quantum hat 1882 36400 cbm betragen, während für den Hausgebrauch 10300 cbm benutzt sind.

Das Wasser ist stets genügend und gut, wie in den Jahren 1874 und 1877 vorgenommene Untersuchungen desselben bestätigt haben.

174. **Beuthen** hat 22823 Einwohner in 791 Wohnhäusern und 4611 Haushaltungen.

Für die Versorgung besteht seit 1867 eine einheitliche, städtische Anlage, die 1875 erweitert ist. Die Kosten der Anlage betragen 300000 M. und deren Maximalleistungsfähigkeit 4500 cbm pro Tag.

Das Wasser wird aus einem 465 m von der Stadt entfernt im Muschelkalkgebirge abgeteuften Schacht entnommen und durch Dampfkraft in ein auf künstlichem Unterbau unter Dach aufgestelltes, gusseisernes Reservoir von 87 cbm Inhalt gehoben. Dasselbe steht 13 m bis 20 m höher als das Strassenterrain.

Die Abgabe erfolgt für Trink- und Brauchwasser gemeinschaftlich, constant und ohne Hausreservoire.

84 Hydranten sind für Feuerlöschzwecke aufgestellt. 15 Freibrunnen dienen der allgemeinen Benutzung. Auch wird eine öffentliche Fontaine aus der Leitung gespeist. 700 Privatgrundstücke sind an dieselbe angeschlossen. 1876 befanden sich in den Wohnhäusern 20 Badeeinrichtungen, 32 Closets, 10 Pissoirs und 7 Privatfontainen. Ueber Consummengen fehlen nähere Angaben.

Bei Ausführung der oberschlesischen Wasserversorgung (s. Anhang) würde Beuthen in diese hineingezogen werden.

175. **Königshütte** hat 27522 Einwohner.

Die Versorgung erfolgt ausser durch 10 Ziehbrunnen von 20 m bis 30 m Tiefe mit einem schwankenden Wasserstande durch künstliche Zuleitung von süssen Grubenwässern aus dem fiscalischen Freundschaftsschachte, sowie aus 2 Brunnenanlagen, deren eine dem Fiscus gehört, während die andere im Besitze der Königs- und Laurahütte, einer Actiengesellschaft, ist. Diese drei Gewinnungspunkte liegen vom Mittelpunkte der Stadt ca. 3000 m entfernt.

Das Wasser wird an allen 3 Punkten durch Dampfkraft gehoben und durch gusseiserne Rohrleitungen von im Ganzen 17064 m Länge, die theils Eigenthum des Fiscus und der Gesellschaft, theils Eigenthum der Stadt sind, an 39 Stellen für die allgemeine Benutzung zum Auslauf gebracht. Das Wasser wird auch zum Theil in Privathäuser eingeführt und hier für den Hausgebrauch und für Gewerbszwecke benutzt.

Mittheilungen über Verbrauchsquantitäten liegen nicht vor. Für Feuerlöschzwecke sind 10 Hydranten in 200 m bis 500 m Entfernung von einander aufgestellt; dieselben liegen unter Flur, sind mit Selbstentleerung versehen und dienen nicht direct zum Spritzen. Ein öffentlicher Springbrunnen spielt im Sommer täglich 10 bis 12 Stunden. Das Strassensprengen erfolgt mit Sprengfässern. Für Rinnstein-, Kanal- und Rohrnetzspülung, sowie für öffentliche Pissoirs und Badeanstalten findet keine Wasserabgabe statt. Die Qualität des Röhrenwassers ist ziemlich gut, das einzelner Brunnen jedoch zeitweise schlecht, wie auch Untersuchungen in den letzteren Jahren bestätigt haben.

Nach dem Plane des Baurath Salbach wird seitens der königl. Bergfactorei eine einheitliche Versorgung ausgeführt werden, welche voraussichtlich im Laufe des Jahres 1884 beendet sein wird. (S. Anhang.)

176. **Kattowitz** hat 12 623 Einwohner in 569 Wohnhäusern und ca. 2500 Haushaltungen.

Die Versorgung erfolgt ausschliesslich aus gesenkten Brunnen von ca. 6 m Tiefe mit ca. 2 m Wasserstand. Der Grundwasserstand ist jedoch seit 7 Jahren um ca. 0,5 m gesunken. Es sind im ganzen 13 öffentliche und ca. 200 private Brunnen vorhanden, deren Wasser im allgemeinen für Trinkwasser nicht gut ist und auch nicht immer quantitativ genügt. Das Auftreten von Typhusfällen ist auf den Mangel guten Trinkwassers zurückgeführt und hat 1882 zu Wasseruntersuchungen durch den Apotheker Dr. Grosser Veranlassung gegeben. Zur Erschliessung besseren Wassers sind Bohrversuche in Ausführung begriffen.

177. **Myslewitz** hat 7382 Einwohner in 413 Wohnhäusern und 1558 Haushaltungen.

Für die Versorgung sind 4 öffentliche, gesenkte Pumpenbrunnen vorhanden, deren Wasser, wie Untersuchungen desselben bestätigt haben, als Trinkwasser gut ist. Auch ist es stets in genügender Menge vorhanden. Das Brauchwasser wird der den Ort durchfliessenden Przemsa entnommen. Ein Bedürfniss nach einer anderen Versorgung soll nicht vorhanden sein.

Anhang zum Regierungsbezirk Oppeln.

Der oberschlesische Industriebezirk besteht aus den Kreisen Kattowitz, Zabrze und Beuthen und umfasst nach der Aufnahme von 1878 237 316 Seelen mit 5856 Stück Pferden, 10 445 Stück Hornvieh und 11 590 Stück Schwarzvieh. Nach der Zählung von 1880 befinden sich darin 37 Orte mit je über 2000 Einwohnern, welche im Ganzen

224 886 Einwohner haben. Ausser den im Vorstehenden aufgeführten Städten Königshütte, Beuthen, Kattowitz und Myslewitz liegen darin 10 Dörfer mit mehr als 5000 Einwohnern, nämlich Zaborze mit 10366, Laurahütte mit 9198, Lipine mit 8024, Deutsch-Pickar mit 7763, Ruda mit 7375, Alt-Zabrze mit 6827, Biskupitz mit 6276, Bogutschütz mit 5745, Klein-Zabrze mit 5714 und Rosdzin mit 5195 Einwohnern.

Schon seit Jahren ist die Versorgung des ganzen Districtes quantitativ und qualitativ eine durchaus ungenügende gewesen. Durch den Grubenbetrieb wird das nöthige Wasser entzogen und die Montanindustrie schädigt durch ihre Abwässer die verbliebenen Wasserläufe. Die Brunnen sind meistens stark inficirt durch ihre ungünstige Lage und es ist als die einzige Hülfe schon seit längerer Zeit eine einheitliche Versorgung, durch welche Wasser von aussen zugeführt wird, erkannt.

Unter Zugrundelegung eines Bedarfes an Wirthschaftswasser p. p. für die Orte mit weniger als 2000 Einwohnern von 45 l, für solche von 2000 bis 5000 Einwohner von 100 l und von über 5000 Einwohnern von 120 l und für die Städte von 150 l pro Kopf und Tag, sowie für einen Bedarf pro Pferd von 50 l, pro Rind von 40 l und pro Schwein von 20 l pro Tag stellt sich die Verbrauchsmenge auf 28 675 cbm pro Tag und zwar auf 13 180 cbm im Kreise Beuthen, 5315 cbm im Kreise Zabrze und 10 180 cbm im Kreise Kattowitz. Da aber ferner die umfassende Industrie dieses Bezirkes an einem bedeutenden Wassermangel für technische Zwecke krankt und das Bedürfniss hierfür auf 35 990 cbm pro 24 Stunden geschätzt ist, so ergeben sich für die Lösung der Aufgabe Schwierigkeiten ganz ungewöhnlicher Art, indem es sich um Beschaffung von im Ganzen 64 665 cbm oder rund 70 000 cbm Wasser pro Tag handeln würde.

Mit Aufstellung eines Projectes hierfür ist von der Preussischen Regierung der Baurath Salbach in Dresden beauftragt und nach mehrjährigen Vorarbeiten ist in allmählicher Entwicklung von demselben der nachfolgend in den allgemeinsten Zügen skizzirte Plan, in welchen auch die Stadt Gleiwitz mit einbezogen ist, aufgestellt.

Als Bezugsort für das Wasser sind zwei verschiedene Punkte gewählt und damit ist die ganze Anlage in zwei Theile zerlegt. Der eine Theil soll durch eine Tiefbohrung in der Nähe von Zawada bei Peiskretscham das Wasser erhalten. Für den anderen Theil ist das durch den Grubenbau der Friedrichsgrube bei Tarnowitz erschlossene und später noch zu erschliessende Wasser in Aussicht genommen, welches natürlich auf eine grössere Höhe zu heben ist. Diese letztere Anlage zerfällt damit zeitlich in zwei Theile, deren jeder 8 cbm pro Minute oder 11 520 cbm pro 24 Stunden zu liefern hat. Der zuerst zur Ausführung gelangende Theil würde den nördlichen und nordöstlichen Theil des Bezirkes mittels einer ca. 16 km langen Leitung versorgen, nämlich Beuthen mit 4400 cbm, Königshütte mit 5196 cbm, Rossberg mit 390 cbm, Ober- und Mittel-Lagiewnik mit 195 cbm, Charzow mit 440 cbm und Ober- und Nieder-Heyduk mit 560 cbm pro Tag.

Ein anderes Project, welches nur für die Versorgung der Stadt Königshütte und die Königsgrube bestimmt ist und die Lieferung von 6 cbm pro Minute oder 8640 cbm pro 24 Stunden sich als Ziel gesteckt hat, würde, wenn es wie wahrscheinlich zur Ausführung gelangt, die spätere, zweite Hälfte der Versorgung von der Friedrichsgrube von 11 520 cbm auf 14 400 cbm pro Tag erhöhen. Diese zweite Hälfte ist jedoch überall nur als Schlussstein der ganzen Anlage ins Auge gefasst.

Der Ausführungszeit nach würde sich zwischen beide Theile der Versorgung „Friedrichsgrube“ das Project „Zawada“ einschieben, welches den westlichen, südlichen und östlichen Theil des Bezirkes von Gleiwitz bis Myslewitz, 36 km von Zawada entfernt, versorgen soll. Die gesammte Förderung für diesen Theil, nämlich 30 000 cbm pro Tag, ist auch in zwei Abschnitten von je 15 000 cbm ausgeführt gedacht. Es würden nach dem Projecte sofort versorgt werden: Bielschowitz mit 290 cbm, Neudorf mit 265 cbm, Kochlowitz mit 235 cbm, Domb mit 260 cbm, Brzczinka mit 455 cbm und 4 verschiedene kleinere Orte mit 278 cbm pro Tag; dem würden sich anschliessen Gleiwitz mit 2400 cbm, Alt-Zabrze mit 960 cbm, Klein-Zabrze mit 1090 cbm, Donnersmarkhütte mit 7200 cbm, Redenhütte mit 3330 cbm, Biskupitz mit 800 cbm, Borsigwerk mit 6000 cbm, Orzegow mit 560 cbm, Dorotheendorf mit 80 cbm, Zaborze mit 1100 cbm, Ruda mit 940 cbm, Kolonie Schwarzwald mit 300 cbm, Antonienhütte mit 2000 cbm, Amtsbezirk Schwarzwald mit 1430 cbm, Morgenroth mit 215 cbm, Godullahütte mit 1480 cbm, Lipine mit 2900 cbm, Charopaczcow mit 1080 cbm, Schwientochlowitz mit 1364 cbm, Ober-Heyduk mit 1050 cbm, Zalenze mit 355 cbm, Kattowitz mit 2695 cbm, Bogutschütz mit 760 cbm, Klein-Dombrowka mit 420 cbm, Rosdzin mit 490 cbm, Schoppinitz mit 485 cbm und Myslewitz mit 1390 cbm pro Tag. Ferner würde bei Ausführung einer Zweigleitung nach Bobrek von Beuthen aus von der Friedrichsgrube versorgt werden Moritzhütte mit 1500 cbm, Hohenzollerngrube mit 400 cbm, Bobrek mit 100 cbm und zwei kleine Orte mit 90 cbm pro Tag und endlich mit allerdings erschwertem Anschlusse Deutsch-Pickar 960 cbm, Hubertushütte mit 140 cbm, Kamin mit 105 cbm, Gross-Dombrowka mit 250 cbm, Michalkowitz mit 240 cbm und 8 kleinere Orte mit zusammen 227 cbm pro Tag. Endlich kämen noch 14 kleinere Orte mit zusammen 755 cbm, sowie Miechowitz mit 840 cbm und Karf mit 65 cbm pro Tag hinzu.

Die ganze Anlage würde in diesem Umfange abweichend von der früheren Annahme für eine Lieferung von 44 520 cbm bestimmt sein und 7 504 000 M. kosten und die Betriebskosten und 6 % Verzinsung und Amortisation der Anlage den Wasserpreis auf 4,12 Pf. pro cbm stellen.

Es mag noch erwähnt werden, dass das Wasser der Tiefbohrung bei Zawada sowohl als das der Friedrichsgrube eingehenden, chemischen und mikroskopischen Untersuchungen unterworfen und als gut befunden ist.

Diese Zahlen genügen, um eine Idee von der Grossartigkeit der geplanten Anlage zu geben und den Wunsch recht baldiger Ausführung im Interesse des leidenden Districtes zu erwecken.

G. Provinz Sachsen.

a. Regierungsbezirk Magdeburg.

178. **Salzwedel** hat 8780 Einwohner in 1067 Wohnhäusern und 2088 Haushaltungen.

Die Versorgung erfolgt aus den Flüssen Jeetze und Dumme durch künstliche Zuleitung mittels Thonröhren. Das Wasser wird durch sog. Schierkästen geklärt und durch 136 öffentliche Pumpenbrunnen zur allgemeinen Benutzung gestellt. Es ist ein Bedürfniss nach einer anderweitigen Versorgung nicht vorhanden.

179. **Gardelegen** hat 6896 Einwohner in 664 Wohnhäusern und 1691 Haushaltungen.

Die Versorgung erfolgt durch circa 200 Brunnen, von denen 22 öffentliche sind. Das Wasser ist gut und quantitativ genügend und es ist eine Aenderung der jetzigen Versorgung nicht beabsichtigt.

180. **Stendal** hat 14 393 Einwohner in 1332 Wohnhäusern und 3400 Haushaltungen.

Die Versorgung erfolgt ausser aus der den Ort durchfliessenden Uchte aus 17 öffentlichen und circa 1000 gesenkten und gebohrten

Brunnen von 4 m bis 6 m Tiefe mit einem 1,5 m bis 2,5 m tiefen Wasserstande. Derselbe ist schwankend und es ist das Wasser, wenn auch stets genügend, so doch nicht überall gut, wie Untersuchungen gezeigt haben. Eine Aenderung wird nicht beabsichtigt.

181. **Tangermünde** hat 5030 Einwohner in 833 Wohnhäusern und 1338 Haushaltungen.

Die Versorgung erfolgt ausschliesslich durch ca. 15 m tiefe Brunnen, deren 15 öffentliche und 30 private vorhanden sind. Das Wasser wird als gut und quantitativ genügend bezeichnet und es liegt die Absicht zu einer Veränderung nicht vor.

182. **Neuhaldensleben** hat 6288 Einwohner in 595 Wohnhäusern und 1497 Haushaltungen.

Die Versorgung erfolgt aus 5 öffentlichen und 270 privaten Brunnen, die gegraben sind und 4 m bis 6 m Tiefe mit 3 m bis 5 m Wasserstand haben. Das Wasser ist als Trinkwasser gut, wie Untersuchungen bestätigt haben, und meistens auch in Quantität genügend. In neuerer Zeit sind ausserdem 40 artesische Brunnen theils von der Stadt, theils von Privaten mit gutem Erfolge gebohrt.

183. **Burg a. d. Ihle** hat 15877 Einwohner in über 1500 Wohngebäuden und 3800 Haushaltungen.

Die Versorgung erfolgt theils direct aus dem Flusse Ihle, hauptsächlich aber durch Grundbrunnen, deren 35 für die öffentliche Benutzung vorhanden sind. Ferner befinden sich solche bei den Privatgrundstücken auf den Höfen, namentlich in den Vorstädten in grosser Zahl. Das Wasser wird als quantitativ genügend und im allgemeinen auch als gut bezeichnet. Es haben Untersuchungen nur vereinzelt in zweifelhaften Fällen stattgefunden. Die Herstellung einer künstlichen Wasserzuführung wird wohl als wünschenswerth, aber nicht als ein unbedingtes Bedürfniss bezeichnet.

184. **Neustadt b. Magdeburg** hat 27090 Einwohner.

Die Versorgung erfolgt seit 1859 durch eine einheitliche Anlage, die vom Baumeister Clemens für Rechnung der Stadt mit einem Kostenaufwande von 350650 M. hergestellt ist.

Das Wasser wurde früher direct aus der Elbe geschöpft; jetzt aber wird es aus 3 Brunnen, die in der Nähe der Elbe, circa 300 m von der Stadt entfernt, abgeteuft sind, entnommen und durch Dampfkraft künstlich gehoben und bei constanter Versorgung ohne ein Reservoir zur Vertheilung in der Stadt gebracht. Der Wasserdruck in der Leitung wird auf 15 m über dem höchsten Terrainpunkte gehalten.

Neuere Nachrichten sind über diese Versorgung nicht zu erhalten gewesen. 1875 sind bei circa 24000 Einwohnern 835240 cbm Wasser abgegeben; davon 455213 cbm durch Wassermesser bestimmt. Es waren damals 3700 Personen in 148 Wohnhäusern und 740 Haushaltungen durch Hausleitungen versorgt und 29 Badeeinrichtungen, 38 Closets, 6 Pissoirs und 23 Privatfontainen vorhanden.

185. **Magdeburg** hat 97539 Einwohner und wird mit seiner Vorstadt Buckau durch eine gemeinschaftliche Anlage versorgt. Beide Orte zusammen haben circa 4000 Wohnhäuser.

Die einheitliche Versorgung erfolgt seit 1859 ursprünglich durch eine vom Stadtbaurath Grubitz für Rechnung der Stadt mit einem Kostenaufwande von 1518000 M. hergestellte Anlage. Das Wasser wurde oberhalb Buckau, etwa 1000 m von der Stadt entfernt, der Elbe durch einen 1,25 m weiten Tunnel entnommen und im ungereinigten Zustande der Stadt zugeführt.

Die Anlage ist später sehr erweitert und mit Ablagerungsbassins und künstlicher Sandfiltration versehen, so dass die Versorgung seit 1877 mit filtrirtem Flusswasser erfolgt. Der jetzige Buchwerth der Anlage beläuft sich auf 4000000 M. und deren Maximalleistungsfähigkeit pro Tag beträgt im jetzigen Zustande 25000 cbm.

Das Wasser wird durch Dampfkraft erst 7 m hoch auf die Klärbassins und dann, nachdem es die künstlichen Sandfilter passirt hat, aus dem Reinwasser-Reservoir nochmals 35 m hoch zur Vertheilung gehoben. An dem der Pumpstation entgegengesetzten Ende der Stadt, etwa 1 Stunde von der Pumpstation und 1000 m von der Stadt entfernt, ist ein gemauertes und überwölbtes Reservoir von 13000 cbm Inhalt vorhanden, dessen höchster Wasserstand im Durchschnitt 30 m höher als das Versorgungsgebiet liegt.

Die Versorgung erfolgt einheitlich für Brauch- und Trinkwasser, constant, ohne Anwendung von Hausreservoiren und in einheitlicher Druckzone. Die Anwendung von Wassermessern ist für die Hausanschlüsse, deren Ausführung dem Belieben der Besitzer überlassen ist, vorgeschrieben. Die Hauptleitungen sind ohne einen inneren Ueberzug verlegt; für die Hausleitungen ist Bleirohr als Material vorgeschrieben. Die Stadt ist kanalisirt und es sind Haus- und Closeteinlässe gestattet.

Die gesammte Abgabe an Wasser betrug 1882 3688899 cbm und es war der durchschnittliche Tagesverbrauch 11000 cbm im Maximalconsumsmonate und 9500 cbm im Minimalconsumsmonate.

Der Verbrauch für öffentliche Zwecke betrug 29,1 % des gesammten Consums. An öffentliche Gebäude etc. sind im Jahre 1882 791 423 cbm abgegeben. Zum Strassensprengen sind mittels Sprengfässern an 127 Tagen 9574 cbm verwendet. Besondere Rinnsteinspülung wird nicht vorgenommen. Directe Kanalspülung findet nur gelegentlich der Rohrnetzspülung statt; der Verbrauch dafür wird besonders gemessen und beträgt im Jahre 1944 cbm. Der Verbrauch für Feuerlöschzwecke, wofür 610 Hydranten (in circa 50 m Entfernung bei Neuanlagen) aufgestellt sind, ist nicht bestimmt. 50 Freibrunnen mit Selbstverschluss geben im Jahre 114 522 cbm Wasser ab. 3 öffentliche Springbrunnen spielen an 120 Tagen im Jahre je 9 Stunden und verbrauchen 13 759 cbm. 2 private Badeanstalten für den öffentlichen Gebrauch, von denen die eine ein überdachtes Schwimmbassin hat, haben im Jahre 72 945 cbm der Leitung entnommen. Zur continuirlichen Spülung von 11 öffentlichen Pissoirs mit zusammen 33 Ständen sind im Jahre 35 640 cbm verwendet.

1882 waren 3100 Häuser an die Leitung angeschlossen und es wurden im Ganzen 2 482 800 cbm nach Messern für Privatzwecke abgegeben.

186. **Buckau** hat 12 506 Einwohner in 382 Wohnhäusern und 2960 Haushaltungen.

Für die Versorgung sind 12 öffentliche und eine nicht ermittelte Zahl privater Brunnen vorhanden. Die eigentliche Versorgung erfolgt aber durch das Wasserwerk der Stadt Magdeburg, an welches fast sämmtliche Privathäuser angeschlossen sind. Die Abgabe des Wassers erfolgt in Buckau zu denselben Bedingungen wie in Magdeburg.

187. **Oschersleben** hat 8873 Einwohner in 807 Wohnhäusern und 2080 Haushaltungen.

Für die Versorgung bestehen 8 öffentliche und circa 420 private, gesenkte Brunnen mit einem constanten, 4 m bis 13 m tiefen Wasserstande. Das Wasser ist als Trinkwasser gut. Bei der Untersuchung schlecht befundene Brunnen werden zugeschüttet. Für einen Industriellen ist eine Einleitung aus der Bode durch eiserne Röhren hergestellt.

188. **Werningerode** hat 8274 Einwohner in 927 Wohnhäusern und 2042 Haushaltungen.

Die Versorgung erfolgt ausser durch 12 öffentliche und circa 400 private Brunnen von circa 5 m Tiefe durch Einleiten von Quellwasser mit natürlichem Gefälle mittels gusseiserner, steinerner (Askanalith) und verzinnter Blei-Röhren. Die Quellenleitungen aus dem Zillerbachthale, dem Bollhasenthale und dem Zwölfmorgenthale, die 100 m bis 1000 m von der Stadt entfernt beginnen, sind 1866 für Rechnung der Stadtgemeinde vom Stadtbaumeister Willburger in Halberstadt ausgeführt. Sie haben zusammen eine Ergiebigkeit von circa 1500 cbm pro 24 Stunden. Das Wasser von jedem der drei Bezugsorte wird in einem besonderen Reservoire, mit Klärern versehen, gesammelt. Diese Reservoire liegen 10 m bis 50 m hoch über der Stadt.

Das Wasser wird einheitlich als Brauch- und Trinkwasser und ohne Hausreservoire an 306 Grundstücke, von denen 121 dasselbe auch zum Gewerbebetriebe benutzen, gegen Zahlung nach Schätzung abgegeben. Ausserdem gelangt es an 30 öffentlichen Ständern zum Ausflusse. Für die Hausleitungen wird meistens verzinntes Bleirohr verwendet.

Im Winter bei hartem Frost und im Sommer bei langer Dürre tritt zeitweiser Mangel an Wasser ein. Auch wird das Wasser nach längerem Regenwetter etwas trübe. Nach den angestellten Untersuchungen ist dasselbe jedoch stets als gut befunden.

Ausser diesen Leitungen sind noch eine Privatquellenleitung für das Gymnasium vom Salzberge her durch Thonrohre und ferner zwei Schlosswasserleitungen, die seit 1717 bestehen und Quellwasser vom Eierberge und vom Siebenbörn aus 3400 m Entfernung früher durch hölzerne, jetzt durch Thonröhren zuführen, vorhanden.

189. **Halberstadt** hat 31260 Einwohner in 2105 Wohnhäusern und 7137 Haushaltungen.

Eine einheitliche Versorgung, welche für Rechnung der Stadt mit einem Kostenaufwande von circa 500000 M. vom Baurath Salbach in Dresden erbaut ist, ist im Sommer 1882 in Betrieb gekommen. Die tägliche Maximalleistung dieser Anlage beträgt 5000 cbm.

Das Wasser ist künstlich durch Filterröhren erschlossenes Grundwasser, welches 1000 m von der Stadt entfernt auf dem Burghardi-Anger, etwa 15 m von einem offenen Wasserlaufe, der Tintelene, entfernt, gewonnen und mittels Dampfkraft auf 47 m Maximalhöhe gefördert wird. Ein überdachtes, schmiedeeisernes Reservoir auf künstlichem Unterbau zwischen der Pumpstation und der Stadt. Dasselbe hat 800 cbm Inhalt liegt und einen höchsten Wasserstand von 42 m über der Stadt.

Das Wasser wird als Trink- und Brauchwasser benutzt und es findet die Versorgung constant, in einer Druckzone und ohne Hausreservoire statt. Die Hauptleitungen sind innen asphaltirt, die Haus-

6*

leitungen bestehen aus Bleiröhren. Der Anschluss der Grundstücke ist nicht obligatorisch, wohl aber die Anwendung von Wassermessern für diese Anschlüsse. Der Wasserpreis beträgt 25 Pf. pro cbm. Die Stadt ist kanalisirt mit ausgeführten Hausanschlüssen; Closeteinlässe sind verboten.

Für Feuerlöschzwecke sind 240 Hydranten in circa 100 m Entfernung, mit Selbstentleerung versehen, aufgestellt, aus denen direct gespritzt wird. Dieselben werden auch zum Rinnsteinspülen benutzt. Ferner sind 60 Freibrunnen mit Selbstabschluss vorhanden. Angeschlossen an die Leitung waren Anfangs Februar 1883 525 Wohnhäuser mit circa 1000 Haushaltungen. Bis zu dieser Zeit waren 35 Badeeinrichtungen, 8 Closets und 12 Privatspringbrunnen ausgeführt. Oeffentliche Springbrunnen und öffentliche, gespülte Pissoirs existiren nicht. Wassermotoren sind nicht in Benutzung.

Der Consum wird nach seitheriger Schätzung 260000 cbm im Jahre betragen, wovon 180000 cbm durch Messer und zwar 66000 cbm für den Hausgebrauch und 114000 cbm für Gewerbe- etc. Zwecke Verwendung finden werden. Für Rinnsteinspülung (160 Tage im Jahre) werden 13000 cbm, für die Freibrunnen 66000 cbm und für Spülung des Rohrnetzes (wöchentlich einmal) 1000 cbm im Jahre verbraucht werden.

Die letzte Untersuchung des Wassers hat dasselbe als frei von Ammoniak und von salpetriger und Salpetersäure gezeigt; organische Substanzen thierischen Ursprunges sind nicht vorhanden. Das Wasser hat 16° deutsche Härte.

190. **Quedlinburg** hat 18437 Einwohner in 1794 Wohnhäusern und 4441 Haushaltungen.

Für die Versorgung bestehen 28 öffentliche und etwa 210 private Brunnen, die gegraben sind und circa 5 m Tiefe bei 4 m Wasserstand haben. Das Wasser ist im allgemeinen gut und in genügender Quantität vorhanden.

Seit 1881 ist ein der Firma J. & A. Aird in Berlin gehöriges Wasserwerk in Betrieb, durch welches Grundwasser mit künstlicher Hebung für öffentlichen und privaten Gebrauch geliefert wird. Weitere Mittheilungen darüber fehlen.

191. **Engeln** hat 5058 Einwohner in 380 Wohnhäusern.

Der Ort liegt an der Bode und es sind künstliche Zuleitungen von Wasser nicht vorhanden. 6 gegrabene Brunnen dienen der allgemeinen Benutzung. Das Wasser ist im allgemeinen als Trinkwasser gut und ein Mangel daran tritt nicht ein. Untersuchungen des Wassers haben nur ausnahmsweise bei entschieden schlechtem Wasser stattgefunden. Eine Aenderung der Versorgung wird nicht beabsichtigt.

192. **Aschersleben** hat 19501 Einwohner in 1601 Wohnhäusern und 4453 Haushaltungen.

Die Versorgung erfolgt ausser durch Grundwasserbrunnen innerhalb des Ortes, deren 14 für die allgemeine Benutzung und ca. 30 auf Privatgrundstücken vorhanden sind, durch eine Quellwasserleitung, welche das Trinkwasser liefert, und durch eine Flusswasserzuleitung für wirthschaftliche Zwecke. Das Flusswasser wird in rohem Zustande ohne künstliche Hebung durch gemauerte Kanäle und Schleusen 100 m bis 800 m weit in den Strassen fortgeleitet, aber auch direct aus dem Wasserlaufe entnommen.

Die Quellwasserleitung ist seit 1874 in Benutzung. Sie ist von der „Continental-Actiengesellschaft für Gas- und Wasseranlagen“ in Berlin auf Rechnung der Stadt mit einem Kostenaufwande von 200000 M. hergestellt. Das Wasser wird 1000 m von der Stadt entfernt aus Quellen in einem überdachten Reservoire gesammelt und durch natürliches Gefälle mittels gusseiserner, innen asphaltirter Röhren unter solchem Drucke zugeführt, dass es in den oberen Etagen der Häuser noch zum Auslauf kommt. Der Anschluss der Häuser ist nicht obligatorisch, wohl aber die Verwendung von Wassermessern für diese Anschlüsse. Die Stadt ist nicht kanalisirt.

1882 waren 86 Häuser mit einem jährlichen Consum von 10939 cbm angeschlossen. 76 Freibrunnen mit Selbstabschluss dienen der allgemeinen Benutzung. Für Feuerlöschzwecke sind 46 Hydranten, mit Selbstentleerung versehen, aufgestellt. Zum Strassensprengen dienen Sprengfässer; für Rinnsteinspülung werden die Hydranten (wöchentlich zweimal) benutzt. Das Rohrnetz wird alle 2 bis 4 Wochen gespült.

193. **Stassfurt** hat 12194 Einwohner in 756 Wohnhäusern und 2583 Haushaltungen.

Die Versorgung erfolgt seit 1871 durch eine einheitliche Anlage, die vom Baurath Salbach in Dresden für Rechnung der Stadt mit einem Kostenaufwande von 232827 M. hergestellt ist.

Das Wasser wird 2200 m oberhalb des Stadtgebietes aus der Bode entnommen und durch künstliche Sandfiltration gereinigt. Durch Dampfkraft getriebene Pumpwerke führen dasselbe einem auf künstlichem Unterbau unter Dach aufgestellten, schmiedeeisernen Reservoire von 437 cbm Inhalt zu, dessen höchster Wasserstand 15,7 m höher als das Versorgungsterrain und 29,8 m höher als die Schöpfstelle bei

Niederwasser der Bode liegt. Das Reservoir liegt zwischen der Stadt und der Pumpstation.

Die Wasserabgabe erfolgt einheitlich für Brauch- und Trinkwasser, constant und ohne Anwendung von Hausreservoiren. 1875 waren 85 Hydranten und 23 öffentliche Brunnen, mit Selbstentleerung versehen, aufgestellt.

Ueber die Betriebsergebnisse liegen keine Angaben vor. Es sollen nach einer Notiz die Abwässer von Kalifabriken das Bodewasser in den letzten Jahren so verdorben haben, dass dasselbe zu allen ökonomischen Zwecken fast ganz unbrauchbar geworden wäre. Dem scheint jedoch die durch Submissionsausschreiben als beabsichtigt documentirte Vergrösserung des Rohrnetzes nicht zu entsprechen.

194. **Schönebeck** hat 12333 Einwohner.

Die Versorgung erfolgt ausser durch Brunnen im Grundwasser mittels Elbwassers, welches aus Sammelbrunnen im Kiesbette am Ufer des Flusses innerhalb des Stadtgebietes entnommen und somit einer natürlichen Klärung unterworfen ist. Dasselbe wird durch Dampfkraft 25 m hoch über den Nullpunkt der Elbe gehoben und einem 80 m entfernt auf künstlichem Unterbau unter Dach aufgestellten, gusseisernen Reservoire von 45 cbm Inhalt zugeführt.

Die Anlage ist Eigenthum der Stadt. Sie ist seit 1872 in Betrieb und hat 218597 M. gekostet. Das Project der Anlage ist vom Ingenieur Schmetzer, jetzt in Frankfurt a. Oder, und dem Stadtbauamte aufgestellt. Die Ausführung der Maschinen ist von F. Vester in Magdeburg und die des Rohrnetzes von der „Deutschen Continental-Actiengesellschaft für Gas- und Wasseranlagen“ in Berlin erfolgt. Die Maximalleistungsfähigkeit der Anlage beträgt 513 cbm pro Tag.

Das Wasser dient als Trink- und Brauchwasser. Dasselbe ist nicht ohne Tadel betreffs der Qualität, aber doch besser als das Grundwasser. Der Anschluss der Häuser und die Anwendung von Messern dafür ist nicht obligatorisch. Für Hausleitungen sind Bleiröhren vorgeschrieben; die Hauptleitungen sind innen asphaltirt.

Der Gesammtconsum hat 1882 135557 cbm betragen. Der stärkste Consum fand im Juli mit 13470 cbm, der schwächste im Februar mit 8450 cbm statt. Das Tagesmaximum belief sich auf 513 cbm, das Tagesminimum auf 180 cbm. Der stärkste Consum findet im Tage zwischen 6 und 8 Uhr Morgens, der schwächste zwischen 1 und 4 Uhr Nachmittags statt.

Für öffentliche Zwecke sind 1882 nur 864 cbm abgegeben, da Freibrunnen, öffentliche Springbrunnen und öffentliche Pissoirs nicht vorhanden sind.

400 Häuser, in denen 21 Badeeinrichtungen, 22 Closets, 5 Privatspringbrunnen vorhanden sind, waren 1882 an die Leitung angeschlossen und 18800 qm Garten-, Hof- etc. Fläche waren zu Sprengzwecken veranlagt.

195. **Kalbe a. d. S.** hat 8521 Einwohner in 893 Wohnhäusern und 2103 Haushaltungen.

Für die Versorgung bestehen ausser der die Stadt durchfliessenden Saale 20 öffentliche, gesenkte Brunnen, die einen stark schwankenden Wasserstand haben. Das Wasser wird als „salpetrig“ bezeichnet und dem Bedürfnisse nach einer besseren Versorgung ist durch einen aufgestellten Plan bereits näher getreten.

196. **Barby** hat 5540 Einwohner in 716 Wohnhäusern und 1306 Haushaltungen.

Die Versorgung erfolgt ausschliesslich durch Brunnen von 7 m bis 8 m Tiefe, deren Wasserstand mit dem der Elbe und Saale schwankt. Für die allgemeine Benutzung sind 25 und auf Privatgrundstücken 240 Brunnen vorhanden.

Das Wasser ist als Trinkwasser nur von mittlerer Qualität. In einigen der öffentlichen Brunnen ist durch Untersuchungen ausser einem grossen Gesammtrückstande ein grosser Gehalt von organischer Substanz, Ammoniak etc. gefunden. Ein Wassermangel tritt nur bei andauernd niedrigem Wasserstande der Saale und Elbe ein.

197. **Aken** hat 5284 Einwohner in 848 Wohnhäusern und 1371 Haushaltungen.

Für die Versorgung sind 23 öffentliche und 343 private Brunnen, von denen 117 gegraben und 249 gesenkt sind, vorhanden. Dieselben haben 6 m bis 8 m Tiefe bei einem 5 m bis 7 m tiefen, constanten Wasserstande. Das Wasser ist quantitativ und qualitativ genügend, wie durch Untersuchungen bestätigt ist und es liegt das Bedürfniss nach einer Aenderung nicht vor.

198. **Hettstädt** hat 7650 Einwohner in 1104 Wohnhäusern und 1573 Haushaltungen.

Die Versorgung erfolgt ausschliesslich durch 18 öffentliche und 38 private Brunnen. Ein Mangel an Wasser existirt nicht und es liegt die Absicht einer einheitlichen Versorgung nicht vor. Die öffentlichen Brunnen werden von einem Chemiker regelmässig alljährlich untersucht und das Resultat von der Polizeiverwaltung in der Form bekannt gegeben, dass „das Wasser der . . . Brunnen als Trinkwasser ungeeignet, der . . . Brunnen zulässig, der . . . Brunnen das beste, der . . . Brunnen weniger empfehlenswerth ist“.

199. **Eisleben** hat 18187 Einwohner in 1704 Wohnhäusern und 4242 Haushaltungen.

Die Versorgung erfolgt ausser durch 31 Pumpenbrunnen von 5 m bis 28 m Tiefe durch 17 öffentliche Quellwasserausläufe, die durch 7 verschiedene Quellen, welche meist im bunten Sandsteine entspringen und deren Wasser durch Holz- und Thonröhren von den umliegenden Berghängen mit natürlichem Gefälle zugeführt wird, gespeist werden.

Seit 1867 ist ferner eine von der Stadt mit einem Kostenaufwande von fast 100000 M. hergestellte, einheitliche Versorgung in Betrieb.

Das Wasser wird durch Dampfkraft aus dem 52 m tiefen W. Schachte bei Wimmelburg, 2260 m von der Stadt entfernt, welcher Schacht der Mannsfeld'schen Gewerkschaft gehört, gehoben und einem dicht neben der Stadt hergestellten, gemauerten und überwölbten Reservoire von 600 cbm Inhalt durch eiserne Röhren zugeführt.

Die Abgabe erfolgt von hier constant und einheitlich für Brauch- und Trinkwasser. Seit kurzem ist die Anbringung von Wassermessern obligatorisch und es beträgt der Wasserpreis im Sommer 20 Pf. und im Winter 15 Pf. pro cbm. Die Stadt ist nicht kanalisirt.

1882 sind für Privatzwecke im ganzen 24980 cbm abgegeben und zwar zum Hausgebrauche an 130 Häuser mit 330 Haushaltungen und 1550 Bewohnern 14324 cbm und zum Industrie- und Gewerbegebrauche 10656 cbm.

12 private und 2 öffentliche Springbrunnen werden durch die Leitung gespeist. 1876 waren an dieselbe 74 Hydranten und 30 Freibrunnen angeschlossen. Das Wasser ist als Trinkwasser gut, wie durch Untersuchungen desselben erwiesen ist.

200. **Sangershausen** hat 9136 Einwohner in 942 Wohnhäusern und 1859 Haushaltungen.

Die Versorgung erfolgt ausser aus 21 öffentlichen und ca. 200 privaten Pumpenbrunnen, die gegraben sind und deren Wasser von verschiedener Qualität, als Trinkwasser meistens jedoch gut und stets genügend ist, seit 1532 durch Quellwasser, welches über 10000 m von der Stadt entfernt entspringt und nach dem Dorfe Emseloh geleitet wird, wo es in zwei Hälften getheilt wird. Die eine Hälfte dient dem Betriebe tiefliegender Mühlen, die andere wird durch einen über

7300 m langen, offenen Graben mit natürlichem Gefälle 4 dicht vor der Stadt liegenden Klärteichen zugeführt, aus denen es durch Röhren von Thon und Holz 11 öffentlichen Schöpfstellen zufliesst und in 14 Privatgrundstücke zum Hausgebrauche und Gewerbebetriebe eingeleitet wird. Ein Grundstück versorgt sich auch mit dem Abwasser der öffentlichen Ausläufe. Das Wasser ist rein, aber im Sommer etwas matt und auch nicht immer reichlich vorhanden.

201. **Bitterfeld** hat 6531 Einwohner in 600 Wohnhäusern und 1450 Haushaltungen.

Die Versorgung erfolgt ausschliesslich durch gegrabene Brunnen von ca. 4 m Tiefe. Der Wasserstand derselben liegt 1,6 m bis 2,5 m unter Terrain und senkt sich nur in trockenen Sommertagen. Das Wasser ist durchschnittlich gut und quantitativ stets genügend. Zu einer Aenderung der Versorgung liegt daher kein Bedürfniss vor. Untersuchungen des Wassers haben nicht stattgefunden.

202. **Wittenberg a. d. Elbe** hat 13594 Einwohner.

Die Versorgung erfolgt ausser durch 13 Pumpenbrunnen durch künstliche Zuleitung von 4 Quellen, deren jede Eigenthum verschiedener Genossenschaften ist. Die Namen der Leitungen sind: altes und neues Jungfernwasser, Rhodisches Wasser und Schlosswasser. Die Abgabe erfolgt durch constante Ausläufe auf den Hofräumen der Grundstücke, welche das Recht dazu durch Erlangung einer „Wasserportion“ erworben haben, deren Preis ca. 500 M. beträgt. 3 Brunnen mit laufendem Quellwasser dienen der allgemeinen Benutzung.

Die Zuleitungen bestehen ausserhalb der Stadt aus hölzernen, innerhalb derselben aus gusseisernen und thönernen Röhren. Die Absicht einer einheitlichen Versorgung mit Quellwasser liegt schon länger vor und wird in nächster Zeit zur Ausführung kommen, wenngleich die jetzige Versorgung qualitativ und quantitativ völlig genügt.

203. **Torgau** hat 11091 Einwohner in ca. 580 Wohnhäusern und 1855 Haushaltungen.

Die Versorgung erfolgte ausser durch Grundbrunnen früher durch eine alte, dem Militärfiscus gehörige Quellwasserleitung, die aus hölzernen Röhren bestand.

Seit 1878 ist eine von der Firma J. u. A. Aird & Marc in Berlin für Rechnung der Stadt hergestellte Quellwasserversorgung in Betrieb, deren Kosten einschliesslich des Grunderwerbes und der Abfindung der Wassernutzungsberechtigungen ca. 470000 M. betragen haben. Dieselbe hat eine tägliche Maximalleistungsfähigkeit von 1600 cbm.

Die Zuführung ist eine doppelte. Es dient die eine für die obere, die andere für die untere Stadt. Die eine bringt Wasser aus 9000 m, die andere aus 12 000 m Entfernung durch gusseiserne Röhren mit natürlichem Gefälle unter einem solchen Drucke zum Ausflusse, dass es in die oberen Stockwerke der Häuser geleitet werden kann. Das eine Quellgebiet heisst Kugelfangwasser, das andere Mehderitz'scher Bach. Für jede der Leitungen besteht innerhalb der Stadt in verschiedener Höhe ein besonderes Reservoir.

Die Hauptröhren sind innen und aussen mit Patentlack überzogen. Für die Hausleitungen ist kein bestimmtes Material vorgeschrieben. Wassermesser sind nur bei grösserem Consum zum Gewerbebetriebe obligatorisch. Es sind deren 31 mit 11 123 cbm Jahresdurchgang im Jahre 1882 in Benutzung gewesen. Da die Leitungen auf Kosten der Stadt bis an die Privathäuser herangeführt sind, so sind fast sämmtliche Häuser und die Hälfte derselben auch für den Gewerbebetrieb angeschlossen. Es sind 16 Badeeinrichtungen und 8 Privatspringbrunnen eingerichtet. Closets können nicht angelegt werden, da eine Kanalisation des Ortes nicht vorhanden ist. 23 248 qm Gartenfläche sind für Sprengzwecke mit Wassergeld veranlagt. Ueber das Verbrauchsquantum für öffentliche Zwecke, sowie über die dafür vorhandenen Einrichtungen, liegen keine Angaben vor.

b) Regierungsbezirk Merseburg.

204. **Eilenburg** hat 10 654 Einwohner in 947 Wohnhäusern und 2682 Haushaltungen.

Die Versorgung erfolgt ausschliesslich aus 39 öffentlichen und 426 privaten Brunnen, die gesenkt oder gegraben sind und 5 m bis zu 40 m Tiefe bei einer constanten Wassertiefe von 2 m bis 35 m haben. Das Wasser ist genügend und bei der Mehrzahl der Brunnen als Trinkwasser gut, wie durch Untersuchungen desselben bestätigt ist. Trotzdem wird eine bessere Versorgung als wünschenswerth bezeichnet.

205. **Delitzsch** hat 8225 Einwohner.

Die Versorgung erfolgt ausschliesslich aus gegrabenen und gesenkten Brunnen. Das Wasser ist stets gut. Untersuchungen desselben haben nicht stattgefunden. Wassermangel tritt nie ein und es liegt ein Bedürfniss zu einer Aenderung nicht vor.

206. **Halle a. d. S.** hat 71 488 Einwohner in 3342 Wohnhäusern und 15 659 Haushaltungen.

Die Versorgung erfolgt durch ein einheitliches Wasserwerk, welches für Rechnung der Stadt vom Baurath Salbach hergestellt ist. Dasselbe ist seit 1868 in Betrieb und hat in der ersten Anlage 1267495 M. gekostet. Durch spätere Erweiterungen ist der jetzige Buchwerth trotz der geschehenen Abschreibungen auf 2263539 M. angewachsen. Die tägliche Maximalleistungsfähigkeit der Anlage im jetzigen Zustande beträgt 13000 cbm bis 14000 cbm.

Das Wasser wird ca. 6000 m von der Stadt entfernt in der Nähe des Dorfes Beesen aus dem Grundwasser in einem von der Saale und der Elster gebildeten Delta bei Ammendorf gewonnen. Die Erschliessung erfolgt durch Brunnen und Sammelrohre. Die Entfernung der beiden Flüsse voneinander beträgt hier 1850 m resp. 2350 m und die letzten Sammelbrunnen sind 120 m resp. 270 m vom Ufer der Saale entfernt.

Das Wasser wird mittels Dampfkraft auf 70 m Höhe gehoben und einer 4507 m entfernt liegenden Reservoiranlage zugeführt, von wo aus die Vertheilung nach der 1178 m entfernten Stadt in 2 Druckzonen durch 2 Reservoire in verschiedenen Höhen erfolgt. Das eine Reservoir ist gemauert und überwölbt und fasst 3092 cbm. Das andere besteht aus Schmiedeeisen, fasst 464 cbm und ist 19 m höher als das gemauerte, auf thurmartigen Unterbau unter Dach aufgestellt. Ersteres dient für die untere, letzteres für die obere Zone. In der Stadt befindet sich noch ein zweites schmiedeeisernes Reservoir von 1200 cbm Inhalt, in gleicher Höhe wie das andere aufgestellt, gleichfalls zur Versorgung der oberen Zone.

Die Versorgung erfolgt einheitlich für Brauch- und Trinkwasser, constant und ohne Hausreservoire. Der Anschluss der Häuser ist obligatorisch und es wird das Wassergeld als Communalsteuerzuschlag erhoben. Die Stadt ist kanalisirt; Hauseinlässe sind gestattet, Closeteinlässe aber verboten. Die Hauptleitungen sind innen und aussen asphaltirt. Für die Hausleitungen sind Bleiröhren vorgeschrieben.

Die gesammte Abgabe hat 1881/82 2937848 cbm betragen und zwar am meisten im Monat Juli, nämlich 315434 cbm und am wenigsten im Monat Februar, nämlich 198420 cbm. Der mittlere Tagesconsum war 8252 cbm. Das Tagesmaximum betrug 11971 cbm und das Tagesminimum 7883 cbm. An Aussengemeinden sind im Jahre 4780 cbm abgegeben.

Der Verbrauch für öffentliche Zwecke betrug 1881/82 142700 cbm. Für das Strassensprengen sind 16700 cbm verwendet. Es wurden 46200 m Strassenlängen an 323 Tagen mittels Sprengwagen und direct aus den Hydranten gesprengt. Directe Rinnsteinspülung findet nicht statt. Für Kanalspülung sind durch besondere Einlässe 24000 cbm benutzt Ein gleiches Quantum hat die täglich vorgenommene Spülung des Rohrnetzes verlangt. Für Feuerlöschzwecke sind 519 Hydranten in 60 m bis 90 m Entfernung aufgestellt. Sie stehen unter Flur, sind mit Selbstentleerung versehen und dienen grösstentheils zum directen Spritzen. 6 Freibrunnen mit Selbstabschluss dienen für die allgemeine Benutzung. Für diese beiden letzteren Zwecke und zur continuirlichen Spülung von 5 öffentlichen Pissoirs von im ganzen 33,75 m Spüllänge sind im Jahre 37000 cbm verwendet. 6 öffentliche Springbrunnen spielen von Morgens 7 Uhr bis Abends 7 Uhr und verbrauchen im Jahre 57000 cbm. 2 Privatbadeanstalten für allgemeine Benutzung mit 41 Wannen entnahmen im Jahre 1881/82 der Leitung 9830 cbm Wasser.

Für Privatzwecke sind 1881/82 2771149 cbm abgegeben, davon für den Hausgebrauch 1238691 cbm und für Gewerbe- und Industriezwecke 1532457 cbm. Von letzterem Quantum sind 1014957 cbm durch 216 Messer gemessen. In den Wohnhäusern waren 291 Badeeinrichtungen, 472 Closets, 37 Pissoirs mit 90 Becken und 204 mit 416 m Standlänge und 116 Springbrunnen. 229586 qm Hof- und Gartenflächen waren für Sprengzwecke besonders veranlagt.

207. **Merseburg** hat 15205 Einwohner in ca. 1200 Wohnhäusern und 3577 Haushaltungen.

Die Versorgung erfolgt durch gegrabene Brunnen von 6 m bis 7 m Tiefe, deren Wasserstand 3 m bis 4 m unter Terrain liegt und constant ist. Es sind 35 solcher Brunnen für die allgemeine Benutzung und ca. 500 private vorhanden. Das Wasser ist quantitativ genügend, jedoch als Trinkwasser nicht besonders gut, wie durch Versuche bestätigt ist. Ein den Ort durchfliessender Wasserlauf, die Geisel, giebt das nöthige Brauchwasser. Das königliche Schloss wird für die Bureaux und für Closetspülung mit künstlich gehobenem Flusswasser in ungereinigtem Zustande versorgt.

208. **Weissenfels** hat 19654 Einwohner in 977 Wohnhäusern und 4249 Haushaltungen.

Für die Versorgung dienen ausser den in der Stadt vorhandenen gegrabenen Brunnen, von denen 18 der öffentlichen Benutzung dienen, die ein genügendes Wasser in quantitativer, aber ein ungenügendes Wasser in qualitativer Beziehung geben, wie durch Untersuchungen desselben nachgewiesen ist, 4 Quellwasserleitungen, die das Wasser theils mit natürlichem Gefälle, theils vorher durch Wasserkraft künstlich gehoben, aus 2000 m Entfernung an 9 öffentlichen Auslaufstellen zur Vertheilung bringen. Dasselbe wird auch Privatgrundstücken, jedoch nur zum Hausgebrauche, zugeführt. Das Bedürfniss nach einer besseren Versorgung ist allgemein anerkannt und eine neue Anlage dafür in Ausführung begriffen.

209. **Naumburg a. d. S.** hat 17868 Einwohner.

Die Versorgung erfolgt durch 756 gegrabene Brunnen von 7,7 m mittlerer Tiefe mit einem 1,2 m tiefen Wasserstande, der zwischen 0,9 m und 1,6 m variirt. 69 dieser Brunnen dienen der allgemeinen Benutzung.

Ausserdem wird das Wasser von 2 Quellen aus 1808 m und 1280 m Entfernung von der Stadt mittels 4 Leitungen theils aus Holz, theils aus Eisen, durch natürliches Gefälle 12 öffentlichen Laufbrunnen mit Bassins und 2 solchen ohne Bassins zugeführt. Auf Privatgrundstücken befinden sich ferner 6 Röhrenbrunnen mit Bassins, von eigenen Quellen gespeist. Das abfliessende Wasser der öffentlichen Brunnen findet auch für gewerbliche Zwecke, Privaten zugeleitet, weitere Verwendung. Das Wasser ist immer gut, wie kürzlich angestellte Untersuchungen bestätigt haben. Bei Regenwetter tritt allerdings eine geringe Trübung des Röhrenwassers ein und im Hochwasser verringert sich dessen Quantität. Es liegt daher das Bedürfniss nach einer besseren Versorgung wohl vor; ein fester Plan dafür ist jedoch noch nicht ins Auge gefasst.

210. **Zeitz** hat 18265 Einwohner in 1053 Wohnhäusern und 4261 Haushaltungen.

Die Versorgung erfolgte durch Einleiten von 6 Quellen, deren Wasser sich in 17 öffentliche Bottiche ergoss, aus denen es zum Verbrauche entnommen wurde.

Seit 1875 ist eine für Rechnung der Stadtgemeinde vom Geh. Baurath Henoch in Gotha hergestellte Quellwasserversorgung in Benutzung, durch welche die früher offene Zuleitung durch eine geschlossene Röhrenfahrt ersetzt ist. Die erste Anlage hat 76000 M. gekostet; der jetzige Buchwerth derselben beläuft sich auf 112000 M. Die tägliche Maximalleistungsfähigkeit der jetzigen Anlage beträgt 4000 cbm.

Das Wasser wird 4200 m von der Stadt entfernt aus einer westlich von dem Dorfe Hainichen belegenen, künstlich gefassten Quelle, sowie durch Sammelkanäle gewonnen, die auf den nördlich gelegenen Wiesen angelegt sind. 2600 m vom Ursprunge und 1600 m von der

Stadt entfernt sind 2 Hochreservoire von zusammen 980 cbm Inhalt hergestellt, deren Sohle 38 m höher als der obere Stadttheil liegt.

Die Versorgung erfolgt einheitlich für Brauch- und Trinkwasser, constant und mit Hausreservoiren. Der Anschluss der Häuser, sowie die Anwendung von Wassermessern ist obligatorisch. Der Wasserpreis beträgt 10 Pf. pro cbm. Die Hauptleitungen sind asphaltirt. Die Stadt ist kanalisirt; Hausanschlüsse an die Kanäle sind gestattet, Closeteinlässe aber verboten. Für die öffentliche Benutzung sind 40 Druckständer aufgestellt. 60 Hydranten dienen für Feuerlöschzwecke. Auch werden mehrere öffentliche Fontainen aus der Leitung gespeist.

Das Wasser ist in mehr als ausreichender Menge vorhanden und nach vorgenommenen Untersuchungen recht gut. Die Temperatur desselben schwankt zwischen 7½° und 10° C.

c. Regierungsbezirk Erfurt.

211. **Nordhausen** hat 26198 Einwohner in circa 2300 Wohnhäusern und 4500 Haushaltungen.

Die Versorgung erfolgt seit 1874 ausser aus verschiedenen alten Brunnen mit schlechtem Wasser durch eine einheitliche Versorgung, die für Rechnung der Stadt nach den Plänen des Stadtbaumeisters C. Habermann dort hergestellt und 1878 erweitert ist. Die erste Anlage kostete 225000 M., der jetzige Buchwerth beträgt 250000 M. Die tägliche Maximalleistungsfähigkeit beträgt 1800 cbm.

Das Wasser wird aus dem sogenannten Thyra- oder langen Thale und aus dem Quellgebiete des Kappelbaches hinter dem Flecken Neustadt am Hohenstein, 14500 m von der Stadt entfernt, durch Drainage mittels gelochter Thonröhren und gemauerter Kanäle aus Quellen und aus dem Grundwasser, sowie durch eine zweite Zuleitung aus 3 Brunnen von 3 m Durchmesser und 7,5 m Tiefe erschlossen und ohne künstliche Hebung einem 480 m von der Stadt entfernt gelegenen Hochreservoir von 2200 cbm Inhalt, das gemauert und überwölbt und in den Boden versenkt ist, zugeführt. Dasselbe liegt 145 m tiefer als die Brunnenstube bei der Thyra und es ist die Zuleitung zwischen beiden, welche 15500 m Länge hat, durch die Anlage eines Theilungsreservoirs bei Neustadt unterbrochen. Der höchste Wasserstand des Reservoirs liegt 67 m höher als das städtische Versorgungsgebiet.

Die Abgabe erfolgt constant und einheitlich für Trink- und Brauchwasser. Der Anschluss der Häuser ist nicht obligatorisch. Die Abgabe des Wassers erfolgt nach Schätzung und nach Messern. Die Hauptleitungen sind innen asphaltirt; die Hausleitungen sind von Blei. Der Ort ist nicht kanalisirt.

Der Consum hat 1882 im Ganzen 330 000 cbm betragen und zwar 42 000 cbm im Monate des Maximalverbrauches und 26 000 cbm im Monate des Minimalverbrauches. Der Consum am Maximaltage war 1400 cbm, am Minimaltage 850 cbm.

Für Privatzwecke sind in diesem Jahre 290 000 cbm an 967 Wohnhäuser mit 2660 Haushaltungen abgegeben. Die Zahl der Wassermesser betrug 1882 405 Stück; die übrigen 562 Abnehmer erhielten das Wasser nach Fixum. 1875 waren 46 Badeeinrichtungen, 8 Privatfontainen und 4 Motoren in Benutzung. Ferner waren 170 Hydranten, 16 Freibrunnen und 2 öffentliche Fontainen vorhanden.

Das Wasser ist immer gut und fast chemisch rein. Die Temperatur desselben beträgt am Hochreservoir 6° bis 10°.

212. **Heiligenstadt** hat 5411 Einwohner.

Die Versorgung erfolgt aus 12 öffentlichen und 46 privaten, gegrabenen Brunnen von 5 m bis 7 m Tiefe mit 0,5 m bis 2,2 m Wasserstand. Das Wasser wird als ein gutes Trinkwasser bezeichnet; Untersuchungen desselben sind nicht vorgenommen. Ferner wird Wasser aus dem den Ort berührenden Geisladebache theils direct, theils durch Thonröhren mit natürlichem Gefälle bis auf 50 m Entfernung zugeleitet, entnommen. Ferner wird aus einem natürlichen Teiche mittels eines durch Wasserkraft betriebenen Pumpwerkes Wasser künstlich gehoben und zur öffentlichen Benutzung gestellt. Endlich wird noch einem öffentlichen Brunnen aus 700 m Entfernung durch natürliches Gefälle mittels eines überdeckten Kanals Quellwasser zugeführt.

Die Absicht zu einer einheitlichen Versorgung liegt nicht vor.

213. **Mühlhausen i. Th.** hat 23478 Einwohner.

Die Versorgung erfolgt ausser durch 30 öffentliche und eine nicht angegebene Zahl von privaten Brunnen durch Quellwasser mit natürlichem Gefälle, welches aus 1500 m Entfernung von der Stadt durch offene Rinnen und Gräben zugeleitet wird. In der Stadt wird die eine der Quellen, die Poggeroder Quelle, durch offene Rinnen und Gräben durch fast sämmtliche Strassen der Unterstadt, die andere, die Breitstützler Quelle, durch fast sämmtliche Strassen der Oberstadt geleitet. Das Wasser wird ausser für den Hausgebrauch von 9 Mühlen, 45 Gerbereien, 21 Färbereien und 14 Brauereien benutzt. Dasselbe wird, wenngleich es an den Quellen gut ist, in der Stadt durch gewerbliche Einflüsse verunreinigt und es haben 1882 vorgenommene Untersuchungen ungünstige Resultate über dessen Qualität ergeben. Obgleich ein Mangel an Wasser nicht vorkommt, so ist das Bedürfniss zu einer einheitlichen, besseren Versorgung doch ein anerkanntes.

214. **Langensalza** hat 10538 Einwohner in 1093 Wohnhäusern und 2708 Haushaltungen.

Für die Versorgung bestehen 22 öffentliche und 230 private Brunnen, die gegraben sind und 8 m bis 10 m Tiefe mit einem 6 m bis 8 m tiiefen constanten Wasserstande haben. Das Wasser ist genügend vorhanden, aber hart, wie Untersuchungen bestätigt haben. Ausserdem wird das Wasser der Quellen der Salza aus 2000 m Entfernung theils durch offene Gräben, theils durch eiserne Röhren mit natürlichem Gefälle eingeleitet und an 5 öffentlichen Laufbrunnen und auf 4 Privatgrundstücken zum Auslauf gebracht.

215. **Sömmerda** hat 5074 Einwohner in 725 Wohnhäusern und 1100 Haushaltungen.

Für die Versorgung sind 11 öffentliche und ca. 100 private Brunnen vorhanden, die ein stets genügendes und sehr gutes Trinkwasser geben, wie durch dessen Untersuchung bestätigt ist. Ausserdem findet seit 20 Jahren eine Zuleitung von Quellwasser durch natürliches Gefälle aus 3000 m Entfernung mittels Thonröhren statt, die von der Stadt mit einem Kostenaufwande von 8000 M. hergestellt ist und ausser für öffentliche Zwecke auch für ein Privatgrundstück dient.

216. **Erfurt** hat 53254 Einwohner in circa 3500 Wohnhäusern und 11000 Haushaltungen.

Die Versorgung erfolgt durch Einleiten von Grundwasser, welches 21000 m von der Stadt entfernt in einem flachen Thale bei Wechmar aus der Sandsteinformation am Seeberge und in der Flur Güntersleben erschlossen wird.

Die Anlage ist Eigenthum der Stadt und von dem Geh. Baurath Henoch in Gotha hergestellt. Sie ist seit 1876 in Betrieb und für eine tägliche Maximalleistungsfähigkeit von 8000 cbm ausgeführt. Die ersten Anlagekosten betrugen 1500000 M., der jetzige Buchwerth beläuft sich auf 1653836 M.

Das Wasser wird 200 m vom nächsten Oberflächenwasser durch eine 1000 m lange, durchlochte Thonrohrleitung, in der sich 8 Revisionsbrunnen befinden, einer Sammelstube zugeleitet und mit 60 m Gefälle einem auf dem Cyriaxberge gelegenen, gemauerten, überwölbten und in den Boden versenkten Reservoire von 4000 cbm Fassungsraum durch eine 20957 m lange, gusseiserne Leitung zugeführt. Das Reservoir liegt 1000 m von der Stadt entfernt und 40 m höher als dieselbe. Die Länge der Zu- und der Vertheilungsleitungen vom Reservoire ab beträgt 34 781 m.

Die Versorgung erfolgt einheitlich für Trink- und Brauchwasser und es ist die Verwendung von Wassermessern für die Hausanschlüsse obligatorisch. Die Hauptleitungen sind im Innern mit dem Angus Smith'schen Firniss versehen. Die Hausleitungen werden meistens aus Blei hergestellt. Die Stadt ist kanalisirt und es sind Regen- und Spülauslässe gestattet, Closetauslässe aber verboten.

Auf dem Wege von Wechmar bis zur Stadt sind in einigen anliegenden Dörfern Hydranten aufgestellt und Zapfstellen für die Entnahme von Wasser hergestellt. Ueber die gesammte Wasserabgabe und damit über den Verbrauch für öffentliche Zwecke fehlt es an Angaben.

Das Strassensprengen erfolgt direct aus der Leitung ohne Sprengwagen. Es sind 400 Hydranten in circa 100 m Entfernung mit selbstthätiger Entleerung aufgestellt. Alle 3 Wochen findet eine Spülung des Rohrnetzes durch die Endhydranten statt. 6 Freibrunnen mit Selbstabschluss sind für die allgemeine Benutzung vorhanden. 9 öffentliche Springbrunnen spielen vom 1. Mai bis 1. November täglich von 6 Uhr Morgens bis 8 Uhr Abends. Für den Wasserverbrauch zu vorstehenden Zwecken, sowie für das Wasser zur Rinnstein- und Kanalspülung zahlt die Stadt dem Wasserwerke die Pauschalsumme von 3000 M. jährlich. Aus der Leitung wird ein Actienbad mit überdecktem Schwimmbassin und eine Privatbadeanstalt mit zusammen 30 Wannen versorgt. 2 öffentliche Pissoirs mit 4 Ständen werden aus der Leitung continuirlich gespült.

In der Stadt waren 1881/82 2857 Häuser angeschlossen und es wurden für Privatzwecke durch 2839 Wasssermesser 488049 cbm für Haus- und Gewerbebetrieb abgegeben. Es waren in Benutzung 2 Wassermotoren von je 2 Pferdekräften, 129 Badeeinrichtungen, 91 Pissoirs in Restaurationen und 30 Privatspringbrunnen.

In trockenen Jahreszeiten tritt zeitweise Wassermangel ein. Das Wasser ist aber gut, wenn auch bei vielen atmosphärischen Niederschlägen vorübergehend etwas getrübt.

217. **Suhl** hat 9937 Einwohner in 1083 Wohnhäusern und 2300 Haushaltungen.

Die Versorgung erfolgt durch im Grundwasser der Stadt abgeteufte Brunnen, deren 29 zur allgemeinen Benutzung und 50 auf Privatgrundstücken vorhanden sind. Ausserdem wird das Wasser von 12 verschiedenen Quellen aus den umliegenden Bergen durch hölzerne Rohrleitungen bis auf 1800 m Entfernung von im Ganzen fast 10000 m Länge mit natürlichem Gefälle zugeführt. 40 Private sind direct angeschlossen und für die öffentliche Benutzung ist eine entsprechende Zahl freier Ausläufe vorhanden. Das Wasser ist in der Regel gut und nur bei starkem Regen der schlechten Quellfassungen wegen zeitweise verunreinigt. Schädigende Einflüsse für die Gesundheit sind nicht constatirt und die Untersuchungen haben das Wasser als fast absolut rein erscheinen lassen. Wassermangel hat sich in fühlbarer Weise bislang nicht gezeigt.

H. Provinz Schleswig Holstein.

a. Regierungsbezirk Schleswig.

218. **Hadersleben** hat 8054 Einwohner.

Die Versorgung fand fast ausschliesslich aus gegrabenen Brunnen statt. Nach einer strengen Untersuchung derselben stellte sich heraus, dass 3/4 der vorhandenen Brunnen in sanitärer Beziehung kaum zulässig sind. In Folge dessen sind mehrere Tiefbrunnen mit gutem Erfolge betreffs der Quantität, jedoch von minder günstigem Erfolge betreffs der Qualität erbohrt.

219. **Apenrade** hat 6215 Einwohner in 525 Wohnhäusern und 1348 Haushaltungen.

Die Stadt wird seit 1858 ausser aus mehreren neben den älteren Häusern liegenden, gegrabenen Brunnen durch eine Quellwasserversorgung gespeist, die von einer Englisch-Dänischen Compagnie für ihre Rechnung mit einem Kostenaufwande von 130500 M. hergestellt ist. Die Maximalleistung der Anlage in ihrem jetzigen Zustande beträgt 864 cbm pro 24 Stunden.

Das Wasser wird am Galgenberge, 423 m von der Stadt entfernt, durch 6 Brunnen erschlossen und in einem offenen, gemauerten Bassin gesammelt. Obgleich das Wasser fast ganz rein ist, lässt man es doch durch einen Kieselstein-Strainer laufen. Bassin und Filter werden alle 14 Tage gereinigt. Der Wasserstand des Bassins liegt etwa 16 m höher als der Ort.

Die Zuleitung erfolgt durch gusseiserne Röhren. Die Hausleitungen sind von Schmiedeeisen. Wassermesser sind nicht vorhanden und es wird ein Wassergeld nur für die erste Zuleitung im Betrage von 56,25 M. von Privaten gezahlt.

Es sind bis jetzt 26 Hydranten aufgestellt, deren Zahl aber vermehrt werden soll. An die Leitung sind 300 Grundstücke für den Hausgebrauch und 225 für diesen und für den Gewerbebetrieb, als Färbereien, Gerbereien etc. angeschlossen. 10 öffentliche Wasserpfosten dienen zur allgemeinen Benutzung. Ueber die Wasserquantitäten liegen keine Angaben vor.

Das Wasser ist qualitativ genügend und immer gleich gut, wie verschiedene Untersuchungen desselben, zuletzt von der Militärbehörde angestellt, erwiesen haben.

220. **Sonderburg** hat 5863 Einwohner in 637 Wohnhäusern und 8 Anstalten, im ganzen in 1221 Haushaltungen.

Die Versorgung erfolgt ausschliesslich aus gemauerten und gesenkten Brunnen von durchschnittlich 12 m Tiefe, deren Wasserstand im Sommer sinkt. Es sind solcher 6 für die allgemeine Benutzung und 594 auf privaten Grundstücken vorhanden. Für eine Kaserne sind 2 Tiefbrunnen von 40 m Tiefe mit gutem Erfolge hergestellt; sie genügen dem Bedürfnisse der Mannschaften vollständig. Andere Versuche mit solchen Brunnen haben keine günstigen Resultate ergeben. Das Wasser ist zeitweise schlecht. Untersuchungen haben nicht stattgefunden. In den Sommermonaten tritt auch zeitweiser Mangel ein. Das Bedürfniss nach einer anderen Versorgung ist vorhanden; auch liegen dafür mehrfache Projecte vor, ohne dass es bislang zu einem festen Entschlusse gekommen ist.

221. **Flensburg** hat 30956 Einwohner.

Die Versorgung erfolgte früher durch reichlich fliessende Quellen, die durch natürlichen Druck eine Anzahl Laufbrunnen in den Strassen der Stadt speisten. Vor 10 Jahren fing man an, Tiefbrunnen zu bohren, um überall Wasser beziehen zu können und stellte deren im Laufe der Zeit 230 Stück her. In Folge davon versiegten die Quellen; das Wasser floss aus einzelnen Tiefbrunnen in Strömen, andere lieferten wenig und die Qualität wurde überall zweifelhaft.

In Folge dessen wurde 1879 nach den Plänen des Ingenieur Hanssen dort für Rechnung der Stadt mit dem Bau einer einheitlichen Versorgung begonnen und dieselbe 1881 in Benutzung genommen. Die Kosten der Anlage haben 433094 M. ausser den Kosten für die Herstellungen der Einleitung für die Häuser mit 55493 M., welche auch auf das Bauconto übernommen sind, betragen.

Das Wasser wird 1500 m von der nördlichen Vorstadt entfernt in quellenreichem Strandterrain neben dem Ostseebade aus 6 durch gemauerte Brunnen gefassten Quellen und aus 13 gebohrten Tiefbrunnen erschlossen und in einem überwölbten Sammelbassin zusammengeleitet, in welchem es in Ruhe, wenn also nicht gepumpt wird, auf 2,34 m über Hafennull steht. Die Ergiebigkeit der Quellen beträgt 3600 cbm pro 24 Stunden. Das Wasser wird durch Dampfkraft einem 3940 m entfernt im Westen der Stadt gelegenen, zweitheiligen Hochreservoir von 1200 cbm Inhalt zugeführt, welches in Beton hergestellt und überwölbt ist und dessen höchster Wasserstand 51 m über dem Versorgungsgebiete liegt.

Die Versorgung erfolgt einheitlich für Brauch- und Trinkwasser, constant und ohne Anwendung von Hausreservoiren. Jedem Hausbesitzer ist unentgeldlich eine Leitung von 12 m Länge innerhalb seines Hauses mit einem Hahn parterre, oder von 8 m Länge auf dessen Grundstücke mit einem Wasserpfosten im Hofe hergestellt. Als Material für die Hausleitungen ist Zinnbleirohr vorgeschrieben.

Die gesammte Wasserförderung hat im Jahre 1882/83 451 102 cbm betragen und zwar im Juli am meisten, nämlich 46 876 cbm, und im Februar am wenigsten, nämlich 30 111 cbm. Der Wasserconsum bei Nacht von 9 Uhr abends bis Mitternacht beläuft sich in der Regel auf 15 cbm und von Mitternacht bis 4 Uhr morgens auf 8 bis 9 cbm. Am 1. April 1883 waren bereits 1023 Häuser angeschlossen. Für Feuerlöschzwecke sind 200 Hydranten, Patent Hanssen, in durchschnittlich 70 m Entfernung aufgestellt, aus denen direct gespritzt wird. Das gesammte Rohrnetz hat 25 158 m Länge. Zum Strassensprengen wurden im Sommer 200 bis 300 cbm täglich benutzt. Das Wasser ist krystallklar, sehr rein und weich und die Temperatur desselben beträgt im ganzen Jahre gleichmässig 9,6° C.

222. **Husum** hat 6267 Einwohner in 862 Wohnhäusern und 1402 Haushaltungen.

Die Versorgung erfolgt nur aus 95 gegrabenen und gesenkten Brunnen, deren mittlere Tiefe 8,50 m beträgt und deren Wasserstand ein constanter ist. 25 der Brunnen dienen der allgemeinen Benutzung und 70 befinden sich auf Privatgrundstücken. Das Wasser ist durchgehends gut, wie durch vor 2 Jahren angestellte Untersuchungen bestätigt ist. Wassermangel tritt nie ein und das Bedürfniss nach einer Aenderung liegt nicht vor.

223. **Schleswig** hat 15 446 Einwohner in ca. 1500 Wohnhäusern und über 3500 Haushaltungen.

In dem einen Theile der Stadt erfolgt die Versorgung durch gegrabene Brunnen, deren 5 für die allgemeine Benutzung und ca. 1000 auf den Privatgrundstücken vorhanden sind. Das Wasser derselben ist stets genügend und auch als Trinkwasser gut, wie Untersuchungen desselben bestätigt haben.

Für den anderen Theil der Stadt, in welchem die Herstellung von Brunnen nicht möglich ist, wird Quellwasser durch natürliches Gefälle mittels gusseiserner Röhren eingeleitet. Dasselbe wird 400 m von der Stadt entfernt aus 5 theils erbohrten, theils natürlich austretenden Quellen in einem abgedeckten, gemauerten Behälter gesammelt, der 6 m höher als die Stadt liegt. Die Länge der Rohrleitung beträgt 1500 m und es kommt das Wasser an 9 öffentlichen Wasserpfosten mit Hahnverschluss zum Ausflusse und wird in 100 private Grundstücke eingeleitet. Das Wasser wird als „vortrefflich und stets fliessend“ bezeichnet.

224. **Eckernförde** hat 5321 Einwohner.

Die Versorgung erfolgte ausschliesslich durch gegrabene Brunnen, von denen jedoch durch das Hochwasser 1872 ein Theil unbrauchbar geworden ist. Es sind daher seitdem verschiedene Tiefbrunnen hergestellt. Weitere Mittheilungen fehlen.

225. **Heide** hat 7444 Einwohner in 1061 Wohnhäusern und 1646 Haushaltungen.

Die Versorgung erfolgt ausschliesslich durch gesenkte Brunnen von 6 m bis 9 m Tiefe, deren Wasser in 4 m bis 5 m Tiefe je nach dem Stande des Grundwassers unter Terrain steht. Das Wasser ist als Trinkwasser gut, wie mehrfache Versuche bestätigt haben, und es ist in stets genügender Quantität vorhanden, so dass ein Bedürfniss nach einer Aenderung nicht vorliegt.

226. **Rendsburg** hat 12776 Einwohner in 850 Wohnhäusern und 2500 Haushaltungen.

Die Versorgung erfolgt grösstentheils aus gegrabenen Brunnen, deren ca. 250 Stück auf den privaten Grundstücken vorhanden sind und 3 bis 4 für die allgemeine Benutzung dienen. Ausserdem sind in neuerer Zeit 7 artesische Brunnen auf 100 m bis 200 m Tiefe hergestellt, aus denen das Wasser frei abfliesst.

Ferner gestattet die Lage der Altstadt in der Mitte der Eider und das durch eine Schleuse abgesperrte Bassin, die sog. Obereider, die leichte Erlangung einer ausreichenden Menge verhältnissmässig guten Wassers. Von demselben führt eine 250 m lange, hölzerne

Röhrenleitung nach einem auf dem Paradeplatze hergestellten öffentlichen, gemauerten Brunnen mit einer aufstehenden Pumpe. Eine zweite Leitung, gleichfalls von hölzernen Röhren, führt verschiedenen, vielleicht 50, im nordöstlichen Theile der Stadt gelegenen Privatgrundstücken Eiderwasser zu.

Bei einigen Grundwasserbrunnen ist Chlor, Salpeter und salpetrige Säure, sowie organische Substanz nachgewiesen. Im Allgemeinen ist das Wasser aber ziemlich gut und kein Bedürfniss nach einer Aenderung vorhanden.

227. **Kiel** hat 46000 Einwohner in 2438 Wohnhäusern und 9072 Haushaltungen.

Im Herbst 1880 ist die auf Kosten der Stadt vom Baurath Salbach in Dresden neuerbaute Versorgung eröffnet. Dieselbe ist für eine Maximalleistung von 3600 cbm pro Tag bestimmt. Die ersten Anlagekosten betrugen 540322 M., der jetzige Buchwerth ist 545382 M.

Das Wasser ist künstlich erschlossenes Grundwasser. 8 auf 7 m bis 8 m Tiefe und in 700 m Entfernung von einander im Korallensande abgesenkte Brunnen sind 2500 m von Kiel entfernt in einem Eisenbahneinschnitte der Altona-Kieler Bahn bei Gaarden in der Wasserscheide zwischen Ostsee und Nordsee hergestellt. Dieselben liegen 4000 m von dem nächsten Oberflächenwasser entfernt. Das Wasser wird durch Heberröhren in einem Sammelbrunnen zusammengeleitet und, durch Dampfkraft 43 m hoch gehoben und einem 2000 m vom Gewinnungspunkte und 1500 m von der Stadt entfernt liegenden, gemauerten und überwölbten Reservoire von 2000 cbm Fassungsraum zugeführt. Der höchste Wasserstand desselben befindet sich 47 m über dem Gewinnungspunkte und 48 m über der Stadt (51 m über Hafennull).

Die Versorgung erfolgt constant und in einer Druckzone, einheitlich für Brauch- und Trinkwasser und ohne Anwendung von Hausreservoiren. Die Kanalisation des Ortes ist erst sehr vereinzelt ausgeführt; Hausanschlüsse an dieselbe sind gestattet; Closeteinlässe sind jedoch verboten. Die Hauptrohre sind innen asphaltirt und für die Privatleitungen sind Bleirohre gestattet. Für die Häuser wird eine obligatorische Wassersteuer erhoben, wenn die Möglichkeit des Anschlusses an die Wasserleitung vorhanden ist.

Der Consum hat 1881/82 im Ganzen 674837 cbm oder durchschnittlich pro Tag 1849 cbm betragen. Der Consum im Maximalmonate betrug 64276 cbm oder 2143 cbm pro Tag; der Consum im Minimalmonate betrug 47286 cbm oder 1543 cbm pro Tag. Die

Abgabe am Maximaltage war 2780 cbm und am Minimaltage 1410 cbm.

Die Abgabe für öffentliche Zwecke hat im Jahre 1881/82 nach Schätzung 27000 cbm betragen. Davon entfallen 2000 cbm auf öffentliche Gebäude, 1200 cbm auf Strassensprengen (2000 m Länge 50 Tage im Jahre mittels Sprengfässern) und 600 cbm auf Spülung des Rohrnetzes. Directe Rinnstein- und Kanalspülung findet nicht statt. Für Feuerlöschzwecke sind 196 Hydranten in ca. 100 m Entfernung aufgestellt. Sie stehen unter Flur, sind mit Selbstentleerung versehen und werden direct zum Spritzen benutzt. Im abgelaufenen Jahre sind zum Feuerlöschen ca. 100 cbm verwendet. 27 Freibrunnen mit Selbstabschluss consumirten 7100 cbm. Oeffentliche Springbrunnen oder aus der Leitung versorgte Badeanstalten bestehen nicht. 11 öffentliche Pissoirs, die im Sommer continuirlich gespült werden, deren Spülung aber im Winter eingestellt ist, verbrauchten 16000 cbm im Jahre.

Mit Privatleitungen waren während des letzten Jahres 1327 Wohnhäuser mit 4940 Haushaltungen und 23800 Bewohnern versehen. Im Ganzen sind dafür 1881/82 647837 cbm abgegeben und zwar 512000 cbm zum Hausgebrauche und 135837 cbm zu Industrie- etc. Zwecken. Von letzterem Quantum sind 55837 cbm durch Messer bestimmt. Alle übrigen Zahlen beruhen auf Schätzung. An Privateinrichtungen waren in dem Jahre vorhanden 54 Badeeinrichtungen, 75 Closets, 55 Pissoirs und 26 Springbrunnen. Wassermotoren sind nicht in Benutzung. 120 ha Garten-, Hof- etc. Flächen sind für Sprengzwecke besonders veranlagt.

228. **Neumünster** hat 11623 Einwohner in 898 Wohnhäusern und 2453 Haushaltungen.

Für die Versorgung dienen ausser einem öffentlichen Brunnen ca. 700 Privatbrunnen von 2 m bis 6 m Tiefe mit einem Wasserstande von 1,5 m bis 4,5 m Tiefe unter Terrain. 430 derselben sind gegraben, 150 gesenkt und 120 gebohrt.

Das Wasser ist zum Theil gut, zum Theil mittelmässig, wie durch Untersuchungen festgestellt ist. Die Quantität ist meistens genügend, namentlich bei den gebohrten Brunnen.

229. **Itzehoe** hat 9850 Einwohner.

Die Stadt wird seit 1867 durch die Itzehoer Actienwasserkunst mit Quellwasser versorgt. Die erste Anlage kostete 125000 M., der jetzige Buchwerth beträgt 180000 M.

Das von den umliegenden Höhen herablaufende Wasser verschiedener Quellen wird oberhalb der Stadt in 300 m, 1000 m und bis 3000 m

Entfernung davon in 5 gemauerten und überdachten Bassins gesammelt und durch Kies- und Sandbänke filtrirt, wenngleich es völlig rein ist. Diese Bassins liegen ca. 36 m höher als die Stadt, so dass das Wasser in die obersten Etagen geleitet werden kann.

Die Zuleitung erfolgt durch gusseiserne Röhren; die Hausleitungen sind von Blei. Wassermesser sind nur für grösseren Verbrauch in Anwendung; im Uebrigen erfolgt die Zahlung für die angeschlossenen Häuser nach Schätzung.

Das Wasser ist immer gut, wie durch zeitweise Untersuchungen bestätigt ist. Auch tritt niemals Mangel an Wasser ein, wenngleich die Ergiebigkeit der Quellen im August und September sich verringert. Die Versorgung erfolgt für Trink- und Brauchwasser gemeinschaftlich, constant und ohne Anwendung von Hausreservoiren.

230. **Glückstadt** hat 5567 Einwohner.

Das Trinkwasser wird der Elbe entnommen und in 3 an verschiedenen Punkten des Stadtrandes belegenen Bassins auf einem Wege von 1000 m Länge zugeführt. Die Sinkstoffe desselben fallen theils auf dem langen Wege zu den Bassins, theils in diesen selbst aus. Eine künstliche Filtration desselben findet vor der Vertheilung nicht statt; dagegen hat fast jedes Haus einen Filterapparat. Das Wasser soll gesund und klar sein, namentlich nachdem 1876/77 mit einem Kostenaufwande von 60000 M. sämmtliche Wasserläufe zu den Bassins bis auf den gewachsenen Kleiboden ausgehoben sind, die alten Baumsiele durch glasirte Asphaltröhren ersetzt sind und durch Anlage eines ununterbrochen ablassenden Sieles eine stete Erneuerung des Wassers ermöglicht ist.

231. **Elmshorn** hat 7956 Einwohner.

Die Versorgung mit Brauchwasser erfolgt theils aus der den Ort durchfliessenden Krückaue, theils durch in Tonnen gesammeltes Regenwasser. Für Trinkwasser sind Grundbrunnen vorhanden.

232. **Ottensen** hat 15375 Einwohner in 1057 Wohnhäusern und 3502 Haushaltungen.

Für die Versorgung besteht ausser einem öffentlichen Brunnen eine grosse Zahl von gegrabenen Privatbrunnen von 3 m bis 12 m Tiefe, deren Wasser gut ist. Die eigentliche Versorgung erfolgt aber durch das Altonaer Wasserwerk mit künstlich filtrirtem Flusswasser, an welches fast alle Haushaltungen sowie die meisten Gewerbetreibenden sich angeschlossen haben.

233. **Altona** hat 91 047 Einwohner.

Die Versorgung erfolgt seit 1859 durch eine der Actiengesellschaft „Gas- und Wassergesellschaft in Altona" gehörige, einheitliche Anlage. Durch dieselbe wird zugleich die Stadt Ottensen mit 15 375 Einwohnern und die Dörfer Blankenese, Dölsenhuden, Nienstädten, Gross- und Klein-Flottbeck, Othmarschen und Bahrenfeld mit im Ganzen 9400 Einwohnern mit Wasser versehen. Die erste Anlage hat 1 650 000 M. gekostet; der jetzige Buchwerth der Anlage beträgt 3 052 000 M. und die jetzige Maximalleistungsfähigkeit derselben pro Tag 20 000 cbm.

Das Wasser wird 12 000 m unterhalb Altona bei Westblankenese der Elbe entnommen und durch Dampfkraft 87 m hoch auf den 720 m entfernten Bauersberg gehoben. Es gelangt hier, nachdem es ein Klärbassin von 5640 cbm Inhalt passirt hat, zur künstlichen Sandfiltration, für welche 7 Filter mit im Ganzen 5755 qm Filterfläche vorhanden sind, (pro qm Filterfläche wird 1,6 cbm Wasser pro 24 Stunden filtrirt). Als Reinwasserreservoir dient ein gemauertes und überwölbtes Hochreservoir von 3530 cbm Inhalt, dessen höchster Wasserstand 55 m über dem höchsten Punkte von Altona liegt.

Die Versorgung erfolgt einheitlich für Brauch- und Trinkwasser, constant und ohne Anwendung von Hausreservoiren. Der Anschluss der Häuser ist facultativ und es erfolgt die Zahlung des Wassergeldes nach Taxe. Für die Hausleitungen ist ein bestimmtes Material nicht vorgeschrieben. Die Hauptleitungen sind innen theils gekälkt, theils asphaltirt. Die Stadt ist kanalisirt und Hausanschlüsse vorhanden; auch Closeteinlässe sind gestattet.

Die gesammte Abgabe betrug im Jahre 1881/82 2 948 050 cbm, einschliesslich des Consums der Aussengemeinden, und zwar am meisten im Juli, nämlich 281 110 cbm und am wenigsten im Februar, nämlich 211 242 cbm. Der grösste Tagesconsum war 10 847 cbm am 3. Juni und der geringste 6120 cbm am 26. December.

Angeschlossen an die Leitung waren 24 145 Haushaltungen mit 101 900 Personen. Es waren ca. 300 Badeeinrichtungen, 5200 Closets und 25 Privatpissoirs in Benutzung.

Für öffentliche Gebäude sind 1882 im Ganzen 172 680 cbm abgegegeben. Für Strassensprengen sind meistens unter Benutzung von Sprengfässern und nur selten direct aus der Leitung für Altona an 70 Tagen im Jahre 16 600 cbm und für die Elbchaussee an 79 Tagen im Jahre 9600 cbm verwendet. Besondere Rinnsteinspülung findet nicht statt. Für Kanalspülung sind durch besondere Einlässe extra gemessen 4400 cbm benutzt. Das Spülen des Wasserrohrnetzes geschieht nur sehr selten und es werden dazu im Jahre ca. 2000 cbm verbraucht. Für Feuerlöschzwecke wird im Jahre ein je nach Umfang und Häufigkeit der Brände zwischen 3000 cbm und 60 000 cbm schwankendes Quantum verwendet. Es sind dafür 416 Hyranten in 25 m bis zu 200 m Entfernung je nach dem Stande der Bebauung aufgestellt. Bei Kleinfeuer wird aus denselben direct gespritzt, bei Grossfeuer werden Dampfspritzen (es sind deren 3 Stück vorhanden) angewendet. Oeffentliche Springbrunnen existiren nicht, wohl aber 5 Freibrunnen für die allgemeine Benutzung. 14 öffentliche Pissoirs mit im Ganzen 150 Ständen werden an den frequentesten Stellen tags und nachts, an weniger frequenten nur tags, die abgelegensten aber auch täglich einmal gespült. Der Wasserverbrauch im Jahre beträgt dafür ca. 7000 cbm. Eine städtische, öffentliche Badeanstalt mit überdachtem Schwimmbassin und 30 Wannenbädern hat bei 95 000 Badenden im Jahre 43 000 cbm Wasser verbraucht. Zwei andere, öffentliche Badeanstalten in Privatbesitz mit zusammen 7 Wannen haben im Jahre 1200 cbm der Leitung entnommen.

234. **Wandsbeck** hat einschliesslich des jetzt eingeschlossenen Bezirkes Mauerthal 16 138 Einwohner in ca. 1400 Wohngebäuden und 3500 Haushaltungen.

Für die Versorgung dienen 24 öffentliche und 886 private Brunnen, die im Grundwasser abgeteuft sind. Von diesen haben 746 ein gutes Trinkwasser; 50 davon sind zeitweise schlecht und 114 sind immer schlecht, wie angestellte Untersuchungen ergeben haben. Auch tritt ein zeitweiser Mangel an Wasser ein.

Zur Erlangung eines besseren Trinkwassers wurde in der ersten Hälfte des Jahres 1877 ein artesischer Brunnen erbohrt, welcher, bis auf 261 m Tiefe niedergebracht, den gehofften Erfolg nicht ergab und man musste auf eine in 160 m Tiefe erschlossene, wasserführende Schicht zurückgehen, die einen auf 0,4 m über Terrain steigenden Strahl ergab, dessen Lieferung bei Entnahme in 1,4 m Tiefe unter Terrain auf 30 l pro Minute wuchs.

Um für den Fall eines Schadenfeuers die nöthigen Wassermengen, wenn auch in grösserer Tiefe, erlangen zu können, brachte man in 3 m und in 4 m Tiefe zwei fernere Auslasshähne an dem Brunnenrohre an, die das Wasser in ein tief liegendes Reservoir ausfliessen lassen, denen es durch Feuerspritzen wieder entnommen wird. Es sind diesem Reservoire 110 cbm bis 120 cbm pro Stunde entnommen, ohne seinen

Wasserinhalt merklich zu ändern. Diese Brunnenanlage hat 23 803 M. gekostet.

235. **Segeberg** hat 5008 Einwohner in 484 Wohnhäusern und 1071 Haushaltungen.

Die Versorgung erfolgt aus 195 Privatbrunnen. Oeffentliche Brunnen existiren nicht. Das Wasser ist gut und genügend und an eine andere Versorgung wird nicht gedacht.

J. Provinz Hannover.

a) Landdrostei Hannover.

236. **Nienburg a. d. Weser** hat 6204 Einwohnern in ca. 450 Wohnhäusern und 800 Haushaltungen im inneren Stadtgebiete.

Die Versorgung erfolgt aus mittels Brunnen erschlossenem Grundwasser. Solcher Brunnen sind etwa 20 öffentliche und 20 private vorhanden. Das Wasser wird als sehr gut und durchaus reichlich bezeichnet. Eine Untersuchung desselben hat nicht stattgefunden. Ein Grund zu einer Aenderung des jetzigen Zustandes liegt nicht vor.

237. **Linden** hat 22 384 Einwohner in ca. 1000 Wohnhäusern und 7000 Haushaltungen.

Die Versorgung erfolgt durch gegrabene und gesenkte Brunnen von 3 m bis 10 m Tiefe mit einem 2 m bis 7 m tiefen, wenig schwankenden Wasserstande. Es bestehen solcher ca. 1000 auf Privatgrundstücken, jedoch keine öffentliche. Das Wasser ist als Trinkwasser mässig und wurde in einzelnen Fällen einer Untersuchung unterzogen.

Einzelne Fabriken versorgen sich mit Flusswasser, theils in ungereinigtem Zustande, theils vorher durch Sand filtrirt. In einzelnen Strassen findet auch eine Versorgung der Privatgrundstücke aus der durch den Ort gehenden Leitung für die Stadt Hannover statt und es wird der allgemeine Anschluss des Vorortes an diese Leitung als wünschenswerth bezeichnet.

238. **Hannover** hat 122 843 Einwohner.

Die Versorgung erfolgte früher fast ausschliesslich durch öffentliche und private Pumpenbrunnen. Ausserdem bestand schon seit 1527 eine städtische Wasserkunst, die durch Wasserkraft betrieben wird und die 1850 vom Maschinendirector Kirchweger umgebaut ist und noch jetzt ca. 2500 cbm ungereinigtes Leinewasser täglich einigen Brauhäusern sowie zum Rinnsteinspülen liefert.

Seit November 1878 ist eine einheitliche Versorgung in Betrieb, welche Eigenthum der Stadt ist. Die Anlage ist vom Stadtbaurath,

Oberbaurath a. D. Berg dort, mit einem Kostenaufwande von 3897385 M. für eine tägliche Maximalleistung von 15000 cbm hergestellt.

Das Wasser wird im Leinethale oberhalb der Stadt, 500 m von derselben entfernt, in der Nähe des Dorfes Ricklingen in einem bedeutenden Kiesbette durch Schlitz- und Sammelröhren 200 m von der Leine entfernt aus dem Grundwasser erschlossen und durch Dampfkraft 42 m hoch gehoben. 2550 m von der Pumpstation entfernt ist auf dem Lindener Berge ein zweitheiliges, gemauertes und überwölbtes Reservoir von 10923 cbm Inhalt, frei über dem Terrain stehend, hergestellt, welches 33 m höher als das Versorgungsgebiet und 2300 m von der Stadt entfernt liegt.

Die Versorgung erfolgt einheitlich für Brauch- und Trinkwasser, constant und ohne Hausreservoire. Der Anschluss der Häuser ist dem Belieben anheimgestellt; das Wassergeld regelt sich nach Tarif, da Messer nicht obligatorisch eingeführt sind. Für die Hausleitungen sind Bleiröhren vorgeschrieben. Die Hauptleitungen haben einen Anstrich mit der Angus Smith'schen Asphaltmasse erhalten. Die Stadt ist zum grössten Theil kanalisirt. Hauseinlässe sind nur theilweise vorhanden; auch sind Closeteinlässe, jedoch nur widerruflich, gestattet.

Die gesammte Abgabe betrug 1881/82 2661403 cbm. Davon entfielen auf den Vorort Linden, die Dörfer List, Vahrenwald etc. 219912 cbm. Der Tagesverbrauch war am grössten am 22. Juni, nämlich 11189 cbm und am geringsten am 26. December, nämlich 4973 cbm. Der grösste Monatsconsum fand im Juni mit 277779 cbm, der geringste im Februar mit 184142 cbm statt.

Der öffentliche Consum betrug 1881/82, das von der alten Wasserkunst zur Rinnsteinspülung gelieferte Wasser ausgenommen, 75100 cbm und davon 26187 cbm für öffentliche Gebäude. Für Strassensprengen sind der Leitung 6839 cbm, für Spülung des Wasserrohrnetzes 9975 cbm und für Feuerlöschzwecke 5232 cbm entnommen. Für letzteren Zweck sind 780 Hydranten in 80 m bis 100 m Entfernung, mit Selbstentleerung versehen, unter Flur aufgestellt, aus denen direct gespritzt wird. 5 öffentliche Springbrunnen spielen vom 15. April bis 15. August täglich 8 Stunden und verbrauchen im Jahre 13067 cbm Wasser. Eine öffentliche Badeanstalt mit überdachtem Schwimmbassin, die im Besitz einer Actiengesellschaft ist, wird nicht aus der Leitung versorgt. 5 öffentliche Pissoirs werden mit jährlich 13800 cbm constant gespült. Freibrunnen existiren nicht.

Die Abgabe für Privatzwecke betrug 1881/82 2 586 303 cbm. Es entfallen davon 2 048 883 cbm auf den Hausgebrauch, wovon 169 617 cbm durch 66 Messer abgegeben sind und 537 420 cbm für Industrie und Gewerbezwecke, wovon 459 970 cbm durch 75 Messer abgegeben sind. An die Leitung angeschlossen waren während des Jahres 3906 Häuser mit 15 624 Haushaltungen und 70 308 Bewohnern. In denselben waren 534 Badeeinrichtungen, 2224 Closets, 236 Pissoirs und 124 Springbrunnen vorhanden. Für 217 411 qm Hof- und Gartenfläche war Wasser für Sprengzwecke veranlagt.

239. **Hameln** hat 10 924 Einwohner.

Die Versorgung erfolgt durch ca. 370 gegrabene Brunnen von ca. 8 m Tiefe mit ziemlich constantem Wasserstande. 30 derselben dienen der allgemeinen Benutzung, die übrigen befinden sich auf Privatgrundstücken. Ein Mangel an Wasser tritt nie ein und das Wasser ist stets gut, was durch mehrere Untersuchungen bestätigt ist. Ein Bedürfniss nach einer einheitlichen Versorgung liegt nicht vor.

b) Landdrostei Hildesheim.

240. **Peine** hat 5407 Einwohner in 600 Wohnhäusern.

Die Versorgung erfolgt ausschliesslich aus Brunnen, die gegraben und gesenkt sind. 16 derselben dienen der allgemeinen Benutzung; die Zahl derer auf Privatgrundstücken ist nicht bekannt. Das Wasser ist als Trinkwasser gut, wie in letzterer Zeit stattgehabte Untersuchungen bestätigt haben. Das Wasserquantum ist stets genügend und es liegt daher das Bedürfniss nach einer Aenderung nicht vor.

241. **Hildesheim** hat 25 887 Einwohner in 2340 Wohnhäusern und 5186 Haushaltungen.

Die Versorgung erfolgt durch 50 öffentliche und private Brunnen und durch 2 Quellen, deren eine 500 cbm bis 1000 cbm, deren andere 700 cbm bis 1500 cbm pro Tag liefert. Ersteres Wasser fliesst durch natürliches Gefälle zu; letzteres wird zum Theil künstlich durch Wasserkraft in ein 10 m hoch aufgestelltes Reservoir von 8,6 cbm Inhalt gehoben. Die Zuleitungen der Quellen erfolgen durch gusseiserne Röhren und durch Backsteinkanäle. Das Wasser gelangt nur an Freibrunnen zur Abgabe. Dasselbe ist gut und auch meistens genügend. Trotzdem liegt das Bedürfniss einer einheitlichen Versorgung vor. Leider musste ein darauf gerichteter Plan, nach welchem aus 25 km Entfernung Wasser zugeführt werden sollte, der Kostspieligkeit wegen bei Seite gestellt werden.

242. **Goslar** hat 10791 Einwohner in 1321 Wohnhäusern und 2396 Haushaltungen.

Die Versorgung erfolgt seit 1876 durch eine Quellwasserleitung. die für Rechnung der Stadt mit einem Kostenaufwande von 450000 M. von der Deutschen Wasserwerksgesellschaft in Frankfurt a. Main hergestellt ist. Die Maximalergiebigkeit der jetzigen Anlage beträgt 2400 cbm pro 24 Stunden.

Das Wasser wird im Thale des Gelmkebaches zwischen Goslar und Ocker, 1 m bis 25 m von dem Bache entfernt, aber bedeutend höher gelegen, aus spiriferem Sandstein und aus der Grauwacke gewonnen. Die entfernteste Quelle, 7000 m von der Stadt, ist der Kaiserbrunnen, und in deren Zuleitung, die aus gusseisernen Röhren besteht, sind die Druckthalquelle und die Braunsteinquelle eingeleitet. 2000 m von der Stadt entfernt ist ein gemauertes, überwölbtes und in den Boden versenktes Reservoir von 1545 cbm Inhalt, dessen Wasserstand 78 m höher als die Stadt liegt, hergestellt, in welches das Quellwasser mit natürlichem Gefälle sich ergiesst und aus welchem die Stadt versorgt wird.

Die Abgabe erfolgt einheitlich für Brauch- und Trinkwasser, constant und ohne Anwendung von Hausreservoiren. Weder die Anschlüsse an die Leitung noch die Stellung von Wassermessern hierfür ist obligatorisch.

1550 Privatwohnungen sind an die Leitung angeschlossen. 1876 waren in diesen 20 Badeeinrichtungen, 8 Privatpissoirs und 10 Privatfontainen angebracht. Ein öffentlicher Springbrunnen und ein Freibrunnen stehen in Verbindung mit der Leitung. 150 Hydranten in durchschnittlich 100 m Entfernung dienen direct zum Spritzen bei Bränden.

Der Zufluss des Wassers verringert sich zeitweise und er schwankt zwischen 4319 cbm und 724 cbm pro Tag. Das Wasser ist aber immer gut und rein.

243. **Einbeck** hat 6809 Einwohner.

Die Versorgung erfolgt aus gegrabenen und gesenkten Brunnen, die fast durchweg schlechtes Trinkwasser geben, wie durch Untersuchungen bestätigt ist, und es sind nur wenige gute Brunnen vorhanden. Für das Brauchwasser ist die Stadt mit gemauerten Kanälen und hölzernen Röhren durchzogen, die aus einem grossen, dicht neben der Stadt liegenden Teiche gespeist werden. Dieser erhält das Wasser aus der Leine. Die Anlage stammt aus dem Mittelalter und wird wenig oder gar nicht mehr benutzt. Wenn auch kein eigentlicher

Mangel an Wasser besteht, so ist das Bedürfniss nach einer anderen Versorgung doch schon seit langer Zeit empfunden.

244. **Klausthal** hat 9006 Einwohner in 720 Wohnhäusern und 2262 Haushaltungen.

Die Versorgung erfolgt in der Hauptsache durch 6 künstliche Zuleitungen aus in verschiedenen Richtungen und Entfernungen von der Stadt belegenen Quellgebieten. Es führt ausserdem noch eine Zuleitung das mittels einer auf einem fiscalischen Werke befindlichen Dampfpumpe aus einem fiscalischen Wasserlaufe bis auf ca. 26 m Höhe zum Abfluss gehobene Wasser zur Stadt. Durch diese Zuleitungen werden im Ganzen 44 freistehende, öffentliche Wasserpfosten gespeist. Dieselben bestehen aus hölzernen Röhren, deren Ersatz durch Askanialitröhren beabsichtigt wird.

Von den Hauptquellen liegt die eine 2800 m, die andere 2570 m von der Stadt entfernt. Das Wasser derselben wird auch 21 Grundstücken zugeleitet. Ferner befinden sich an verschiedenen Stellen der Stadt belegen noch 13 öffentliche Pumpenbrunnen und es sind in den Kellern der meisten Häuser in das Felsgestein eingebohrte Brunnen vorhanden. Letztere sind 3,5 m, erstere 7 m tief und haben einen Wasserstand von 0,5 m bis 1,5 m unter Terrain. Der Wasserstand ist bei starken Niederschlägen und bei anhaltender Dürre ein schwankender, so dass bei sehr grosser Trockenheit ein zeitweiser Mangel eintritt.

Das Wasser ist gut, wenn auch zeitweise vorübergehend getrübt. Sämmtliche Entnahmestellen sind 1867 einer Untersuchung unterzogen und es sind dabei 3 Stellen als unbrauchbar für Trinkwasser bezeichnet. Eine einheitliche Versorgung ist wegen Mangels einer geeigneten Bezugsquelle nicht ausführbar.

245. **Osterode a. H.** hat 6087 Einwohner in 650 Wohnhäusern und 1320 Haushaltungen.

Die Versorgung erfolgt seit 1871 einheitlich durch eine für Rechnung der Stadt vom Oberingenieur Clauss in Braunschweig hergestellte Anlage, die 108 295 M. gekostet hat und deren tägliche Ergiebigkeit zwischen 150 cbm und 360 cbm schwankt.

Das Wasser wird den in Kalkstein und Thonschiefer 2600 m von der Stadt entfernt entspringenden Apenkequellen entnommen und mittels Thonröhren einem 2500 m von der Stadt entfernt liegenden Reservoire, das aus Bruchsteinen gemauert, überwölbt und mit Erde bedeckt ist und 500 cbm Inhalt hat, zugeführt. In dasselbe kann bei Wassermangel auch künstlich durch Kies filtrirtes Gebirgswasser aus dem

Agenkebach, der aus dem Rehhagenbache gespeist wird, geleitet werden. Das Wasser fliesst durch natürliches Gefälle mittels gusseiserner Röhren der Stadt zu. Dasselbe hat über deren Terrain je nach den verschiedenen Punkten einen Druck von 40 m bis 60 m in der Leitung.

Die Versorgung erfolgt einheitlich für Brauch- und Trinkwasser und constant. Der Anschluss der Häuser ist facultativ und es wird das Wasser hierfür nach Schätzung bezahlt. Zu den Hausleitungen werden Bleirohre verwendet. Die Hauptleitungen sind mit einem inneren Ueberzuge vor dem Verlegen nicht versehen. Die Stadt ist nicht kanalisirt.

Ueber das Quantum der Wasserabgabe existiren keine Angaben, weder im Allgemeinen, noch im Speciellen. Mit wenigen Ausnahmen sind alle Häuser mit Leitungswasser versorgt. Im Jahre 1876 existirten 49 Hydranten, 8 Freibrunnen, ein öffentlicher Springbrunnen und ein öffentliches Pissoir mit Spülung. Das Wasser ist ein ausgezeichnetes Trinkwasser und fast ganz rein; es ist nur etwas eisenhaltig.

246. **Northeim** hat 6628 Einwohner in 611 Wohnhäusern und 1408 Haushaltungen.

Die Versorgung geschieht aus Pumpenbrunnen, welche ihr Wasser aus einer Kiesschicht, die von einem Harzgewässer gespeist wird, erhalten. Dieses Wasser ist qualitativ und quantitativ genügend und es hat eine Untersuchung der Brunnen nur in einzelnen, verdächtigen Fällen stattgefunden. Es sind solcher Brunnen 24 für öffentliche und 44 für Privatbenutzung von 4 m bis 15 m Tiefe vorhanden.

Ausserdem wird eine eine halbe Stunde von der Stadt gelegene Quelle in offenem Gerinne mit natürlichem Gefälle der Stadt zugeführt und liefert das Wasser für die städtische Brauerei, für eine Bleiche und zum Füllen der Feuerteiche. Das Bedürfniss einer Aenderung liegt im Allgemeinen nicht vor; doch beabsichtigt man, die Zuleitung des Quellwassers durch eiserne Röhren zu verbessern.

247. **Göttingen** hat 19963 Einwohner in 1516 Wohnhäusern und 5109 Haushaltungen.

Die Versorgung erfolgt durch eine Quellwasserleitung, die auf Kosten der Stadt vom Stadtbaumeister Gerber dort hergestellt ist. Die Ausführung ist 1871 begonnen und successive fortgeführt. Die Anschlüsse an die Privatgrundstücke bestehen seit 1877. Die Anlage hat bis jetzt 302 705 M. gekostet. Die Minimallieferung der Quelle beträgt 750 cbm in 24 Stunden nach Messung; das Maximum beläuft sich jedoch mindestens auf 2000 cbm nach Schätzung.

Das Wasser wird aus einer im Muschelkalk entspringenden, natürlich austretenden Quelle, dem Reinsbrunnen am Hainberge, 1400 m von der Stadt entfernt, gewonnen und theils durch Thonröhren, theils durch gusseiserne Röhren auf 550 m Entfernung mittels natürlichen Gefälles einem gemauerten und überwölbten Reservoire von 650 cbm Fassungsraum zugeführt, dessen höchster Wasserstand 31,5 m über dem höchsten Terrainpunkte des Versorgungsgebietes liegt.

Die Versorgung erfolgt einheitlich für Brauch- und Trinkwasser, constant und ohne Hausreservoire. Der Anschluss an die Leitung ist freigestellt, muss aber unter Anwendung von Wassermessern erfolgen. Der Preis für das Wasser beträgt 40 Pf. pro cbm. Ein geringer Theil der Stadt ist kanalisirt und mit Hausanschlüssen versehen; Closetanschlüsse sind verboten. Zu den Hausleitungen wird geschwefeltes Bleirohr verwendet. Die Hauptleitungen sind mit einem inneren Ueberzuge versehen.

1881/82 waren 240 Häuser angeschlossen und haben 20375 cbm Wasser verbraucht. 51 Freibrunnen mit Selbstabschluss dienen der allgemeinen Benutzung. 2 öffentliche Springbrunnen sind an die Leitung angeschlossen. Für Feuerlöschzwecke sind 115 Hydranten, mit Selbstentleerung versehen und, 80 m bis 90 m von einander entfernt, unter Flur aufgestellt. 2 öffentliche Pissoirs werden aus der Leitung continuirlich gespült.

Seit 1870 sind Untersuchungen des Wassers nicht mehr vorgenommen; dasselbe ist aber als Trinkwasser gut und ein Wassermangel ist bisher nie eingetreten. Für die Rinnsteinspülung wird Wasser mittels Wasserkraft aus dem Leinekanale in einen etwa 10 m höher gelegenen Teich, den sog. Feuerteich, gepumpt und von hier direct in die Rinnsteine gelassen.

248. **Münden a. d. W.** hat 6354 Einwohner in 712 Wohnhäusern.

Die Versorgung erfolgt ausschliesslich aus Brunnen von 12 m bis 13 m Tiefe, die durch Felsenquellen in der Tiefe gespeist werden. 25 derselben dienen der allgemeinen Benutzung; 35 befinden sich auf Privatgrundstücken. Das Wasser ist immer gut; bei einzelnen sogar vorzüglich. Untersuchungen desselben finden alljährlich statt. Mangel an Wasser tritt nie ein und für eine Aenderung liegt kein Bedürfniss vor.

c. Landdrostei Lüneburg.

249. **Harburg** hat 19071 Einwohner in 1347 Wohnhäusern und 4277 Haushaltungen.

Für die Versorgung bestehen ausser einer sehr geringen Zahl von Privatbrunnen 28 öffentliche Pumpenbrunnen. Von diesen haben 24 eine Tiefe von 6 m bis 9 m und 4 eine Tiefe von 15 m bis zu 26 m. Dieselben haben einen Wasserstand von 1,5 m bis 1,9 m je nach den Niederschlägen. Das Wasser ist als Trinkwasser sehr gut, wie durch Untersuchungen bestätigt ist.

Ferner wird das Wasser von 5 Quellen, deren 3 im mittleren und 2 im äusseren Stadtgebiete liegen, je in einem gemauerten Sammelbassin, sog. Wasserhalter, gefasst und durch Leitungen von im Ganzen 5000 m Länge von Holz, Thon und Eisen mit natürlichem Gefälle zugeführt. 36 öffentliche Laufbrunnen werden damit zur allgemeinen Benutzung gespeist und es wird das Wasser in 28 Privatgrundstücke eingeleitet, in welchen es zum Haus- und Gewerbegebrauche benutzt wird. Diese Leitungen werden „Trinkwasserleitung" genannt.

Endlich besteht noch eine sog. „Weichwasserleitung", die 10 öffentliche Laufbrunnen versorgt und an der 12 Ableitungen für Private sich befinden. Das Wasser hierfür wird einem unweit der Stadt liegenden Teiche, der den die Stadt berührenden Seeve-Bach speist, entnommen. Dasselbe wird vor dem Eintritte in die Leitung einer zweimaligen, oberflächlichen Filtration unterworfen und gelangt ganz rein und klar zur Stadt. An beide Leitungen sind 28 Nothbrunnen angeschlossen, theils als Aufziehventile, theils als Hydranten eingerichtet, welche ausser für Feuerlöschzwecke zum Spülen der Leitungen benutzt werden.

250. **Lüneburg** hat 19034 Einwohner in 2142 Wohnhäusern und 4322 Haushaltungen.

Die Versorgung erfolgt ausser aus 12 öffentlichen Pumpenbrunnen von circa 10 m Tiefe, deren Wasser zum Genusse durchschnittlich unbrauchbar ist und durch 20 Hauspumpen, die nur noch in den Brennereien benutzt werden, durch 6 verschiedene Wassergesellschaften.

Die Rathswasserkunst ist 1474 gegründet. Sie erfuhr 1652 eine Restauration und es ist 1871 die ganze Anlage mit einem Kostenaufwande von 287 000 M. erneuert. Der jetzige Buchwerth derselben beträgt 247 000 M. Das Wasser wird aus 6 artesischen Quellen im Rothen Felde in 15 m bis 19 m Tiefe, 1000 m von der Pumpstation entfernt, gewonnen und letzterer durch Thonröhren zugeführt. Mittels durch Turbinen betriebener Pumpen können hier täglich 2360 cbm Wasser auf 33 m Höhe bei 16stündiger Arbeitszeit gehoben werden. Die tägliche Förderung beträgt ca. 1870 cbm und es findet die Versorgung, die übrigens einheitlich für Brauch- und Trinkwasser ist, nur während des 16 stündigen Pumpenbetriebes statt, da kein Reservoir vorhanden ist. 560 Häuser sind angeschlossen und zahlen das Wassergeld nach Taxe. Die Hausleitungen bestehen, ebenso wie bei den anderen Gesellschaften, aus Blei; die Hauptleitungen sind ohne einen inneren Ueberzug. Es sind 39 Hydranten, aus denen direct gespritzt wird und 2 Nothbrunnen mit der Leitung verbunden.

Die Abtswasserkunst ist 1530 mit einem Anlagekapital von 7632 M. hergestellt und in den 70er Jahren umgebaut. Der jetzige Buchwerth beträgt 137600 M. Sie liefert pro Stunde 120 cbm Wasser, welches durch mit Turbinen getriebene Pumpen aus der Ilmenau gehoben wird. Für dasselbe ist ein 30 m hoch aus Mauerwerk hergestelltes Reservoir vorhanden, so dass die Versorgung für die 220 angeschlossenen Grundstücke eine constante ist. Die Consumenten zahlen Wassergeld nach Taxe. Dieses Werk versorgt ferner 8 öffentliche Laufbrunnen, eine öffentliche Fontaine, 10 Hydranten und 17 Nothbrunnen.

Die Schierbrunnen-Gesellschaft liefert ebenso wie die Spillbrunnen-Gesellschaft Quellwasser mit natürlichem Gefälle von fast chemischer Reinheit. Dasselbe wird aus einem 1000 m östlich von der Stadt und 11 m hoch liegenden Graben entnommen. Die erstere Gesellschaft hat ein gusseisernes Zuleitungsrohr von 150 mm, die letztere ein bleiernes von 100 mm Durchmesser. Die erstere versorgt 74 Grundstücke und 4 öffentliche Brunnen; die letztere 30 Grundstücke. Ferner werden 7 Nothbrunnen durch die Leitungen gespeist. Die Leistungsfähigkeit beider Künste beträgt circa 400 cbm pro Tag.

Die Gesellschaft „kranker Heinerich" versorgt 12 Häuser mit Quellwasser, welches aus 2500 m Entfernung westlich von der Stadt mittels eiserner Röhren durch natürliches Gefälle zugeleitet wird, das in der Stadt noch 5 m Druck hat.

Die Gesellschaft „Mönchsbrunnen" endlich versorgt 8 Häuser durch Wasser, das, in hölzernen Röhren zugeleitet, durch Pumpen gehoben werden muss.

Hiernach sind im Ganzen 904 Grundstücke künstlich versorgt. Das Wasser der verschiedenen Bezugsorte ist verschiedentlichen Untersuchungen unterworfen und stets als gut befunden.

251. **Uelzen** hat 6973 Einwohner in 722 Wohnhäusern und 1814 Haushaltungen.

Das Wasser für Wirthschaftszwecke wird zum grossen Theile direct aus dem die Stadt durchfliessenden Wasserlaufe entnommen. Im übrigen erfolgt die Versorgung aus Grundbrunnen von 5 m bis 6 m Tiefe, deren 32 für die allgemeine Benutzung und 376 auf Privatgrundstücken vorhanden sind. Eine Untersuchung der Brunnen findet jährlich statt und es wird das Resultat derselben öffentlich bekannt gemacht. Einzelne öffentliche Brunnen sind als zu schlecht für die Benutzung geschlossen. Die Qualität des Wassers der verschiedenen Brunnen ist sehr verschieden. Ein Mangel an Wasser ist nicht constatirt und die Absicht einer Aenderung der Versorgung liegt nicht vor.

252. **Celle** hat 18800 Einwohner in 1761 Wohnhäusern und 3877 Haushaltungen.

Die Versorgung erfolgt durch 75 öffentliche und etwa 500 private Brunnen von 4 m bis 10 m Tiefe mit schwankendem Wasserstande. Das Wasser der öffentlichen Brunnen ist durchschnittlich gut. Hohe Wasserstände der Aller verschlechtern dasselbe jedoch und in trockenen Jahreszeiten haben einige Brunnen Wassermangel.

Für die frühere Altstadt und das Schloss besteht eine fiscalische Wasserkunst, für welche das Wasser durch ein Schöpfrad der Aller entnommen und durch Röhren verschiedenen Wasserpfosten und sog. Nothbrunnen für Feuerlöschzwecke, deren 22 vorhanden sind, zugeführt wird. Aus dieser Leitung erfolgt auch die Rinnsteinspülung und es können ferner einzelne frühere Brauhäuser gegen eine geringe Gebühr Wasser für häusliche Zwecke daraus beziehen. Zum Trinken ist dasselbe nicht geeignet.

253. **Geestendorf** hat 8401 Einwohner in ca. 460 Wohnhäusern und 1200 Haushaltungen.

Für die Versorgung bestehen keine öffentlichen Brunnen, sondern nur eine beschränkte Zahl von Privatbrunnen, die meistens ein schlechtes Wasser haben. Die Versorgung erfolgt zum grössten Theile mit künstlich gesammeltem Regenwasser. Eine bessere Versorgung ist ein, allerdings schwer zu befriedigendes Bedürfniss.

Die Direction der Hannoverschen Staatsbahn in Geestemünde dem mit Geestendorf zusammenliegenden Hafenorte mit 4006 Einwohnern in 215 Wohnhäusern und ca. 800 Haushaltungen, hat eine künstliche Versorgung hergestellt. Das Wasser wird mittels Dampfkraft aus einem an der Grenze der Gemeinde Wulsdorf bei Geestendorf, ca. 650 m von der Weser entfernt, abgeteuften Brunnen entnommen und in ein schmiedeeisernes Reservoir, das 133 cbm fasst und in einem Thurm 17 m hoch unter Dach aufgestellt ist, unter welchem die Pumpmaschine sich befindet, gehoben. Die Förderung beträgt durchschnittlich 215 cbm pro Tag und dient hauptsächlich Betriebszwecken. 36 Hydranten, die unter Flur aufgestellt sind, dienen für Feuerlöschzwecke und für Schiffsversorgung; 3 öffentliche Trinkhähne sind ausserdem die einzigen öffentlichen Verwendungseinrichtungen. Eine Einleitung des Wassers findet nur in die Dienstwohnungen der Eisenbahn und in die Navigationsschule statt. Private können sich Wasser aus einem Pfosten holen, wenn sie für den denselben öffnenden Schlüssel 6 M. pro Jahr bezahlen. Solcher Schlüssel sind 260 Stück abgegeben.

254. **Lehe** hat 9092 Einwohner.

Die Versorgungsverhältnisse sind genau dieselben, wie in der vorstehenden Nachbarstadt Geestendorf.

255. **Stade** hat 9700 Einwohner in 1131 Wohnhäusern und 2018 Haushaltungen.

Die Versorgung erfolgt seit 1735 durch Tageswasser, welches 2700 m vom Orte entfernt in 2 offenen Teichen gesammelt und früher durch eine hölzerne und seit 1850 durch eine gusseiserne Rohrleitung von 100 mm Durchmesser mit natürlichem Gefälle zugeführt wird. Das Wasser wird auch von 6 Privaten zum Gewerbebetriebe benutzt. Dasselbe wird als gut bezeichnet; jedoch ist zeitweiser Mangel an Wasser vorhanden, so dass das Bedürfniss nach einer besseren Versorgung vorliegt. Für eine solche ist der Plan fertiggestellt und wird in nächster Zeit ausgeführt werden.

256. **Verden** hat 8553 Einwohner in 1120 Wohnhäusern und ca. 1900 Haushaltungen.

Die Versorgung geschieht aus 34 öffentlichen und 200 privaten Brunnen, die gesenkt sind und 4 m bis 7 m Tiefe mit einem 3 m bis 5 m tiefen, schwach schwankenden Wasserstande haben. Das Wasser ist in stets genügender Menge vorhanden und als Trinkwasser ziemlich gut, einige Brunnen ausgenommen. Eine Aenderung der Versorgung wird nicht beabsichtigt, ausgenommen vielleicht für Feuerlöschzwecke.

d. Landdrostei Aurich.

257. **Norden** hat 6617 Einwohner in 858 Wohnhäusern und 1552 Haushaltungen.

Die Versorgung erfolgt aus 539 gegrabenen Brunnen auf Privatgrundstücken und aus einem öffentlichen Brunnen, der gesenkt ist. Der Wasserstand der Brunnen ist theils schwankend und es tritt zeitweiser Mangel an Wasser ein. Das Wasser ist aber als Trinkwasser in der Regel gut, was auch durch Untersuchung eines Theiles der

Brunnen bestätigt ist. Ein Bedürfniss nach einer besseren Versorgung wird jedoch empfunden.

258. **Aurich** hat 5390 Einwohner in 620 Wohnhäusern und 967 Haushaltungen.

Zur Versorgung dienen 360 gegrabene Brunnen von ca. 6,5 m Tiefe und einem nicht wechselnden, 2 m tiefen Wasserstande. 10 der Brunnen dienen der allgemeinen Benutzung und 350 liegen auf Privatgrundstücken. Ausserdem besitzen die meisten Häuser Regenwassercysternen, die grösstentheils ausgemauert und überwölbt sind; aber auch grosse Fässer finden für den Zweck Verwendung. Das Brunnenwasser ist als Trinkwasser theils sehr gut, theils minder gut, theils aber auch schlecht. Untersuchungen desselben sind nicht vorgenommen. An Brunnenwasser ist nie Mangel, wohl aber an Regenwasser, wenn anhaltende Dürre eintritt. Eine Aenderung der Versorgung wird nicht beabsichtigt.

259. **Emden** hat 13667 Einwohner in 2504 Wohnhäusern und 3147 Haushaltungen.

Zur Wasserversorgung sind 23 öffentliche und eine grössere Zahl (100 bis 150 Stück) Privatbrunnen vorhanden, die gesenkt und gegraben sind und einen wenig schwankenden Wasserstand haben. Da die Stadt in der Marsch am Dollart und ca. 0,5 m unter dem täglichen Hochwasserpiegel gelegen ist, so ist dieses Brunnenwasser zum Trinken nicht sehr geeignet und nur zum Theil gut. Es wird daher meistens nur zu Reinigungszwecken verwendet. Als Trinkwasser wird in der Regel Regenwasser benutzt, welches, ähnlich wie in Amsterdam, in gemauerten Cysternen aufbewahrt, als vorzüglich bezeichnet wird und den Bedarf völlig deckt. Wollte man anderes Wasser zuführen, so müsste man sich wenigstens 15 km von der Stadt entfernen, um einigermaassen gutes Wasser zu erhalten, und daran wird vorläufig nicht gedacht.

260. **Wilhelmshaven** hat 12592 Einwohner.

Die Versorgung erfolgte vor der Eröffnung des jetzigen Wasserwerkes durch zwei artesische Brunnen, die 800 m resp. 1100 m vom Ufer der Nordsee entfernt liegen. Der erste derselben ist 1865 in Benutzung gekommen. Er lieferte anfangs 16 cbm Wasser pro 24 Stunden; dasselbe reducirte sich aber bis zum Jahre 1872 auf 2 cbm, welches Quantum noch jetzt vorhanden ist. Der zweite Brunnen ist 1868 in Benutzung genommen; er ist 270 m tief und liefert seit Beginn der Benützung 120 cbm Wasser pro 24 Stunden. Ueber jedem der Brunnen sind je 2 Gaskraftmaschinen, für ersteren von je 1/4 Pferdekraft, für letzteren von je 2 Pferdekräften aufgestellt, mittels welcher das Wasser in ein Reservoir gepumpt wurde, von wo es durch ein in der Stadt verlegtes Rohrnetz zur Vertheilung gelangte. Diese Anlage wurde 1875 in Betrieb genommen und dient noch jetzt für die Versorgung als Reserve.

Seit 1878 ist das jetzige Wasserwerk in Betrieb, welches Eigenthum des kaiserlich deutschen Marine-Fiscus ist und nach Plänen der kaiserlichen Admiralität vom Unternehmer Ph. O. Oechelhäuser in Berlin mit einem Kostenaufwande von 1100000 M. erbaut wurde. Die tägliche Maximalleistung der Anlage in ihrer jetzigen Ausdehnung beträgt 1400 cbm.

Das Wasser wird durch 4 Brunnen von 16 m Tiefe und 4,25 m Durchmesser, 11745 m von der Stadt entfernt, bei Feldhausen (in der Nähe der Stadt Jever im Grossherzogthum Oldenburg) aus dem Tageswasser, das auf einer grösseren Sand- und Heidefläche an der Grenze von Diluvium und Aluvium niederschlägt, gesammelt. Der Wasserstand der Brunnen beträgt ca. 4 m. Zwischen den concentrischen Brunnenwänden sowohl, als am Boden der Brunnen, befinden sich künstliche, ab und zu zu erneuernde Kies- und Sandfilter. Das Wasser wird durch Dampfkraft von hier in ein in der Stadt gelegenes Hochreservoir, das aus Schmiedeeisen besteht und in einem massiven Thurme unter Dach aufgestellt ist, auf 40 m Höhe gefördert. Das Reservoir fasst 800 cbm Wasser und steht 24 m höher als das Terrain der Stadt.

Die Versorgung erfolgt einheitlich für Brauch- und Trinkwasser. Privatanschlüsse sind gestattet; es sind dafür aber Wassermesser obligatorisch. Die Hausleitungen bestehen aus Gusseisen und aus Blei. Die Hauptleitungen sind innen mit Angus Smith'scher Masse überzogen. Ein grosser Theil der Consumtionsrohre ist im Innern emaillirt. Die Stadt ist kanalisirt; Hausanschlüsse sind erlaubt, Closeteinlässe aber verboten.

1882 sind im ganzen 290000 cbm Wasser abgegeben. Der Monatsconsum war am grössten im Mai, nämlich 29200 cbm, und am kleinsten im December, nämlich 18960 cbm. Der Consum am Maximaltage betrug 1360 cbm und am Minimaltage 331 cbm. An Aussengemeinden wird kein Wasser abgegeben.

Für öffentliche Zwecke wurden 1881/82 182000 cbm benutzt, davon 150000 cbm für öffentliche Gebäude und 28100 cbm für 84 Freibrunnen, die der allgemeinen Benutzung dienen. Für Feuerlöschzwecke sind 109 Hydranten in durchschnittlich 150 m Entfernung, mit Selbstentleerung versehen und unter Flur aufgestellt, vorhanden; ferner dienen dafür 40 Radfeuerventile, die über Flur stehen und keine Selbstentleerung haben. Für Löschzwecke sind im letzten Jahre 100 cbm und für das Spülen des Rohrnetzes 2700 cbm verbraucht. 2 städtische Springbrunnen haben im Jahre an 40 Tagen je 2 Stunden gespielt und 700 cbm Wasser verbraucht. Eine private Badeanstalt zum allgemeinen Gebrauche mit 5 Wannenbädern hat im Jahre 360 cbm Wasser aus der Leitung bezogen.

28 Grundstücke, von denen 17 das Wasser gleichfalls für den Gewerbebetrieb benutzen, mit 45 Haushaltungen und 300 Bewohnern, sind an die Leitung angeschlossen. Das Wasser ist immer genügend und gut. Die Qualität desselben wird durch vierteljährliche Untersuchungen controlirt.

261. **Leer** hat 10074 Einwohner in ca. 1800 Wohnhäusern und 2218 Haushaltungen.

Die Versorgung der an der Leda, einem Nebenflusse der Ems liegenden Stadt erfolgt ausschliesslich durch Zieh- oder Pumpenbrunnen aus dem Grundwasser des Ortes. Für die öffentliche Benutzung sind 4 gesenkte Brunnen und 3 Röhrenbrunnen vorhanden. Auf privaten Grundstücken befinden sich ca. 1200 gesenkte und gegrabene Brunnen und 18 gerammte Röhrenbrunnen. Der Grundwasserstand ist ziemlich constant, 2 m bis 3 m unter Terrain. Die Tiefe der gegrabenen und gesenkten Brunnen beträgt 4 m bis 9 m, die der Röhrenbrunnen 22 m bis zu 54 m. Das Wasser der tieferen Röhrenbrunnen ist etwas eisenhaltig. Im Allgemeinen ist das Wasser der öffentlichen und vieler Privatbrunnen auf Grund von Untersuchungen als gut zu erklären. Die Quantität genügt auch stets und es liegt daher kein Bedürfniss nach einer Aenderung vor.

e) Landdrostei Osnabrück.

262. **Papenburg** hat 6736 Einwohner in 1101 Wohnhäusern und 1484 Haushaltungen.

Die Stadt wird durch einen Kanal durchkreuzt, der bräunliches Moorwasser enthält, welches nicht ungesund ist, sich aber zum Trinken schlecht eignet, obgleich es als solches von den directen Anwohnern benutzt wird. Brunnen gibt es nur ganz vereinzelte. Diese haben einen um 0,3 m bis 2 m schwankenden Wasserstand und liefern ein eisenhaltiges, meist wenig trinkbares Wasser. Selbst bei 25 m tiefen Bohrungen ist kein gutes, sondern nur unklares, eisenhaltiges und mit Bacterien gefülltes Wasser erschlossen worden. Man fängt daher das Regenwasser auf und bewahrt es als Trinkwasser in gemauerten

Cysternen, sog. Regenbäcken, in denen es sich sehr gut hält, oder auch in Fässern auf. Bei längerer Trockenheit muss das Wasser auf ³/₄ Stunden Entfernung aus der Ems oder einem benachbarten Dorfe geholt werden, so dass die Frage des Bedürfnisses nach einer Veränderung sich von selbst beantwortet.

263. **Lingen** hat 5825 Einwohner in 604 Wohnhäusern und 1100 Haushaltungen.

Die Versorgung erfolgt ausschliesslich aus Pumpenbrunnen, deren ca. 235 gegrabene und 17 gesenkte vorhanden sind. Die Tiefe derselben beträgt im Durchschnitt 6 m und es steht das Wasser, dessen Höhe nur wenig schwankt, ca. 4 m unter Terrain. Für die allgemeine Benutzung dienen 5 dieser Brunnen. Das Wasser ist als Trinkwasser gut, wie durch Untersuchungen bestätigt ist, und da es stets in genügender Menge vorhanden ist, so liegt ein Bedürfniss nach einer Aenderung nicht vor.

264. **Osnabrück** hat 32812 Einwohner in 2800 Wohnhäusern und 6725 Haushaltungen.

Die Versorgung erfolgt ausser aus der die Stadt durchfliessenden Haase und einigen sich in dieselbe ergiessenden Bächen, sowie aus einer unbedeutenden Zahl von Regenwassercysternen hauptsächlich aus Brunnen, die zum Theil in die Felsen eingesprengt, zum Theil gesenkt oder gegraben sind. Es existiren deren ca. 1500 auf Privatgrundstücken, aber nur ein einziger ist zur allgemeinen Benutzung vorhanden. Dieselben haben ihren Wasserstand in 1 m bis zu 10 m, im Durchschnitt aber in 2 m Tiefe; derselbe schwankt nur wenig. Das Wasser ist nur vereinzelt gut, wie Untersuchungen desselben bestätigt haben. Auch tritt, wenn auch selten, im Sommer zeitweiser Wassermangel ein. Es ist daher das Bedürfniss nach einer besseren Versorgung nicht nur erkannt, sondern auch ein Plan, nach welchem 7 Quellen, die bei Oesede, im Kohlensandstein des Dörenberges, 6000 m von der Stadt entfernt und ca. 70 m über dem Haasespiegel entspringen, mit natürlichem Gefälle zugeleitet werden sollen, entworfen. Es fehlt jedoch an den nöthigen Mitteln für die Ausführung.

K. Provinz Westphalen.

a) Regierungsbezirk Münster.

265. **Bocholt** hat 8534 Einwohner.

Die Versorgung für Gewerbezwecke erfolgt aus dem den Ort durchfliessenden Wasserlaufe, der Aa. Für die Versorgung mit Trink- und

Wirthschaftswasser sind auf fast jedem Grundstücke gesenkte Brunnen vorhanden, die stets genügendes und meistens auch gutes Wasser haben. Eine Untersuchung desselben hat nicht stattgefunden. Für eine Aenderung der Versorgung liegt kein Bedürfniss vor.

266. **Münster** hat 40434 Einwohner in 3955 Wohnhäusern und 8019 Haushaltungen.

Die Versorgung erfolgt seit 1880 durch eine vom Stadtrath Theissing für Rechnung der Stadt mit einem Kostenaufwande von 480000 M. hergestellte Anlage, deren tägliche Maximalleistungsfähigkeit 3000 cbm in 12 Stunden beträgt.

Das Wasser wird 300 m von der Altstadt entfernt in einem neuen Stadttheile an der Mecklenbecker Strasse durch 2 Brunnen, ca. 200 m vom nächsten Oberflächenwasser entfernt, aus dem Grundwasser erschlossen und durch Dampfkraft 46 m hoch gehoben. Ein Reservoir von 500 cbm Inhalt aus Schmiedeeisen ist auf künstlichem Unterbau unter Dach im Orte selbst an der der Pumpstation entgegengesetzten Seite und 1925 m von letzterer entfernt an der Grenze der Altstadt aufgestellt. Der höchste Wasserstand des Reservoirs liegt 40 m höher als das Versorgungsgebiet.

Die Versorgung erfolgt einheitlich für Trink- und Brauchwasser, constant und ohne Anwendung von Hausreservoiren. Der Anschluss der Häuser ist dem Belieben überlassen; die Anwendung von Messern dafür ist aber obligatorisch. Vorläufig sind einige ganz kleine Häuser noch nach Schätzung veranlagt. Zu Hausleitungen sind Bleiröhren als Material vorgeschrieben; die Hauptleitungen sind innen asphaltirt. Die Stadt ist zum Theil kanalisirt; Hausanschlüsse an die Kanäle sind gestattet, Closeteinlässe aber verboten.

Die Gesammtabgabe an Wasser betrug 1881/82 405321 cbm und es war die Monatsabgabe am grössten, nämlich 41766 cbm, im Juli und am geringsten, nämlich 28330 cbm, im September. Die Maximalabgabe eines Tages belief sich auf 2334 cbm (am 6. Juli) und die Minimalabgabe auf 686 cbm (am 18. September).

Von der Abgabe entfallen 230783 cbm auf Wasser nach Messern und 174538 cbm auf Wasser nach Schätzung. Letzteres Quantum umfasst das Wasser für öffentliche Zwecke einschliesslich desjenigen von 77 Häusern, denen das Wasser noch nach Schätzung abgegeben ist. Ueber die Menge und die Art der Verwendung für einzelne Verbrauchszwecke liegen keine Angaben vor.

232 Hydranten in ca. 100 m Entfernung, System Reese, werden bei Feuersgefahr zum directen Spritzen benutzt. 5 öffentliche Pissoirs werden aus der Leitung gespült. Im Ganzen waren 1882 819 Häuser an die Leitung angeschlossen.

267. **Recklinghausen** hat 7296 Einwohner.

Für die Versorgung existirt keine öffentliche Wasserleitung. Der Bezug von Trink- und Nutzwasser geschieht vielmehr ausschliesslich aus privaten Pumpenbrunnen. Weitere Nachrichten fehlen.

b) Regierungsbezirk Minden.

268. **Minden** hat 17867 Einwohner in 2200 Wohnhäusern und 3744 Haushaltungen.

Die Versorgung erfolgt aus 41 öffentlichen und 733 privaten Brunnen mit constantem Wasserstande in 5 m bis 15,5 m Tiefe unter Terrain. Das Wasser ist quantitativ genügend, als Trinkwasser aber nur zum Theil gut, wie durch Untersuchungen bestätigt ist. Seit 1873 besteht eine dem Hausbesitzer Lax gehörige Privatanlage, mittels welcher Brunnenwasser künstlich gehoben und 40 Wohnhäusern zugeführt wird.

Die Frage einer künstlichen Versorgung ist schon längere Jahre discutirt und es liegt ein fester Plan dafür vor. Jedoch haben die Mittel der Stadtgemeinde bis jetzt nicht gestattet, an die Ausführung heranzutreten.

269. **Herford** hat 13596 Einwohner in 860 Wohnhäusern und 2867 Haushaltungen.

Für die Versorgung bestehen 530 gesenkte Brunnen auf Privatgrundstücken von 5 m bis 8 m Tiefe mit einem 2 m unter Terrain tiefen, und ziemlich constanten Wasserstande. Das Wasser ist, wenn auch quantitativ stets genügend, so doch in den verschiedenen Brunnen qualitativ sehr verschieden, wie die Untersuchungen desselben bestätigt haben. Zwei Wasserläufe, die Ahe und die Werre, durchfliessen die Stadt. Aus 200 m Entfernung wird endlich durch natürliches Gefälle mittels Thonröhren Quellwasser zugeführt und an 3 öffentlichen Pumpenbrunnen abgegeben.

270. **Bielefeld** hat 30679 Einwohner in 2470 Wohnhäusern und 6325 Haushaltungen.

Die Versorgung erfolgt aus gegrabenen und gesenkten Brunnen, deren 26 für die allgemeine Benutzung und ca. 2000 auf Privatgrundstücken vorhanden sind. Ausserdem findet für 28 Häuser eine Zuleitung von Quellwasser durch natürliches Gefälle aus 500 m bis 800 m Entfernung mittels eiserner und zum Theil mittels hölzerner Röhren für häusliche und gewerbliche Zwecke statt. Das Wasser der Brunnen ist als Trinkwasser nur theilweise gut und ausserdem sehr kalkhaltig, wie es Untersuchungen desselben bestätigt haben. Die Absicht einer allgemeinen Versorgung hat sich schon durch verschiedene, specieller ausgearbeitete Projecte ausgesprochen. Früher wollte man das Wasser der Lutterquelle aus 600 m Entfernung, dann das der Hillergossenquelle aus 6000 m Entfernung und jetzt das der Sprungbachquellen aus 13 000 m Entfernung zuführen.

271. **Gütersloh** hat 5045 Einwohner in 540 Wohnhäusern und 1030 Haushaltungen.

Für die Versorgung bestehen 5 öffentliche und ca. 530 private Pumpenbrunnen, die theils gesenkt und theils gebohrt sind. Der Wasserstand derselben ist constant und die Wassermenge eine stets genügende. Das Wasser ist jedoch als Trinkwasser nur stellenweise gut, wie auch durch Untersuchung einzelner Brunnen bestätigt ist, so dass das Bedürfniss nach einer besseren Versorgung empfunden wird.

272. **Paderborn** hat 14 689 Einwohner.

Die Versorgung erfolgt ausser aus gegrabenen Brunnen durch eingeleitetes Quellwasser. Dasselbe wird für den höher gelegenen Theil der Stadt durch eine Druckpumpe 18,6 m hoch gehoben und auf 500 m Entfernung einem Reservoire zugeführt, von wo es für die allgemeine Benutzung zur Vertheilung gelangt. Das Pumpwerk hat eine Leistung von 340 cbm pro Tag.

273. **Höxter** hat 5186 Einwohner in 556 Wohnhäusern.

Ausser aus der Grube, einem Wasserlaufe, der den Ort in mehreren Armen durchzieht, erfolgt die Versorgung aus 18 öffentlichen und 37 privaten, gegrabenen Brunnen, welche ca. 9 m tief sind und einen 8 m tiefen, aber schwankenden Wasserstand haben. Das Wasser ist als Trinkwasser gut, wenngleich es nicht näher untersucht ist, und da es stets in genügender Menge vorhanden ist, so liegt ein Bedürfniss zu einer Aenderung nicht vor.

c) Regierungsbezirk Arnsberg.

274. **Hamm a. d. Lippe** hat 20 783 Einwohner.

Die Versorgung erfolgt fast ausschliesslich aus gegrabenen Brunnen von 3,5 m bis 5 m Tiefe mit einem sehr schwankenden Wasserstande. Die Qualität des Wassers ist je nach dem Untergrunde verschieden, meistens jedoch ziemlich gut. Die Eisenbahn, sowie mehrere technische Etablissements erhalten das Wasser durch künstliche Hebung aus der Lippe mittels Rohrleitungen. Ausserdem besteht noch eine fernere künstliche Zuleitung von Wasser für die Kaserne und für verschiedene Brauereien. Das Bedürfniss nach einer einheitlichen Versorgung ist vorhanden und es sind die Vorarbeiten für eine solche in Ausführung begriffen.

275. **Lippstadt** hat 9349 Einwohner in ca. 1100 Wohnhäusern. Die Versorgung erfolgt durch 3 öffentliche und ca. 1000 private Brunnen, die theils gesenkt und theils bis zu 20 m Tiefe (Röhrenbrunnen) gebohrt sind. Das Wasser ist durchschnittlich nicht gut und enthält nach den Untersuchungen nicht geringe Mengen von organischer Substanz. Das Wasser der Bohrbrunnen ist schwefel- und salpeterhaltig und schmeckt nicht gut; es ist aber nicht ungesund. Ausserdem wird aus 5000 m Entfernung Flusswasser durch offene Gräben ausserhalb der Stadt und durch abgedeckte Kanäle innerhalb derselben 10 Privatgrundstücken für Gewerbebetriebszwecke zugeführt.

276. **Gelsenkirchen** hat 14615 Einwohner.

Die Versorgung erfolgt mit den Orten Schalke mit 9495 Einwohnern, Ueckendorf mit 7155 Einwohnern, Rotthausen mit 4078 Einwohnern, Königsteele mit 2460 Einwohnern, Kray mit 2422 Einwohnern und Wanne gemeinschaftlich durch die „Gelsenkirchen-Schalker Gas- und Wasserwerke“. Sämmtliche versorgten Orte haben zusammen 43000 Einwohner in ca. 2500 Wohnhäusern.

Das Wasserwerk ist 1871 von der „Actien-Gesellschaft für rheinisch-westfälische Industrie“ durch den Baumeister Schülke erbaut und später mit dem von derselben Gesellschaft erbauten Gaswerke gemeinschaftlich als eine besondere Actiengesellschaft unter vorstehender Firma ausgeschieden. Die ersten Anlagekosten des Wasserwerkes betrugen 1140882 M.; der jetzige Buchwerth desselben beläuft sich auf 1241540 M., wobei zu berücksichtigen ist, dass die Anlagen während der Zeit sich sehr vergrössert und dass regelmässig bedeutende Abschreibungen stattgefunden haben. Die jetzige tägliche Maximalleistungsfähigkeit der Anlage beträgt 20203 cbm.

Das Wasser wird in unmittelbarer Nähe der Ruhr bei Königsteele durch 3 Brunnen in den Kiesschichten am Ufer gewonnen und ohne vorherige Reinigung durch Dampfkraft auf 55 m Höhe in ein 2500 m davon entfernt liegendes, zweitheiliges Reservoir von 7000 cbm Inhalt gehoben, welches gemauert, überwölbt und in den Boden versenkt ist. Die Länge des ganzen Rohrnetzes beträgt 51 443 lfd. m an Röhren von 450 mm bis zu 75 mm Durchmesser.

Die gesammte Wasserabgabe hat sich 1882 auf 2 984 373 cbm belaufen; sie betrug im Monate des stärksten Consums 296 902 cbm und im Monate des schwächsten Consums 191 192 cbm. Die Abgabe am Maximalconsumtage war 9783 cbm und am Minimalconsumtage 6362 cbm.

Von diesem Wasserquantum sind für häusliche Zwecke 1 024 743 cbm, davon 147 640 cbm nach Messern bestimmt, an 1650 Wohnhäuser abgegeben und 1 959 630 cbm in 36 verschiedenen, technischen Etablissements verwendet worden. Auf die einzelnen, versorgten Ortschaften vertheilt sich der Consum für den Hausgebrauch, für technische Zwecke und im Ganzen, sowie die Zahl der Versorgungsstellen und der 82 Hydranten wie folgt:

Ort	Hausverbrauch		Industrieverbrauch		Total cbm 1882	Hydrantenzahl
	cbm 1882	Häuser	cbm 1882	Abnehmer		
Schalke	406 075	611	985 868	16	1 391 943	18
Gelsenkirchen	347 043	442	103 301	3	450 344	17
Ueckendorf	81 455	145	166 891	3	248 346	16
Königsteele	97 520	160	36 854	2	134 374	9
Freisenbruch	25 812	79	116 428	3	142 240	12
Wanne	48 566	106	247 644	3	296 210	6
Kray	2965	44	219 283	3	222 248	—
Rotthausen	15 307	63	83 361	3	98 668	4

Zur Zahlung von Wassergeld sind veranlagt 2 Wassermotoren von 3 Pferdekräften, 104 Badeeinrichtungen, 92 Closets, 20 Privatpissoirs und 7718 qm Gartenfläche. Ueber eine Abgabe für öffentliche Zwecke fehlen weitere Angaben. Dieselbe wird sich wahrscheinlich auf die Abgabe für Feuerlöschzwecke beschränken; es ist auch eines Freibrunnens erwähnt.

277. **Wattenscheidt** hat 8802 Einwohner in 660 Wohnhäusern und 1745 Haushaltungen.

Die Versorgung erfolgt ausser aus ca. 400 gegrabenen Brunnen auf Privatgrundstücken von 8 m bis 15 m Tiefe mit 2 m bis 12 m tiefem Wasserstande durch Wasser, welches von der Gelsenkirchen-Schalker Wasserwerksgesellschaft geliefert und durch ein der Stadt seit 1881 gehöriges Rohrnetz, welches 25 000 M. gekostet hat, vertheilt wird. An diese Leitung sind 336 Privatgrundstücke angeschlossen.

278. **Bochum** hat 33 440 Einwohner in ca. 2500 Wohnhäusern. Die Versorgung erfolgt seit 1871 durch eine der Stadt gehörige Anlage, die ursprünglich vom Baurath Moore hergestellt und deren spätere Vergrösserungen von den jeweiligen Directoren der Gas- und Wasserwerke dort, Hengstenberg (jetzt in Meran) und Windeck, ausgeführt sind. Die jetzige Leistungsfähigkeit der Anlage beträgt 18 000 cbm pro 24 Stunden. Die Kosten der Anlage betrugen am 31. März 1882 993 917 M. und das ganze Rohrnetz hatte eine Länge von 63 956 m von 400 mm bis 80 mm Durchmesser.

Das Wasser dient ausser zur Versorgung der Stadt Bochum und des Bochumer Vereins für Gussstahlfabrikation auch für die Gemeinden Herne und Baukau, sowie für eine grosse Zahl von zerstreut liegenden Zechen, technische Etablissements und die anliegenden Eisenbahnen im Landkreise.

Das Wasser wird 7000 m von der Stadt entfernt in der Nähe von Hattingen durch 3 Brunnen und durch Filterrohrleitungen am Ruhrufer erschlossen und, durch Dampfkraft 107 m hoch gehoben, einem 1680 m von der Pumpstation entfernt liegenden, gemauerten und überwölbten Reservoire von 2500 cbm Inhalt zugeführt. Dasselbe liegt 5725 m von Bochum entfernt und 80 m bis 90 m höher als das Versorgungsgebiet.

Die Abgabe des Wassers erfolgt constant, ohne Anwendung von Hausreservoiren und einheitlich für Brauch- und Trinkwasser. Der Anschluss der Häuser an die Leitung ist nicht obligatorisch, wohl aber die Verwendung von Messern für diese Anschlüsse. Für die Hausleitungen werden Bleirohre benutzt. Die Hauptleitungen sind innen getheert.

Die gesammte Förderung hat 1881/82 3 988 820 cbm betragen. Der grösste Monatsconsum belief sich auf 348 994 cbm und zwar im September und der geringste auf 245 952 cbm und zwar im April. Die Maximalförderung an einem Tage war 15 776 cbm und zwar am 20. Juli. Von obiger Gesammtförderung bezog der Bochumer Verein 1 560 364 cbm, die auswärtigen Abnehmer 1 226 686 cbm und die einheimischen Consumenten nach Messern 666 099 cbm. 535 671 cbm entfallen auf den Selbstverbrauch des Werkes, sowie auf den Verbrauch für Rinnsteinspülung, für Strassensprengen, für Spülung des Rohrnetzes, für Wasser zu Löschzwecken und auf Verluste. Es waren im ganzen 327 Hydranten aufgestellt.

Ausser dem Bochumer Verein waren an die Leitung 1269 einheimische und 127 auswärtige Consumenten angeschlossen. Die Einnahmen des Wasserwerks haben 1880/81 vom Bochumer Verein 79 943 M., von auswärtigen Consumenten 105 425 M. und von einheimischen Consumenten 59 464 M. und im ganzen, einschliesslich 1500 M. für Wasser zum Strassensprengen, 246 332 M. betragen. Die Nettoproductionskosten stellten sich auf 73 267 M. und es verblieben nach einer Abschreibung von 46 105 M. noch 137 237 M. oder ca. 14 % Zinsen des Anlagekapitals über.

279. **Witten** hat 21 554 Einwohner in 1200 Wohnhäusern und 4076 Haushaltungen.

Die Anlage zur einheitlichen Versorgung ist 1867 vom Ingenieur Kümmel, jetzt Director der Gas- und Wassergesellschaft in Altona, für Rechnung der Stadt mit einem Kostenaufwande von 264 000 M. hergestellt. Der jetzige Buchwerth der Anlage beträgt 400 000 M. und die tägliche Maximalleistungsfähigkeit derselben beläuft sich in ihrem jetzigen Zustande auf 3740 cbm.

Das Wasser wurde bei der ersten Anlage der Ruhr am Fusse des Ardey-Gebirges entnommen und durch Dampfkraft auf eine Bergkuppe am Fusse des Helenenthurms 80 m hoch gedrückt. Hier fand eine Reinigung desselben durch künstliche Sandfiltration statt und es floss das Wasser dann in ein gemauertes und überwölbtes Reservoir von 1000 cbm Inhalt zur weiteren Vertheilung in der Stadt. Dieses Reservoir liegt 1500 m von der Pumpstation und 1000 m von der Stadt entfernt. Der höchste Wasserstand desselben liegt 70 m über der Stadt. Seit 1881 ist eine neue Anlage in Benutzung, welche aus einem Brunnen, welcher ruhrabwärts bei Bommern, in der Nähe der Ruhr abgeteuft ist, künstlich Grundwasser erschliesst. Dasselbe wird mittels durch Dampfkraft getriebener Pumpwerke ohne dass eine vorherige Reinigung nöthig wäre, dem Reservoire zugeführt.

Die Versorgung erfolgt einheitlich für Brauch- und Trinkwasser, constant und ohne Anwendung von Hausreservoiren. Für die Hausleitungen sind Bleiröhren vorgeschrieben; die Hauptleitungen sind innen mit einem Asphaltüberzuge versehen. Die Stadt ist kanalisirt und es sind Hausanschlüsse vorhanden. Für die Abgabe des Wassers sind Messer nicht obligatorisch; auch ist der Anschluss selbst facultativ.

Die gesammte Abgabe hat 1881/82 914 380 cbm betragen. Der grösste Consum fand im Juli mit 90 590 cbm, der geringste im April mit 59 660 cbm statt. Der Verbrauch am Maximaltage war 2925 cbm und der am Minimaltage 1959 cbm. An Aussengemeinden sind von obiger Gesammtförderung 124 000 cbm abgegeben.

Der Verbrauch für öffentliche Zwecke betrug im Jahre 40000 cbm, davon 8000 cbm für Strassen-, Rinnstein- und Kanalspülung, letztere durch Extraeinlässe. Für die Spülung des Rohrnetzes, welche regelmässig in jedem Monate einmal stattfindet, sind ca. 30000 cbm im Jahre verwendet. 135 Hydranten sind in ca. 100 m Entfernung unter Flur gelegen und dienen zum directen Spritzen bei Feuersgefahr. Ein öffentlicher Springbrunnen consumirte im Jahre ca. 2000 cbm. Freibrunnen, öffentliche Badeanstalten und öffentliche Pissoirs existiren nicht im Anschluss an die Leitung.

Für Privatzwecke sind im Jahre 850000 cbm abgegeben. 850 Häuser mit 4076 Haushaltungen und 21000 Bewohnern sind an die Leitung angeschlossen. Zum Hausgebrauche sind 450000 cbm und davon 75000 cbm, durch Messer abgegeben, verwendet. 400000 cbm sind zum Industrie- und Gewerbegebrauche benutzt. 100 Badeeinrichtungen, 40 Closets, 35 Privatfontainen, ca. 30 Privatpissoirstände waren mit der Leitung verbunden und 25000 qm Hof- und Gartenfläche waren für Sprengzwecke veranlagt.

Anhang.

Von dem Wittener Wasserwerke werden ferner die beiden nachfolgenden Gemeinden versorgt.

279 a. **Annen-Wullen** hat 6553 Einwohner.

Die Versorgung erfolgt bereits seit 1874. Die Anlage der Rohrleitung etc. dafür hat 110165 M. gekostet und steht jetzt mit 89461 M. zu Buche. Die gesammte Wasserlieferung, sowie die Abgabe für den Hausgebrauch erfolgt nach Messern. Für die Hausleitungen sind Bleiröhren verwendet. 36 Hydranten in ca. 200 m Entfernung sind unter Flur, mit Selbstentleerung versehen, aufgestellt, aus denen zum Theil direct gespritzt wird. Für Feuerlöschzwecke werden jährlich ca. 300 cbm und für das wöchentlich einmalige Spülen des Rohrnetzes 5000 cbm im Jahre benutzt. 1882 waren 130 Häuser mit 520 Haushaltungen und 2600 Bewohnern an die Leitung angeschlossen und verbrauchten 12000 cbm im Jahre. Ferner hatten 2 Zechen und 4 Fabriken, die innerhalb der Gemeinde liegen, einen Jahresconsum von 75000 cbm.

279 b. **Langendreer** hat 8468 Einwohner.

Die Versorgung erfolgt seit 1881. Das Rohrnetz auf dem Gemeindeterrain ist Eigenthum des Ortes Langendreer, ebenso wie die Zuleitungen nach dem Bahnhofe in Langendreer und nach der Zeche Crengeldanz. Langendreer muss monatlich mindestens 1000 cbm, nach Wassermessern bestimmt, abnehmen resp. bezahlen.

280. **Dortmund** hat 66544 Einwohner in 4331 Wohnhäusern und 14445 Haushaltungen.

Die Versorgung erfolgt seit 1872 durch eine einheitliche Anlage, die in ihren Anfängen vom Ingenieur Bethge und in der weiteren Entwicklung von dem städtischen Wasserwerksdirector Reese dort für Rechnung der Stadt hergestellt ist. Die erste Anlage kostete 1500000 M.; der jetzige Buchwerth beträgt 3500000 M. und die tägliche Maximalleistungsfähigkeit der Anlage im jetzigen Zustande beläuft sich auf 30000 cbm.

Das Wasser wird in 15665 m Entfernung von der Stadt Dortmund in der Gemeinde Villigst, 1500 m von der Stadt Schwerte entfernt, durch Brunnen und Filterrohre aus dem Grundwasser an den Ufern der Ruhr entnommen. Die nächsten Sammelanlagen sind ca. 10 m von der Ruhr entfernt. Das Wasser wird durch Dampfkraft auf durchschnittlich 108 m Höhe gehoben. Ausser einem kleinen Ausgleichungsbassin ist 8392 m von der Gewinnungsstelle und 7272 m von Dortmund entfernt ein in den Felsboden eingearbeitetes Reservoir, welches ausgemauert und überwölbt ist und 7000 cbm Inhalt hat, hergestellt. Dasselbe liegt 75 m über dem Terrain der Stadt Dortmund.

Die Zuleitung von Brauch- und Trinkwasser erfolgt einheitlich, constant, ohne Anwendung von Hausreservoiren und in ungetheilter Druckzone. Der Anschluss an die Leitung ist facultativ und es kann die Zahlung dafür nach Messern oder nach Einschätzung erfolgen. Ein Kanalisationsproject der Stadt ist in Ausführung begriffen. Hausanschlüsse an die Kanäle sind gestattet, Closeteinlässe aber verboten. Die Hauptleitungen sind innen asphaltirt. Für die Hausleitungen ist ein bestimmtes Material nicht vorgeschrieben.

Die gesammte Abgabe an Wasser hat 1882 6986195 cbm betragen Der grösste Monatsconsum fand im Juli mit 628461 cbm, der geringste im December mit 511757 cbm statt. Der stärkste Tagesconsum betrug 24740 cbm am 14. Juli, der schwächste 9791 cbm am 25. December. Von obigem Jahresquantum sind ca. 2000000 cbm an Aussengemeinden abgegeben.

Für öffentliche Zwecke sind in Dortmund 200000 cbm verwendet und zwar 45402 cbm durch Messer und 154598 cbm nach Schätzung bestimmt. Das Strassensprengen geschieht durch 7 Sprengwagen auf im Ganzen etwa 40 km Strassenlänge zweimal täglich und es werden dafür ca. 20000 cbm im Jahre verbraucht. Directe Rinnsteinspülung findet jeden dritten Tag im Sommer durch die Hydranten statt. Eine Kanalspülung wird erst demnächst eingerichtet werden. Das Rohrnetz wird regelmässig wöchentlich einmal und die Endhydranten werden wöchentlich zweimal gespült. Für Feuerlöschzwecke sind 308 Unterflur-Hydranten, theils mit theils ohne Selbstentleerung, vorhanden, die in ca. 100 m Entfernung stehen. Aus denselben wird bei Bränden direct gespritzt. Freibrunnen sind nicht aufgestellt. Ein öffentlicher Springbrunnen spielt im Jahre 150 Tage à 5 Stunden und verbrauchte im Jahre 1882 8929 cbm Wasser. Für öffentliche Pissoirs mit continuirlicher Spülung wird ca. 3000 cbm Wasser im Jahre verwendet. Eine städtische Badeanstalt mit überdecktem Schwimmbassin und mit Wannenbädern hat 1882 94 929 cbm Wasser verbraucht.

Die Wasserabgabe für Privatzwecke einschliesslich der Aussengemeinden betrug 1882 6 786 195 cbm, davon 5 686 195 cbm für Industrie- und Gewerbezwecke und 1 100 000 cbm für den Hausgebrauch auf 2184 Grundstücken. Im Ganzen sind 2785 Grundstücke mit ca. 10 000 Haushaltungen und 50 000 Bewohnern an die Leitung angeschlossen. 10 Wassermotoren von im ganzen 12 bis 15 Pferdekräften werden aus der Leitung gespeist. 1875 waren in Dortmund 150 Badeeinrichtungen und 346 Wassermesser vorhanden.

Seit 1880 finden täglich Untersuchungen des Wassers auf die organische Substanz mittels Chamäleonlösung statt; ebenso werden täglich Temperaturmessungen vorgenommen. Das Wasser ist stets als gutes Trinkwasser befunden.

281. **Hörde** hat 12 458 Einwohner in 889 Wohnhäusern und 2701 Haushaltungen.

Die Versorgung erfolgt ausser aus 4 öffentlichen und 30 privaten Pumpenbrunnen von 8 m bis 16 m Tiefe, die einen ziemlich constanten Wasserstand haben, seit 1873 durch das Dortmunder Wasserwerk. Das für die Zuführung und Vertheilung nöthige Rohrnetz ist für Rechnung der Stadt Hörde nach einem Plane des Ingenieurs Bethge in Dortmund mit einem Kostenaufwande von 144 000 M. hergestellt. Der jetzige Buchwerth dieser Anlage beträgt 119 850 M.

Der gesammte Wasserbezug von Dortmund betrug 1881 160 700 cbm. für Hörde. Er war am grössten im Juni, nämlich 17 802 cbm, am geringsten im Februar, nämlich 11 890 cbm. Ferner wurden 275 274 cbm an Aussengemeinden abgegeben.

Die Abgabe für den Hausgebrauch erfolgt in Hörde auf Antrag ohne Messer nach Schätzung. 1881/82 sind für öffentliche Zwecke 2890 cbm verwendet und zwar 1440 cbm für öffentliche Gebäude,

800 cbm für Spülung des Wasserrohrnetzes und 650 cbm für Feuerlöschzwecke, für welchen Zweck 71 Hydranten aufgestellt sind. 1881/82 waren 655 Häuser mit 2250 Haushaltungen angeschlossen, die 103 000 cbm für den Hausgebrauch consumirt haben. Für Industrie- und Gewerbebetrieb wurden 54 800 cbm, durch 41 Messer bestimmt, abgegeben. Es waren 7 Wassermotoren, 20 Badeeinrichtungen, 4 Closets und 5 Privatspringbrunnen in Benutzung. 5020 qm Hof- und Gartenfläche waren für Sprengzwecke veranlagt.

Anhang.

281 a. **Barop.** Von der Stadt Hörde aus, also indirect von dem Wasserwerke der Stadt Dortmund aus, wird der Gemeindeverband Barop versorgt. Derselbe wird gebildet aus den Orten Kirchhörde (7132 Einwohner), Hacheney (3044 Einwohner), Menglinghausen, Persebeck und Barop (2224 Einwohner) mit im Ganzen 12 019 Einwohnern in 1041 Wohnhäusern und 2307 Haushaltungen. Diese Versorgung findet ausser der Versorgung durch gegrabene, private Brunnen seit 1876 statt. Das Rohrnetz etc. dafür ist vom Baumeister Schneider in Hörde für Rechnung des Amtes Barop hergestellt und hat 200 000 M. gekostet. Der jetzige Buchwerth dieser Anlage beläuft sich auf 181 296 M. und die Maximalleistungsfähigkeit derselben pro Tag beträgt 1090 cbm. Der Anschluss der Häuser ist obligatorisch; das Wassergeld wird nach Schätzung berechnet. Die Hauptleitungen sind innen asphaltirt; die Hausleitungen bestehen aus Bleiröhren. Die gesammte Abgabe hat 1881/82 275 274 cbm betragen. Der Consum war am grössten im Januar, nämlich 25 708 cbm, am geringsten im November, nämlich 20 644 cbm. Eine Abgabe für öffentliche Zwecke findet nicht statt. Von vorstehendem Consum entfallen 89 295 cbm auf Wasser für den Hausgebrauch von 387 Häusern, in denen 5 Badeeinrichtungen, 15 Closets, 3 Pissoirs und 5 Springbrunnen vorhanden waren und für welche 1372 qm Sprengfläche für Gärten und Höfe veranlagt war. Der grösste Theil des Wassers, 185 952 cbm, ist für technische Zwecke, nach Messern abgegeben, verwendet. Es war auch ein Wassermotor von 3 Pferdekräften in Benutzung.

282. **Schwerte** hat 6057 Einwohner in 569 Wohnhäusern und 1184 Haushaltungen.

Die Versorgung erfolgt seit 1881 ausser durch Grundbrunnen innerhalb der Stadt durch eine der Stadt gehörige, einheitliche Anlage, deren Herstellung 20 000 M. gekostet hat. Das Wasser wird durch einen Brunnen, am Ufer der Ruhr in deren Kiesschichten abgeteuft, erschlossen und durch Dampfkraft künstlich gehoben zugeführt. Dasselbe wird für öffentliche und private Zwecke verwendet.

283. **Unna** hat 7690 Einwohner in 810 Wohnhäusern und 1800 Haushaltungen.

Die Versorgung erfolgt ausser aus gegrabenen Brunnen, deren 9 öffentliche von ca. 7 m Tiefe mit einem 1,2 m tiefen Wasserstande, welcher ziemlich constant ist, bestehen, seit 1879 durch eine Quellwasserversorgung, die auf Kosten der Stadt von der Frankfurter Baubank nach Projecten von den Ingenieuren Disselhoff in Iserlohn und Windeck in Bochum hergestellt ist. Die erste Anlage hat 200000 M. gekostet; der jetzige Buchwerth derselben beläuft sich auf 220000 M. Die tägliche Maximalleistung der Anlage in ihrem jetzigen Zustande beträgt 2400 cbm.

Das Wasser wird aus 4 kleinen Quellen in Hasseloh, von welchen einige früher bereits durch Thonröhren zugeführt wurden und permanent laufende Wasserständer speisten, hauptsächlich aber aus der Sammelanlage im Quellenterrain des Bornkamps, 3400 m vom Orte entfernt, gewonnen. Dasselbe wird durch Sammelbrunnen in dem Grundwasser erschlossen und durch Zusammenleiten zu einer Brunnenstube gesammelt. Von hier gelangt es ohne künstliche Hebung und ohne vorherige Reinigung, die unnöthig ist, zu einem 3000 m entfernt gelegenen Reservoire. Dasselbe ist gemauert und überwölbt und hat einen Inhalt von 534 cbm.

Von hier fliesst es durch natürliches Gefälle in asphaltirten, gusseisernen Röhren der 600 m entfernten Stadt zu.

Das Wasser wird in 2 Druckzonen, da die Höhendifferenz des Versorgungsgebietes 25 m beträgt, aber einheitlich für Brauch- und Trinkwasser, constant und ohne Anwendung von Hausreservoiren zur Abgabe gebracht. Der Anschluss an die Leitung ist nicht obligatorisch. Für die Anschlüsse sind Wassermesser nicht vorgeschrieben; die Zahlung dafür erfolgt vielmehr nach Schätzung. Für die Hausleitungen ist geschwefeltes Bleirohr zu verwenden.

Die gesammte Abgabe hat 1882 ca. 670000 cbm betragen. Es waren 790 Privatleitungen angeschlossen, in denen 25 Badeeinrichtungen, 18 Closets, 8 Pissoirs, 20 Privatspringbrunnen und 1000 qm zum Besprengen veranlagte Hof- und Gartenfläche sich befanden.

Das Wasser soll vorzüglich sein. Seine Temperatur schwankt zwischen 7 1/2° bis 9° C. Es ist constatirt, dass seit Bestehen der Versorgung die Sterblichkeitsziffer zurückgegangen ist.

284. **Soest** hat 13985 Einwohner in 1702 Wohnhäusern und 2900 Haushaltungen.

Die Versorgung erfolgt ausschliesslich aus gesenkten und gebohrten Zieh- und Pumpenbrunnen; erstere haben 6 m, letztere 30 m bis 40 m Tiefe und einen constanten Wasserstand von 3 m bis 6 m. 20 Brunnen dienen der allgemeinen Benutzung; 1200 sind auf Privatgrundstücken vorhanden. Das Wasser ist als Trinkwasser gut, jedoch theilweise salzhaltig, wie durch Untersuchungen desselben bestätigt ist. Die Stadt wird vom Soestbache durchschnitten und es ist daher kein Mangel an Wasser vorhanden, so dass eine Aenderung der Versorgung nicht beabsichtigt wird.

285. **Arnsberg** hat 6131 Einwohner.

Die Versorgung erfolgt ausser aus Grundbrunnen im Terrain der Stadt durch Quellwasser, welches aus den umliegenden Höhen durch natürliches Gefälle mittels Rohrleitungen zugeführt wird. Nähere Mittheilungen fehlen.

286. **Hattingen** hat 6458 Einwohner in 566 Wohnhäusern und 1294 Haushaltungen.

Die Versorgung erfolgt seit 1875 durch eine einheitliche Anlage, welche Eigenthum der „Hattinger Wasserwerks-Actiengesellschaft" ist. Dieselbe ist vom Unternehmer Heinr. Scheven in Bochum ausgeführt. Die Anlage hat 134500 M. gekostet und es beläuft sich der jetzige Buchwerth derselben auf 131760 M. Die Maximalleistungsfähigkeit derselben pro Tag beträgt 600 cbm.

Das Wasser wird bei Winz, ca. 800 m oberhalb Hattingen, durch einen Brunnen in der Nähe der Ruhr erschlossen und durch Dampfkraft auf 70 m Höhe gehoben. An der der Maschinenanlage entgegengesetzten Seite der Stadt, 700 m von derselben und 2476 m vom Gewinnungspunkte entfernt, ist ein gemauertes, überwölbtes und in den Boden versenktes Reservoir von 800 cbm Inhalt hergestellt.

Die Versorgung erfolgt einheitlich für Brauch- und Trinkwasser, ohne Anwendung von Hausreservoiren. Der Anschluss ist den Privaten freigestellt und das Wassergeld wird nach Taxe bezahlt. Die Hausleitungen bestehen meistens aus Bleiröhren. Die Hauptleitungen sind ohne einen inneren Anstrich verlegt. Der Ort ist nicht kanalisirt.

Die gesammte Abgabe hat 1882 90938 cbm betragen, davon 4000 cbm bis 5000 cbm an ca. 13 Häuser, welche ausserhalb des städtischen Bezirkes liegen.

Ausser zur monatlich einmaligen Spülung des Rohrnetzes und für Feuerlöschzwecke findet eine Wasserabgabe für öffentliche Zwecke, die Schulen und das Rathhaus, die wie Private veranlagt sind, ausgenommen, nicht statt. Es sind 26 Hydranten aufgestellt, aus denen direct gespritzt werden kann. An Private sind 1882 89638 cbm abgegeben, davon 82523 cbm zum Hausgebrauch an 304 Häuser, von welchen 17048 cbm durch 80 Messer entnommen wurden; ferner 7115 cbm durch Messer für Gewerbszwecke. 3 Badeeinrichtungen und 4 Privatspringbrunnen, sowie 3090 qm Garten- und Hofflächen sind veranlagt.

Den nicht an die Leitung angeschlossenen Privaten dienen 60 bis 80 gegrabene Brunnen zur Versorgung. Auch bestehen noch 2 öffentliche Brunnen, vor deren Benutzung zur Trinkwasserentnahme jedoch gewarnt ist.

287. **Haspe** hat 7318 Einwohner.

Die Versorgung erfolgt ausschliesslich durch 400 private Brunnen, deren Wasserqualität gut ist, von welchen jedoch die höher gelegenen im Sommer zeitweise Wassermangel haben. Eine Untersuchung des Wassers hat nicht stattgefunden. Den jetzigen Zustand zu ändern liegt keine Absicht vor.

288. **Schwelm** hat 12227 Einwohner.

Die Versorgung erfolgt seit 1875 durch eine Quellwasserleitung, die der Betriebsführer Litzinger dort für Rechnung der Stadt hergestellt hat. Die erste Anlage hat 180000 M. betragen; der jetzige Buchwerth derselben beläuft sich auf 156000 M. Die tägliche Maximalergiebigkeit beträgt 600 cbm.

Das Wasser wird 1500 m von der Stadt entfernt durch zwei Stollen in der Grauwacke und im grauen Sandstein erschlossen. Die Gesammtlänge der Stollen beträgt 1042 m, wovon 478 m auf Röhrenstollen, die kein Wasser geben und 564 m auf Wasserstollen mit einer Anzahl von Quellen entfallen. Eine künstliche Reinigung des Wassers findet nicht statt. Für jeden der Stollen existirt ein im Innern des Gebirges hergestelltes Felsenbassin, ca. 500 m von der Stadt entfernt. Beide Bassins zusammen fassen 3100 cbm. Die Höhenlage derselben über dem Orte beträgt 38 m.

Es wird das Wasser einheitlich für Brauch- und Trinkwasser durch natürliches Gefälle, constant und ohne Anwendung von Hausreservoiren abgegeben. Ein Zwang zum Anschlusse der Häuser findet nicht statt; aber für solche Anschlüsse ist die Anwendung von Wassermessern obligatorisch. Der Wasserpreis ist 20 Pf. pro cbm. Zu Hausleitungen sind als Material innen geschwefelte Bleiröhren vorgeschrieben. Die Hauptleitungen sind innen und aussen asphaltirt.

Die gesammte Abgabe hat 1881/82 113000 cbm betragen und zwar 570 cbm am Maximaltage und 160 cbm am Minimaltage.

Für öffentliche Gebäude sind im Jahre 2200 cbm verwendet. Die Spülung der Strassen und Rinnsteine geschieht aus den Hydranten und die der Kanäle durch das Ueberlaufwasser der Reservoire. Eine Spülung des Rohrnetzes findet monatlich statt. Aus 60 Hydranten in ca. 100 m Entfernung im Aussenbezirke und in ca. 50 m Entfernung im Innenbezirke, welche unter Flur aufgestellt sind, wird bei Feuersgefahr direct gespritzt. 14 öffentliche Freibrunnen geben im Jahre 54000 cbm Wasser zur allgemeinen Benutzung ab. Oeffentliche Springbrunnen und öffentliche Pissoirs existiren nicht. Eine öffentliche Badeanstalt ist projectirt.

An die Leitung sind 220 Häuser mit 650 Haushaltungen und 3300 Bewohnern angeschlossen, die 26800 cbm im letzten Jahre verbraucht haben. Ausserdem sind 30000 cbm für Industrie- und Gewerbebetrieb abgegeben. Es sind 42 Badeeinrichtungen, 70 Closets, 12 Pissoirs und 10 Springbrunnen bei den Privaten in Benutzung. Wassermotoren sind nicht vorhanden.

Das Wasser ist rein, weich und frisch und von 7½° bis 9° C. durchschnittlicher Temperatur.

289. **Hagen i. W.** hat 26295 Einwohner in 1534 Wohnhäusern und 5294 Haushaltungen.

Die Versorgung erfolgt ausschliesslich durch gegrabene, private, Brunnen, deren 1380 Stück von 4 m bis zu 15 m Tiefe mit einem sehr schwankenden Wasserstande vorhanden sind. Oeffentliche Brunnen fehlen ganz. Das Wasser ist im allgemeinen gut, wenn auch in einzelnen Brunnen schlecht, wie die während der Jahre 1870 bis 1881 stattgefundenen Untersuchungen von 39 Brunnen, von denen 21 in Folge dessen zeitweise geschlossen wurden, ergeben haben. Trotzdem kein Mangel an Wasser vorhanden ist, ist der Wunsch nach einer einheitlichen Versorgung häufiger aufgetaucht, jedoch vorläufig immer als kein dringendes Bedürfniss zurückgestellt.

290. **Iserlohn** hat 16400 Einwohner im Gebiete der künstlichen Versorgung.

Diese erfolgt seit 1876 durch ein von der Stadtgemeinde nach den Plänen und unter der Leitung des dortigen Ingenieurs L. Disselhoff, jetzigen Dirigenten der Anlage, erbautes Wasserwerk, welches für eine tägliche Maximalleistungsfähigkeit von 3600 cbm hergestellt ist und dessen erste Anlage 600000 M. gekostet hat.

Das Wasser wird in zwei Quellgebieten, 2000 m bis 3000 m vom Orte entfernt, gewonnen und durch natürliches Gefälle in 2 besonderen Zuleitungen einem 300 m vom Orte entfernt auf der Haardt liegenden, gemauerten und überwölbten Hochreservoire von 980 cbm Fassungsraum zugeführt. Das eine Quellgebiet im Wermingser Thale umfasst 20 Quellen, die aus den Schichtenköpfen und Klüften des devonischen Lenneschiefers entspringen. Das andere, im Lugerthale, speist 3 grosse Kalkquellen von 700 cbm bis 800 cbm täglicher Ergiebigkeit, während die Schieferquellen je 25 cbm bis 50 cbm pro Tag liefern. Der höchste Wasserstand des Reservoirs liegt 8 m resp. 15 m unter den Gewinnungspunkten des Wassers. Der zu versorgende Theil des Ortes selbst liegt 20 m bis 25 m in seinen höchsten, 60 m bis 70 m in seinen niedrigsten Punkten tiefer als das Reservoir.

Die Hauptleitungen sind innen mit Asphaltlack und die Hausleitungen innen mit Schwefelblei überzogen. Die Versorgung erfolgt constant, für Trink- und Brauchwasser gemeinschaftlich, ohne Anwendung von Hausreservoiren und nach zwei Druckzonen getrennt. Der Anschluss der Häuser ist nicht obligatorisch, wohl aber die Stellung von Wassermessern für diese Anschlüsse.

Der Wasserconsum hat 1881 im Ganzen 295638 cbm oder 810 cbm durchschnittlich pro Tag betragen. Davon sind durch Messer an Private abgegeben, einschliesslich des Wassers für Dampfkessel, 137338 cbm, ferner ohne Messer für öffentliche Gebäude, Freibrunnen etc. 27600 cbm und endlich für öffentliche Zwecke, als Rinnsteinspülung etc., 130700 cbm. Der grösste Monatsconsum fand im Juni mit 32653 cbm, der geringste im Januar mit 18536 cbm statt. 1876 waren 10 öffentliche Brunnen in Benutzung und 145 Hydranten für Feuerlöschzwecke aufgestellt.

291. **Menden** hat 5403 Einwohner in 556 Wohnhäusern und 1013 Haushaltungen.

Die Versorgung erfolgt aus 19 öffentlichen und ca. 100 privaten, gegrabenen Brunnen von ca. 4 m Tiefe. Dieselben geben stets genügendes Wasser, das als Trinkwasser gut ist, wie Untersuchungen desselben bestätigt haben. Ausserdem wird mittels einer eisernen Leitung Quellwasser durch natürliches Gefälle zugeführt, das an einem Laufbrunnen und an 4 Pumpenbrunnen zur allgemeinen Benutzung gelangt. Das Abwasser wird auch 3 Privatgrundstücken zugeführt, davon zweien zum Gewerbebetriebe.

92. **Hohenlimburg** hat 5267 Einwohner in 452 Wohnhäusern und 1130 Haushaltungen.

Die Versorgung erfolgt ausser aus der den Ort durchfliessenden Lenne ausschliesslich aus gesenkten und gebohrten Brunnen, deren 240 auf privaten Grundstücken vorhanden sind, welche ca. 15 m Tiefe und einen 12 m tiefen, constanten Wasserstand haben. Das Wasser ist als Trinkwasser gut und quantitativ stets genügend. Eine Untersuchung desselben hat nicht stattgefunden. Eine Aenderung in der Versorgung wird nicht beabsichtigt.

293. **Altena** hat 8787 Einwohner in 688 Wohnhäusern und 1325 Haushaltungen.

Die Versorgung erfolgt ausser durch directe Entnahme aus dem Flusse Lenne, der die Stadt in ihrer Gesammtlänge begrenzt, durch gegrabene Brunnen von 3 m bis 10 m Tiefe je nach ihrer örtlichen Lage. Fast jeder Hausbesitzer hat einen solchen auf seinem Grundstücke. Das Wasser ist in stets genügender Menge vorhanden und es ist als Trinkwasser gut. Es wird daher an eine andere Versorgung nicht gedacht.

294. **Lüdenscheid** hat 11024 Einwohner in 804 Wohnhäusern und 2600 Haushaltungen.

Die Versorgung erfolgt durch 13 öffentliche und ca. 150 Privatbrunnen von 8 m bis 10 m Tiefe. Ein Theil der Brunnen ist durch äussere Einflüsse verdorben und nur wenige geben ein ziemlich gutes, die meisten aber ein schlechtes Wasser. Im Sommer ist eine grosse Zahl derselben ganz trocken. Nach einer Untersuchung des Wassers von 134 Brunnen sind 61 als durchaus schlecht, 29 als noch eben brauchbar und 44 als normal bezeichnet worden.

Ausser dem Brunnenwasser dient Wasser aus Quellen, die in unmittelbarer Nähe der Stadt gefasst sind, zur Versorgung. Dieses Wasser wird durch natürliches Gefälle mittels Asphalt- und Bleiröhren in die Stadt geleitet, wo sich ein Reservoir von 510 cbm Fassungsraum befindet. Das Wasser gelangt an 2 Stellen der Stadt durch freien Auslauf und an einer, mittels einer Handpumpe gehoben, zur öffentlichen Benutzung. In Privatgrundstücke wird es nicht eingeleitet. Für die Einführung einer einheitlichen Versorgung liegt ein Plan vor, der in allernächster Zeit zur Ausführung gelangt.

295. **Siegen** hat 15024 Einwohner in 1550 Wohnhäusern und 3057 Haushaltungen.

Die Bewohner der äusseren, niedrig gelegenen Stadttheile versorgen sich aus gegrabenen Brunnen. Für die eigentliche, hochgelegene Stadt sind 2 Quellwasserleitungen mit natürlichem Gefälle vorhanden, die das Wasser aus 4000 m resp. 2000 m Entfernung mittels gusseiserner Röhren zuführen. Ausserdem besteht noch ein Pumpwerk für Brunnenwasser, welches nach Bedarf betrieben wird und dessen Wasser, ebenso wie das der einen Quellenleitung, in einem Reservoire, jedoch von diesem getrennt, gesammelt wird und 9 öffentlichen Laufbrunnen zufliesst. Das Wasser der zweiten Quellenleitung fliesst ohne Reservoir 3 öffentlichen Laufbrunnen zu. Private erhalten keine Anschlüsse an die Leitungen. Das Wasser ist als Trinkwasser gut, wie durch Untersuchungen bestätigt ist. Es tritt jedoch zeitweiser Mangel ein und es liegt daher schon längere Zeit die Absicht vor, eine einheitliche Versorgung herzustellen.

L. Provinz Hessen-Nassau.

a) Regierungsbezirk Kassel.

296. **Kassel** hat 58 290 Einwohner in 2649 Wohnhäusern.

Die Versorgung erfolgt seit 1873 durch eine von den Unternehmern J. & A. Aird in Berlin für Rechnung der Stadt hergestellte Anlage. Dieselbe hat ursprünglich 1575000 M. gekostet und ihr jetziger Buchwerth beläuft sich auf 1 943 487 M. In ihrem jetzigen Zustande besitzt sie eine Maximalleistungsfähigkeit von 4730 cbm pro 24 Stunden.

Das Wasser wird 24 000 m von der Stadt entfernt in dem unbewohnten und von bewaldeten Abhängen begrenzten Niestethale, einer Thalmulde im bunten Sandstein von 3000 ha Fläche, die mit Kies und thonigem Sande überdeckt ist, durch durchlöcherte Drainröhren von Thon, deren Hauptstrang mit den Seitensträngen zusammen 6000 m Länge hat, erschlossen. Dasselbe wird einer gemauerten, unterirdischen Sammelstube, die 270 m unter den höchsten Wiesenflächen des Sammelgebietes und 190 m über dem Nullpunkte des Pegels der Fulda bei Kassel liegt, zusammengeleitet. Von hier führt eine 17 500 m lange, gusseiserne Leitung zur Stadt, wo ein gemauertes, überwölbtes Reservoir von 1905 cbm Inhalt, theilweise in den Boden versenkt, hergestellt ist. Das Wasser wird constant, einheitlich für Brauch- und Trinkwasser und in zwei Zonen getrennt zur Vertheilung gebracht. Für die untere Zone ist ein zweites, 21 m tiefer liegendes, gleichfalls gemauert und überwölbt hergestelltes Reservoir von 1985 cbm Inhalt vorhanden.

Der Anschluss der Gebäude ist obligatorisch, die Anwendung von Wassermessern für den Hausgebrauch ist jedoch nicht vorgeschrieben. Das Wassergeld wird vielmehr in Form einer Steuer nach Verhältniss des zur Gebäudesteuer eingeschätzten Miethwerthes erhoben. Als Material für die Hausleitungen ist Blei vorgeschrieben. Die Hauptleitungen sind ohne einen inneren Anstrich verlegt. Die Stadt ist kanalisirt und es sind für die meisten Häuser Hauseinlässe vorhanden.

Der gesammte Wasserconsum betrug 1881/82 ca. 1 680 000 cbm, davon entfallen 163 677 cbm auf die Entnahme durch 116 Wassermesser. 2202 private und 85 öffentliche Gebäude waren zur Wasserzahlung für den Hausgebrauch herangezogen. Ferner ist an Wassergeld für andere Verbrauchszwecke gezahlt, nämlich: für 682 Pferde, 206 Stück Rindvieh, 160 Wagen, 189 einständige und 82 lfd. m Pissoirs, 95 431 qm Gartenfläche, 4708 qm Hofräume und 715 qm Treibhäuser. Endlich ist noch nach Pauschalirung gezahlt für 25 Dampfmaschinen, 682 Kleingewerbebetriebe, 52 Springbrunnen, 60 Neu- und Umbauten und für Kasernements und Strafanstalten. Im Innern der Grundstücke bestanden 1881/82 im Ganzen 12 685 Ausläufe, nämlich 193 für Feuerlöschzwecke, 1309 in Höfen, 830 in Hausfluren, 515 in Wohn- und Schlafzimmern, 5227 in Küchen, 241 in Kellern, 440 in Badezimmern, 2154 in Closets, 235 in Pissoirs, 62 in Ställen, 286 in Werkstätten, 585 in Waschküchen, 68 zum Strassensprengen, 61 für Springbrunnen, 30 für Gewächshäuser, 388 in Gärten und 57 auf Speichern. An Aussengemeinden fand eine Abgabe von 32 217 cbm, nach Messern bestimmt, statt.

Um dem Eintreten eines durch Vergeudungen von Wasser möglichen Wassermangels vorzubeugen, wurde das Stadtrohrnetz während der Zeit von 9 Uhr Abends bis 6 Uhr Morgens im Jahre 1880/81 55 mal, und im Jahre 1881/82 137 mal abgeschlossen. Das Wasser ist vorzüglich und mit Ausnahme besonders trockener Monate immer in annähernd genügender Menge vorhanden.

297. **Eschwege** hat 9001 Einwohner.

Für die Versorgung sind innerhalb des Ortes gesenkte Brunnen von durchschnittlich 10 m Tiefe vorhanden. Ausser den privaten bestehen deren 30 für die allgemeine Benutzung. Das Wasser wird als gutes Trinkwasser bezeichnet, während von anderer Seite aus der Häufigkeit von Typhusfällen auf dessen Mangelhaftigkeit geschlossen wird.

Es findet ferner eine Versorgung durch mit natürlichem Gefälle aus 3500 m Entfernung eingeleitete Quellen, jedoch nur für die allgemeine Benutzung statt. Diese Zuleitung besteht theils aus gemauerten Kanälen und offenen Rinnen, zum grössten Theile jedoch aus hölzernen Röhren. Da mitunter Mangel an Wasser eintritt, so liegt das Bedürfniss nach einer besseren Versorgung vor; ein bestimmter Plan dafür ist aber noch nicht ins Auge gefasst.

298. **Schmalkalden** hat 6452 Einwohner.

Die Versorgung erfolgt durch eine seit Jahrhunderten bestehende Quellwasserleitung. Das Wasser wird durch natürliches Gefälle mittels eiserner und glasirter Thonröhren aus einem ca. 1000 m vom Orte entfernt im sog. Gespring bei Weidebrun gelegenen, offenen Sammelbassin, welches durch 3 Quellen gespeist wird, zugeführt. Das Wasser wird zu häuslichen und gewerblichen Zwecken benutzt.

Die Abgabe erfolgt constant und ohne Anwendung von Hausreservoiren. Die Abgabe an Private geschieht nur durch Wassermesser. Sie betrug 1882 im Ganzen 8000 cbm. Es waren 38 Wohnhäuser mit 250 Einwohnern angeschlossen. Für die Hausleitungen werden Bleiröhren verwendet. Das Wasser ist von sehr guter Beschaffenheit und stets in genügender Quantität vorhanden.

299. **Hersfeld** hat 7065 Einwohner in 750 Wohnhäusern und ca. 2000 Haushaltungen.

Für die Versorgung bestehen 9 öffentliche und 21 private Brunnen, die gegraben und gebohrt sind und 10 m bis 15 m Tiefe bei 7 m bis 12 m tiefem, stark schwankendem Wasserstande haben. Das Wasser ist in stets genügender Menge vorhanden und ist als Trinkwasser sehr gut, wie Untersuchungen desselben bestätigt haben.

Ferner findet die Einleitung von Quellwasser aus einer Stunde Entfernung durch natürliches Gefälle mittels Röhren aus Eisen und Thon statt. Dieses Wasser wird an 15 Laufbrunnen und 3 Pumpenbrunnen zur allgemeinen Benutzung abgegeben und in 70 Privatgrundstücke zum Haus- und Gewerbebetrieb eingeleitet. Eine Veränderung der bestehenden Einrichtung ist jedoch ein Bedürfniss und es liegt ein Plan für eine solche bereits vor.

300. **Marburg** hat 11225 Einwohner in 897 Wohnhäusern und 2513 Haushaltungen.

Für die Versorgung bestehen 6 öffentliche und eine grössere Zahl privater Brunnen, die, obgleich ihr Wasser als Trinkwasser kaum zu benutzen ist, noch immer in Gebrauch sind. Ferner wird Wasser aus der Lahn durch Wasserkraft 130 m hoch in ein Bassin auf dem Schlosse gepumpt und für den Schlossbedarf, für einen städtischen Brunnen und für einige Privathäuser benutzt. Das Trinkwasser erhält das Schloss aus einer in Marburg selbst entspringenden Quelle, der Elisabethenquelle, deren Ergiebigkeit in letzterer Zeit leider abgenommen hat.

Die eigentliche Versorgung der Stadt erfolgt seit 1881 durch eine für Rechnung der Stadt durch den Stadtbaumeister Broeg mit einem Kostenaufwande von 130 000 M. ausgeführte Quellwasserleitung.

Das Wasser wird 2000 m von der Stadt entfernt in der Nähe des Dorfes Marbach durch eine Quelle von 350 cbm bis 400 cbm Ergiebigkeit pro Tag gewonnen, die im rothen Sandstein entspringt und deren Wasser mittels zweier gusseiserner Leitungen durch natürliches Gefälle einem Reservoire, welches 12 m tiefer als die Quelle liegt, zugeführt wird. Das Reservoir ist zweitheilig und fasst 700 cbm. Es ist in den Felsen eingesprengt und ausgemauert. Für eine spätere Vergrösserung hat die Stadt eine fernere Quelle, die 6000 m von derselben entfernt gleichfalls im rothen Sandstein entspringt und eine Ergiebigkeit von 400 cbm im Tage hat, käuflich erworben. Dieselbe liegt 3 m höher als das Reservoir.

Die Abgabe des Wassers an Private erfolgt nur nach Wassermessern. Ende 1882 waren 98 Private mit Zuleitungen versehen und 80 bis 100 neue Anschlüsse bereits nachgesucht. 30 öffentliche Laufbrunnen dienen der allgemeinen Benutzung. 40 Hydranten sind aufgestellt. Für Kanal- und Rohrspülungen, welche 4 mal im Jahre vorgenommen werden, werden jedesmal 200 cbm bis 300 cbm Wasser verwendet. Die Wasserabgabe an Private betrug 1882 an heissen Tagen 200 cbm bis 250 cbm und an Sonnabenden sogar 300 cbm bis 350 cbm.

301. **Fulda** hat 11 507 Einwohner in 1103 Wohnhäusern und 2177 Haushaltungen.

Die Versorgung erfolgt durch Zusammenleiten verschiedener Quellen am Fusse des Petersberges, 3000 m von der Stadt entfernt. Dieses Wasser wird zur Stadt durch natürliches Gefälle mittels gusseiserner Röhren geleitet, wo dasselbe an 6 öffentlichen Röhrenbrunnen zur Benutzung gelangt, an denen zugleich grössere Bassins angebracht sind. Dasselbe ist häufig sehr trübe und auch meistens nicht sehr reichlich vorhanden. Dagegen liefern mehrere städtische, gesenkte Pumpenbrunnen reichliches, wenn auch theils gleichfalls schlechtes Wasser, und es geben ferner 3 an der unteren Stadtseite durch Steinröhren zugeleitete Quellen ein sehr gutes Trinkwasser. Der Bahnhof versorgt sich durch ein Dampfpumpwerk, welches das Wasser aus der Fulda entnimmt. Ein eigentlicher Wassermangel herrscht nicht. Die Absicht zu einer einheitlichen Versorgung liegt aber trotzdem schon länger vor; es fehlte jedoch bislang die nöthige Betheiligung seitens der Bürger.

302. **Hanau** hat 23086 Einwohner in 2261 Wohnhäusern und 5128 Haushaltungen.

Die Versorgung erfolgt ausschliesslich aus dem Grundwasser der Stadt, welches eine constante Höhe hat, und zwar mittels Pumpenbrunnen, deren Wasserstand 3,5 m bis 4 m unter Terrain liegt. Es sind ca. 400 private und 43 öffentliche Brunnen vorhanden. Das Wasser ist in stets genügender Menge vorhanden und auch als Trinkwasser gut, wie Untersuchungen desselben bestätigt haben, so dass kein Bedürfniss zu einer Aenderung erkannt ist.

303. **Bockenheim** hat 15402 Einwohner in 1140 Wohnhäusern und 3391 Haushaltungen und 10 Anstalten.

Die Versorgung erfolgt ausschliesslich aus gegrabenen und gebohrten Brunnen von 6 m bis 30 m Tiefe mit einem 3 m bis 10 m tiefen Wasserstande. Es sind deren 15 für die öffentliche Benutzung und ca. 750 auf privaten Grundstücken vorhanden. Der Wasserstand derselben ist constant und die Quantität stets genügend. Das Wasser ist als Trinkwasser gut. Das frühere Project einer einheitlichen Versorgung scheint aufgegeben zu sein, da man jetzt ein Bedürfniss dafür nicht vorhanden glaubt.

b) Regierungsbezirk Wiesbaden.

304. **Ems** hat 6943 Einwohner in 630 Wohnhäusern und 1268 Haushaltungen.

Die Versorgung erfolgt ausser aus 14 öffentlichen Pumpenbrunnen von ca. 10 m Tiefe, welche immer gutes und im Quantum gleichbleibendes Wasser haben, seit 1873 durch eine einheitliche Anlage, die nach dem Projecte des Ingenieur Dittmar in Köln für Rechnung der Stadt mit einem Kostenaufwande von 420256 M. von der Firma I. & A. Aird in Berlin ausgeführt ist. Die Anlage ist für eine tägliche Maximallieferung von 2100 cbm hergestellt.

Das Wasser wird der Lahn entnommen und durch Sandfiltration künstlich gereinigt. Durch Dampfkraft betriebene Pumpen heben dasselbe auf 56 m Höhe in ein zweitheiliges Reservoir von 888 cbm Inhalt, welches gemauert, überwölbt und in den Boden versenkt ist. Dasselbe befindet sich 750 m vom Gewinnungsorte und 550 m von der Stadt entfernt und zwar in einer solchen Höhe, dass das Wasser mit einem Drucke von 50 m über dem Versorgungsgebiete steht.

Die Versorgung erfolgt einheitlich für Brauch- und Trinkwasser, constant und ohne Anwendung von Hausreservoiren. Die Zahlung des Wassergeldes für die angeschlossenen Häuser, deren Anschluss freigestellt ist, erfolgt nach Einschätzung. Nach Messern abgegebenes Wasser ist mit 35 Pf. pro cbm zu bezahlen. Für die Hausleitungen ist geschwefeltes Bleirohr vorgeschrieben. Die Hauptleitungen sind innen asphaltirt. Die Stadt ist theilweise kanalisirt und es sind Hauseinlässe gestattet.

Die Abgabe hat 1882 im Ganzen 307 754 cbm betragen; das Maximum des Consums an einem Tage betrug 1836 cbm. Angaben über die Verwendung für öffentliche Zwecke nach Menge und Art liegen nicht vor; dasselbe ist für Privatzwecke der Fall, ausgenommen, dass 475 Häuser angeschlossen sind und sich in diesen 17 Privatfontainen und 21 Privatpissoirs befinden.

305. **Oberlahnstein** hat 5423 Einwohner.

Die Versorgung erfolgt ausschliesslich aus Brunnen von 20 m bis 22 m Tiefe, deren Wasserstand mit dem des Rheins schwankt. Es sind 14 Brunnen für die allgemeine Benutzung und 25 Brunnen auf privaten Grundstücken vorhanden. Das Wasser ist sehr gut, wenn auch durchweg Säuerling, was bei etlichen Brunnen so stark hervortritt, dass beim Mischen mit Wein ein Aufbrausen entsteht. Ein Mangel an Wasser tritt nur bei sehr niedrigem Wasserstande des Rheins ein. Zu einer Aenderung der Versorgung liegt kein Bedürfniss vor.

306. **Limburg a. d. Lahn** hat 5898 Einwohner in 660 Wohnhäusern und 1400 Haushaltungen.

Zur Versorgung dienen 18 öffentliche und 80 private Brunnen, deren Wasser theilweise als schlecht bezeichnet wird, was auch durch vorgenommene Untersuchungen, wenn solche das Wasser auch nicht als gesundheitsschädlich erkennen liessen, bestätigt wurde.

Ausserdem wird durch 2 Leitungen, die etwa eine Länge von 1000 m haben, Quellwasser durch natürliches Gefälle öffentlichen Laufbrunnen zugeführt. Das Material der einen Leitung ist Steingut und Eisen, das der anderen nur Eisen. Eine Einführung dieses Wassers auf Privatgrundstücke findet nicht statt. Dasselbe wird als gut bezeichnet und es ist stets in genügender Menge vorhanden. Es ist die Einführung neuer Quellen, deren Fassung bereits stattgefunden hat, von der Stadtgemeinde genehmigt und die neue Leitung wird im Jahre 1884 in Benutzung kommen.

307. **Homburg v. d. Höhe** hat 8336 Einwohner in 740 Wohnhäusern mit 1858 Haushaltungen.

Die Versorgung erfolgt ausser durch einige Pumpenbrunnen durch eine im Jahre 1861 in Betrieb genommene Anlage, die Eigenthum der Stadt ist. Sie ist von dem damaligen dortigen Stadtbaumeister Holler mit einem Kostenaufwande von 250000 M. hergestellt.

Das Wasser wird aus Quellen, die sich theils natürlich ergiessen und theils künstlich erschlossen sind und aus unterdevonischen oder obersilurischen Schichten entspringen, gewonnen. Die Quellen befinden sich zum grossen Theil in dem Homburger Stadtwalde und dessen Umgegend und werden in drei Gruppen gefasst in eine gemeinschaftliche Hauptsammelkammer eingeleitet, welche neben dem Hochreservoir liegt. Es sind das die Wildgartenleitung, ferner die Leitung für den Kennelborn und den Hesselborn von 860 m Länge und endlich die Leitung vom Fuchsbruch, die sich mit der des Lindenborn, Geisborn und Mausborn zu einer Leitung von 1400 m Länge vereinigt. In diese ergiesst sich ferner ziemlich am Ende die Leitung des Fuchsborn, in welche auch die Braumannquelle und die Heegwaldquelle eingeleitet sind. Die Ergiebigkeit dieser verschiedenen Zuleitungen hat 1877 als Maximum pro Tag 1382,4 cbm (im April) und als Minimum pro Tag 806,4 cbm betragen. Etwa 1000 m vom Gewinnungspunkte und 3000 m von der Stadt entfernt, 60 m höher als dieselbe gelegen, befindet sich ein gemauertes, überwölbtes und in den Boden versenktes Reservoir von 1500 cbm Inhalt.

Die Abgabe des Wassers erfolgt einheitlich für Brauch- und Trinkwasser, constant und in einheitlicher Druckzone, trotz einer Höhendifferenz der Terrainpunkte des Abgabegebietes von 28 m. Die Hausanschlüsse sind nicht obligatorisch, wohl aber ist für dieselben die Anwendung von Wassermessern vorgeschrieben. Der Ort ist kanalisirt und es sind Haus- und Closeteinlässe gestattet.

Die Gesammtabgabe hat 1881 130000 cbm betragen. Der grösste Monatsconsum belief sich auf 11000 cbm und der geringste auf 6500 cbm. Am Maximalconsumtage sind 350 cbm und am Minimalconsumtage 210 cbm abgegeben.

Für öffentliche Zwecke sind 30000 cbm, davon 5000 cbm durch Messer bestimmt, verwendet. Die öffentlichen Gebäude haben 2000 cbm verbraucht. Für Strassensprengen, welches durch Hydranten und durch Sprengfässer geschieht, sind 2000 cbm benutzt. Für Feuerlöschzwecke, für welche 35 Hydranten, die mit Selbstentleerung versehen und unter

Flur aufgestellt sind, vorhanden sind, aus denen direct gespritzt wird, sind im Jahre ca. 1000 cbm verwendet. Durch 32 Freibrunnen mit Selbstabschluss sind im Jahre 15000 cbm abgegeben. Eine öffentliche Fontaine hat 5000 cbm im Jahre verbraucht. Oeffentliche Badeanstalten, eine städtische und eine private Anlage mit im Ganzen 75 Wannen und ohne Schwimmbassins, haben im Jahre 5000 cbm aus der Leitung entnommen. Oeffentliche Pissoirs werden nicht aus der Leitung gespült.

Für Privatzwecke sind 100000 cbm abgegeben und zwar 30000 cbm für Industrie und Gewerbezwecke, 70000 cbm für den Hausgebrauch von 350 Wohnhäusern, in denen 1000 Closets, 5 Pissoirs mit 30 Ständen und 5 Springbrunnen in Gebrauch waren. Das Wasser ist immer gut, wie jährlich vorgenommene Untersuchungen bestätigen.

308. **Wiesbaden** hat 50238 Einwohner in 2450 Wohnhäusern und ca. 10000 Haushaltungen.

Die Versorgung erfolgt seit 1871 durch eine Quellwasserleitung, die vom Stadtbaumeister Fach in der ersten Anlage und deren weiterer Ausbau von dem Ingenieur Winter, jetzigem Director des Werkes, hergestellt ist. Die erste Anlage kostete 900000 M., der jetzige Buchwerth derselben beträgt 1400000 M.

Das Wasser ist durch Sammelgallerien künstlich erschlossenes Gebirgswasser aus dem Taunusgebirge. Dasselbe wird 3000 m bis 6000 m von der Stadt entfernt gefasst und ohne künstliche Reinigung durch natürliches Gefälle zugeleitet. 1100 m von Wiesbaden entfernt sind zwei Reservoire hergestellt, ein gemauertes, überwölbtes und in den Boden versenktes von 3000 cbm Fassungsraum und ein zweites, ganz in Beton hergestellt von 4300 cbm Fassungsraum. Der höchste Wasserstand der Reservoire liegt 4 m unter dem Gewinnungspunkte des Wassers und 25 m über dem höchsten Punkte des Versorgungsgebietes.

Die Abgabe des Wassers erfolgt einheitlich für Brauch- und Trinkwasser, constant, nicht nach Zonen getrennt und ohne Anwendung von Hausreservoiren. Hausanschlüsse sind facultativ, Wassermesser dafür aber obligatorisch. Die Hauptröhren sind innen getheert. Für die Hausleitungen ist kein Material vorgeschrieben. Der Ort ist kanalisirt; Hausanschlüsse an die Kanäle sind ausgeführt und auch Closeteinlässe sind, jedoch auf Widerruf, gestattet.

Die Gesammtabgabe hat 1881 im Ganzen 1225000 cbm im Jahre oder 3356 cbm im Mittel pro Tag betragen. Der Consum belief sich am Maximaltage auf 5000 cbm, am Minimaltage auf 2500 cbm und in der

Maximalconsumstunde auf 280 cbm. Der Monatsconsum war am grössten im Juli, nämlich 123000 cbm und am geringsten im Februar, nämlich 87000 cbm.

Für öffentliche Gebäude sind im Jahre 77000 cbm verbraucht. Für das Strassensprengen sind während 7 Monaten im Jahre 26000 cbm verwendet. Eine regelmässige Rinnsteinspülung findet nicht statt; es erfolgt solche nur ausnahmsweise bei starkem Schmutze und zwar direct aus der Leitung mit Brauseeinrichtung. Der Verbrauch für Kanal- und Rohrnetzspülung ist unbestimmt; letztere geschieht mindestens zweimal im Jahre. Für Feuerlöschzwecke sind 453 Hydranten in 60 m bis 100 m Entfernung ohne Selbstentleerung und unter Flur aufgestellt, aus denen bei einem Brande direct gespritzt wird, vorhanden. 16 continuirlich laufende Freibrunnen geben im Jahre 100000 cbm ab. Für die öffentlichen Fontainen findet eine Abgabe aus der Leitung nicht statt; gleichfalls nicht für öffentliche Badeanstalten. 17 öffentliche Pissoirs verbrauchen zur constanten Spülung 90000 cbm im Jahre.

Für Privatzwecke sind 1881 616000 cbm, grösstentheils durch Messer bestimmt, verwendet. 2310 Häuser mit 49800 Bewohnern waren an die Leitung angeschlossen. Der Industrieconsum ist nicht besonders angegeben, ist jedoch ein sehr geringer. Wassermotoren sind nicht vorhanden. 450 Badeeinrichtungen, 2500 Closets, 150 Privatpissoirs und 150 Privatspringbrunnen sind aus der Leitung versorgt worden.

309. **Biebrich-Mosbach** hat 8499 Einwohner in 573 Wohnhäusern und 1705 Haushaltungen.

Die Versorgung erfolgt aus 12 öffentlichen und 204 privaten, gegrabenen und gesenkten Brunnen von 5 m bis 6 m Tiefe mit einem 4,5 m bis 5 m tiefen, schwach schwankenden Wasserstande. Das Wasser ist quantitativ stets genügend und als Trinkwasser gut, wie Untersuchungen desselben bestätigt haben.

Ausser aus dem den Ort durchfliessenden Ochsenbache erfolgt die Versorgung ferner aus 3 öffentlichen Laufbrunnen, denen das Wasser mit natürlichem Gefälle künstlich zugeführt wird.

Für die Kasernen findet ferner eine Zuführung von Quellwasser durch natürliches Gefälle statt, welches aus 3000 m Entfernung hergeleitet wird. Die geringe Ergiebigkeit der Quelle, 30 l pro Minute, gestattet leider keine Abgabe des Wassers an Private. Die Brunnen der Rheinaufwärts gelegenen Kaserne sind durch das Eindringen des Salzbachwassers, welches durch die Abgänge von Wiesbaden verunreinigt wird, in einen solchen Zustand gekommen, dass sie geschlossen werden mussten, da im Herbst 40 Typhusfälle eintraten. Ihr Wasser enthielt 3% von Sink- und Stinkstoffen.

310. **Frankfurt a. Main** hat 136831 Einwohner in 7599 Vorder- und 1298 Hinterhäusern.

Die Versorgung erfolgt seit 1873 durch eine der Stadt gehörige, einheitliche Quellwasserleitung, deren erste Anlage 9000000 M. gekostet hat und die einschliesslich ihrer späteren Erweiterung jetzt mit 10500000 M. zu Buche steht. Das Project und die Ausführung der ersten Anlage ist vom Ingenieur Schmick, Director der deutschen Wasserwerksgesellschaft in Frankfurt, und die späteren Erweiterungen sind vom Ingenieur Friedrich, d. Z. Director des Wasserwerks in Frankfurt, bewirkt. Die tägliche Maximalleistungsfähigkeit der Anlage beträgt 13800 cbm.

Das Wasser wird den Quellen des Spessart und solchen im Vogelsberge entnommen und durch natürliches Gefälle der 70000 m entfernt liegenden Stadt zugeführt, wo zwei Reservoire, eins an der Friedberger Warte, das andere als Gegenbehälter in Sachsenhausen hergestellt sind. Diese haben zusammen 24500 cbm Inhalt und sind in Sandstein gemauert und mit Backstein überwölbt ausgeführt. Der höchste Wasserstand derselben liegt 107 m unter dem Niederstein und 40 m über der Stadt.

Ausserdem besitzt die Stadt für ihre Versorgung noch die Quellengallerie an der Friedberger Landstrasse, etwa 1000 m von der Stadt entfernt mit einer Ergiebigkeit von ca. 500 cbm pro 24 Stunden; ferner die Seehofsquellen, etwa 1000 m von Sachsenhausen entfernt auf der linken Mainseite, deren Wassermenge ca. 800 cbm pro 24 Stunden beträgt und welches Wasser mittels einer Dampfpumpe in den Gegenbehälter bei Sachsenhausen gehoben werden kann; endlich die Pumpenanlage am Riederspiess, etwa 3000 m von der Stadt entfernt, die Brunnenwasser mittels Dampfmaschinen von 70 Pferdekräften, etwa 1100 cbm pro 24 Stunden, in den Hochbehälter an der Friedberger Warte fördern kann. Diese verschiedenen Bezugsquellen liefern gutes Trinkwasser, werden jedoch nur im Sommer zur Versorgung der Stadt mit herangezogen.

Im Sommer wird der Gesammtzulauf der Hauptquellenleitung abgegeben; im Winter wird der Ueberfluss zu Strang- und Kanalspülungen benutzt. Die Versorgung ist einheitlich für Trink- und Brauchwasser, constant und ohne Hausreservoire. Weder der Anschluss an die Leitung noch die Benutzung von Messern dafür ist obligatorisch. Als Wasserpreis wird für das Wasser zum gewöhnlichen Hausgebrauche 4% des Miethwerthes der Wohnungen gezahlt. In die öffentlichen Kanäle sind Hauseinlässe und Closeteinlässe gestattet. Für die Hausleitungen sind gusseiserne und geschwefelte Bleirohre vorgeschrieben.. Schmiedeeiserne Röhren, Bleiröhren ohne Ueberzug und Zinnbleiröhren sind als unzulässig bezeichnet. Die Hauptleitungen sind innen und aussen mit Asphaltlack überzogen.

Für Strassensprengen sind an 120 Tagen im Jahre 50000 cbm Wasser durch Sprengfässer verwendet. Für diesen Zweck wird im Sommer ferner ein auf der alten Mainbrücke stehendes Pumpwerk, welches in das alte, städtische Rohrnetz 800 cbm bis 900 cbm täglich pumpt, benutzt. Auch werden von diesem Wasser einige Springbrunnen gespeist. Zur Rinnsteinspülung wird kein Wasser aus der Quellwasserleitung abgegeben; wohl aber für 32 öffentliche Pissoirs mit continuirlicher Spülung, für 6 Springbrunnen, die im Sommer je 2 Stunden pro Tag spielen, und für 156 Freibrunnen mit Selbstabschluss. Für Feuerlöschzwecke dienen 1100 Hydranten in ca. 50 m Entfernung, von denen 30 mit Selbstentleerung versehen sind. Aus den Hydranten wird bei einem Brande direct gespritzt.

An die Leitung waren 1881/82 5900 Häuser mit 20300 Haushaltungen angeschlossen, in welchen 1542 Badeeinrichtungen, 21690 Closets, 1764 Pissoirs und 158 Springbrunnen sich befanden. 15 Wassermotoren waren in Benutzung.

Die Abgabe nach Messern hat 1881/82 betragen für öffentliche Zwecke 260000 cbm, für Hausgebrauch 99400 cbm, für Industrie- etc. Zwecke 661000 cbm, also im ganzen nach Messern 1020400 cbm.

M. Provinz Rheinland.

a) Regierungsbezirk Koblenz.

311. **Mayen** hat 7814 Einwohner in 914 Wohnhäusern und 1621 Haushaltungen.

Die Versorgung erfolgt fast ausschliesslich durch Grundbrunnen innerhalb des Ortes. An öffentlichen Brunnen sind 3 städtische und 22 Genossenschaftsbrunnen von ca. 7 m Tiefe mit einem 6 m tiefen Wasserstande vorhanden. Ausserdem haben 5 Brauereien und mehrere Wohnhäuser Privatbrunnen. Das Wasser ist nur bei einigen Brunnen gut; im Allgemeinen aber ist es schlecht, wie Untersuchungen desselben bestätigt haben.

Eine künstliche Zuleitung von Quellwasser durch natürliches Gefälle aus ca. 1000 m Entfernung findet nur für eine Brauerei, für den Marktbrunnen und für einen anderen öffentlichen Laufbrunnen mittels einer Leitung von Bleiröhren statt. Das Wasser dieser Quelle wird ferner in 2 Brandweihern von zusammen 1500 cbm Fassungsraum, 300 m bis 400 m von der Stadt entfernt, aufgespeichert und dient hier für Feuerlöschzwecke. Eine bessere Versorgung wird als sehr wünschenswerth bezeichnet und würde durch 2 sehr starke Quellen, die ausserhalb der Stadt entspringen, leicht ausführbar sein. Es fehlen aber die nöthigen Mittel dazu.

312. **Andernach** hat 5668 Einwohner in 600 Wohnhäusern und 1006 Haushaltungen.

Ausser 30 privaten, gesenkten Brunnen von 10 m bis 15 m Tiefe mit sehr schwankendem Wasserstande, die ein sehr mangelhaftes Trinkwasser, wie Untersuchungen desselben bestätigt haben, geben, besteht schon seit 1576 eine Quellwasserleitung, welche 1882 mit einem Kostenaufwande von 70 000 M. umgebaut ist. Das Wasser ist aus 2000 m Entfernung durch natürliches Gefälle zugeführt. Zur Leitung dienen Röhren von Gusseisen und von Blei. Für die öffentliche Abgabe sind 11 Laufbrunnen hergestellt und 238 Privatgrundstücke sind an die Leitung angeschlossen.

313. **Neuwied** hat 9656 Einwohner in 872 Wohnhäusern und 2040 Haushaltungen.

Zur Wasserversorgung dienen ausschliesslich Brunnen von 8 m bis 12 m Tiefe, deren Wasserstand um 0,5 m bis 6 m schwankt. Es sind deren 795 private und 24 öffentliche vorhanden. Das Wasser ist in der Regel gut. Untersuchungen nach den Hochwassern des Rheins zwingen jedoch zu zeitweiser Schliessung einzelner derselben. Das Wasser ist in stets genügender Quantität vorhanden und eine Aenderung des jetzigen Zustandes wird nicht beabsichtigt.

314. **Koblenz** hat 30 548 Einwohner in 1550 Wohnhäusern und 5457 Haushaltungen. .

Für die Versorgung bestehen 18 öffentliche und 60 private Pumpenbrunnen, die gesenkt sind und eine Tiefe von 10 m bis 15 m bei einem stark schwankenden Wasserstande haben. Das Wasser ist in genügender Menge vorhanden, ist aber als Trinkwasser mangelhaft.

Ferner findet eine Einleitung von Quellwasser durch natürliches Gefälle statt, welches 3600 m von der Stadt entfernt beim Dorfe Metternich gesammelt und mittels gusseiserner Leitungen, die die

Moselbrücke passiren, 3 öffentlichen Laufbrunnen sowie 3 Privatgrundstücken zum Hausgebrauche zugeführt wird.

Eine einheitliche Versorgung ist schon lange als Bedürfniss erkannt; auch sind dafür bereits verschiedene Projecte aufgestellt. Weiter ist es jedoch noch nicht gekommen.

315. **Ehrenbreitstein** hat 5700 Einwohner in 258 Wohnhäusern und 656 Haushaltungen.

Die Versorgung erfolgt durch das Wasser aus Quellen, von denen eine unmittelbar an der Stadt, die andere 4000 m davon entfernt entspringt. Das Wasser wird mittels eiserner Röhren durch natürliches Gefälle eingeleitet. Dasselbe kommt durch öffentliche Wasserständer zur allgemeinen Benutzung und wird auch etwa 70 Privatgrundstücken zugeleitet. Das Wasser ist als Trinkwasser gut, wie durch öftere Untersuchungen bestätigt ist. Auch ist es stets in genügender Menge vorhanden, so dass kein Bedürfniss zu einer Aenderung der Versorgung vorliegt.

316. **Boppard** hat 5524 Einwohner in ca. 700 Wohnhäusern.

Die Versorgung erfolgt aus 19 öffentlichen und 70 privaten Pumpenbrunnen, die gegraben sind und etwa 12 m Tiefe bei einem 10 m tiefen, stark schwankenden Wasserstande haben. Das Wasser ist stets genügend vorhanden und als Trinkwasser ziemlich gut. Speciellen Untersuchungen ist dasselbe bislang nicht unterzogen. Ferner findet die Einleitung von 3 Quellen mittels eiserner Röhren durchnatürliches Gefälle bis aus 500 m Entfernung statt. Das Wasser der einen Quelle kommt an einem öffentlichen Laufbrunnen zum Ausfluss, das der beiden anderen wird auf Privatgrundstücke eingeleitet.

317. **Wetzlar** hat 7428 Einwohner.

Die Versorgung erfolgt aus Grundwasser, welches in einem Klärbassin gesammelt und durch 8 Filterkästen gereinigt wird. Nach der Filtration werden noch 2 Quellen zugeleitet und das Gemisch von Quell- und Grundwasser durch natürliches Gefälle den öffentlichen Brunnen zugeführt. Bei starkem Regen und bei Schneeschmelzen wird das Grundwasser schmutzig und die grössere Ergiebigkeit der Quellen zu dieser Zeit gestattet dann die zeitweise Ableitung des Grundwassers, ohne einen Wassermangel zu veranlassen.

318. **Kreuznach** hat 15321 Einwohner in ca. 1500 Wohnhäusern und 3200 Haushaltungen.

Die Versorgung erfolgt ausschliesslich aus Brunnen, die theils im Grundwasser gegraben und gesenkt, theils in den Felsen gebohrt sind.

Sie geben genügendes, aber meistens schlechtes Wasser, wie durch öftere Untersuchungen desselben nachgewiesen ist.

Für das Soolwasser der Badeanstalt besteht eine künstliche Hebungseinrichtung, welche 180 000 M. gekostet hat. Eine Süsswasserleitung ist schon seit längerer Zeit geplant; über die Ausführungszeit ist aber noch nichts bestimmt.

b) Regierungsbezirk Düsseldorf.

319. **Emmerich** hat 8900 Einwohner in 1049 Wohnhäusern und 1896 Haushaltungen.

Die Versorgung erfolgt ausschliesslich aus gegrabenen Brunnen von 9 m bis 10 m Tiefe mit einem ca. 3 m tiefen, constanten Wasserstande. Das Wasser ist als Trinkwasser gut, wie Untersuchungen desselben bestätigt haben, und es ist stets in genügender Menge vorhanden. Trotzdem liegt ein Plan zu einer anderen Versorgung vor.

320. **Kleve** hat 10 059 Einwohner in 1378 Wohnhäusern.

Die Versorgung erfolgte vor 1878 ausschliesslich durch Hausbrunnen von 3 m bis 7 m Tiefe und in dem oberen Theile der Stadt durch verschiedene, öffentliche Brunnen von über 30 m Tiefe mit aufstehenden Pumpen. Seit dieser Zeit ist eine für Rechnung der Stadt vom Unternehmer Scheven in Bochum mit einem Kostenaufwande von 186 000 M. erbaute Versorgung in Betrieb. Der jetzige Buchwerth der Anlage beträgt 215 000 M. und deren Maximalleistungsfähigkeit beläuft sich auf 1400 cbm pro Tag.

Das Wasser wird 500 m von der Stadt entfernt bei dem Dorfe Rindern durch 2 Brunnen dem Grundwasser entnommen und durch Dampfkraft einem 85 m über der Gewinnungsstelle liegenden, gemauerten, überwölbten und in den Boden versenkten Reservoire von 1000 cbm Fassungsraum zugeführt. Dasselbe liegt 2500 m vom Gewinnungsorte und 800 m von der Stadt entfernt.

Die Versorgung erfolgt einheitlich für Brauch- und Trinkwasser und constant. Wassermesser für Hausanschlüsse sind nicht obligatorisch. Die Zahlung des Wassers zum Hausgebrauche erfolgt nach Schätzung. Für die Hausleitungen ist Bleirohr und neuerdings verzinktes Schmiedeeisenrohr vorgeschrieben. Die Stadt ist nicht kanalisirt.

Der Wasserverbrauch hat im Jahre 1881 198 194 cbm betragen und zwar am meisten im Monat Juli, nämlich 24 590 cbm und am wenigsten im Monat Januar, nämlich 10 016 cbm.

Für öffentliche Zwecke sind 6520 cbm, davon 4000 cbm für öffentliche Gebäude, verwendet. Zum Strassensprengen sind 1270 cbm durch Sprengfässer benutzt. Für die Spülung des Rohrnetzes, die monatlich an den Endstrecken stattfindet, sind 200 cbm im Jahre verbraucht. Für Feuerlöschzwecke sind 150 cbm verwendet. Es dienen dafür 91 Hydranten, unter Flur aufgestellt und mit Selbstentleerung versehen, in ca. 150 m Entfernung von einander. 2 öffentliche Springbrunnen haben 900 cbm vom 1. April bis 31. October verbraucht. Für Freibrunnen, öffentliche Pissoirs, öffentliche Badeanstalten und directe Rinnsteinspülung findet keine Abgabe statt.

Für Privatzwecke sind im Jahre 1881 191674 cbm abgegeben. 169042 cbm, davon 26140 cbm durch Messer abgegeben, dienten zum Hausgebrauche, 22632 cbm, davon 19632 cbm durch Messer abgegeben, dienten zum Gewerbe- und Industriebetriebe. 774 Häuser mit ca. 7000 Bewohnern waren an die Leitung angeschlossen. 3 Wassermotoren mit je 1½ Pferdekräften, 57 Badeeinrichtungen und 18 Privatspringbrunnen waren in Benutzung.

321. **Goch** hat 5253 Einwohner in 831 Wohnhäusern und 1136 Haushaltungen.

Die Versorgung erfolgt aus gegrabenen Pumpenbrunnen von 6 m Tiefe mit einem 3 m tiefen, constanten Wasserstande. Es dienen deren 24 für die allgemeine Benutzung. Die Zahl der privaten Brunnen ist nicht angegeben. Das Wasser ist nicht untersucht; es ist aber als Trinkwasser gut und in stets genügender Menge vorhanden. Ein Wasserlauf zieht sich rund um die Stadt.

322. **Wesel** hat 16798 Einwohner in 1408 Wohnhäusern excl. Feldmark und 20593 Einwohner in 1723 Wohnhäusern incl. Feldmark in 3373 Haushaltungen.

Die Versorgung erfolgt ausschliesslich aus Brunnen, deren 52 öffentliche und 350 private vorhanden sind. Dieselben sind 12 m bis 13 m tief bei einem Wasserstande von 6 m bis 7 m. In den niederen Stadttheilen schwankt der Wasserstand der Brunnen mit dem des Rheins um 3 m bis 4 m. Das Wasser ist als Trinkwasser gut und es ist in stets genügender Menge vorhanden. Die von Zeit zu Zeit vorgenommenen Untersuchungen (alljährlich nach Austritt des Hochwassers) haben günstige Resultate über die Qualität ergeben. Jedoch ist das Bedürfniss nach einer Aenderung erkannt und es schweben die Unterhandlungen zur Anlage einer einheitlichen Versorgung.

323. **Geldern** hat 5619 Einwohner.

Die Versorgung erfolgt ausschliesslich aus gesenkten Brunnen. Dieselben haben eine durchschnittliche Tiefe von 5 m und einen nicht sehr schwankenden Wasserstand, der ca. 1,3 m beträgt. Es sind 22 Brunnen für die öffentliche Benutzung und ca. 300 auf Privatgrundstücken vorhanden.

324. **Kempen a. Rhein** hat 5783 Einwohner in 720 Wohnhäusern und 1260 Haushaltungen.

Für die Versorgung sind 39 öffentliche und einige hundert private Pumpenbrunnen vorhanden, die meistens gesenkt und seltner gebohrt sind. Sie haben 6 m bis 8 m Tiefe und einen 2,5 m bis 3 m tiefen periodisch bis um 1,5 m schwankenden Wasserstand. Das Wasser ist in stets genügender Menge vorhanden und als Trinkwasser brauchbar, wie durch Untersuchungen bestätigt ist. Eine Aenderung in der Versorgung ist nicht als ein dringendes Bedürfniss erkannt.

325. **Süchteln** hat 9286 Einwohner in 1325 Wohnhäusern und 1861 Haushaltungen.

Die Versorgung erfolgt ausschliesslich aus gegrabenen und gesenkten Brunnen, deren 11 für die allgemeine Benutzung und 922 auf privaten Grundstücken vorhanden sind. Das Wasser ist als Trinkwasser durchschnittlich gut, bei ausnahmsweise hohem Grundwasserstande wird es aber schlecht. Eingehende Untersuchungen sind 1880 und 1881 über die Qualität des Wassers der verschiedenen Brunnen vorgenommen. Ein Wassermangel tritt niemals ein. Das Bedürfniss nach einer einheitlichen Versorgung liegt nicht vor.

326. **Dülken** hat 6540 Einwohner in 804 Wohnhäusern und 1361 Haushaltungen.

Die Versorgung erfolgt ausschliesslich durch gegrabene Brunnen aus dem sehr hoch stehenden Grundwasser. Das Wasser ist als Trinkwasser gut. Die 1881/82 vorgenommenen Untersuchungen desselben haben allerdings ein theils mangelhaftes Resultat in Folge des ausnahmsweise hohen Grundwasserstandes ergeben. Eine Aenderung der Versorgung wird nicht beabsichtigt.

327. **Viersen** hat 20 997 Einwohner in ca. 3000 Wohnhäusern und 4000 Haushaltungen.

Die Versorgung erfolgt ausschliesslich aus Grundbrunnen, deren fast jedes Haus einen besitzt, die durchschnittlich gutes und auch stets genügendes Wasser geben.

328. **Krefeld** hat 73 872 Einwohner in ca. 6300 Häusern und 16 000 Haushaltungen.

Die Versorgung erfolgt seit 1877 durch eine vom Baurath Salbach in Dresden auf Kosten der Stadt für 1 288 200 M. hergestellte Anlage, deren Maximalleistungsfähigkeit 8000 cbm pro 24 Stunden beträgt.

Das Wasser wird aus dem Grundwasser der linksrheinischen Niederung am sog. Hülser Berge, 2400 m von der Stadt und 12 000 m vom Rhein entfernt, durch Brunnen, von denen einer ein Tiefbrunnen von 34 m Tiefe ist, erschlossen. Es wird durch Dampfkraft auf 42 m Höhe gehoben und einem schmiedeeisernen Reservoire zugeführt, welches 38 m hoch über dem Versorgungsgebiete in einem dafür erbauten Thurme, 1200 m von der Stadt und 1200 m von dem Gewinnungsorte entfernt, aufgestellt ist. Das Reservoir fasst 1600 cbm Wasser.

Die Versorgung erfolgt für Brauch- und Trinkwasser einheitlich, mit gleichem Drucke, constant und ohne Anwendung von Hausreservoiren. Der Anschluss der Häuser und die Anwendung von Wassermessern ist nicht obligatorisch. Das Wasser zum Hausgebrauch wird nach Schätzung bezahlt. Für die Hausleitungen sind Zinnbleiröhren vorgeschrieben. Die Hauptleitungen haben einen inneren Asphaltüberzug. Der Ort ist kanalisirt; Closeteinlässe sind verboten, Hauseinlässe aber erlaubt.

Die ganze Abgabe an Wasser hat 1881/82 1 183 756 cbm betragen. Davon entfallen 154494 cbm als Monatsmaximum auf den Monat Juli und 70 152 cbm als Monatsminimum auf den Monat Februar. Der grösste Tagesverbrauch betrug 8028 cbm, und der geringste 1284 cbm. Eine Abgabe an Aussengemeinden findet nicht statt.

Für das Strassensprengen, das an 38 Tagen im Jahr durch Sprengfässer geschah, sind im Jahre 8000 cbm, für Rinnsteinspülen, welches durch besondere Spülhähne an 40 Tagen je 5 Stunden geschah, sind im Ganzen 700 cbm verbraucht. Zur directen Kanalspülung aus Hydranten sind 3000 cbm, für Spülung des Rohrnetzes, das regelmässig alle Vierteljahre stattfindet, 10000 cbm und für Feuerlöschzwecke 800 cbm im Jahre verwendet. Für letzteren Zweck sind 510 Hydranten in durchschnittlich 80 m Entfernung von einander vorhanden, welche mit Selbstentleerung versehen und unter Flur aufgestellt sind, aus denen bei Bränden direct gespritzt wird. Oeffentliche Springbrunnen, Freibrunnen und öffentliche Badeanstalten werden nicht aus der Leitung versorgt. Für 2 öffentliche Pissoirs mit je 2 Ständen werden zur continuirlichen Spülung 1000 cbm im Jahre verbraucht.

3033 Häuser mit 7582 Haushaltungen und 36400 Bewohnern sind an die Leitung angeschlossen. Es waren in diesen 2 Wassermotoren von je 1 Pferdekraft, 323 Badeeinrichtungen, 518 Closets, 146 Privatpissoirs mit 250 Ständen und 68 Privatspringbrunnen in Benutzung.

329. **München-Gladbach** hat 37 387 Einwohner in 3876 Wohnhäusern und 7874 Haushaltungen.

Die Versorgung erfolgt seit October 1880 durch eine einheitliche Anlage, die für Rechnung der Stadt vom Ingenieur Scheven in Bochum mit einem Kostenaufwande von 366 607 M. hergestellt ist. Der jetzige Buchwerth derselben beträgt 419 817 M. und die Maximalleistungsfähigkeit bei 12 stündiger Arbeitszeit der Pumpen 2000 cbm.

Das Wasser wird 1700 m von der Stadt entfernt bei Dahl durch einen Brunnen aus dem Grundwasser gewonnen, mittels Dampfkraft ohne vorherige, künstliche Reinigung 60 m hoch gehoben und einem 700 m von der Stadt und 1100 m vom Gewinnungsorte entfernt hergestellten Hochreservoire von 600 cbm Inhalt zugeführt. Das Reservoir besteht aus Schmiedeeisen, ist auf gemauertem Unterbau 34 m höher als der höchste Punkt des Ortes unter Dach aufgestellt und hat einen freitragenden Boden.

Hausanschlüsse und Wassermesser sind nicht obligatorisch. Das Wassergeld für den Hausgebrauch wird nach Schätzung bestimmt. Für die Hausleitungen sind innen geschwefelte Bleiröhren und Röhren aus Gusseisen vorgeschrieben. Die Hauptleitungen sind innen und aussen asphaltirt. Der Ort ist theilweise kanalisirt. Hausanschlüsse an die Kanäle sind in geringer Zahl ausgeführt, Closeteinlässe sind aber von der Regierung verboten.

Die gesammte Wasserabgabe hat 1882 207 923 cbm betragen und zwar am meisten im August, nämlich 21 213 cbm und am wenigsten im Februar, nämlich 12 881 cbm.

Für öffentliche Zwecke sind im Jahre 20 450 cbm abgegeben und zwar 1700 cbm, nach Messern bestimmt, für öffentliche Gebäude und 18 750 cbm nach Schätzung. Das Besprengen der Strassen bei heisser Witterung muss nach Polizeiverfügung durch die Hausbesitzer bewirkt werden. Eine Rinnsteinspülung findet für 5400 m Rinnenlängen durch 12 Spülhähne statt. Das Spülen geschieht vom 15. April bis zum 15. October ausser an Regentagen täglich von 8 Uhr morgens bis 7 Uhr Abends. Der Wasserverbrauch dafür betrug im Jahre 15 000 cbm. Für die Spülung des Wasserrohrnetzes, welches alle acht Tage durch die Endhydranten erfolgt, sind im Jahre 1250 cbm verbraucht. Für Feuerlöschzwecke sind 162 Hydranten, mit Selbstentleerung versehen, in 100 m durchschnittlicher Entfernung aufgestellt. Directe Kanalspülung findet nicht statt. Freibrunnen und öffentliche Fontainen werden nicht aus der Leitung versorgt. Oeffentliche Pissoirs sind projectirt.

Für Privatzwecke sind im Jahre 187473 cbm abgegeben, davon 124067 cbm für Industrie- und Gewerbezwecke und zwar ausschliesslich nach Messern bestimmt. Von den 63406 cbm für den Hausgebrauch sind 47958 cbm durch Messer bestimmt entnommen. 726 Wohnhäuser mit 1474 Haushaltungen und 7710 Bewohnern waren an die Leitung angeschlossen. Es waren darin 157 Closets und 109 Privatpissoirs in Benutzung.

330. **Rheydt** hat 19087 Einwohner in 2516 Wohnhäusern und 3553 Haushaltungen.

Die Versorgung erfolgt aus 7 öffentlichen und 193 privaten Brunnen, die gebohrt sind und 25 m Tiefe bis zur Sohle und 20 m Tiefe bis zum Wasserstande, der ein schwankender ist, haben.

Die Wassermenge ist stets genügend. Das Wasser ist aber, wie Untersuchungen desselben bestätigt haben, als Trinkwasser mittelmässig. Für eine Aenderung der Versorgung liegt ein Plan vor, an dessen Ausführung jedoch noch nicht herangetreten ist.

331. **Rheindahlen** hat 6072 Einwohner in 1071 Wohnhäusern und 1231 Haushaltungen. Im inneren Stadtbezirke befinden sich 305 Wohnhäuser mit 1725 Bewohnern in 379 Haushaltungen.

Die Versorgung erfolgt ausschliesslich durch gegrabene und gesenkte Brunnen von 5 m bis 12 m Tiefe. Es sind deren im Ganzen 204 und zwar 44 zu allgemeiner Benutzung und 160 auf Privatgrundstücken vorhanden. Dieselben werden aus dem Grundwasser gespeist, dessen Höhe sich seit den letzten Jahren um 4 m vergrössert hat, während dasselbe in der Zeit um 1860 so tief gesunken war, dass Brunnen, die ursprünglich auf 2 m Wassertiefe angelegt waren, gesenkt werden mussten. Das Wasser ist immer gut, wie wiederholte Untersuchungen bestätigt haben. Auch tritt ein Wassermangel nie ein, so dass an eine Aenderung der Versorgung nicht gedacht wird.

332. **Odenkirchen** hat 8778 Einwohner in 1131 Wohnhäusern und 2203 Haushaltungen.

Für die Versorgung dienen 18 öffentliche und 497 private Brunnen, die gegraben und gesenkt sind und 2,5 m bis zu 20 m Tiefe haben. Das Wasser hat in denselben eine constante Höhe und zwar von 1,6 m bis 18 m unter Terrain. Das Wasser genügt quantitativ vollkommen und ist als Trinkwasser gut. Eine Untersuchung desselben hat nicht stattgefunden. Eine Aenderung in der Versorgung eintreten zu lassen, liegt kein Bedürfniss vor.

333. **Neuss** hat 17495 Einwohner.

Die Versorgung erfolgte früher ausschliesslich aus gesenkten Brunnen von ca. 7,5 m Tiefe mit einem durchschnittlich 6 m tiefen, jedoch mit dem Wasserstande des Rheines schwankenden Wasserstande.

Seit 1881 besteht eine allgemeine Versorgung, welche seit dem 1. April 1883 in den Besitz der Stadtgemeinde übergegangen ist, die vom Unternehmer Scheven in Bochum mit einem Kostenaufwande von 255000 M. hergestellt wurde. Der jetzige Buchwerth derselben beläuft sich auf 259000 M. Die Maximalleistungsfähigkeit beträgt pro Tag 4000 cbm.

Das Wasser wird 400 m von der Stadt entfernt durch in das Grundwasser abgesenkte Brunnen erschlossen und durch Dampfkraft auf 45 m Höhe in ein schmiedeeisernes Reservoir von 415 cbm Inhalt gehoben. Dasselbe ist auf künstlichem Unterbau unter Dach aufgestellt und befindet sich in der Stadt selbst, 1015 m vom Gewinnungsorte des Wassers entfernt. Das Wassergeld für die auf Antrag angeschlossenen Häuser wird nach Taxe erhoben. Für die Hausleitungen ist kein bestimmtes Material vorgeschrieben und die Hauptleitungen sind ohne einen inneren Ueberzug verlegt. Die Stadt ist nicht kanalisirt.

Die gesammte Abgabe hat 1882/83 206513 cbm betragen. Sie war am grössten im September, nämlich 19751 cbm und am geringsten im April, nämlich 14684 cbm. Für den Hausgebrauch der 500, an die Leitung angeschlossenen Häusern sind im Jahre 72939 cbm abgegeben. davon 62939 cbm durch 336 Messer bestimmt. Für Industrie- und Gewerbebetrieb sind 111051 cbm benutzt. Für die Rinnsteinspülung sind im Jahre 18327 cbm und für Feuerlöschzwecke 4196 cbm verbraucht. 95 Hydranten sind in durchschnittlich 85 m Entfernung aufgestellt. Ein Freibrunnen dient der allgemeinen Benutzung. Oeffentliche Fontainen, öffentliche Pissoirs oder eine öffentliche Badeanstalt im Anschlusse an die Leitung existiren nicht. Das Wasser ist als Trinkwasser sehr gut, wie durch Analysen nachgewiesen ist.

334. **Ruhrort** hat 9130 Einwohner in über 700 Wohngebäuden mit 2000 Haushaltungen.

Das Wasser wird aus Flachbrunnen entnommen. Es sind solche fast bei jedem Hause vorhanden, und es bestehen 4 Stück für den öffentlichen Gebrauch. Die Brunnen geben ein stets genügendes Quantum Wasser; dasselbe ist aber meistens schlecht, da die Brunnen nicht mit der erforderlichen Sorgfalt ausgeführt sind. Eine Untersuchung verschiedener derselben nach dem Hochwasser hat dieselben als durch organische Stoffe verunreinigt erkennen lassen.

Das Bedürfniss einer Aenderung ist seit Jahren allseitig anerkannt und die Herstellung einer einheitlichen Versorgung wird durch den im Frühjahr 1883 gefassten Beschluss, die Stadt vom Wasserwerke der Stadt Duisburg aus zu versorgen, in kürzester Zeit erreicht werden.

335. **Oberhausen** hat 16 680 Einwohner in 1624 Wohnhäusern. Ein Theil der Stadt wird von dem städtischen Wasserwerke in Mülheim a. d. Ruhr versorgt. Für den übrigen Theil, soweit er seinen Bedarf nicht aus Grundbrunnen entnimmt, sowie für den grössten Theil der Industrie, findet die Versorgung seit 1873 durch eine Actien-Gesellschaft „Oberhausener Wasserwerk“ statt. Die erste Anlage hat der Gesellschaft 300 000 M. gekostet; der jetzige Buchwerth beläuft sich auf 355 800 M. Die Leistungsfähigkeit der jetzigen Anlage beträgt 5000 cbm pro Tag.

Das Wasser wird 3000 m vom Orte entfernt durch 2 Brunnen von 4,30 m Tiefe mit einem mittleren Wasserstande von 2 m in unmittelbarer Nähe der Ruhr entnommen, nachdem dasselbe durch deren Kiesbett eine natürliche Filtration erfahren hat, und durch Dampfkraft auf 50 m Höhe gehoben einem 1000 m von der Stadt entfernt unter Dach auf künstlichem Unterbau aufgestellten, schmiedeeisernen Reservoire von 120 cbm Fassungsraum zugeführt, dessen höchster Wasserstand 22 m bis 40 m höher als das Versorgungsgebiet liegt.

Für die Hausleitungen werden Bleiröhren und schmiedeeiserne Röhren benutzt. Für die Hausabgabe sind Wassermesser nicht vorgeschrieben. Die Stadt ist zum Theil kanalisirt.

Die gesammte Abgabe betrug im Jahre 1882 597 816 cbm und zwar am meisten im December, nämlich 54 045 cbm und am wenigsten im Juli, nämlich 44 502 cbm. Am Maximalconsumtage sind 2650 cbm und am Minimalconsumtage 902 cbm abgegeben. In allen Tagen des Jahres zusammen sind von Morgens 6 Uhr bis Abends 6 Uhr 347 400 cbm und von Abends 6 Uhr bis Morgens 6 Uhr 250 416 cbm verbraucht.

Von der gesammten Abgabe entfallen 5000 cbm auf öffentliche Gebäude und 1000 cbm auf Wasser für Feuerlöschzwecke. Eine weitere Abgabe für öffentliche Zwecke findet nicht statt. Für Industrie- und Gewerbezwecke sind 529 524 cbm und für den Hausverbrauch von 154 an die Leitung angeschlossenen Grundstücken 62 292 cbm im Jahre verwendet. Auf letzteren befanden sich 18 Badeeinrichtungen, 13 Closets,

3 Pissoirs und 5 Springbrunnen. Das Wasser ist stets gut, wie durch Untersuchungen desselben bestätigt ist.

336. **Essen a. d. Ruhr** hat 56944 Einwohner in ca. 4000 Wohnhäusern und 12000 Haushaltungen.

Die Versorgung erfolgt seit 1865 durch eine einheitliche Versorgung, welche Eigenthum der Stadt ist. Die erste Anlage wurde vom Oberbaurath Moore in Berlin mit einem Kostenaufwande von 350000 M. hergestellt. Dieselbe hat später verschiedene, sehr bedeutende Vergrösserungen, aber auch sehr beträchtliche Abschreibungen erfahren, so dass der jetzige Buchwerth 473000 M. beträgt und es sind abermalige Erweiterungen im anschlagmässigen Betrage von über 400000 M. in Ausführung begriffen. Die jetzige Maximalleistungsfähigkeit der Anlage pro 24 Stunden beträgt 15000 cbm.

Das Wasser wird unterhalb der Stadt Steele bei Spillenburg 7000 m von Essen entfernt, dem Kiesbette der Ruhr mittels Filterröhren und Brunnen entnommen und durch Dampfkraft 49 m hoch in ein 5500 m entfernt gelegenes, gemauertes, überwölbtes und in den Boden versenktes Reservoir von 3300 cbm Inhalt gehoben, welches 1500 m von der Stadt entfernt und 1 m bis 40 m über dem Versorgungsgebiete liegt. Ein zweites Reservoir von Schmiedeeisen, auf künstlichem, 15 m hohen Unterbau unter Dach aufgestellt, ist zur besseren Versorgung der höheren Theile der Stadt in Ausführung begriffen. Dasselbe fasst 2000 cbm.

Die Versorgung erfolgt einheitlich für Brauch- und Trinkwasser, constant, ohne Anwendung von Hausreservoiren und bislang unter einheitlichem Drucke. Der Anschluss der Häuser sowie die Verwendung von Wassermessern dafür ist nicht obligatorisch. Für die Hausleitungen sind Bleiröhren vorgeschrieben. Die Hauptleitungen sind ohne inneren Ueberzug. Die Stadt ist kanalisirt; Closeteinlässe sind verboten, Hauseinlässe sind aber gestattet.

Der gesammte Consum betrug 1882 3228725 cbm. Er war am grössten im December, nämlich 328725 cbm und am geringsten im Februar, nämlich 201910 cbm. Der Tagesconsum erreichte am 18. December sein Maximum mit 13125 cbm und am 26. Februar sein Minimum mit 5810 cbm. An die Aussengemeinde Altenessen mit 13050 Einwohnern und an verschiedene in Borbeck gelegene Etablissements sind im Jahre 1882 469000 cbm abgegeben. Eine Vergrösserung dieses Quantums durch den Anschluss fernerer Ortschaften steht in Aussicht.

Für öffentliche Zwecke wurden im Jahre 165 923 cbm, für Privatzwecke 2 647 477 cbm verwendet. Von ersterem Quantum sind 87 330 cbm durch Schätzung und 78 493 cbm nach Messern bestimmt. In öffentlichen Gebäuden sind 22 430 cbm verbraucht. Für Strassensprengen sind 13 500 cbm mittels Sprengfässern verwendet. Besondere Rinnstein- oder directe Kanalspülung findet nicht statt. Für die Spülung des Rohrnetzes sind täglich ca. 10 cbm und im Jahre 3030 cbm benutzt. 4 öffentliche Fontainen haben im Jahre 60 Tage à 12 Stunden gespielt und 18 800 cbm Wasser im Jahre verbraucht. 4 öffentliche Pissoirs, deren Stände im ganzen 22 m Länge haben, sind mit 45 360 cbm im Jahre continuirlich gespült. Für Feuerlöschzwecke sind 3000 cbm verwendet. Es sind dafür 300 Hydranten vorhanden, aus denen bei Bränden nicht direct gespritzt wird. Sie sind ohne Selbstentleerung und theils über, theils unter Flur aufgestellt. Freibrunnen existiren nicht. Eine städtische Badeanstalt mit überdecktem Schwimmbassin und 11 Wannenbädern, in der 101 300 Personen im Jahre gebadet haben, hat 1882 59 713 cbm der Leitung entnommen.

Für den Hausgebrauch sind 1 513 457 cbm, davon 191 292 cbm durch Messer an 2994 Häuser mit 61 000 Bewohnern abgegeben. Für Industrie- und Gewerbebetriebe fanden 1 134 020 cbm, nach Messern abgegeben, Verwendung. 4 Wassermotoren à 4 Pferdekräfte, 537 Badeeinrichtungen, 204 Closets, 71 private Pissoirs mit 300 Ständen und 78 private Springbrunnen werden aus der Leitung auf den Privatgrundstücken gespeist. 53 500 qm Hof- und Gartenland sind für Sprengzwecke veranlagt.

Anhang.

336a. **Fried. Krupp.** Die Gussstahlfabrik von Fried. Krupp bei Essen hat ihr eigenes Wasserwerk, welches ausser zur Bedienung ihrer technischen Betriebe die zahlreichen Arbeiter- und Beamtenwohnungen derselben versorgt.

Das Wasser wird ausser von 3 benachbarten Zechen der Ruhr durch Filterrohre entnommen und mittels durch Dampfkraft betriebene Pumpen einem 1600 m entfernt und ca. 112 m höher als die Gewinnungsstelle liegenden, gemauerten Reservoire von 6700 cbm Fassungsraum zugeführt. Dasselbe liegt 82 m höher als das Fabrikterrain und 5900 m von demselben entfernt. Zur Vertheilung nach 2 Druckzonen befinden sich hier noch 2 schmiedeeiserne Reservoire, je eins für jede Zone, in Thürmen unter Dach aufgestellt. Dieselben fassen 130 cbm und 110 cbm und stehen 53 m resp. 23 m hoch über Terrain.

Der Wasserconsum hat im Ganzen im Jahre 1882 7 381 640 cbm betragen und zwar am meisten im Monat Juli, nämlich 695 384 cbm und am wenigsten im Monat Februar, nämlich 535 949 cbm. Der jährliche, gesammte Wasserverbrauch durch die Zahl der Beamten und Arbeiter dividirt ergiebt pro Kopf 600 cbm und es schwankte die Abgabe pro Arbeitstag im Jahre 1882 zwischen 18 834 cbm und 26 868 cbm.

Für Feuerlöschzwecke sind ausser 34 Nothbrunnen mit 136 Schlauchverschraubungen 360 Ueberflur-Hydranten mit je zwei Schlauchverschraubungen in 50 m bis 80 m Entfernung und ferner innerhalb wichtiger Gebäude 450 Feuerhähne in 25 m bis 30 m Entfernung über Flur angebracht. Das Spritzen bei Bränden findet mittels dieser 3 Abgabearten direct statt.

Auf dem Fabrikterrain sind für die Benutzung während der Arbeitszeit 96 selbstschliessende Trinkhähne im Freien aufgestellt. 26 Kaffeekochapparate geben an 168 Zapfhähnen durch Dampfschlangen gekochtes Leitungswasser. 9 Waschanstalten mit 121 Waschstellen in den Arbeitermenagen und eine Badeanstalt mit 7 Wannenbädern und einem Dampfbade werden aus der Leitung gespeist. 59 Pissoirs mit constanter Spülung und 9 Springbrunnen erhalten das Wasser aus der Leitung. 37 Waterclosets befinden sich in Bureaus etc. Es sind 4 Wassermotoren von zusammen 8 Pferdekräften in Benutzung.

Von 2592 Familienwohnungen in 577 der Fabrik gehörigen Häusern wird für 6268 Räume Wassergeld nach Taxe erhoben und es befinden sich in denselben 2851 Niederschraubhähne und 65 Badeeinrichtungen. Die der Fabrik gehörigen Wohnungen liegen zum Theil im Stadtkreise Essen, zum Theil aber in der direct daran stossenden Gemeinde Altendorf mit 22 229 Einwohnern, von denen fast die Hälfte Fabrikangehörige sind.

337. **Duisburg** hat 41 242 Einwohner in 3902 Wohnhäusern.

Die Versorgung erfolgt ausser aus gegrabenen und gesenkten Brunnen, deren Wasserstand sehr schwankend ist und die theils gutes, theils schlechtes Wasser geben, durch eine der Stadt gehörige und seit 1876 in Betrieb befindliche Anlage, die vom Stadtbaumeister Schülke, d. Z. in Duisburg, jetzt in Barmen, unter Assistenz des jetzigen Betriebsdirigenten Dellmann mit einem Kostenaufwande von 931 000 M. hergestellt ist. Der jetzige Buchwerth der Anlage beläuft sich auf 938 156 M. und die tägliche Maximalleistungsfähigkeit derselben in ihrem jetzigen Zustande beträgt 10 000 cbm.

Das Wasser wird durch Brunnen, 50 m von der Ruhr und 2000 m von der Stadt entfernt, an der Ackerfähre dem Grundwasser im Ruhrkiesbette entnommen und durch Dampfkraft 56,5 m hoch einem 2000 m entfernt liegenden, zweitheiligen, gemauerten, überwölbten und in den Boden versenkten Reservoire zugeführt. Dasselbe fasst 5500 cbm und liegt 2500 m von der Stadt entfernt und 50 m höher als diese. Ein neben dem Reservoire in einem Thurme aufgestelltes Standrohr gestattet, die Maschinen zeitweise direct ohne Reservoir unter höherem Druck arbeiten zu lassen.

Die Versorgung erfolgt einheitlich für Brauch- und Trinkwasser, constant und ohne Anwendung von Hausreservoiren. Der Anschluss der Häuser ist nicht obligatorisch. Die Zahlung für den Wasserverbrauch in den Häusern erfolgt nicht nach Messern, sondern nach Schätzung. Für die Hausleitungen sind Bleiröhren vorgeschrieben; die Hauptleitungen sind innen und aussen asphaltirt. Die Stadt ist theilweise kanalisirt; Hauseinlässe sind gestattet, Closeteinlässe aber verboten.

Die Gesammtabgabe von Wasser hat 1881/82 1 427 781 cbm betragen. Der Consum war am grössten im Monat Juli, nämlich 169 344 cbm und am geringsten im Monat April, nämlich 91 406 cbm. Die stärkste Tagesabgabe belief sich auf 7773 cbm und die schwächste auf 1821 cbm. Die Abgabe in den 12 Stunden von 6 bis 6 Uhr am Tage beträgt nahezu regelmässig ²/₃ der gesammten Tagesabgabe.

Für öffentliche Zwecke sind 1881/82 42 100 cbm abgegeben, davon 16000 cbm nach Messern, 26 100 cbm nach Schätzung. Der Verbrauch für öffentliche Gebäude ist der Abgabe für Privatzwecke zugerechnet. Für Strassensprengen sind im Jahre 7000 cbm und für Rinnsteinspülung 3500 cbm benutzt, letztere aus 11 Endhydranten entnommen und gleichzeitig zur Spülung des Rohrnetzes, die jede Woche ¹/₄ bis ¹/₂ Stunde lang erfolgt, verwendet. Durch directe Einlässe sind zur Kanalspülung 2000 cbm verbraucht. Für Feuerlöschzwecke sind im Jahre 300 cbm benutzt; es dienen dafür 199 Hydranten in ca. 100 m Entfernung, welche unter Flur aufgestellt und mit Selbstentleerung versehen sind. Dieselben werden direct zum Spritzen benutzt. Durch 6 Freibrunnen mit Selbstabschluss sind 10000 cbm im Jahre abgegeben. Nach dem Hochwasser 1882 sind sämmtliche im inundirten Stadttheile liegende, 160 öffentliche und private Brunnen geschlossen und 9 continuirlich laufende Freibrunnen hergestellt. Ein öffentliches Pissoir mit continuirlicher Spülung verbrauchte 1000 cbm im Jahre. Für einen öffentlichen Springbrunnen sind 6000 cbm im Jahre abgegeben. Eine städtische, öffentliche Badeanstalt mit überdecktem Schwimmbassin hat der Leitung im Jahre 5000 cbm entnommen.

Für Privatzwecke sind 1881/82 1 385 681 cbm abgegeben. Davon sind für den Hausgebrauch 513 013 cbm in 1283 Wohnhäuser mit 11 182 Wohnräumen und 12 830 Bewohnern eingeleitet. Für Gewerbe- und Industriezwecke sind 872 668 cbm, durch Messer bestimmt, entnommen. Es waren 2 Wassermotoren von zusammen 4 Pferdekräften in Gebrauch. 161 Badeeinrichtungen, 170 Closets, 38 Pissoirs, ferner Pissoirstände von 38 m Länge; 65 Springbrunnen waren auf Privatgrundstücken vorhanden; 235 782 qm Hof- und Gartenfläche war für Sprengzwecke veranlagt.

338. **Mülheim a. d. Ruhr** hat 22 146 Einwohner.

Die Wasserversorgung erfolgt einheitlich durch eine für Rechnung der Stadt von den Unternehmern J. u. A. Aird & Marc in Berlin nach dem Projecte des Ingenieur Bethge in Dortmund hergestellte Anlage, die seit 1876 in Betrieb ist. Die ersten Anlagekosten haben 586 000 M. betragen. Der jetzige Buchwerth beläuft sich auf 750 000 M. und die jetzige Leistung der Anlage in maximo auf 8000 cbm pro 24 Stunden.

Die Wassergewinnung erfolgt in der Stadt selbst durch einen Brunnen mit Filterröhren. Der Brunnen ist in einer dicht neben der Ruhr bei ihrem Eintritt in die Stadt gelegenen Wiese abgesenkt und liefert Grundwasser. Das Wasser wird mittels Dampfkraft auf 60 m Höhe gehoben und einem zweitheiligen, gemauerten, überwölbten und in den Boden versenkten Reservoire von 3200 cbm Inhalt in 860 m Entfernung von der Pumpstation zugeführt, welches 1500 m von der Stadt entfernt liegt.

Die Wasserabgabe erfolgt constant und für Trink- und Brauchwasser einheitlich. Hausanschlüsse und Wassermesser dafür sind nicht obligatorisch und es wird das Wassergeld für den Hausgebrauch nach Schätzung gezahlt. Die Hauptleitungsröhren sind innen asphaltirt. Für die Hausleitungen sind Bleiröhren oder Zinnbleiröhren vorgeschrieben. Die Stadt ist nur in einem kleinen Theile kanalisirt; Closeteinlässe in die Kanäle sind verboten; Hausanschlüsse sind jedoch gestattet.

Die gesammte Wasserabgabe hat 1881/82 1 386 300 cbm betragen und zwar am meisten im Juli, nämlich 155 097 cbm und am wenigsten im Februar, nämlich 92 472 cbm. Der stärkste Tagesverbrauch fand am 15. Juli statt und betrug 6503 cbm, der schwächste am 25. December und betrug 1209 cbm. An Aussengemeinden sind während des Jahres 1500 cbm abgegeben.

Für öffentliche Zwecke sind 1881/82 9000 cbm, davon 3200 cbm nach Messern und 5800 cbm nach Schätzung bestimmt, verwendet. 6800 cbm davon entfallen auf öffentliche Gebäude. 1200 cbm sind zum Strassensprengen mittels Sprengfässern während 40 Tagen im Jahre benutzt. 200 cbm sind in die Kanäle zur Spülung durch Hydranten und Extraventile direct eingelassen. Eine besondere Rinnsteinspülung findet nicht statt. Für Feuerlöschzwecke sind 170 Hydranten unter Flur, mit Selbstentleerung versehen, in 90 m bis 100 m Entfernung aufgestellt, aus denen bei Bränden direct gespritzt wird. 400 cbm sind für Feuerlöschzwecke und 400 cbm für das Spülen des Rohrnetzes im Jahre verwendet. Freibrunnen, öffentliche Springbrunnen und öffentliche Pissoirs mit Spülung existiren nicht. Oeffentliche Badeanstalten werden nicht aus der Leitung versorgt.

Für Privatzwecke sind 1881/82 1377000 cbm abgegeben, davon durch Messer bestimmt für Industrie- und Gewerbszwecke 1230587 cbm und zum Hausgebrauche 146413 cbm. An die Leitung waren 620 Häuser mit 1147 Haushaltungen und 5629 Bewohnern angeschlossen. Wassermotoren sind nicht vorhanden. 70 Badeeinrichtungen, 52 Closets, 15 Privatpissoirs und 15 Privatspringbrunnen sind mit der Leitung verbunden. 1623 qm Hof- und Gartenflächen sind für Sprengzwecke veranlagt.

339. **Düsseldorf** hat 95458 Einwohner in 6300 Wohnhäusern.

Die Versorgung erfolgt seit 1870 durch eine einheitliche Anlage, die Eigenthum der Stadt ist. Die erste Anlage wurde vom jetzigen Director der Gas- und Wasserwerke in Breslau, V. Schneider und der 1875 ausgeführte Erweiterungsbau vom Director Grohmann in Düsseldorf projectirt und hergestellt. Die erste Anlage hat 880000 M. gekostet. Der jetzige Buchwerth beträgt 1357000 M. und die Maximalleistungsfähigkeit der Anlage pro 24 Stunden beläuft sich auf 16000 cbm.

Das Wasser wird dem Kiesbette am Rhein oberhalb der Stadt, 3000 m von derselben entfernt, zwischen Stoffeln und Flehe durch Brunnen, dicht am Rheinufer abgesenkt, entnommen und mittels Dampfkraft auf ca. 60 m Höhe, verschieden nach den Wasserständen des Rheins, gedrückt. 8200 m von der Gewinnungsstelle entfernt, sowie 3700 m von Düsseldorf entfernt ist ein gemauertes, überwölbtes und in den Boden versenktes Hochreservoir von 3720 cbm Fassungsraum hergestellt, welches 50 m über der Stadt liegt.

Die Versorgung erfolgt einheitlich für Haus- und Brauchwasser, constant und ohne Anwendung von Hausreservoiren. Wassermesser für die Hausanschlüsse sind nicht obigatorisch. Die Zahlung für den Hausgebrauch erfolgt nach Schätzung. Für die Hausleitungen sind Bleiröhren vorgeschrieben. Die Hauptleitungen sind innen und aussen asphaltirt. Die Kanalisation der Stadt ist noch nicht ganz durchgeführt. Hausanschlüsse und Closeteinlässe in die Kanäle sind gestattet.

Die gesammte Abgabe hat 1881/82 2 969 000 cbm betragen. Im Juli war dieselbe am grössten, nämlich 347 100 cbm und im Februar am geringsten, nämlich 203 400 cbm. Der grösste Tagesverbrauch im Jahre betrug 16 990 cbm und der geringste 4377 cbm.

Für öffentliche Zwecke sind 123 670 cbm abgegeben. Zum Strassensprengen wurden 22 665 cbm mittels Sprengfässern, und zum Rinnsteinspülen 38 750 cbm, durch besondere Spülhähne entnommen, verwendet. Für Kanal- und Rohrnetzspülung, für Feuerlöschzwecke und für die Bewässerung der öffentlichen Anlagen sind 16 550 cbm im Jahre benutzt. 1875 waren 211 Hydranten vorhanden. 1881/82 verbrauchten 4 öffentliche Springbrunnen 22 705 cbm und die Spülung von 6 öffentlichen Pissoirs mit durchschnittlich je 5 Ständen verlangte im Jahre 22 900 cbm.

Die Privatabgabe betrug 1881/82 2 845 364 cbm an 3758 Grundstücke. Davon entnahmen 458, meistens für Industrie- und Gewerbezwecke, nach Messern bestimmt 1 038 000 cbm. Es blieben mithin 1 807 300 cbm für die aus der Leitung versorgten 3300 Tarifconsumenten, welche ca. 36 300 Bewohner umfassen, für den Hausgebrauch übrig. Es waren 640 Badeeinrichtungen, 1625 Closets. ca. 250 Privatspringbrunnen und 1200 Privat-Strassensprenghähne in Benutzung. 1875 waren 12 Wassermotoren von je 2 Pferdekräften in Thätigkeit.

340. **Werden** hat 7590 Einwohner einschliesslich der 1082 Gefangenen des Zuchthauses in 598 Wohnhäusern und 1256 Haushaltungen, sowie 12 Anstalten.

Die Versorgung erfolgt durch 16 öffentliche und 150 private Pumpenbrunnen. Zeitweise ist ein Mangel an Wasser vorhanden. Eine Fabrik versorgt sich durch mit Dampfkraft aus der Ruhr gehobenem Wasser und führt solches auch verschiedenen anderen Privaten zu.

341. **Steele** hat 8600 Einwohner in 466 Wohnhäusern und 1464 Haushaltungen.

Die Versorgung erfolgt seit 1872 durch eine für Rechnung der Stadt vom Ingenieur W. Dittmar in Bochum hergestellte, einheitliche Versorgung. Die erste Anlage hat 92 700 M. gekostet und es beträgt der jetzige Buchwerth derselben 70 500 M. Die Maximalleistung der Anlage beläuft sich auf 1000 cbm pro Tag.

Das Wasser wird in der Nähe der Ruhr und im Orte selbst durch Brunnen erschlossen und mittels Dampfkraft einem 52 m hoch über dem Orte gelegenen, schmiedeeisernen Reservoir zugeführt, von wo es einheitlich als Trink- und Nutzwasser, constant und in einheitlicher Druckzone zur Vertheilung gelangt. Die Wasserabgabe für den Hausgebrauch ist nicht obligatorisch und es wird dafür nach Schätzung gezahlt.

Der Jahresconsum betrug 1881/82 171 335 cbm oder 470 cbm pro Tag. Zum Strassensprengen sind mittels Sprengfässern an 53 Tagen 640 cbm Wasser benutzt. Für Feuerlöschzwecke sind 63 Hydranten in 150 m Entfernung unter Flur, mit Selbstentleerung versehen, aufgestellt. Dieselben werden, soweit zulässig, zum directen Spritzen benutzt. Oeffentliche Springbrunnen, sowie öffentliche Pissoirs und Freibrunnen existiren nicht.

An die Leitung sind 380 Wohnhäuser mit 1020 Haushaltungen angeschlossen. In denselben sind 22 Badeeinrichtungen und 10 Pissoirs vorhanden. Ein Wassermotor von einer Pferdekraft ist in Benutzung. Für den Hausgebrauch sind im Jahre 120 400 cbm Wasser benutzt, und für Industrie- und Gewerbszwecke sind 40 800 cbm nach Messern abgegeben.

342. **Hilden** hat 7354 Einwohner in 876 Wohnhäusern und 1438 Haushaltungen.

Den Ort durchfliesst der Itterbach. Die Versorgung erfolgt aus 6 öffentlichen und ca. 120 Privatbrunnen von 10 m Tiefe bis zur Sohle und 3 m Tiefe bis zum Wasserstande. Das Wasser ist quantitativ genügend und als Trinkwasser gut. Untersucht ist dasselbe freilich nicht. Eine Aenderung in der Versorgung wird nicht beabsichtigt.

343. **Ratingen** hat 5305 Einwohner in 614 Wohnhäusern und 1170 Haushaltungen.

Die Versorgung erfolgt theils aus gegrabenen, theils aus gesenkten Brunnen von sehr verschiedener Tiefe mit einem schwankenden Wasserstande. Daher ist auch ein zeitweiser Mangel an Wasser bei einzelnen Brunnen vorhanden. Die Zahl der privaten Brunnen ist nicht angegeben. Für die öffentliche Benutzung sind 13 solcher vorhanden. Das Wasser derselben ist als Trinkwasser schlecht, wie angestellte Untersuchungen ergeben haben. An eine Aenderung der Versorgung denkt man jedoch nicht.

344. **Langenberg** hat 5352 Einwohner in 428 Wohnhäusern und 1333 Haushaltungen.

Die Versorgung erfolgt ausser aus den beiden den Ort durchfliessenden Bächen durch gegrabene und gesenkte Brunnen, deren 4 öffentliche und eine grosse Zahl privater existiren. Dieselben haben 9 m bis 10 m Tiefe mit einem 3 m bis 4 m tiefen Wasserstande, der jedoch sehr schwankt. Einigen Privatbrunnen wird Wasser, welches durch Pumpen zum Gebrauche gehoben wird, aus benachbarten Quellen durch Rohrleitungen zugeführt. Das Wasser der meisten Brunnen ist schlecht, wie durch verschiedentliche Untersuchungen nachgewiesen ist. Auch tritt im Sommer Wassermangel ein. Es liegt daher der Plan vor, eine einheitliche Versorgung durch Einleiten von 3800 m entfernt liegenden Quellen mit natürlichem Gefälle herzustellen, deren Expropriation von der Gemeinde beantragt ist. Nach deren Ertheilung wird man dann mit dem Baue nach einem von dem Director Disselhoff in Iserlohn aufgestellten Plane sofort beginnen.

345. **Velbert** hat 8824 Einwohner in 1190 Wohnhäusern und 1740 Haushaltungen.

Die Versorgung erfolgt ausschliesslich aus gegrabenen Brunnen, deren 5 der allgemeinen Benutzung dienen. Die Zahl der privaten Brunnen ist nicht angegeben.

346. **Kronenberg** hat 8214 Einwohner.

Die Versorgung erfolgt auf den einzelnen Grundstücken meistens aus Ziehbrunnen, theils sind auch Pumpen auf den Brunnen aufgestellt. Dieselben haben 12 m bis 20 m Tiefe und liefern, trotzdem man das Regenwasser in dieselben einzuleiten pflegt, kaum das nöthige Wasser. Einige auf 30 m bis 33 m Tiefe abgeteufte Brunnen dagegen geben reichliches Wasser. Wenige Minuten vom Orte entfernt in den Thalsenkungen treten schöne Quellen zu Tage, die überreichliches und ausgezeichnetes Wasser liefern, welches die Bewohner in Kübeln aus 5 bis 8 Minuten Entfernung zum Hausgebrauche holen. Eine directe Einleitung desselben wäre sehr erwünscht.

347. **Mettmann** hat 7160 Einwohner in 955 Wohnhäusern und 1482 Haushaltungen.

Der Ort wird von dem Hammerbache und dem Mettmanner Bache durchflossen. Oeffentliche Brunnen existiren nicht, wohl aber private, deren Zahl jedoch nicht bekannt ist. Dieselben sind gegraben, gebohrt und theils bis auf 30 m Tiefe in den Felsen eingesprengt. Der Wasserstand derselben verringert sich nur in sehr trockenen Sommern und zwar auch dann nur sehr wenig. Das Wasser ist als Trinkwasser gut, jedoch kalkhaltig, wie Untersuchungen ergeben haben. Es ist in stets genügender Menge vorhanden und es wird daher kein Bedürfniss nach einer Veränderung empfunden.

348. **Wülfrath** hat 6543 Einwohner.

Die Versorgung erfolgt ausser aus einem natürlichen Wasserlaufe durch gegrabene und gesenkte Brunnen, deren Wasser theilweise schlecht ist, wie durch Untersuchungen desselben bestätigt ist Ausserdem findet auch die Einleitung von Quellwasser mit natürlichem Gefälle statt. Ein Wassermangel existirt nicht; die Absicht zu einer Aenderung liegt daher auch nicht vor.

349. **Elberfeld** hat 93 538 Einwohner in 6100 Wohnhäusern und 20 560 Haushaltungen.

Seit 1879 ist eine auf Kosten der Stadtgemeinde hergestellte, einheitliche Wasserversorgung in Betrieb, deren Project und Ausführung von der Rhein. Wasserwerksgesellschaft und dem Oberingenieur Schneider, jetzigem Director der Gas- und Wasserwerke in Breslau, veranlasst ist. Die ersten Anlagekosten haben 4 527 500 M. betragen; der jetzige Buchwerth stellt sich in Folge von Erweiterungen des Rohrnetzes auf 4 776 500 M. Die tägliche Maximalleistungsfähigkeit der Anlage im jetzigen Zustande beläuft sich auf 18 000 cbm.

Das Wasser wird 25 000 m von Elberfeld entfernt bei Benrath durch Brunnen, die 13 m bis 30 m vom Rheinufer entfernt abgeteuft sind. erschlossen und wird durch Dampfkraft auf eine Höhe von 198 m erst durch Schöpfpumpen und dann durch zwei Systeme hintereinander arbeitender Druckpumpen gehoben. Es sind zwei gemauerte und überwölbte Reservoire vorhanden, deren eines 3480 cbm fasst und 8340 m von der Stadt entfernt und 88,5 m höher als diese liegt, während das zweite von 4500 cbm Fassungsraum in der Stadt selbst und 73 m hoch über dieser liegt.

Die Versorgung erfolgt constant, ohne Hausreservoire, für Trink- und Brauchwasser gemeinschaftlich und unter einheitlichem Drucke. Der Anschluss der Häuser ist nicht obligatorisch, wohl aber die Anwendung von Wassermessern für diese Anschlüsse. Die Stadt ist nicht kanalisirt. Für Hausleitungen sind Bleiröhren bei kleinen und gusseiserne Röhren bei grossen Dimensionen vorgeschrieben. Die Hauptleitungen sind im Innern mit einem Ueberzuge nach dem Patente von Dr. Angus Smith überzogen.

Die Wasserabgabe hat 1881/82 im Ganzen 2 540 466 cbm oder 6960 cbm pro Tag im Durchschnitt betragen. Der grösste Consum fand im Monat Juli und zwar mit 285 922 cbm oder 9223 cbm durchschnittlich pro Monatstag statt und der geringste Consum betrug im

Monat April 135752 cbm im Ganzen oder 4525 cbm pro Monatstag. Der höchste Tagesconsum betrug 12141 cbm und der geringste 2115 cbm.

Die Abgabe für öffentliche Zwecke belief sich auf 590513 cbm oder 23,2% des Gesammtconsums; davon sind 26688 cbm nach Messern, 563825 cbm nach Schätzung bestimmt, abgegeben. Von dieser Wassermenge entfallen 26688 cbm auf öffentliche Gebäude. 99280 cbm sind im Jahre durch 199 Spülhähne zur Rinnsteinspülung (täglich 2 Stunden) und 780 cbm zur Kanalspülung verwendet. Die Spülung des Rohrnetzes erfolgt alle 14 Tage und hat im Jahre 426535 cbm erfordert. Für Feuerlöschzwecke sind 717 Hydranten in durchschnittlich 80 m Entfernung, unter Flur und mit Selbstentleerung versehen, aufgestellt, aus welchen bei Bränden direct gespritzt wird. Für diesen Zweck sind im Jahre nur 60 cbm Wasser benutzt. Zwei Brunnen mit Selbstabschluss haben 2600 cbm im Jahre verbraucht. 3 öffentliche Fontainen spielten ca. 25 Tage à 5 Stunden im Jahre und verbrauchten 7570 cbm Wasser. Endlich sind für 44 öffentliche Pissoirs zur constanten Spülung 27000 cbm Wasser im Jahre verwendet.

Für Privatzwecke sind im Ganzen 1949953 cbm oder 76,8% des gesammten Consums und zwar ausschliesslich nach Messern bestimmt an 2672 Grundstücke abgegeben. Davon entfallen 482100 cbm auf Wasser für den Hausgebrauch und 1467853 cbm auf solches für Gewerbe- und Industriegebrauch. Es waren 2 Wassermotoren mit zusammen 8 Pferdekräften in Benutzung.

350. **Barmen** hat 95941 Einwohner.

Die jetzige Versorgung erfolgt ausser aus einer grösseren Zahl privater und aus 5 öffentlichen Pumpenbrunnen durch verschiedene Privatleitungen, die theils aus dem Kies des Wupperthales, theils aus in die Berge getriebene Stollen und Galerien in den umliegenden Gebirgen gespeist werden. Die Zuleitungen bestehen aus gusseisernen Röhren und bringen das Wasser aus bis zu 2000 m Entfernung zur Stadt. Wenngleich das Wasser dieser Privatleitungen gut ist, so ist das der Brunnen, wenigstens zum Theil, sehr schlecht, worüber eingehende Untersuchungen vorliegen. Auch tritt bei diesen ein zeitweiser Wassermangel ein.

Für Rechnung der Stadtgemeinde ist nach den Plänen und unter Leitung des Stadtbaumeisters H. Schülke 1882 mit dem Baue eines einheitlichen Wasserwerkes begonnen und es wird dasselbe voraussichtlich Ende 1883 in Betrieb kommen. Die Kosten der Anlage sind zu 2000000 M. veranschlagt.

Das Wasser soll im Ruhrthale bei Volmarstein, 16 600 m von Barmen entfernt, durch in das Grundwasser getriebene Brunnen erschlossen und auf 182 m Höhe durch Dampfkraft gehoben werden. An der Stadtgrenze, 19 400 m vom Gewinnungsorte entfernt, wird ein gemauertes Reservoir von 5000 cbm Inhalt hergestellt, dessen höchster Wasserstand 143 m über dem Gewinnungspunkte und 70 m über der Stadt liegt. Die Versorgung wird eine einheitliche und constante werden, ohne Zonentheilung. Die Abgabe wird nach Schätzung erfolgen, der Anschluss aber nicht obligatorisch sein. Zu den Hausleitungen wird Blei- und zu den Hauptleitungen Gussrohr mit Asphaltanstrich verwendet werden.

351. **Ronsdorf** hat 10100 Einwohner in 800 Wohnhäusern und 3270 Haushaltungen.

Die Versorgung erfolgt nur durch private Brunnen, die gegraben sind. Der Wasserstand derselben liegt 2 m bis 3 m tief unter Terrain und ist constant. Es sind solcher Brunnen ca. 700 Stück vorhanden. Das Wasser wird als gut bezeichnet, wenngleich es nicht untersucht ist; es ist auch stets in genügender Menge vorhanden. Eine Aenderung wird daher nicht beabsichtigt.

352. **Lüttringhausen** hat 9659 Einwohner.

Die Versorgung erfolgt ausschliesslich durch gegrabene Brunnen. In dem engeren Orte mit 180 Wohnhäusern und 640 Haushaltungen bestehen deren ca. 100 Stück auf Privatgrundstücken. Das Wasser ist gut, wie Untersuchungen desselben bestätigt haben und es existirt niemals Wassermangel, so dass an eine Aenderung nicht gedacht wird.

353. **Remscheid** hat 30029 Einwohner.

Die Versorgung erfolgt aus Regenwassercysternen und aus Brunnen, die im Sommer jedoch meistens den Dienst versagen, so dass dann das Trinkwasser mit Karren herbeigefahren werden muss und mit 4 M. bis 5 M. pro cbm bezahlt wird. Das Wasser der Brunnen ist ausserdem grösstentheils inficirt. Das ist der Grund, dass die Stadtgemeinde nach langen Vorberathungen augenblicklich nach den Plänen und unter Leitung des Wasserwerksdirector Disselhoff in Iserlohn mit einem Kostenaufwande von 450 000 M. incl. Grundentschädigung eine neue Wasserversorgung ausführen lässt, die am 1. December 1883 vollendet sein soll. Die Anlage ist für ein Versorgungsgebiet von 19 000 bis 20 000 Einwohner bestimmt.

Durch Filterröhren und Brunnen wird im Eschbachthale, 4000 m von Remscheid entfernt, Grundwasser künstlich erschlossen und durch

Dampfkraft 180 m hoch in ein schmiedeeisernes Bassin von 400 cbm Inhalt gehoben, das in einem Thurme innerhalb des Leitungsnetzes 15 m bis 60 m hoch über der wechselnden Terrainhöhe des Versorgungsgebietes aufgestellt ist. Ausserdem wird noch ein gemauertes, in den Boden versenktes Reservoir von 100 cbm Fassungsraum als Nebenbehälter hergestellt werden.

Die Versorgung wird constant und einheitlich für Brauch- und Trinkwasser ohne Anwendung von Hausreservoiren, jedoch in 2 Druckzonen getheilt, erfolgen. Die Anschlüsse werden nicht obligatorisch sein, wohl aber wird für die Anschlüsse die Aufstellung von Wassermessern verlangt werden. Zu den Hausleitungen werden geschwefelte Bleiröhren verwendet werden. Eine Kanalisation des Ortes ist erst theilweise ausgeführt. Das ganze Wasserwerk ist vorläufig für einen Consum von 2000 cbm pro 24 Stunden, d. i. 100 l pro Tag pro Kopf der zur Versorgung in Aussicht genommenen Bevölkerung bestimmt.

354. **Wermelskirchen** hat 9463 Einwohner.

Nachrichten über die Art der Versorgung waren nicht zu erhalten. Dieselbe erfolgt wahrscheinlich nur aus Brunnen im Orte.

355. **Radevormwald** hat 9036 Einwohner.

Die Versorgung erfolgt ausschliesslich durch gesenkte und gegrabene Brunnen. In der eigentlichen Stadt mit ca. 1500 Einwohnern sind deren 100, davon 2 zur allgemeinen Benutzung vorhanden.

Das Wasser wird als gut bezeichnet, wenn es auch nicht speciell untersucht ist. In trockenen Sommern tritt jedoch zeitweiser Mangel ein. Eine Aenderung der Versorgung ist vorläufig nicht beabsichtigt.

356. **Lennep** hat 8077 Einwohner in 697 Wohnhäusern und 1821 Haushaltungen.

Die Versorgung erfolgt durch 5 öffentliche und ca. 300 private Brunnen. Der Wasserstand derselben steht in den tiefen Stadttheilen durchschnittlich 3 m, in den höheren 6 m bis 9 m unter Terrain, bei Regenwetter steigt er aber bei vielen Brunnen bis zur Oberfläche oder bleibt wenige Meter darunter.

Die Brunnen sind einer umfassenden Untersuchung unterzogen und es sind dabei die öffentlichen Brunnen als gut befunden, während die eine Hälfte der Privatbrunnen als gut, die andere als schlecht sich herausgestellt hat. Für einen öffentlichen Brunnen wird Quellwasser aus 600 m Entfernung mittels gusseiserner Röhren durch natürliches Gefälle zugeführt. Ein Wassermangel existirt nicht. Es liegt aber die Absicht zur Herstellung einer einheitlichen Versorgung vor, wofür der Plan der Genehmigung unterbreitet ist.

357. **Gräfrath** hat 5881 Einwohner.

Aus 300 m Entfernung wird durch gusseiserne Röhren Quellwasser zugeleitet, welches an 2 öffentlichen Wasserständern durch natürliches Gefälle und an einer Stelle mittels einer Pumpe zum Auslauf kommt. Das Brunnenwasser ist als Trinkwasser sehr gut und auch bei grösserer Trockenheit quantitativ immer genügend. Eine Aenderung ist nicht beabsichtigt, zumal seit kurzer Zeit ein Theil der Häuser sich an die Leitung, welche Solingen versorgt, angeschlossen hat.

358. **Leichlingen** hat 5610 Einwohner in 931 Wohnhäusern und 1126 Haushaltungen.

Die Versorgung erfolgt aus 6 öffentlichen und 70 bis 80 privaten, gegrabenen Brunnen. Das Wasser ist als Trinkwasser gut, wird aber durch die den Ort durchfliessende Wupper bei Hochwasser verdorben. Eine Aenderung wird nicht beabsichtigt.

359. **Solingen** hat 16940 Einwohner in 1632 Wohnhäusern und 3510 Haushaltungen.

Die Versorgung erfolgt seit dem 1. Januar 1883 durch eine einheitliche Anlage, welche zugleich zum Theil mit für die Orte Dorp mit 11999, Gräfrath mit 5881, Höchscheid mit 11020 und Wald mit 8729 Einwohnern dient. Dieselbe ist mit einem Kostenaufwande von 350000 M. vom Unternehmer H. Scheven in Bochum hergestellt und geht aus dessen Besitz in den der Stadt über, wenn die Rentabilität des Anlagekapitals 5% beträgt. Die Maximalleistungsfähigkeit der Anlage beläuft sich auf 2000 cbm pro Tag.

Das Wasser wird 4000 m von der Stadt entfernt bei Gruneburg in der Stadtgemeinde Dorp in einem Thale, welches sich nach der Wupper hinzieht, erschlossen. 48 m von der Wupper entfernt sind in 9,8 m Tiefe Filterröhren von 94 m Länge verlegt. Ausser einem Sammelbassin sind für das künstlich erschlossene Quellwasser 2 Klärbassins angelegt. Das Wasser wird durch Dampfkraft auf 158,5 m Höhe gehoben und einem gemauerten, überwölbten und in den Boden versenkten Reservoire von 1000 cbm Fassungsraum zugeführt, welches 1800 m von der Gewinnungsstelle entfernt auf der Krahenhöhe liegt; von hier ist Solingen 2200 m entfernt und der Wasserstand des Reservoirs liegt 33,5 m resp. 70 m über den höchsten resp. tiefsten Punkten des Versorgungsgebietes.

Das Wasser wird einheitlich als Brauch- und Trinkwasser zugeführt. Der Hausanschluss ist dem Belieben anheimgestellt und es erfolgt die Zahlung für das Wasser zum Hausgebrauche nach Taxe. Für Hausleitungen wird als Material Blei und Gusseisen und ausnahmsweise innerhalb der Häuser galvanisirtes Schmiedeeisen verwendet. Die Hauptleitungen sind ohne einen inneren Ueberzug. Der Ort ist nicht kanalisirt.

Die gesammte Abgabe hat im Januar 13 508 cbm, im Februar 14 166 cbm betragen. Davon erhielten die Aussengemeinden Dorp, Gräfrath, Höchscheid und Wald 1549 cbm resp. 2148 cbm pro Monat.

In Solingen wurden in den beiden Monaten 725 cbm resp. 804 cbm zu öffentlichen Zwecken, 10 633 cbm resp. 9292 cbm zum Hausgebrauche und 3150 cbm resp. 4064 cbm zum Gewerbebetriebe benutzt. Wassermesser waren 258 resp. 315 Stück in Gebrauch. Im Januar waren 464, im Februar 546, im März 600 Häuser angeschlossen. In den angeschlossenen Häusern befinden sich ca. 1200 Haushaltungen mit 6000 Bewohnern. 30 Badeeinrichtungen, 10 Closets und 5 Privatspringbrunnen sind hier in Benutzung. 115 Hydranten, in durchschnittlich 100 m Entfernung unter Flur aufgestellt und mit Selbstentleerung versehen, dienen bei Feuersgefahr zum directen Spritzen. Die Leitung wird wöchentlich zweimal durch die Endhydranten gespült. Rinnsteinspülung findet nicht statt. Freibrunnen, öffentliche Springbrunnen, öffentliche Pissoirs etc. existiren nicht.

360. **Dorp** hat 11 999 Einwohner.

Die Versorgung erfolgt meistens aus gegrabenen Brunnen, jedoch wird auch Quellwasser, wo solches zu erhalten ist, benutzt. An die Quellwasserleitung, welche Solingen versorgt, deren Quellen in der Gemeinde Dorp liegen, haben sich einige Grundstücke, deren Zahl sich vermehrt, angeschlossen.

361. **Merscheid** hat 11 345 Einwohner in 1630 Wohnhäusern und 2221 Haushaltungen.

Für die Versorgung bestehen ausser den beiden, den Ort durchfliessenden Bächen, dem Lochbach und dem Viehbach, ca. 800 gegrabene und gesenkte Brunnen auf Privatgrundstücken. Dieselben haben ca. 10 m Tiefe und einen 9 m tiefen, constanten Wasserstand. Das Wasser wird, wenn auch nicht untersucht, als gutes Trinkwasser bezeichnet und ist in stets genügender Quantität vorhanden, so dass kein Bedürfniss nach einer Aenderung vorliegt.

362. **Höchscheid** hat 11020 Einwohner in 1557 Wohnhäusern und 2146 Haushaltungen.

Die Versorgung erfolgt durch 900 bis 1000 gegrabene Brunnen. Das Wasser wird als gut und genügend bezeichnet und es ist die Absicht einer Aenderung nicht vorhanden. Verdächtige Brunnen sind nach der Reinigung wieder als gut befunden und die Sterblichkeit ist eine normale. In neuerer Zeit haben sich verschiedene Häuser an die Leitung von Solingen angeschlossen.

363. **Wald** hat 8729 Einwohner in 1252 Wohnhäusern und 1823 Haushaltungen.

Die Versorgung erfolgt ausschliesslich aus gegrabenen und gesenkten Brunnen von 3 m bis 6 m Tiefe. Es sind deren ca. 200 vorhanden, darunter einer für die öffentliche Benutzung bestimmt und die übrigen auf Privatgrundstücken gelegen. Das Wasser ist im Allgemeinen als Trinkwasser gut und nur selten ist im heissen Sommer ein Mangel an Wasser vorhanden. Es liegt daher die Absicht zu einer Aenderung umsoweniger vor, weil verschiedene Häuser sich in neuerer Zeit an die Leitung von Solingen angeschlossen haben.

364. **Burscheid** hat 6550 Einwohner.

Nachrichten über die Art der Versorgung, die wahrscheinlich aus Pumpenbrunnen stattfindet, waren nicht zu erhalten.

c) Regierungsbezirk Köln.

365. **Wipperfürth** hat 5406 Einwohner in 221 Wohnhäusern und 582 Haushaltungen.

Zur Versorgung dienen 3 öffentliche und ca. 77 private Brunnen von 5 m bis zu 20 m Tiefe mit einem schwankenden Wasserstande. Ferner wird mittels einer Bleirohrleitung aus einer Thalsenke hinter dem Klosterberge, 260 m von der Stadt entfernt, Quellwasser mit natürlichem Gefälle einem offenen Behälter von ca. 14 cbm Inhalt zugeführt und der öffentlichen Benutzung überlassen. Letzteres Wasser soll vorzüglich sein. Wassermangel tritt nur selten bei anhaltender Dürre ein. Eine Aenderung der Versorgung wird nicht beabsichtigt.

366. **Gummersbach** hat 6593 Einwohner.

Die Aussengemeinde wird durch Brunnen, die eigentliche Stadt mit ca. 1800 Einwohnern in 172 Wohnhäusern und 335 Haushaltungen aber seit 1880 durch eine einheitliche Anlage versorgt. Dieselbe ist auf Kosten der Gemeinde von dem Unternehmer Herm. Müller in Bochum hergestellt, der für eine tägliche Leistung von 100 cbm garantirt hat. Die erste Anlage hat 30000 M. gekostet; der jetzige Buchwerth beläuft sich auf 48000 M.

Das Wasser wird den Quellen des Grotenbachs und solchen oberhalb des Ortes Windhagen, welche 1000 m resp. 3000 m von Gummersbach entfernt entspringen, entnommen. Es besteht zu 4/5 aus Quellwasser und zu 1/5 aus Grundwasser. Das Wasser erfährt eine künstliche Reinigung durch Klärung in den Sammelbrunnen und im Hochreservoire. Letzterem fliesst es mittels gusseiserner Rohre, die innen asphaltirt sind, durch natürliches Gefälle und ebenso wieder von diesem dem Orte zu. Das gemauerte Reservoir fasst 200 cbm und liegt 1000 m von der Stadt entfernt.

Die Abgabe erfolgt einheitlich für Trink- und Brauchwasser. Der Anschluss der Privaten ist freigestellt; es sind 154 Häuser an die Leitung angeschlossen. Es erfolgt die Zahlung für das Wasser nach Schätzung oder nach Messern. Für die Hausleitungen sind Bleiröhren vorgeschrieben. Eine Kanalisation besitzt der Ort nicht.

Ueber das abgegebene Quantum im Allgemeinen, sowie über die Abgabe für die verschiedenen Verbrauchszwecke fehlen die Angaben. Die ungünstigen Resultate, welche die Untersuchung des früher benutzten Brunnenwassers ergaben, sowie zeitweiser Wassermangel haben zu vorstehender Anlage geführt, deren Wasser gut und stets genügend ist und anscheinend günstig auf den Gesundheitszustand eingewirkt hat.

367. **Mülheim a. Rhein** hat 20420 Einwohner.

Die Versorgung erfolgt mit den Städten Deutz mit 15958 Einwohnern und Kalk mit 9659 Einwohnern, also im Ganzen für 46037 Einwohner durch eine gemeinschaftliche Anlage, die seit 1876 in Betrieb ist und sich im Besitz der Rheinischen Wasserwerksgesellschaft befindet. Der Bau ist von dem derzeitigen Oberingenieur der Gesellschaft, V. Schneider, jetzigem Director der Gas- und Wasserwerke in Breslau, ausgeführt. Die ersten Anlagekosten haben 600000 M. betragen und die tägliche Maximallieferungsfähigkeit der Anlage beträgt ca. 5000 cbm.

Das Wasser wird ca. 1000 m unterhalb Mülheim bei Stammheim durch einen 40 m vom Rhein entfernten Brunnen aus dem Grundwasser erschlossen und durch Dampfkraft künstlich bis auf 60 m Höhe über dem Gewinnungspunkte gehoben. Ein schmiedeeisernes Reservoir von 584 cbm Inhalt ist auf künstlichem Unterbau unter Dach 33 m höher als das Versorgungsgebiet und 50 m vom Gewinnungspunkte des Wassers entfernt aufgestellt.

Die Versorgung erfolgt einheitlich für Brauch- und Trinkwasser, constant und ohne Anwendung von Hausreservoiren. Die Hauptleitungen sind innen asphaltirt. Der Hausanschluss ist facultativ und es erfolgt die Zahlung des Wassergeldes meist nach Schätzung.

Die gesammte Abgabe betrüg 1882 859008 cbm und zwar am meisten im August, nämlich 83871 cbm und am wenigsten im Februar, nämlich 57296 cbm. Die grösste Tagesabgabe belief sich auf 3409 cbm und die geringste auf 1096 cbm.

Für öffentliche Zwecke sind 1882 im Ganzen 153026 cbm verwendet, davon 147750 cbm für öffentliche Gebäude etc., so dass 5276 cbm für andere öffentliche Zwecke, nämlich 2500 cbm für Spülung des Rohrnetzes, 2336 cbm für Abgabe aus Freibrunnen und 440 cbm für Feuerlöschzwecke übrig bleiben. Für Strassen-, Rinnstein-, Kanal- und Pissoirspülung findet keine Abgabe statt. Für Feuerlöschzwecke sind 144 Hydranten in ca. 90 m Entfernung unter Flur, mit Selbstentleerung versehen, aufgestellt, aus denen direct gespritzt wird.

Für Privatzwecke sind 1882 im Ganzen 705982 cbm abgegeben. 370269 cbm, davon 43993 cbm durch Messer bestimmt, entfallen auf den Hausgebrauch, und 335713 cbm, davon 315190 cbm durch Messer bestimmt, auf Industrie- und Gewerbebetrieb. Es waren 892 Häuser mit 1887 Haushaltungen und 9993 Bewohnern an die Leitung angeschlossen. In denselben befanden sich 132 Badeeinrichtungen, 186 Closets, 76 Pissoirs mit 32 lfd. m Standlänge und 77 Privatfontainen. Veranlagt für Sprengzwecke waren 22093 qm Gartenfläche und 47015 qm Hofflächen.

368. **Deutz** hat 15958 Einwohner.

Die Versorgung erfolgt durch die Rheinische Wasserwerksgesellschaft von Mülheim a. Rhein aus. Ueber die Verbrauchsmengen liegen keine Angaben vor.

369. **Bergisch-Gladbach** hat 8046 Einwohner.

Mittheilungen über die Versorgung, welche wahrscheinlich nur aus Grundbrunnen stattfindet, sind nicht zu erlangen gewesen.

370. **Kalk** hat 9659 Einwohner in 824 Wohnhäusern und 2121 Haushaltungen.

Die Versorgung erfolgt durch die Rheinische Wasserwerksgesellschaft von Mülheim a. Rhein aus.

371. **Siegburg** hat 6810 Einwohner in 809 Wohnhäusern.

Die Versorgung erfolgt aus gegrabenen Brunnen von ca. 5 m Tiefe mit constantem Wasserstande. Es sind solche fast auf jedem Grundstücke und 6 für die allgemeine Benutzung vorhanden. Das Wasser ist als Trinkwasser gut, wie eine theilweise Untersuchung desselben bestätigt hat. Der Ort wird durch einen aus der Sieg abgeleiteten Mühlgraben durchflossen. Für eine Veränderung der Versorgung liegt ein Plan vor, an dessen Ausführung jedoch noch nicht herangetreten ist.

372. **Ehrenfeld** hat 14886 Einwohner in 1282 Wohnhäusern und 4500 Haushaltungen.

Für die Versorgung bestehen 17 öffentliche und 750 private, gesenkte Brunnen von ca. 10 m Tiefe mit einem 8,5 m tiefen, nicht schwankenden Wasserstande. Das Wasser ist zwar in genügender Quantität vorhanden, ist aber als Trinkwasser schlecht, wie Untersuchungen desselben bestätigt haben. Es liegt daher der Plan zu einer einheitlichen Versorgung vor.

373. **Köln** hat 144772 Einwohner.

Die Versorgung erfolgt seit 1872 durch eine einheitliche Anlage, die vom Oberbaurath Moore, d. Z. in Berlin, für Rechnung der Stadt mit einem Kostenaufwande von 2500000 M. hergestellt ist. Dieselbe war für einen Maximalconsum von 15500 cbm pro Tag berechnet und wird jetzt nach den Plänen des Directors der dortigen Gas- und Wasserwerke, Hegener, bedeutenden Erweiterungen unterworfen.

Das Wasser wird oberhalb des Ortes Bayenthal, ca. 2500 m von der Stadt entfernt, aus 2 grossen Brunnen gewonnen, die mit ihrer durchlässigen Sohle 6,3 m resp. 8 m unter Null des Kölner Pegels liegen. Der tiefere Brunnen hat in seinem unteren Theile auch durchlässige Seitenwände. Das Wasser kommt aus einer Kiesschicht, die unter einer 2 m mächtigen, ausserordentlich festen, eisenhaltigen Schicht, die 3,5 m unter Null liegt, sich befindet, auf welcher letzteren das das Rheinthal ausfüllende, feinere und gröbere Gerölle von Kies und Sand ruht. Ausser diesen beiden Brunnen ist im Rheinbette selbst unmittelbar am Rhein ein Brunnenschacht von 4,7 m Tiefe abgeteuft, der ursprünglich dazu bestimmt war, das Rheinwasser durch das umliegende Kiesbett filtrirt zu sammeln und der Pumpstation zuzuführen. Für diesen Zweck wird er nicht mehr benutzt. Das Wasser der 2 Brunnen wird durch Dampfkraft 55 m hoch gehoben. Innerhalb der Stadt ist auf künstlichem Unterbau ein zweitheiliges Reservoir von 3731 cbm Fassungsraum unter Dach, 4050 m von der Pumpstation entfernt, aufgestellt. Dasselbe ist aus gusseisernen Platten zusammengesetzt.

Die Wasserabgabe erfolgt einheitlich für Nutz- und Trinkwasser, constant, in einheitlicher Druckzone und ohne Anwendung von Hausreservoiren. Der Anschluss der Häuser ist facultativ und es wird das Wasser für den Hausgebrauch meist nach Schätzung bezahlt. Zu den Hausleitungen werden Bleiröhren verwendet.

Die gesammte Abgabe hat 1881/82 5084817 cbm betragen und zwar am meisten im Juli, nämlich 597516 cbm und am wenigsten im Februar, nämlich 332839 cbm. Die Maximalabgabe in 24 Stunden belief sich auf 25795 cbm.

Für öffentliche Zwecke waren am 31. März 1882 aus der Leitung gespeist 1125 Hydranten, 20 Pissoirs, 2 Springbrunnen, 10 Freibrunnen und 62 Rinnsteinspüler.

Auf Privatgrundstücken befanden sich an die Leitung angeschlosen 890 Badeeinrichtungen, 2426 Closets, 1029 Pissoirs, 458 Springbrunnen, 229 Kühlapparate und 18 Wassermotoren. Im Ganzen waren 7727 Anbohrungen an die Leitung vorhanden; davon 7104 für Abnehmer nach Schätzung, 220 für Abnehmer nach Messern, 80 für Bauzwecke und 49 für private Feuerlöschzwecke.

Die Einnahmen haben 1881/82 für Wasser, Privatanlagen und Messermiethen 387417 M. betragen. Es ist in Folge dessen nach Deckung der Betriebsausgaben und Verrechnung von 96873 M. für Zinsen und 73323 M. für Amortisation der Anlage zu ferneren Abschreibungen der Betrag von 127105 M. verwendet.

374. **Euskirchen** hat 6958 Einwohner in 1006 Wohnhäusern und 1396 Haushaltungen.

Die Versorgung erfolgt ausser aus einer nicht bekannten Zahl von Privatbrunnen aus 16 öffentlichen Brunnen, deren Wasserstand constant ist, die aber, wie durch Untersuchungen bestätigt ist, ein mittelmässiges Trinkwasser geben, so dass der Plan zu einer Aenderung der Versorgung vorliegt.

375. **Bonn** hat 31514 Einwohner.

Die Versorgung erfolgt seit 1875 durch eine Anlage, die von der Rheinischen Wasserwerksgesellschaft in Bonn auf deren Kosten hergestellt und betrieben wird. Dieselbe dient zugleich zur Versorgung der Orte Poppelsdorf mit 2701, Godesberg mit 2815, Endenich mit 2720 und Kessenich mit 2674 Einwohnern, die mit Bonn zusammen im ganzen 42424 Einwohner haben und in 4120 Wohnhäusern mit ca. 8000 Haushaltungen den ganzen Versorgungsbezirk bilden. Die erste Anlage hat 1260000 M. gekostet und ist von dem Ingenieur Schneider, jetzt Director der Gas- und Wasserwerke in Breslau, ausgeführt. Die Anlage kann in ihrem jetzigen Zustande 10000 cbm pro 24 Stunden liefern.

Das Wasser wird in der Gemeinde Kessenich, 2900 m von Bonn entfernt, aus dem Grundwasser durch in ca. 30 m Abstand vom Rhein abgeteufte Brunnen erschlossen und durch Dampfkraft auf 65 m Höhe gehoben. Eine künstliche Reinigung des Wassers ist nicht erforderlich. Jenseits der Stadt, 2000 m von dieser und 3400 m vom Gewinnungspunkte entfernt, ist auf dem Venusberge ein gemauertes, überwölbtes und in den Boden versenktes Reservoir von 2500 cbm Fassungsraum, 50 m hoch über der Stadt liegend, hergestellt.

Die Versorgung erfolgt einheitlich für Trink- und Brauchwasser, constant und ohne Anwendung von Hausreservoiren. Der Anschluss der Häuser ist nicht obligatorisch. Wassermesser werden für diese Anschlüsse nicht verlangt; vielmehr erfolgt die Zahlung des Wassers nach Schätzung. Bonn ist zum Theil kanalisirt und es sind Hausanschlüsse und Closeteinlässe zulässig. Für die Hausleitungen ist als Material Blei und Gusseisen vorgeschrieben. Die Hauptleitungen sind innen asphaltirt.

Die Wasserabgabe hat 1882 im Ganzen 1157000 cbm betragen und es war der Monatsconsum ein Maximum im Monat Juli mit 133000 cbm und ein Minimum im Monat December mit 76800 cbm. Am Maximalconsumtage im Jahre sind ca. 6000 cbm und am Minimalconsumtage ca. 2000 cbm abgegeben.

Für öffentliche Zwecke sind 228611 cbm und zwar 85400 cbm durch Messer bestimmt, 143211 cbm nach Schätzung verwendet. 62700 cbm davon entfallen auf öffentliche Gebäude, Kliniken etc. Das Strassensprengen erfolgt direct aus der Leitung und es sind im Jahre dafür 30000 cbm verbraucht. Die Rinnsteinspülung erfolgt durch 46 besondere Spülhähne und es sind dafür im Jahre 25000 cbm verwendet. Für Spülung des Wasserrohrnetzes, welches nicht regelmässig geschieht, sind incl. sonstiger Verluste 9000 cbm in Verbrauch gestellt. Eine directe Spülung der Kanäle findet nicht statt. Für Feuerlöschzwecke sind im Jahre ca. 100 cbm Wasser verwendet; es dienen dazu 150 Hydranten, in durchschnittlich 90 m Entfernung von einander unter Flur aufgestellt, aus denen direct gespritzt wird. 2 öffentliche Springbrunnen haben 7043 cbm verbraucht. Durch 2 Freibrunnen mit Selbstabschluss sind im Jahre 2750 cbm abgegeben. Für die continuirliche Spülung eines öffentlichen Pissoirs sind 936 cbm im

Jahre verbraucht. Eine private Badeanstalt für öffentliche Benutzung hat der Leitung im Jahre 5682 cbm entnommen.

Für Privatzwecke sind 1882 928389 cbm abgegeben und zwar 121000 cbm für Industrie- und Gewerbezwecke (davon 67389 cbm durch Messer entnommen) und 807389 cbm zum Hausgebrauch an 2474 Häuser mit ca. 20000 Bewohnern. 15 Wassermotoren und hydraulische Aufzüge waren in Benutzung. Ferner bestanden 369 Badeeinrichtungen, 1424 Closets, 161 Privatspringbrunnen und 189 Privatpissoirs. 150000 qm Hof- und Gartenfläche waren für Sprengzwecke veranlagt.

d) Regierungsbezirk Aachen.

376. **Aachen** hat 85551 Einwohner in 5200 Wohnhäusern und 19105 Haushaltungen.

Vor Einführung der einheitlichen Wasserversorgung wurde die Stadt ausser durch 34 öffentliche und 2566 private Brunnen von 6 m bis zu 30 m Tiefe mit sehr schwankendem Wasserstande durch 3 Leitungen, von denen zwei, die Marktwasserleitung und die Krämerwasserleitung, Quellwasser aus 2000 m resp. 100 m Entfernung und die dritte, die Kapitelwasserleitung, Wasser aus dem Paubache von der Stadtgrenze her mit natürlichem Gefälle einleiten. Die Zuleitungen innerhalb der Stadt bestehen aus Bleiröhren, ausserhalb derselben aus überdeckten Kanälen. Die erstere Leitung versorgte 51, die zweite 31 und die dritte 28 Consumenten für Haus- und Gewerbebedarf, als Brau- und Brennereien, vorzüglich aber Tuchfabriken. Erstere beiden Leitungen haben stets gutes Trinkwasser geliefert. Das Wasser der letzteren Leitung ist häufig getrübt. Das Wasser der Hausbrunnen ist als Trinkwasser sehr häufig schlecht, wobei öfters eine Einwirkung der Kanaljauche constatirt ist.

Die Stadt ist daher zum Bau einer einheitlichen Versorgung übergegangen, die seit 1880 in Betrieb ist. Die Wassergewinnungsarbeiten hierfür sind durch den jetzigen Betriebsdirector Sidamgrotzky und die für die Wasservertheilung von der Rhein. Wasserwerksgesellschaft in Bonn projectirt und ausgeführt. Die erste Anlage hat 1766970 M. 32 Pf. gekostet; der jetzige Buchwerth beträgt 1989759 M. 48 Pf. Die Maximalleistung der Anlage beträgt pro Tag im Sommer 7000 cbm, im Winter 10000 cbm.

Das Wasser wird 5000 m von der Stadt entfernt bei Hidtfeld, im Gebiete des Münsterbaches, durch einen 2317 m langen Stollen im

Kalkzuge von Eich, 43 m unter Tage, erschlossen und durch natürliches Gefälle zugeleitet. 3200 m von der Stadt und 1800 m von dem Gewinnungspunkte entfernt ist ein gemauertes, überwölbtes, in den Boden versenktes und mit Erde überdecktes Reservoir von 5200 cbm Inhalt hergestellt, dessen Wasserspiegel 150 m unter dem Gewinnungspunkte und 160 m über der Stadt liegt.

Die Versorgung erfolgt einheitlich für Trink- und Brauchwasser, constant, in einheitlicher Druckzone und ohne Hausreservoire. Der Anschluss der Privaten ist nicht obligatorisch, wohl aber die Anwendung von Wassermessern für diese Anschlüsse. Die Stadt ist kanalisirt und es sind Closeteinlässe gestattet. Für die Hausleitungen ist kein bestimmtes Material vorgeschrieben. Die Hauptleitungen haben keinen inneren Anstrich erhalten.

Der Wasserconsum hat 1882 im Ganzen 790 000 cbm betragen, also durchschnittlich pro Tag 2164 cbm. Die Abgabe am Maximaltage belief sich auf 3810 cbm und am Minimaltage auf 1000 cbm. Der grösste Monatsconsum fand im Juli mit 90 050 cbm oder 2905 cbm pro Tag und der geringste im December mit 51 420 cbm oder 1659 cbm pro Tag statt. Ausserdem wurden 60 000 cbm an Aussengemeinden (Burtscheid) abgegeben, so dass 1882 die Gesammtabgabe 850 000 cbm betragen hat.

Der gesammte Consum von Aachen mit 790 000 cbm vertheilt sich in den für öffentliche Zwecke mit 290 000 cbm oder 36,7 %, für Hausgebrauch mit 404 000 cbm oder 51,1 % und für Industrie- und Gewerbebetrieb mit 96 000 cbm oder 12,2 % des Gesammtconsums. Der Consum für die beiden letzten Abgabearten ist durchgehends nach Messern festgestellt. Auch sind von dem Consum für öffentliche Zwecke 85 065 cbm durch Messer bestimmt, während 204 935 cbm davon nur geschätzt sind.

Dieser jährliche Verbrauch für öffentliche Zwecke vertheilt sich wie folgt: für öffentliche Gebäude 75 000 cbm, für Strassensprengen 3000 cbm, für Rinnsteinspülung 17 000 cbm, für Spülung des Wasserrohrnetzes 45 335 cbm, für Feuerlöschzwecke 600 cbm, für Springbrunnen 73 000 cbm und für öffentliche Pissoirs mit Spülung 66 000 cbm. Für eine Privatbadeanstalt, die für die öffentliche Benutzung ein überdecktes Schwimmbassin und 12 Wannenbäder besitzt, in welcher 59 139 Personen im Laufe des Jahres gebadet haben, sind im Jahre 10 065 cbm aus der Leitung abgegeben, während dieselbe ferner 100 000 cbm aus eigenen Brunnen entnommen hat. Freibrunnen sind nicht vorhanden und eine directe Kanalspülung findet nicht statt.

Das Strassensprengen ist theils durch Sprengfässer, theils durch Hydranten direct bewirkt und hat auf 92 000 qm Strassenfläche an 41 Tagen im Jahre stattgefunden. Die Rinnsteinspülung findet durch besondere Spülhähne, deren 12 Stück vorhanden sind, statt und es ist an 60 Tagen je 4 Stunden gespült worden. Eine Hauptspülung des Rohrnetzes wird alljährlich vorgenommen, ausserdem je nach Bedürfniss. Es sind 486 Hydranten in ca. 75 m Entfernung unter Flur aufgestellt, die mit Handentleerung versehen sind und aus welchen für Feuerlöschzwecke direct gespritzt wird. Von den öffentlichen Fontainen spielte die eine, die Kaiserfontaine, an 80 Tagen im Jahre je 8 Stunden, die beiden anderen an 234 Tagen continuirlich. Oeffentliche Pissoirs sind 9 Stück mit zusammen 32 Ständen vorhanden, die continuirlich gespült werden.

Für den Hausgebrauch sind 1588 Wohnhäuser mit 5875 Haushaltungen und mit einer Einwohnerschaft von 26 440 Köpfen an die Leitung angeschlossen. Es beträgt der mittlere Consum des Jahrestages für diesen Zweck pro Kopf 52 l incl. desjenigen für Gewerbebetrieb und 42 l excl. des letzteren. Letzterer Consum vertheilt sich auf jede Haushaltung mit 188 l pro Tag und auf jedes Wohnhaus mit 697 l pro Tag. Es sind 209 Badeeinrichtungen, 699 Closets, 107 Pissoirs mit 496 Ständen und 93 Privatfontainen von der Leitung versorgt worden. Auch waren 4 Wassermotoren mit im Ganzen 3,5 Pferdekräften angeschlossen.

377. **Burtscheid b. Aachen** hat 10 989 Einwohner in 666 Wohnhäusern und 2400 Haushaltungen.

Die Versorgung erfolgt in jüngster Zeit in beschränktem Umfange vertragsmässig durch die Aachener Wasserleitung. Ausserdem besitzt die Stadt von alters her eine Quellwasserleitung, die das Wasser der Rothbender Quelle am nordwestlichen Abhange des Burtscheider Waldes, 1000 m bis 1200 m vom Orte entfernt, mittels gusseiserner Röhren zuführt und einen 30 cbm fassenden Wasserbehälter speist. Die Zuleitungen sind 1874 über den grössten Theil der Stadt ausgedehnt; sie dienen aber nur für öffentliche Abgabestellen, deren 14 vorhanden sind. Dieses Quellwasser ist, wie wiederholte Untersuchungen desselben ergeben haben, von stets ausgezeichneter Güte. Bei anhaltender Dürre genügt das Wasser leider nicht immer.

378. **Eschweiler** hat 15 623 Einwohner in 762 Wohnhäusern und 1562 Haushaltungen.

Fast jedes Haus hat einen gegrabenen Pumpenbrunnen. Dieselben haben ca. 9 m Tiefe. Diejenigen, welche im Diluvium stehen, haben einen constanten, diejenigen im Alluvium einen stark schwankenden Wasserstand. Letztere geben schlechtes, erstere gutes Trinkwasser, wie durch sehr umfassende Untersuchungen festgestellt ist. Für den Stadttheil, dessen Brunnen im Alluvium stehen, ist daher eine andere Versorgung ein Bedürfniss, für den anderen Theil jedoch nicht.

379. **Jülich** hat 5295 Einwohner in 451 Wohnhäusern und 814 Haushaltungen.

Die Versorgung erfolgt ausschliesslich durch gegrabene und gesenkte Brunnen von 5 m bis 10 m Tiefe mit constantem Wasserstande. Es sind deren 12 für die allgemeine Benutzung und 280 auf Privatgrundstücken vorhanden. Das Wasser ist stets genügend und als Trinkwasser gut, wie durch Untersuchungen desselben bestätigt ist. Es liegt daher die Absicht einer Veränderung in der Versorgung nicht vor.

380. **Düren** hat 17 368 Einwohner in 1576 Wohnhäusern und 3307 Haushaltungen.

Die Versorgung mit Trinkwasser erfolgt aus gegrabenen Brunnen, deren Wasser aber zum Theil, wie Untersuchungen desselben bestätigt haben, nicht gut ist. Für Feuerlöschzwecke, für Gewerbszwecke und als Brauchwasser wird das Wasser aus dem Roerflusse oberhalb der Stadt durch einen offenen Graben abgeleitet und der Stadt zugeführt, in deren Hauptstrassen es durch offene Rinnen fliesst. Als Trinkwasser ist dasselbe nicht brauchbar.

Das Bedürfniss nach einer Verbesserung des jetzigen Zustandes hat schon seit 1½ Jahren zu Vorarbeiten für eine allgemeine Versorgung geführt. Da gutes Quellwasser jedoch nicht zu gewinnen ist, so hofft man jetzt durch Bohrungen gutes Trinkwasser zu erschliessen.

381. **Stolberg b. Aachen** hat 10 911 Einwohner in 941 Wohnhäusern und 2243 Haushaltungen.

Die Versorgung erfolgt ausschliesslich aus gegrabenen Brunnen von ca. 6 m Tiefe mit 2 m tiefem Wasserstande, der constant ist. Von den 272 vorhandenen Brunnen sind 23 öffentliche und 249 private. Das Wasser ist überwiegend gut und stets genügend und ein Bedürfniss nach einer Aenderung liegt nicht vor.

382. **Eupen** hat 15 033 Einwohner in 2401 Haushaltungen.

Die Versorgung erfolgt durch gegrabene Brunnen, deren ausser den privaten 24 für den öffentlichen Gebrauch vorhanden sind. Ferner bestehen eine grössere und zwei kleinere Zuleitungen aus Gusseisen, welche aus 250 m Entfernung Quellwasser mit natürlichem Gefälle zuführen und an 5 öffentlichen Wasserständern vertheilen. Nur der überfliessende Theil dieses Wassers wird Privaten zugeführt. Das Quellwasser ist gut, aber doch verbesserungsfähig. Die Privatbrunnen sind durch benachbarte Düngergruben theilweise sehr verschlechtert. Auch tritt zeitweiser Wassermangel ein, so dass eine Aenderung in der Versorgung ein dringendes Bedürfniss ist. Man hofft dasselbe nach Erlangung einer dem Fiscus gehörigen Quelle befriedigen zu können.

383. **Malmedy** hat 5978 Einwohner in 633 Wohnhäusern und 1300 Haushaltungen.

Die Versorgung erfolgt aus 9 öffentlichen und 400 privaten Brunnen, die gegraben sind und 6 m Tiefe bei einer constanten Wassertiefe von 3 m haben. Das Wasser ist als Trinkwasser gut und in Quantität stets genügend. Ausserdem bestehen 2 öffentliche Laufbrunnen, denen Quellwasser mit natürlichem Gefälle zugeführt wird.

384. **Trier** hat 24 200 Einwohner.

Das Wasser wird durch eine mehrarmige Stollenanlage aus den der Stadt nahe liegenden Höhen bei Heiligenkreuz gewonnen, welches grösstentheils aus Quell-Grundwasser besteht. Die erste Stollenanlage datirt aus dem Jahre 1494, die zweite aus dem Jahre 1860 und die dritte aus dem Jahre 1870/71. Gegenwärtig ist die Stadt mit ausreichendem Wasser versorgt. Weitere Nachrichten fehlen.

385. **Ober-Neunkirchen** hat 14 647 Einwohner in ca. 900 Wohnhäusern.

Zur Versorgung von 3 öffentlichen Brunnen ist aus ca. 1000 m Entfernung Quellwasser für den Oberort mittels gusseiserner Röhren durch natürliches Gefälle zugeführt, während für den Unterort Brunnen vorhanden sind. Seit 1876 ist eine einheitliche Versorgung in Betrieb, die auf Kosten der Stadtgemeinde von den Unternehmern Herrmann und Mannes in Berlin mit einem Kostenaufwande von 481 000 M. hergestellt wurde. Zu diesen Kosten hat die Firma Gebrüder Stumm später 37 679 M. gezahlt und es sind in obiger Summe 12 000 M. enthalten, die zu späteren Vergrösserungen verwendet wurden. Der jetzige Buchwerth der Anlage ist 407 881 M. und die Maximalleistungsfähigkeit derselben beträgt pro 24 Stunden 3600 cbm.

Das Wasser wird aus 8 Quellen, die 3376 m von der Stadt entfernt in zwei Thälern aus dem bunten Sandstein entspringen, entnommen. Es wird in gemauerten Brunnenstuben gefasst und durch 1832 m lange, gusseiserne Leitungen in einem gemauerten Sammelbassin von 600 cbm

Fassungsraum vereinigt. Aus diesem wird es durch mittels Dampfkraft betriebene Pumpen entnommen und 85 m hoch in ein gemauertes, überwölbtes und halb in den Boden versenktes, zweitheiliges Reservoir von 800 cbm Inhalt gefördert, welches 2441 m von der Maschinenanlage und 935 m von der Stadt entfernt liegt. Der höchste Wasserstand desselben liegt 10 m über dem höchsten und 78 m über dem niedrigsten Punkte des Versorgungsgebietes.

Die Versorgung erfolgt einheitlich für Brauch- und Trinkwasser, in einheitlicher Druckzone, constant und ohne Anwendung von Hausreservoiren. Die Versorgung der Häuser erfolgt auf Anmeldung und die Zahlung dafür nach Schätzung. Messer sind nur für bestimmte Gewerbe vorgeschrieben. Für Hausleitungen sind Bleiröhren und galvanisirte, schmiedeeiserne Röhren als Material vorgeschrieben. Die Hauptleitungen sind innen getheert. Die Stadt ist nicht kanalisirt.

Die Gesammtabgabe betrug 1881/82 347 052 cbm und zwar am meisten im Juli, nämlich 31 688 cbm und am wenigsten im April, nämlich 26 803 cbm. Der stärkste Tagesverbrauch war 1312 cbm am 12. Juli und der schwächste 518 cbm am 27. April. An Aussengemeinden ist kein Wasser abgegeben.

Von obigem Quantum sind 52 902 cbm nach Messern für industrielle Etablissements und 6396 cbm gleichfalls nach Messern für 2 Lazarethe abgegeben, so dass 287 754 cbm für Haushaltungen und öffentliche Zwecke übrig bleiben. Es entfallen für letzteren Zweck 259 977 cbm. Das Strassensprengen erfolgt nach Bedürfniss direct aus den Hydranten, deren 80 Stück in durchschnittlich 50 m Entfernung, mit Selbstentleerung versehen, aufgestellt sind. Aus denselben wird bei Feuersgefahr direct gespritzt. 60 Freibrunnen mit Selbstabschluss und Selbstentleerung (System Bopp und Reutter) sind in Benutzung. Das Rohrnetz wird durchschnittlich alle Jahre viermal gespült. Oeffentliche Pissoirs mit Spülung, sowie öffentliche Badeanstalten und Springbrunnen existiren nicht. Rinnstein- und Kanalspülung findet nicht statt. An die Leitung sind 184 Häuser angeschlossen, deren Consum sich zu 27 777 cbm, davon 19 000 cbm nach Schätzung und 8777 cbm nach Messern, bestimmt, ergibt. 3 Badeeinrichtungen, 8 Closets und 2 Pissoirs sind bei Privaten in Benutzung. 2150 qm Garten- und Hoffläche sind für Sprengzwecke veranlagt.

386. **Ottweiler** hat 5006 Einwohner.

Die Versorgung erfolgt ausschliesslich durch zwei Quellwasserleitungen mit natürlichem Gefälle, von denen die eine von dem Neumünster Walde, die andere von dem Stennweiler Walde, 15 bis 60 Minuten von der Stadt entfernt, mittels gusseiserner Röhren zugeführt wird. Das Wasser gelangt nur an öffentlichen Ständern zum Auslauf und wird Privaten nicht direct zugeleitet; wohl aber wird das Ablaufwasser zu verschiedenen Zwecken für den Haushalt, für Gewerbebetrieb, zur Bierbereitung etc. eingeleitet. Das Wasser ist in der Regel tadellos, jedoch wird es bei starkem Regen zeitweise durch Eindringen von Lehm in die Brunnenstube etwas getrübt. Das Wasser wird einer regelmässigen Untersuchung unterzogen. Ein Wassermangel existirt nie. Die Anlage ist 1874 mit einem Kostenaufwande von 25000 M. von der Stadt hergestellt.

387. **Saarlouis** hat 6789 Einwohner in 450 Wohnhäusern und 900 Haushaltungen.

Die Versorgung erfolgt durch 200 private, gegrabene und gebohrte Brunnen und durch Einleiten von Quellwasser aus 4000 m Entfernung durch natürliches Gefälle mittels eiserner und hölzerner Röhren. An diese Zuleitung wird den Privaten kein Anschluss gestattet. Das Wasser ist stets gut, wie häufige Untersuchungen bestätigt haben. Nur ist die Temperatur der zu flachen Rohrlage wegen mitunter nicht befriedigend. Die Quantität ist stets genügend, so dass eine Aenderung des jetzigen Zustandes nicht beabsichtigt wird.

388. **Malstadt-Burbach** hat 13158 Einwohner in 1213 Wohnhäusern und 2652 Haushaltungen.

Für die Versorgung bestehen 7 öffentliche und 263 private, gegrabene Brunnen von 10 m bis 20 m Tiefe, deren Wasser sehr schlecht ist und die daher zum grössten Theile ausser Benutzung sind. Ausserdem wird das Wasser von 4 Quellwasserleitungen an 9 öffentlichen Brunnen vertheilt. Eine einheitliche Versorgung ist seit 1881 in Benutzung und wird augenblicklich weiter ausgedehnt. Dieselbe ist vom Ingenieur Kölvel in Zweibrücken für Rechnung der Stadt mit einem Kostenaufwande von 150000 M. hergestellt. Die tägliche Maximallieferung derselben beläuft sich auf 700 cbm bis 800 cbm.

Zwei Leitungen führen Quellwasser aus 500 m bis 1200 m Entfernung mit natürlichem Gefälle zu. Das Wasser einer dritten Quelle wird mit einem Gasmotor künstlich gehoben. Die Vertheilung erfolgt aus einem gemauerten und überwölbten Reservoir von 270 cbm Inhalt. Es sind 48 Freibrunnen für die allgemeine Abgabe vorhanden. 54 Hydranten sind in 100 m bis 150 m Entfernung aufgestellt. Für die Wasserabgabe an Private sind Wassermesser vorgeschrieben. Speciellere Angaben sind der Neuheit und Unfertigkeit der Anlage wegen noch nicht zu machen.

389. **St. Johann a. d. Saar** hat 12346 Einwohner in 645 Wohnhäusern und 2417 Haushaltungen.

Die Versorgung erfolgt durch 4 Quellwasserleitungen, die Meerwiesenleitung für 6 Ausläufe, die Bruchwiesen-Leitung für 4 Ausläufe, die Meisenwiesen-Leitung für 11 Ausläufe und die Krämerhäuschen-Leitung für 4 Ausläufe, welche sämmtlich der allgemeinen Benutzung dienen. Ausserdem wird das Wasser 45 Privaten zugeführt. Die Zuleitungen erfolgen mittels eiserner Röhren bis aus 2000 m Entfernung durch natürliches Gefälle. Das Wasser ist gut, wie die 1873 vorgenommenen Untersuchungen bestätigt haben. Es liegt aber schon länger der Plan vor, eine einheitliche Versorgung zu schaffen und es sind für eine solche schon vor einigen Jahren von der Stadt im Scheidter Thale Quellen angekauft.

390. **Saarbrücken** hat 9514 Einwohner.

Die Versorgung erfolgt seit 1873 durch eine einheitliche Anlage, die für Rechnung der Stadt vom Director der Gas- und Wasserwerke in Bern, Rothenbach, mit einem Kostenaufwande von 300000 M. hergestellt ist und eine tägliche Maximalleistungsfähigkeit von 1000 cbm besitzt.

Das Wasser wird in einem Quellgebiete, das zwischen der Stadt und dem Dorfe Gersweiler, 500 m bis 2500 m von der Stadt entfernt, liegt, durch 21 Bohrlöcher von durchschnittlich 31 m Tiefe und aus ebensovielen Quellen im bunten Sandsteine erschlossen und tritt an den einzelnen Stellen, in Brunnenstuben gefasst, zu Tage, aus welchen es durch Cementröhren in einem Sammelbassin zusammengeleitet wird. Ein Pumpwerk, welches 2650 m von den Quellen entfernt liegt und durch Wasserkraft und als Reserve durch eine Dampfmaschine getrieben wird, hebt das Wasser in ein 40 m höher und 200 m entfernt gelegenes, gemauertes Reservoir von 850 cbm Inhalt, welches 1700 m von der Stadt entfernt und 50 m höher als der tiefste Punkt des Versorgungsgebietes liegt.

Das Wasser wird einheitlich als Brauch- und Trinkwasser zugeführt und es erfolgt die Abgabe an Private je nach Wunsch unter Einschätzung des Wasserpreises zu 4% des Miethwerthes. Für die Hausleitungen werden verzinkte Schmiedeeisenröhren benutzt. Die Hauptleitungen sind innen getheert. Die Stadt ist grösstentheils kanalisirt und es sind Haus- und Closeteinlässe gestattet.

Ueber die abgegebenen Wassermengen und Verbrauchszwecke fehlen die Angaben. 1876 waren 15 Freibrunnen und 102 Hydranten vorhanden. Jetzt sind an die Leitung 320 Häuser angeschlossen. Die Betriebskosten der Anlage betragen 6000 M., die Einnahmen für Wassergeld 17000 M. im Jahre.

Das Wasser ist immer gut und das Lieferquantum der Quellen ist stetig und genügend.

II. Königreich Bayern.

a) Regierungsbezirk Oberbayern.

391. **Ingolstadt** hat 15251 Einwohner in ca. 1200 Wohnhäusern.

Die Versorgung erfolgt ausser durch gegrabene Brunnen, deren 25 für die allgemeine Benutzung dienen und 35 auf Privatgrundstücken sich befinden und die meist gutes Trinkwasser haben, seit 1862 durch zwei Wasserkünste, die beide durch Dampfkraft getrieben werden, von denen die eine Eigenthum der Stadt, die andere Eigenthum der Festung ist. Erstere entnimmt das Wasser einem offenen Wasserlaufe, der Schütter, die den Ort durchfliesst und bringt es durch Sandfiltration gereinigt zur Vertheilung, letztere entnimmt es dem Grundwasser und unterwirft es einer vorherigen Klärung.

392. **Freising** hat 8850 Einwohner in ca. 1000 Wohnhäusern.

Die Versorgung erfolgt ausschliesslich aus Brunnen, die im Rayon der Stadt gegraben sind. Weitere Mittheilungen fehlen.

393. **Landsberg a. L.** hat 5243 Einwohner in 597 Wohnhäusern und 1061 Haushaltungen.

Die Versorgung erfolgt ausser aus 18 gegrabenen Pumpenbrunnen auf privaten Grundstücken seit 1818 durch eine von der Stadtgemeinde ursprünglich mit einem Kostenaufwande von 40000 M. hergestellte und jetzt durch spätere Erweiterungen mit 140000 M. zu Buche stehende Anlage.

Das Wasser wird aus Quellen in überdeckten, hölzernen Rinnen etwa 1000 m vom Orte entfernt zusammengeleitet und, durch Wasserkraft künstlich gehoben, dem Versorgungsgebiete mit 50 m Druck in gusseisernen Leitungen zugeführt. Zwei kleine Reservoire von 9 cbm Inhalt, 1000 m vom Gewinnungsorte und ebensoweit von der Stadt entfernt, sind in Mauerwerk hergestellt und überwölbt.

Die Versorgung erfolgt für Brauch- und Trinkwasser einheitlich und constant unter Benutzung von Hausreservoiren, da die Abgabe an Private nach Kaliberhähnen zum Preise von 50 M. pro Jahr für 1 l pro Minute erfolgt. Die Hauptleitungen sind ohne einen inneren Ueberzug verlegt und für die Hausleitungen ist kein bestimmtes Material vorgeschrieben. Die Stadt ist kanalisirt mit Hauseinlässen; auch Closeteinlässe sind ausnahmsweise gestattet.

Die Gesammtabgabe betrug 1882 118625 cbm und zwar im Monate des stärksten Verbrauches 10850 cbm, in dem des schwächsten Verbrauches 9300 cbm. Der grösste Tagesverbrauch war 350 cbm, der geringste 300 cbm.

Für öffentliche Zwecke sind 38000 cbm und für Privatzwecke 80625 cbm im Jahre verwendet.

20 Freibrunnen haben zusammen eine Abgabe von 60 l pro Minute. Ein Springbrunnen, der 270 Tage im Jahre spielt, verbraucht 4 l pro Minute. Die öffentlichen Gebäude erhalten 200 l pro Minute. Für Strassensprengen und -Spülen sowie für sonstige, öffentliche Zwecke findet eine Abgabe nicht statt. Für Feuerlöschzwecke sind 4 Hydranten, mit Selbstentleerung versehen, unter Flur aufgestellt, aus denen direct gespritzt wird.

An die Leitung sind 291 Häuser mit 350 Haushaltungen und 3000 Bewohnern angeschlossen, welche 70000 cbm Wasser im Jahre verbrauchen, während für den Gewerbebetrieb auf 52 Grundstücken 10625 cbm im Jahre benutzt werden.

Das Wasser ist stets gut und frisch und auch immer in genügender Menge vorhanden, wenngleich die Quellen im Herbst etwas zurückgehen.

394. **München** hat 230023 Einwohner in 11400 Wohnhäusern und 55000 Haushaltungen.

Eine einheitliche Versorgung der Stadt wird 1883 in Benutzung kommen. Dieselbe ist für Rechnung der Stadtgemeinde nach dem Projecte der städtischen Subcommission für Wasserversorgung für eine tägliche Maximalleistung von 37500 cbm erbaut. Der Kostenvoranschlag beträgt 6000000 M.

Das Wasser wird 38000 m von der Stadt entfernt den Quellen des Mangfallthales entnommen und durch natürliches Gefälle theils mittels Stollen und Betonkanälen, die oben durch Gewölbe aus Backsteinen geschlossen sind, und theils mittels gusseiserner Röhren einem Hochreservoir von 37 500 cbm Fassungsraum zugeführt, welches 29000 m von den Quellen entfernt und 34,2 m niedriger als diese liegt. Die Entfernung des Reservoirs von der Stadt beträgt 9000 m und die Höhenlage desselben übersteigt die des Versorgungsgebietes um ca.

65 m. Das Reservoir ist im Boden und in den Umfassungswänden in Beton hergestellt. Die Decke und die Pfeiler bestehen aus Cementmauerwerk von Backsteinen. Die Sohle des Reservoirs ist 3 m in den Boden versenkt.

Die demnächstige Versorgung der Stadt wird von hier aus einheitlich für Brauch- und Trinkwasser unter einheitlichem Drucke und constant erfolgen. Die Hausanschlüsse werden dem Wunsche freigestellt bleiben.

Augenblicklich hat München 13 grössere Pumpwerke, von denen 7 der Stadt und 6 dem Hofe gehören. Sie werden sämmtlich durch Wasserkraft betrieben und fördern täglich mit einer Betriebskraft von im Ganzen 363 Pferdekräften 30844 cbm Wasser, welches unter 10 m bis 35 m Druck ohne Hochreservoire zum Ausfluss gelangt. Der Ueberschuss davon wird für öffentliche Brunnen und Fontainen verwendet oder fliesst in die Strassenkanäle. Die Pumpwerke entnehmen das Wasser aus in das Grundwasser gesenkten Brunnen und aus Quellengalerien. Das alte, städtische Rohrnetz hat 80 km Länge und es werden daraus 274 Hydranten für Feuerlöschzwecke gespeist.

395. **Rosenheim** hat 8397 Einwohner in 800 Wohnhäusern und 2216 Haushaltungen.

Durch die Stadt fliessen der Hammerbach, der Mühlbach und der Stadtkanal, welche durch den Mangfall gespeist werden und verschiedenen Industriellen ihre Wasserkraft, sowie auch für sonstige gewerbliche und andere Zwecke, zum Strassensprengen, für Feuerlöschzwecke, für Badeanstalten etc. das nöthige Wasser zur Verfügung stellen. Der hohe Grundwasserstand, 1,2 m bis 1,8 m unter Terrain, erleichtert ferner die Anlage von Brunnen sehr.

Die Trinkwasserversorgung erfolgt durch Einleiten von Quellwasser mit natürlichem Gefälle. Dasselbe wird am Schlossberge am rechten Ufer des Inn durch einen 37 m langen Stollen, mit einigen Querschlägen an dessen Ende, erschlossen. Das Mundloch des Stollens liegt 1540 m vom Mittelpunkte der Stadt entfernt und es erfolgt die Zuleitung und Vertheilung durch gusseiserne Röhren. Die Anlage ist seit 1868 in Benutzung und mit einem Kostenaufwande von 67 543 M. vom Salinenbaubeamten Huber dort für Rechnung der Stadt hergestellt. Die Ergiebigkeit der Quelle beträgt constant 1944 cbm pro Tag.

Das Wasser kommt nur im Erdgeschosse zum Auslauf, da der Wasserspiegel des Sammelbrunnens nur ca. 6 m höher als Null des Innpegels liegt. Die Privatleitungen bestehen aus Bleiröhren. Die

Abgabe des Wassers an Private erfolgt nach Kaliberhähnen zum Preise von 8 M. pro Jahr für 1 l pro Minute und es ist fast das ganze vorhandene Wasserquantum vergeben. In Entfernungen von 120 m bis 150 m sind 17 Feuerwechsel aufgestellt, die des geringen Druckes wegen nur als Zubringer für die Feuerspritzen dienen können.

Das Wasser ist sehr frisch und gut und variirt in der Temperatur sehr wenig.

b) Regierungsbezirk Niederbayern.

396. **Landshut i. B.** hat 17 225 Einwohner. Eine Auskunft über die Versorgung war nicht zu erlangen.

397. **Straubing** hat 12 625 Einwohner in ca. 1000 Wohnhäusern und 2922 Haushaltungen.

Die Versorgung erfolgt aus 6 laufenden Brunnen zu allgemeiner Benutzung und 3 solchen auf Privatgrundstücken. Das Wasser wird aus Quellen, die 2000 m von der Stadt entfernt entspringen, gesammelt und durch eine in einem gemauerten Kanal liegende, offene Rinne mit natürlichem Gefälle herbeigeführt. Ein durch ein Wasserrad getriebenes Pumpwerk im Orte hebt es hier auf die für den Ausfluss nöthige Höhe. Ferner sind 10 öffentliche und ca. 200 private, gegrabene Brunnen von 8 m bis 12 m Tiefe mit einem 4 m bis 8 m tiefen Wasserstande vorhanden.

Seit März 1883 ist vom Unternehmer Heinrich Jooss in Landau der Bau einer einheitlichen Versorgung für eigene Rechnung begonnen und es wird dieselbe am 1. Juli in Betrieb kommen. Die Anlagekosten werden sich auf 150 000 M. belaufen und die Maximalleistung der Anlage wird 1340 cbm pro Tag betragen.

Das Wasser soll durch Sammelkanäle in der Nähe der Stadt und 50 m vom nächsten Flusslaufe entfernt erschlossen und durch Dampfkraft auf eine Höhe von 30 m gehoben werden. Die Anlage eines Reservoirs wird vorläufig nicht beabsichtigt; man denkt mit Druckwindkesseln einen continuirlichen Betrieb unterhalten zu können.

Die Versorgung wird constant und einheitlich für Brauch- und Trinkwasser sein. Die Aufstellung von Hausreservoiren wird nur für den Grossgewerbebetrieb beabsichtigt. Der Hausanschluss soll bei Ausführung der Rohrlegung zu billigerem Preise erfolgen. Das Wasser für den Hausbedarf wird nur nach Messern abgegeben werden. Für die Hausleitungen werden schmiedeeiserne Röhren benutzt. Die Hauptleitungen sind innen getheert.

Ein Sechstel des Wassers soll für öffentliche Zwecke benutzt werden, ausgenommen das Wasser für die öffentlichen Gebäude, für welche die Abgabe nach Messern erfolgen wird. 50 Hydranten und 6 bis 10 Zierbrunnen sind projectirt. Das Wasser ist im Laboratorium der Universität Erlangen untersucht und als gut befunden.

398. **Deggendorf** hat 6226 Einwohner.

Die Versorgung erfolgt durch eine städtische Wasserleitung, welche Quellwasser aus den ungefähr 500 m entfernten Vorbergen herleitet und zwei öffentliche Brunnen sowie drei kleinere Privatleitungen speist. Ausserdem sind Brunnen im Grundwasser vorhanden, von denen die viel benutzten gutes Wasser liefern, während das Wasser der übrigen häufig trüb ist und fremde Stoffe führt. Das aus Granit und Gneis kommende Wasser ist gut.

399. **Passau** hat 15 365 Einwohner in 988 Wohnhäusern und 3408 Haushaltungen.

Für die Versorgung bestehen 17 öffentliche und 73 private, gegrabene und gebohrte Brunnen von 5 m bis zu 20 m Tiefe, die meistens in den Felsen gesprengt sind.

Ferner wird das Wasser von verschiedenen Quellen bis aus 4000 m Entfernung durch natürliches Gefälle mittels Röhren von Thon, Blei, Holz und Gusseisen zugeleitet. Mehrere Private haben besondere Quellenleitungen. In gleicher Weise wird Bachwasser zugeführt. Es bestehen 4 verschiedene, öffentliche Röhrensysteme, die pro Tag 450 cbm zuführen, durch welche 20 öffentliche Laufbrunnen und 160 Wohnhäuser versorgt werden. Die Qualität des Wassers wird von der Witterung stark beeinflusst. Nach vielen Untersuchungen ist das Quellwasser rein, das Bachwasser aber meist schlecht; auch ist die Wassermenge nicht immer genügend.

Ein Project zu einer einheitlichen Versorgung mittels 175 Quellen, die aus dem Neuburger Walde mit natürlichem Gefälle zugeleitet werden sollen, ist dem Ministerium zur Genehmigung unterbreitet.

c) Regierungsbezirk Pfalz.

400. **Kaiserslautern** hat 26 323 Einwohner in 2200 Wohnhäusern und 5500 Haushaltungen.

Die Versorgung erfolgt aus artesischen Brunnen, deren 71 für die allgemeine Benutzung und 559 auf Privatgrundstücken vorhanden sind. Dieselben haben in den hochgelegenen Stadttheilen eine Tiefe von 20 m bis 30 m. Das Wasser steht in denselben theils in gleicher Höhe mit dem Terrain, theils tiefer und zwar bis zu 1,5 m. Die Ergiebigkeit derselben ist constant.

Ausserdem wird mittels einer alten, hölzernen Röhrenleitung aus 1600 m Entfernung Quellwasser durch natürliches Gefälle zugeführt, das an 7 laufenden Brunnen zur allgemeinen Benutzung gelangt und auch auf 6 Privatgrundstücke eingeleitet wird. Das Wasser von den verschiedenen Stellen entnommen bewegt sich in Betreff seiner Güte als Trinkwasser in der Scala von „sehr gut“ bis „sehr schlecht“; verschiedentliche Untersuchungen desselben haben stattgefunden. Es liegt daher, wenn auch niemals Wassermangel eintritt, das Bedürfniss nach einer besseren Versorgung vor, für welche auch schon ein Plan aufgestellt ist, dessen Ausführungstermin allerdings noch unbestimmt ist.

401. **Dürkheim** hat 6089 Einwohner mit annähernd 800 Wohnhäusern und 1200 Haushaltungen.

Die Versorgung erfolgt ausser durch gegrabene Brunnen, deren 20 zur allgemeinen Benutzung und ca. 100 private vorhanden sind, seit 1866 durch Einleiten von Quellwasser, jedoch nur für die allgemeine Benutzung, also ohne Hausleitungen. Eine Quelle entspringt direct vor der Stadt und 3 andere ca. 1000 m davon entfernt. Die Zuleitung zur Stadt erfolgt aus einem Reservoire, oberhalb der Stadt gelegen, durch natürliches Gefälle mittels gusseiserner Röhren. Das Wasser ist immer gut und in stetem Ueberflusse vorhanden.

402. **Frankenthal** hat 9043 Einwohner in 829 Wohnhäusern und 1847 Haushaltungen.

Die Versorgung erfolgt ausser aus den beiden den Ort durchfliessenden Wasserläufen, der Isenach und dem Fuchsbache, aus gesenkten Brunnen von 6 m Tiefe mit 4,5 m mittlerem, aber schwankenden Wasserstande. Es sind deren 36 öffentliche und 450 private vorhanden. Das Wasser ist als Trinkwasser gut, was durch Untersuchungen bestätigt ist, und es ist auch stets in genügender Menge vorhanden. An eine Aenderung wird nicht gedacht.

403. **Ludwigshafen** hat 15012 Einwohner in 805 Wohnhäusern nnd 3650 Haushaltungen.

Die Versorgung erfolgt aussschliesslich aus gegrabenen Brunnen von ca. 5 m Tiefe mit 3 m tiefem, ziemlich constanten Wasserstande. Es sind deren 10 für die allgemeine Benutzung und 440 auf privaten Grundstücken vorhanden. Das Wasser hat als Trinkwasser einen mittleren Werth, wenngleich es hei hohem Wasserstande minder gut ist. Wassermangel tritt nie ein und es ist bislang ein Bedürfniss nach einer Aenderung nicht erkannt.

404. **Neustadt a. d. H.** hat 11411 Einwohner.

Die Versorgung erfolgt seit 1868 durch eine auf Kosten der Stadtgemeinde vom Oberbaurath Dr. von Ehmann in Stuttgart mit einem Kostenaufwande von 155349 M. hergestellte Anlage. Dieselbe ist später erweitert und es beträgt ihr jetziger Buchwerth 447693 M. und die jetzige Maximalleistungsfähigkeit derselben 1600 cbm pro Tag.

Das Wasser wird aus Quellen am Königsberge und im Elmsteiner Thale, 2300 m resp. 10260 m von der Stadt entfernt, erschlossen und durch natürliches Gefälle mittels gusseiserner Röhren zuerst einem gemauerten Reservoire und dann der Stadt zugeleitet. Das Reservoir hat 420 cbm Inhalt. Dasselbe liegt 2200 m von der Stadt und 100 m von der ersten Quellfassung entfernt, während die Entfernung von der zweiten Quellfassung 7860 m beträgt. Der höchste Wasserstand des Reservoirs liegt 17 m höher als das Versorgungsgebiet.

Die Versorgung erfolgt einheitlich für Brauch- und Trinkwasser, constant, unter einheitlichem Drucke und ohne Anwendung von Hausreservoiren. Der Anschluss an die Häuser ist nicht obligatorisch und es sind keine Wassermesser dafür vorgeschrieben. Das Wassergeld wird durch Schätzung bestimmt. Die Stadt ist kanalisirt uud es sind Closeteinlässe in die Kanäle gestattet. Für die Hausleitungen sind galvanisch verzinkte, schmiedeeiserne Röhren vorgeschrieben. Die Hauptleitungen sind innen getheert.

Ueber das Abgabequantum im ganzen und für die einzelnen Verbrauchszwecke liegt kein Material vor. Es sind 34 Hydranten und 17 öffentliche Brunnen mit Selbstverschluss aufgestellt. 3 öffentliche Springbrunnen spielen nur im Sommer an Sonn- und Festtagen. Für Strassensprengen etc. findet keine Abgabe aus der Leitung statt. An dieselbe sind 584 Wohnhäuser mit ca. 800 Haushaltungen angeschlossen.

405. **Speyer** hat 15589 Einwohner in 1689 Wohnhäusern.

Eine einheitliche Versorgung wird am 1. April 1883 der Benutzung übergeben werden. Dieselbe ist vom Ingenieur A. Lindemann in Dürkheim unter der Firma „Wasserwerk Speyer“ hergestellt und für eine tägliche Maximalleistung von 3500 cbm eingerichtet.

Das Wasser wird 2500 m von der Stadt entfernt im Speyerer Communalwalde, Abtheilung Jägerrast, durch zwei im Grundwasser abgeteufte Brunnen von 18,25 m Tiefe mit einem 4,36 m tiefen Wasserspiegel, 1300 m und 3200 m vom Rhein entfernt, erschlossen. Dasselbe wird mittels Dampfkraft 42 m hoch gehoben und einem schmiedeeisernen Reservoire von 500 cbm Inhalt, das auf künstlichem Unterbau unter Dach, 2000 m vom Gewinnungsorte und 500 m von Speyer entfernt, in solcher Höhe aufgestellt ist, dass dessen höchster Wasserstand 38 m über dem Versorgungsgebiete liegt.

Die Versorgung wird constant und für Brauch- und Trinkwasser einheitlich erfolgen. Für Grossconsumenten, ebenso wie für Closets, Pissoirs etc. sind Hausreservoire vorgesehen. Hausanschlüsse sind facultativ und Messer werden dafür nicht vorgeschrieben werden. Die Zahlung für Hauswasser erfolgt nach Schätzung. Für die Hausleitungen werden galvanisirte, schmiedeeiserne Rohre verwendet. Die Hauptleitungen erhalten einen Anstrich von Goudron. Der niedere Stadttheil ist kanalisirt und mit Hausanschlüssen versehen.

Für öffentliche Zwecke ist der Consum von 20000 cbm pro Jahr als Minimum vorgesehen. Für Feuerlöschzwecke sind 135 Hydranten in ca. 80 m Entfernung unter Flur, mit Selbstentleerung versehen, aufzustellen projectirt und es wird der Leitungsdruck zum directen Spritzen genügen.

112 Wohnhäuser mit 140 Haushaltungen und 28 Consumenten nach Messern waren bereits im Februar angemeldet.

406. **Germersheim** hat 6449 Einwohner.

Die Versorgung erfolgt ausschliesslich aus gegrabenen Brunnen. Es sind deren 32 für die allgemeine Benutzung und 30 auf Privatgrundstücken vorhanden. Das Wasser aller Brunnen ist mit Ausnahme von dreien stets gut, wie durch Untersuchungen bestätigt ist. Nur bei sehr grosser Trockenheit zeigt sich bei einigen derselben Wassermangel. Ein Bedürfniss zu anderweitiger Versorgung liegt nicht vor.

407. **Landau** hat 8749 Einwohner in 830 Wohnhäusern und 1720 Haushaltungen.

Die Versorgung erfolgt aus 24 öffentlichen und 230 privaten Pumpenbrunnen, die einen nur wenig schwankenden Wasserstand haben. Als Trinkwasser ist nur das Wasser einzelner Brunnen wirklich gut, wie durch Untersuchungen erwiesen ist. Der mitten durch die Stadt fliessende Wasserlauf liefert Brauchwasser in genügender Menge.

Ferner besitzt die Militärbehörde eine Quellwasserleitung, die aus 2000 m Entfernung das auf einer Anhöhe wenige Fuss tief unter Ackerland gefasste Wasser durch natürliches Gefälle 5 Militärgebäuden und 3 öffentlichen Brunnen zuführt. In trockener Jahreszeit hört dieser Zufluss vollständig auf. Endlich ist noch eine der Stadt gehörige Bachwasserleitung vorhanden, die 2 öffentliche Brunnen und 3 Bierbrauereien mit Wasser versorgt.

Das Bedürfniss nach einer besseren Versorgung ist ein dringendes. Ein Project, welches Quellwasser aus 15000 m Entfernung mit natürlichem Gefälle zuführen sollte, ist aber, da die Anlage 400000 M. kosten würde, vorläufig zurückgestellt, weil die Stadt einer Gesellschaft, die sich zur Ausführung auf ihre Kosten bereit erklärt hat, die Concession nicht ertheilen will.

408. **St. Ingbert** hat 9811 Einwohner in 1149 Wohnhäusern und 1967 Haushaltungen.

Den Ort durchfliesst der sog. „Grossbach". Es sind 16 öffentliche Brunnen im bunten Sandstein und im Kohlengebirge abgebohrt und ferner 123 gleichfalls gebohrte Privatbrunnen vorhanden. Das Grundwasser steht 30 m unter Terrain. Ausserdem existiren noch 4 Quellwasserleitungen, eine für das Krämer'sche Eisenwerk und 3 für je einen Gewerbetreibenden. Das Wasser wird als ein gutes, wenn auch etwas eisenhaltiges, bezeichnet und ist in ausreichender Menge vorhanden, so dass kein Bedürfniss nach einer Aenderung vorliegt.

409. **Zweibrücken** hat 10382 Einwohner in 1350 Wohnhäusern und 2140 Haushaltungen.

Die Versorgung erfolgt durch gebohrte Brunnen aus dem Grundwasser, das 1 m bis 3 m tief unter Terrain steht. Es sind deren 21 für die allgemeine Benutzung und ca. 350 auf privaten Grundstücken vorhanden. Das Wasser ist als Trinkwasser gut und in stets genügender Menge vorhanden. Eine Untersuchung aller Brunnen hat stattgefunden. Ein Bedürfniss nach einer Veränderung liegt nicht vor.

410. **Pirmasens** hat 12039 Einwohner in über 1000 Wohnhäusern.

Die Versorgung erfolgt ausser aus 12 öffentlichen und 50 bis 60 privaten, gegrabenen Brunnen mit sehr schwankendem Wasserstande und einem in der Qualität sehr wechselnden Wasser seit 1879 durch eine einheitliche Anlage, die Eigenthum der „Pirmasens Water Company" limited, 11 Delahay St., Westminster, London ist und von den Ingenieuren A. F. Lindemann und Edw. Easton daselbst ausgeführt ist. Die Anlage ist für eine Maximalleistung von 2000 cbm bis 3000 cbm pro Tag bestimmt.

Das Wasser wird 6000 m von der Stadt bei Rodalben aus natürlich austretenden Quellen gesammelt und, mittels Dampfkraft auf 200 m

Höhe gehoben, einem schmiedeeisernen Reservoire von 680 cbm Fassungsraum zugeführt, welches, 1000 m vom Gewinnungspunkte und 5000 m von der Stadt entfernt, auf künstlichem Unterbau unter Dach aufgestellt ist. Der höchste Wasserstand dieses Reservoirs liegt 5 m über dem höchsten und 90 m über dem niedrigsten Punkte des Versorgungsgebietes.

Die Versorgung erfolgt einheitlich für Brauch- und Trinkwasser, constant und ohne Hausreservoire. Der Anschluss der Häuser erfolgt nach Belieben; Wassermesser sind dafür nicht vorgeschrieben; die Zahlung erfolgt vielmehr nach Schätzung. Als Material für die Hausleitungen dienen galvanisch verzinkte, schmiedeeiserne Röhren. Die Hauptleitungen sind innen und aussen getheert. Der Ort ist nicht kanalisirt.

Die gesammte Abgabe hat 1882 150 000 cbm betragen. Der grösste Tagesconsum betrug 450 cbm, der geringste 350 cbm. Im August wurde am meisten, im Februar am wenigsten Wasser verbraucht.

Für Feuerlöschzwecke dienen 57 Hydranten, in durchschnittlich 100 m Entfernung aufgestellt; dieselben sind mit Selbstentleerung versehen. Das Spritzen erfolgt direct aus denselben. Diese Hydranten sind der Stadt von der Gesellschaft gratis zur Verfügung gestellt und dienen zugleich zur Spülung des Rohrnetzes, die 4 bis 5 mal im Jahre erfolgt. Im übrigen findet, ausser für die öffentlichen Gebäude, die sämmtlich mit Wasserleitungen versehen sind, keine Wasserabgabe für öffentliche Zwecke statt.

Für Privatzwecke sind 1882 136 000 cbm an ca. 500 Wohnhäuser mit 5500 Bewohnern abgegeben. Für Gewerbe- und Industriezwecke wurden 12 000 cbm bis 14 000 cbm, davon 11 000 cbm durch 16 Messer bestimmt, entnommen. Es waren 20 Badeeinrichtungen, 20 Closets, 3 Pissoirs und 3 Springbrunnen auf Privatgrundstücken in Gebrauch.

d) Regierungsbezirk Ober-Pfalz.

411. **Amberg** hat 14 583 Einwohner in 2100 Wohnhäusern und 3400 Haushaltungen.

Die Versorgung erfolgt durch 370 Brunnen, von denen 57 für die allgemeine Benutzung dienen, während 313 sich auf Privatgrundstücken befinden. Die Brunnen haben von 5 m bis zu 70 m Tiefe und zum Theil einen sehr wechselnden Wasserstand.

Es wird ausserdem Wasser aus hochgelegenen Quellen, 1300 m vom Orte entfernt, durch natürliches Gefälle mittels Bleiröhren zugeführt und an 2 öffentlichen Wasserständern zum Ausfluss gebracht. Von diesem Wasser wird ferner 15 Haushaltungen, 3 Brauereien, 4 Gärten und einem Schulhause zugeleitet. Das Wasser ist sehr gut und nur im Sommer bei grosser Trockenheit quantitativ ungenügend. Das Wasser der Brunnen lässt manches zu wünschen übrig, wie durch Untersuchungen bestätigt ist; es ist jedoch stets in genügender Menge vorhanden.

Das Bedürfniss nach einer besseren Versorgung ist erkannt, ein fester Plan dafür aber noch nicht in Aussicht genommen.

412. **Neumarkt i. O.** hat 5071 Einwohner in 670 Wohnhäusern und 1232 Haushaltungen.

Die Versorgung erfolgt durch 15 öffentliche und eine nicht bekannte Zahl privater Brunnen. Ausserdem wird das Wasser mehrerer Quellen, die ca. 2000 m vom Orte entfernt entspringen, gesammelt und durch natürliches Gefälle mittels gusseiserner und bleierner Röhren zugeleitet. Dasselbe dient für den allgemeinen Gebrauch, wird aber auch Privaten zu beliebiger Benutzung zugeführt.

Das Quellwasser ist als Trinkwasser gut. Bei dem der öffentlichen Brunnen ist das weniger der Fall. Im heissen Sommer lässt die Ergiebigkeit der Quellen nach.

413. **Regensburg** hat 34516 Einwohner in etwa 2100 Wohnhäusern und 9000 Haushaltungen.

Die Versorgung erfolgt seit dem 1. October 1875 durch eine von den Unternehmern Gruner und Thiem für Rechnung der Stadtgemeinde hergestellte Anlage, die ursprünglich 1120000 M. gekostet hat, jetzt aber der Erweiterungsbauten wegen mit 1450000 M. zu Buche steht. Die Maximalleistungsfähigkeit derselben im jetzigen Zustande beträgt in der Maschinenkraft 9400 cbm pro 24 Stunden.

Das Wasser wird 3450 m von der Stadt entfernt bei Sallern im Regenthale natürlich austretenden Quellen entnommen und durch Dampfkraft auf 51,7 m Höhe gehoben. Dasselbe wird einem 2300 m entfernt gelegenen, gemauerten, überwölbten und in den Boden versenkten Reservoire von 3296 cbm Inhalt zugeführt, welches, 1150 m von der Stadt entfernt, 35 m bis 50 m über dem Versorgungsgebiete liegt.

Die Versorgung erfolgt constant, einheitlich für Brauch- und Trinkwasser und ohne Anwendung von Hausreservoiren. Hausanschlüsse und Wassermesser dafür sind nicht obligatorisch. Die Zahlung des Wassergeldes erfolgt nach Schätzung. Für Hausleitungen sind galvanisirte Eisenrohre vorgeschrieben. Die Hauptleitungen sind innen und aussen asphaltirt. Die Stadt hat ein ziemlich ausgedehntes Kanalnetz mit Hauseinlässen; doch sind Closeteinlässe verboten.

Die gesammte Abgabe hat 1882 1 819 546 cbm betragen. Der grösste Monatsconsum fand im Juli mit 167 791 cbm und der geringste im April mit 140 153 cbm statt. Die stärkste Tagesabgabe fiel auf den 21. Juli mit 6771 cbm und die geringste auf den 1. November mit 3948 cbm. Es findet eine Abgabe an die Aussengemeinden Stadtamhof und Steinweg statt; das Quantum dafür kann aber nicht angegeben werden.

Ueber die für die verschiedenen, öffentlichen Zwecke benutzten Wassermengen fehlen specielle Angaben. Das Strassensprengen geschieht mittels Sprengfässern; 120 000 qm Strassenflächen sind an 69 Tagen im Jahre 1882 besprengt. Besondere Rinnsteinspülung findet nicht statt. Eine directe Kanalspülung erfolgt nach Bedürfniss mittels Hydranten. Das Rohrnetz wird jährlich zweimal gespült. Für Feuerlöschzwecke sind 274 Unterflur-Hydranten, mit Selbstentleerung versehen, in ca. 100 m Entfernung aufgestellt, aus denen bei Bränden direct gespritzt wird. 64 Freibrunnen, von denen 10 continuirlich laufen und 54 mit Selbstabschlüssen versehen sind, dienen für die allgemeine Abgabe von Wasser. 2 öffentliche Springbrunnen spielten 1882 von 6 Uhr Morgens bis 9 Uhr Abends an 195 Tagen und 2 grössere von 9 Uhr Morgens bis 4 Uhr Nachmittags an 54 Tagen Für öffentliche Benutzung bestehen 4 private Badeanstalten mit 28 Wannen. 5 öffentliche Pissoirs mit im Ganzen je 6,5 m Standlänge werden continuirlich gespült.

941 Häuser waren 1882 an die Leitung angeschlossen. Es waren darin 71 Badeeinrichtungen, 70 Closets, 46 Pissoirs und 67 Springbrunnen in Gebrauch. 87 640 qm Hof- und Gartenfläche waren für Sprengzwecke veranlagt. Grösstentheils für Industriegebrauch fand eine Abgabe von 99 856 cbm, durch Messer bestimmt, statt.

e) Regierungsbezirk Oberfranken.

414. **Hof** hat 20 997 Einwohner in 1360 Wohnhäusern und 4780 Haushaltungen.

Für die Versorgung mit Trinkwasser dienen natürlich austretende Quellen in 3000 m bis 6000 m Entfernung von der Stadt, welche ca. 400 cbm Ergiebigkeit pro Tag haben. Das Wasser derselben wird durch 8 verschiedene Leitungen von im Ganzen 23 000 m Länge in der Stadt durch hölzerne und ausserhalb derselben durch eiserne Röhren mit natürlichem Gefälle geleitet. In der Stadt kommt das Wasser an 21 öffentlichen Auslaufstellen zur allgemeinen Benutzung und wird auch, ebenso wie das Abfallwasser der Ausläufe, 40 Privatgrundstücken zugeführt, unter denen sich 8 Brauereien befinden.

Ausser diesen künstlichen Zuleitungen bestehen gegrabene und gesenkte Pumpenbrunnen innerhalb der Stadt von ca. 10 m Tiefe mit ca. 5 m tiefem, aber sehr schwankenden Wasserstande. 24 dieser Brunnen sind öffentliche; 150 derselben befinden sich auf Privatgrundstücken. Das Quellwasser ist gut, das der Brunnen ist jedoch nur theilweise als Trinkwasser brauchbar, wie durch Untersuchungen, die den zeitweisen Verschluss einzelner Brunnen veranlasst haben, bewiesen ist. Das Wasser der Quellen ist quantitativ nicht genügend und es wird dem zeitweisen Mangel ausser durch die Brunnen dadurch abgeholfen, dass die Saale, welche die Stadt durchschneidet und im weiten Bogen umzieht, zur Aushilfe dienen muss, so dass ein eigentlicher Mangel nur in der Fabrikvorstadt besteht. Eine bessere Versorgung mit Trinkwasser wird als sehr erwünscht bezeichnet.

415. **Selb** hat 5098 Einwohner in 424 Wohnhäusern und 1100 Haushaltungen.

Für die Versorgung bestehen 26 private Pumpenbrunnen, die gegraben sind und 10 m bis 20 m Tiefe bei einem 8 m bis 17 m tiefen, constanten Wasserstande haben. Das Wasser derselben ist als Trinkwasser gut und quantitativ genügend. Untersuchungen desselben sind nicht vorgenommen.

Ferner findet die Zuleitung von Quellwasser mit natürlichem Gefälle mittels Röhren von Holz und Thon aus 500 m Entfernung statt. Dasselbe gelangt an 12 öffentlichen Laufbrunnen zur allgemeinen Benutzung und wird ausserdem in 38 Privatgrundstücke direct für den Hausgebrauch und für Gewerbebetrieb eingeleitet. Auch das Abwasser der Laufbrunnen wird 6 Privaten zugeleitet.

416. **Kulmbach** hat 5815 Einwohner in 485 Wohnhäusern und 1287 Haushaltungen.

Die Versorgung erfolgt seit 1869 durch eine einheitliche Anlage, die von der Stadt mit einem Kostenaufwande von 120000 M. hergestellt ist.

Mittels derselben wird Quellwasser aus 1000 m Entfernung von der Stadt in einem 1540 cbm fassenden Reservoire gesammelt und von hier aus durch natürliches Gefälle mittels gusseiserner Leitungen der

Stadt zugeführt. Das Reservoir liegt so hoch, dass der Druck in der Leitung an den tiefsten Terrainpunkten 50 m beträgt.

Für die allgemeine Benutzung des Wassers dienen 26 Laufbrunnen und dasselbe wird ferner 176 Privatgrundstücken, darunter 18 Brauereien, zum Hausgebrauch und zum Gewerbebetriebe zugeführt.

417. **Bayreuth** hat 22072 Einwohner in 950 Wohngebäuden.

Die Versorgung der Stadt erfolgt durch 7 Quellwasserleitungen mit natürlichem Gefälle. Die beiden Hauptleitungen sind seit 1881 in Benutzung. Ihre Herstellung ist auf Kosten der Stadt nach den Plänen des Ingenieur Kröber in Stuttgart erfolgt und hat 585000 M. gekostet. Die Maximalergiebigkeit derselben beträgt pro Tag in ihrem jetzigen Zustande 1700 cbm.

Die Quellen, welche die eine Leitung speisen, entspringen bei Spänfleck, 11000 m von der Stadt entfernt. Die Quellen der anderen Leitung entspringen bei Saas in 3800 m Entfernung von der Stadt. Das Wasser der ersteren wird einem 4500 m von der Stadt entfernt liegenden Reservoire zugeführt, dessen Wasserstand 84 m unter der Quellfassung und 100 m über dem Versorgungsgebiete liegt. Für das Wasser der anderen Quelle ist 3000 m von der Stadt entfernt, 50 m höher als diese und 5 m niedriger als der Gewinnungspunkt des Wassers, ein anderes Reservoir angelegt. Beide Reservoire sind gemauert und überwölbt und haben zusammen einen Fassungsraum von 2000 cbm.

Die Zuleitungen erfolgen durch gusseiserne, innen getheerte Röhren. Das Wasser wird einheitlich als Brauch- und Trinkwasser vertheilt. Hausanschlüsse sind facultativ, Wassermesser für dieselben aber obligatorisch. Für die Hausleitungen sind galvanisch verzinkte, schmiedeeiserne Röhren vorgeschrieben. Der Ort ist grösstentheils kanalisirt; Hauseinlässe sind gestattet, Closeteinlässe aber verboten.

Ueber die Wassermengen im Ganzen und für die verschiedenen Verbrauchszwecke liegen bislang keine genaueren Erhebungen vor.

Strassenspülung findet durch Sprengfässer und direct aus der Leitung statt. Kanalspülung findet gelegentlich der Spülung des Wasserrohrnetzes, die alle 2 Monate erfolgt, durch die Hydranten statt. Für Feuerlöschzwecke sind 90 Hydranten in 60 m bis 80 m Entfernung, mit Selbstentleerung eingerichtet, aufgestellt, aus denen bei Bränden direct gespritzt wird. 26 Freibrunnen mit 30 Auslässen, theilweise mit Selbstabschluss versehen, dienen für die allgemeine Abgabe von Wasser. Oeffentliche Springbrunnen, öffentliche Pissoirs und öffentliche Badeanstalten werden nicht aus der Leitung versorgt.

Bis jetzt sind 350 Häuser an die Leitung angeschlossen. Ein Wassermotor von 1 Pferdekraft ist in Benutzung. Das Wasser ist sehr gut, wie durch öftere Untersuchungen nachgewiesen ist.

418. **Bamberg** hat 29587 Einwohner.

Ausser durch gegrabene und gesenkte Brunnen von 10 m bis 25 m Tiefe und 2,5 m bis 5 m tiefem Wasserstande, deren 82 für die allgemeine Benutzung und 155 auf Privatgrundstücken vorhanden sind, erfolgt die Versorgung seit 1874 durch eine einheitliche Anlage, die Eigenthum des „Bamberger Wasserwerkes", Actiengesellschaft, ist und von der Deutschen Wasserwerksgesellschaft in Frankfurt a. Main ausgeführt wurde. Die erste Anlage hat 718200 M. gekostet. Dieselbe ist in ihrem jetzigen Zustande zu einer Maximalleistung von 3750 cbm pro Tag im Stande.

Das Wasser wird durch einen 25 m von der Regnitz entfernt abgeteuften Brunnen aus dem Grundwasser erschlossen und durch Wasserkraft mittels Pumpen künstlich gehoben und zwar in 2 Reservoire von verschiedener Höhenlage, da die Versorgung in 2 verschiedenen Zonen stattfindet. Beide Reservoire sind gemauert, überwölbt und in den Boden versenkt hergestellt.

Das Reservoir für die obere Zone fasst 1000 cbm und liegt 1800 m vom Gewinnungspunkte und 500 m von der Stadt entfernt. Der höchste Wasserstand desselben liegt 67 m über dem Gewinnungspunkte des Wassers und 65 m bis 15 m über der Stadt. Das Reservoir für die untere Zone fasst 2000 cbm und liegt in der Stadt selbst, 600 m von der Pumpstation entfernt. Die Förderhöhe beträgt für dieses Reservoir 27 m und das Versorgungsgebiet desselben liegt 25 m tiefer als der höchste Wasserstand des Reservoirs.

Die Versorgung erfolgt einheitlich für Brauch- und Trinkwasser, constant und ohne Anwendung von Hausreservoiren. Wassermesser sind für die Abgabe von Hauswasser nicht obligatorisch. Für Hausleitungen werden verzinkte, schmiedeeiserne und geschwefelte Bleiröhren verwendet. Die Stadt ist kanalisirt und es sind Hauseinlässe und Closeteinlässe gestattet.

Die gesammte Abgabe hat 1882 582969 cbm betragen und zwar im Maximalverbrauchsmonate 55506 cbm und im Minimalverbrauchsmonate 38500 cbm. Am Maximalconsumtage sind 1850 cbm und am Minimalconsumtage 1100 cbm abgegeben.

Für öffentliche Zwecke sind 1882 276193 cbm verwendet, davon 16250 cbm nach Messern bestimmt und 259943 cbm nach Schätzung.

Für öffentliche Gebäude, Anstalten etc. sind im Jahre 5300 cbm verbraucht. Das Strassensprengen geschieht direct aus der Leitung und hat im Jahre 7000 cbm beansprucht. Eine Rinnsteinspülung erfolgt alle 14 Tage. Die Kanalspülung wird durch Extraeinlässe bewirkt und hat 193250 cbm im Jahre verlangt. Die Spülung des Wasserrohrnetzes erfolgt monatlich einmal und es werden dafür im Jahre 20000 cbm verbraucht. Für Feuerlöschzwecke sind 272 Hydranten in 80 m bis 100 m Entfernung über Flur, mit Selbstentleerung versehen, aufgestellt. Ein directes Spritzen aus denselben ist zulässig. Der Verbrauch für Feuerlöschzwecke beträgt 150 cbm im Jahre. Durch 23 Ventilbrunnen mit Selbstschluss werden im Jahre 66693 cbm abgegeben. Ein öffentlicher Springbrunnen, der 200 Tage im Jahre Tag und Nacht spielt, verbraucht 4200 cbm. 2 öffentliche Pissoirs mit 6 m Standlänge verlangen für continuirliche Spülung 7565 cbm Wasser im Jahre. Eine öffentliche Badeanstalt mit 10 Wannenbädern hat im Jahre 4000 cbm der Leitung entnommen.

428 Häuser mit 670 Haushaltungen und 6284 Bewohnern waren im Jahre 1882 an die Leitung angeschlossen. Sie haben nach Schätzung 207390 cbm Wasser verbraucht und es befanden sich darin 104 Badeeinrichtungen, 156 Closets, 74 Pissoirs und 34 Springbrunnen. Für den Gewerbe- und Industriebetrieb sind 85561 cbm nach Messern und 6260 cbm nach Schätzung abgegeben.

f) Regierungsbezirk Mittelfranken.

419. **Erlangen** hat 14876 Einwohner in 1131 Wohnhäusern und 3655 Haushaltungen.

Die Versorgung erfolgt fast ausschliesslich durch Pumpenbrunnen von 3 m bis 10 m Tiefe. Es sind deren 52 für die allgemeine Benutzung und 340 auf Privatgrundstücken vorhanden. In neuerer Zeit sind Rohrbrunnen bis in die zweite, wasserführende Schicht abgeteuft und zwar auf 20 m bis 25 m Tiefe. Durch eine solche weitere Absenkung sind auch als schlecht befundene, alte Brunnen wesentlich verbessert. Ein artesischer Brunnen, der am Bohlenplatze bis in 220 m Tiefe gesenkt ist, liefert täglich 520 cbm Wasser, welches seiner Qualität wegen allerdings nur zum Spülen der Kanäle Verwendung finden kann. Das Brunnenwasser ist im Allgemeinen von mittlerer Qualität, wie durch Untersuchungen des Untersuchungsamts für Lebensmittel in verschiedenen Fällen erwiesen ist. Für eine einheitliche Versorgung scheint kein Bedürfniss vorhanden zu sein.

420. **Rothenburg a. T.** hat 6504 Einwohner in 933 Wohnhäusern.

Für die Versorgung sind über 300 gegrabene Brunnen, von denen 16 zur allgemeinen Benutzung dienen, von 3 m bis zu 20 m Tiefe mit wechselndem Wasserstande vorhanden. Ferner bestehen 5 ältere Leitungen, die 10 laufende Brunnen speisen. Für eine derselben, die aus dem 15. Jahrhundert stammt, wird das Wasser durch Wasserkraft künstlich gehoben.

Seit 1869 ist eine einheitliche Versorgung in Benutzung, die künstlich erschlossenes Grundwasser mit natürlichem Gefälle zuführt. Dasselbe wird, 1600 m von Rothenburg entfernt, durch einen 145 m langen Stollen gewonnen und in einem auf künstlichem Unterbau aufgestellten Reservoire von 250 cbm Inhalt gesammelt. An der Herstellung der Anlage sind die Herren Henoch und Aird und die Deutsche Wasserwerksgesellschaft thätig gewesen. Sie ist für Rechnung der Stadt hergestellt und hat 178 277 M. gekostet. Die Maximallieferungsfähigkeit derselben pro Tag beträgt 250 cbm.

Die Abgabe an Private erfolgt nur durch Wassermesser. Als Material für die Zuleitungen sind Bleirohre vorgeschrieben. Die Hauptleitungen sind innen asphaltirt. Die Stadt ist noch nicht kanalisirt.

Für öffentliche Zwecke sind 1882 47 110 cbm, davon 7640 cbm durch Messer bestimmt, abgegeben. 10 continuirlich laufende Freibrunnen und 32 solcher mit Selbstabschluss dienen für die allgemeine Versorgung. Für Privatzwecke sind nach Messern 7640 cbm für den Hausgebrauch und 4700 cbm für Gewerbszwecke im Jahre abgegeben. Es waren 147 Häuser an die Leitung angeschlossen.

Das Wasser der neuen Leitung ist gut; das der alten Leitungen ist härter und nur theilweise gut. Bei anhaltend trockener Witterung tritt Wassermangel ein, dem durch weitere Stollengräberei jedoch abzuhelfen sein wird.

421. **Ansbach** hat 14 195 Einwohner in 1163 Wohnhäusern.

Die Versorgung erfolgt aus 506 Pumpenbrunnen. Ferner sind Quellen aus 1500 m bis 4000 m Entfernung durch hölzerne Zuleitungsröhren, die jetzt zum Theil durch solche aus Eisen und Blei ersetzt werden, mittels natürlichen Gefälles eingeleitet. Auch findet eine künstliche Zuleitung ohne künstliche Hebung aus einem natürlichen Teiche statt. Es werden 256 öffentliche und private Laufbrunnen durch diese verschiedenen Zuleitungen gespeist. Endlich findet auch aus dem den Ort berührenden Wasserlaufe eine directe Wasserentnahme statt. Das als Trinkwasser benutzte Wasser wird als gut bezeichnet, wenngleich die verschiedenen Quellen von verschiedener Qualität sind. Eine Absicht zu einer einheitlichen Versorgung liegt nicht vor.

422. **Fürth** hat 31063 Einwohner in ca. 1400 Wohnhäusern.

Die Versorgung erfolgt ausschliesslich durch gegrabene und gesenkte Brunnen von 7 m bis 16 m Tiefe mit constantem Wasserstande. 20 solcher Bruunen sind für die allgemeine Benutzung vorhanden und in den seit 25 Jahren erbauten Stadttheilen muss jedes Haus einen solchen haben.

Das Wasser ist meistens als Trinkwasser gut, wie durch häufige Untersuchungen constatirt ist. Einzelne Brunnen sind jedoch wegen schlechten Wassers geschlossen. Wassermangel existirt nicht. Die Absicht einer einheitlichen Versorgung liegt vor und es ist der Ingenieur Thiem in München mit einem Vorprojecte betraut.

423. **Nürnberg** hat 99519 Einwohner in 6896 Wohnhäusern und 21961 Haushaltungen.

Die Versorgung erfolgt zum Theil schon seit dem 14. und 15. Jahrhundert durch 3 Quellwasserleitungen, die zusammen 11 Secundenliter oder 1600 cbm pro 24 Stunden liefern. Dieselben führen das Wasser aus 2000 m Entfernung mittels gusseiserner Röhren durch natürliches Gefälle den niedrigst gelegenen Stadttheilen zu, wo dasselbe an 8 öffentlichen Wasserständern und auf 66 Privatgrundstücken zu beliebiger Verwendung zum Auslauf kommt.

Ferner sind 137 öffentliche Pumpenbrunnen in Benutzung. Die Zahl der privaten Brunnen ist nicht bekannt. Die öffentlichen Brunnen haben eine Tiefe von 1,5 m bis zu 25 m; sie werden regelmässig einer Untersuchung unterzogen. Das Resultat dieser Untersuchungen in den Jahren 1873 und 1878 gab dem Herrn Professor Kämmerer dort zu folgender Klassificirung der verschiedenen Brunnen Veranlassung:

	1873	1878
rein oder gut bis mässig stark verunreinigt	62	13
stark, ausserordentlich stark verunreinigt und sehr schlecht	63	121
hochgradig verunreinigt und ungeniessbar	36	29 .
frei von organischen Stoffen, aber sehr salzreich	1	1

Das Wasser ist daher nur stellenweise als Trinkwasser noch brauchbar, verschlechtert sich jedoch, namentlich mit der Ausdehnung der Vorstädte. Ausserdem ist die Knappheit eine dauernde und es ist daher mit der Erbauung einer Quellwasserleitung begonnen, die im Jahre 1885 vollendet sein wird.

Ausser der vorgenannten Versorgung besitzt Nürnberg 5 Pumpwerke, von denen das eine mit Dampfkraft, die anderen mit Wasserkraft betrieben werden. Dieselben sind Eigenthum der Stadt und haben in ihrem jetzigen Zustande eine Maximalleistungsfähigkeit von 5457 cbm. Von den Pumpwerken sind durch den Oberbaurath Solger dort erbaut: das Pumpwerk Schwabenmühle 1856, das Pumpwerk Tullau 1865 und das Pumpwerk Wöhrd 1871. Die Anlagekosten incl. der Leitungen betragen für diese 3 Werke zusammen 1 500 000 M. Die fünf Pumpwerke entnehmen das Wasser aus Brunnen innerhalb des Stadtgebietes und zwar zwei aus Grundwasserbrunnen und drei aus artesischen Brunnen von bis zu 60 m Tiefe. Das Wasser wird 36 m hoch in ein 1815 cbm fassendes Reservoir gehoben, soweit es nicht vorher zum Ausfluss durch die Leitung gelangt. Dasselbe befindet sich in der Stadt auf dem Burgberge und ist in den Felsen eingesprengt und überwölbt.

Die Versorgung erfolgt constant. Hausreservoire und Hausanschlüsse sind nicht obligatorisch. Die Wasserabgabe erfolgt gegen Zahlung von 39 M. pro Jahr für 1 l pro Minute. Messer sind nicht obligatorisch. Für Hausleitungen ist kein bestimmtes Material vorgeschrieben. Die Hauptleitungen sind ohne inneren Anstrich verlegt. Die Stadt ist theilweise kanalisirt mit Hauseinlässen, aber ohne Closeteinlässe.

Die gesammte Wasserabgabe aus den Pumpwerken beträgt rund 1 992 000 cbm im Jahre und pro Tag annähernd constant 5457 cbm.

Für Strassensprengen werden 15 700 cbm im Jahre verwendet. Besondere Rinnsteinspülung findet nicht statt. Das für directe Kanalspülung verwendete Wasserquantum entzieht sich der Controle. Die Spülung des Wasserrohrnetzes findet je nach Bedürfniss bei Nacht statt. Für Feuerlöschzwecke sind 313 Hydranten unter Flur, mit Selbstentleerung versehen, (System Thiem) in ca. 80 m Entfernung aufgestellt, aus denen nicht direct gespritzt wird. 98 Freibrunnen mit Selbstabschluss geben 243 800 cbm Wasser im Jahre ab. 4 öffentliche Springbrunnen verbrauchen im Jahre 12 600 cbm. Für 33 öffentliche Pissoirs werden zur continuirlichen Spülung 21 000 cbm im Jahre verwendet.

2033 Privathäuser sind an die Leitung angeschlossen; denselben werden im Jahre 1 698 900 cbm Wasser, meistens durch Eichhähne, abgegeben.

424. **Schwabach** hat 7513 Einwohner in 680 Wohnhäusern und 1829 Haushaltungen.

Die Versorgung erfolgt ausser aus gegrabenen und gesenkten Brunnen von 10 m Tiefe bis zur Sohle und 6 m Tiefe bis zum Wasserstande, deren 120 auf privaten Grundstücken vorhanden sind und die genügendes und gutes Wasser geben, seit 1869 durch eine einheitliche Anlage, deren Herstellung 70000 M. gekostet hat. Mittels derselben wird aus 4000 m Entfernung mit eisernen Röhren durch natürliches Gefälle Quellwasser zugeleitet. Dasselbe wird an 2 Laufbrunnen und 20 Pumpenbrunnen der allgemeinen Benutzung anheimgestellt und ausserdem 257 Häusern zum Hausgebrauche und zu Gewerbezwecken zugeführt.

425. **Dinkelsbühl** hat 5286 Einwohner in 787 Wohnhäusern.

Die Versorgung erfolgt ausser durch 97 gegrabene Brunnen, von denen 30 der allgemeinen Benutzung dienen, durch Einleiten von Quellwasser mit natürlichem Gefälle. Es bestehen dafür 3 verschiedene Zuleitungen, die zum grössten Theile aus gusseisernen und nur zum geringen Theile aus hölzernen Röhren bestehen und aus ca. 850 m Entfernung vom Orte das Wasser zuführen. Dieses Wasser dient zur allgemeinen Benutzung durch öffentliche Ausläufe und wird auch 15 Privatgrundstücken zugeführt. Auf 10 derselben wird es ausser zum Hausgebrauche auch für den Gewerbebetrieb benutzt. Das Wasser von 2 Leitungen ist jederzeit gut, von der dritten, der Hauptleitung, aber nach anhaltendem Regen vorübergehend trübe. Auch tritt zeitweiser Wassermangel ein, so dass eine Aenderung der Versorgung als erwünscht bezeichnet wird.

426. **Weissenburg** hat 5737 Einwohner in 744 Wohnhäusern und 1511 Haushaltungen.

Die Versorgung mit Brauchwasser erfolgt aus 12 öffentlichen und 162 privaten, gegrabenen Brunnen von ca. 8 m Tiefe mit einem wechselnden Wasserstande. Als Trinkwasser ist dasselbe jedoch nicht brauchbar.

Es wird daher Quellwasser und Tageswasser aus 1800 m bis 2500 m Entfernung mittels gusseiserner Leitungen und durch natürliches Gefälle eingeleitet und ausser zum allgemeinen Gebrauche 29 Grundstücken zugeführt. Auf 13 derselben wird es auch zum Gewerbebetriebe (Bierbrauerei) benutzt. Dieses Wasser ist nach starkem Regen theilweise schlecht. Endlich gelangt noch das Wasser von drei in der Stadt gefassten Quellen an je einem öffentlichen Brunnen zum Auslaufe. Letzteres Wasser ist stets gut. Die Versorgung ist zeitweise nicht genügend und es liegt das Bedürfniss nach einer allgemeinen Anlage vor.

427. **Eichstätt** hat 7489 Einwohner in 936 Wohnhäusern und 1765 Haushaltungen.

Die Versorgung erfolgt ausser durch 32 öffentliche und ca. 100 private, gegrabene Brunnen von 4 m bis zu 20 m Tiefe mit ziemlich constantem Wasserstande durch Einleiten von Quellwasser mit natürlichem Gefälle. In der östlich und der westlich gelegenen Vorstadt ist je eine überdachte Sammelstube, aus Steinplatten zusammengesetzt, hergestellt, von welchen eiserne Leitungen ausgehen. Das Wasser wird 10 öffentlichen Laufbrunnen zugeführt und versorgt eventuell zum directen Spritzen 8 Hydranten. Gegen ein geringes Entgelt werden damit ferner Krankenhäuser, Institute, Brauereien etc., sowie eine private Badeanstalt für öffentlichen Gebrauch mit 4 Wannenbädern versorgt.

Für einen öffentlichen Springbrunnen, den Marienbrunnen, wird das Wasser des Altmühlflusses künstlich 12 m bis 14 m hoch auf einen Wasserthurm gehoben.

Das Wasser der Quellen hat etwas starken Gehalt an Kalk und Magnesia, ist aber frei von Salpeter- und salpetriger Säure. Im Allgemeinen ist das Wasser als Trinkwasser gut und ein Mangel an Wasser tritt nie ein.

g) Regierungsbezirk Unterfranken.

428. **Aschaffenburg** hat 12152 Einwohner in ca. 1500 Wohnhäusern.

Die erste Anlage zur Wasserversorgung stammt aus dem Anfange dieses Jahrhunderts. Sie wurde in den 60er Jahren mit einem Kostenaufwande von 68000 M. für Rechnung der Stadt erweitert. Das disponibele Wasserquantum, welches aus Quellen und aus Drainagewasser gesammelt wird, beträgt ca. 200 cbm pro Tag. Dasselbe wird einem gemauerten Reservoire von 350 cbm Fassungsraum durch natürliches Gefälle zugeführt, welches 1800 m von der Stadt entfernt und 12 m über dem höchsten Terrainpunkte derselben liegt.

1876 waren 28 Freibrunnen, 10 Hydranten und eine öffentliche Fontaine mit der Leitung verbunden. 130 Wohnhäuser waren an dieselbe angeschlossen. Für öffentliche Zwecke wurden im Jahre 89420 cbm verwendet. Neuere Nachrichten zu erhalten ist nicht möglich gewesen.

429. **Schweinfurt** hat 12352 Einwohner in 1366 Wohnhäusern und 2901 Haushaltungen.

Die Versorgung erfolgte früher ausser durch 19 öffentliche Brunnen von 6 m bis 14 m Tiefe mit einem 4 m bis 5 m tiefen Wasserstande durch Einleiten von Quellwasser aus 40 m Entfernung durch natürliches Gefälle mittels gusseiserner Röhren. Dasselbe dient jedoch nur der allgemeinen Benutzung und wird auf Privatgrundstücke nicht eingeleitet. Das Wasser der Pumpenbrunnen und das der laufenden Quellbrunnen wird als gut bezeichnet und ist als Trinkwasser in ausschliesslicher Benutzung.

Ein auf Kosten der Stadt vom verstorbenen Oberbaurath Moore in Berlin erbautes Wasserwerk für eine einheitliche Versorgung wurde 1862 in Betrieb genommen. Die erste Anlage desselben hat 410 000 M. gekostet und es beträgt der jetzige Buchwerth der Anlage 430 000 M. Dasselbe hat augenblicklich eine tägliche Leistungsfähigkeit von 2100 cbm.

Das Wasser wird unmittelbar am Orte dem Main entnommen und durch Wasserkraft und in Reserve durch Dampfkraft 45 m hoch gehoben. Es wird auf 1360 m Entfernung 2 Filtern, in welchen es durch Sand künstlich gereinigt wird, und darauf einem gemauerten und überwölbten Reservoire zugeführt. Die Filter und das Reservoir fassen zusammen 2500 cbm. Letzteres liegt 20 m bis 40 m höher als die verschiedenen Punkte des Versorgungsgebietes.

Das Wasser wird hauptsächlich als Brauchwasser benutzt. Die Versorgung erfolgt constant und ohne Anwendung von Hausreservoiren. An das Kanalnetz der Stadt Hausanschlüsse zu machen, ist erlaubt; die Einlässe von Closets sind aber verboten. Zu den Hausleitungen wird meistens Bleirohr verwendet. Die gusseisernen Röhren waren ursprünglich mit einem inneren Kalküberzuge versehen. Das Wasser für den Hausgebrauch wird nach der Scala des doppelten Haussteuersimplums bezahlt. Für die verschiedenen Gewerbe sind bestimmte Sätze normirt. Bei grösserem Gebrauche wird 21 Pf. pro cbm gerechnet.

Die Jahresabgabe hat 1881 624 000 cbm oder pro Tag 1710 cbm im Durchschnitt betragen. Das Tagesmaximum belief sich auf 1900 cbm und das Tagesminimum auf 1000 cbm. Für Feuerlöschzwecke sind 139 Hydranten in ca. 60 m Entfernung unter Flur, mit Selbstentleerung versehen, aufgestellt, die zum directen Spritzen benutzt werden. 1881 waren 752 Häuser mit 1920 Haushaltungen und 8600 Bewohnern angeschlossen. Ueber Art und Menge des Verbrauches für öffentliche Zwecke fehlen weitere Angaben.

430. **Würzburg** hat 51 014 Einwohner in 2765 Wohnhäusern.

Die Versorgung erfolgt seit 1856 durch eine einheitliche Anlage, die für Rechnung der Stadtgemeinde in der ersten Anlage mit einem Kostenaufwande von 374 695 M. vom Oberbaurath Scherpf dort hergestellt ist. Der jetzige Buchwerth der Anlage beläuft sich auf 712 823 M. und die jetzige Maximalleistungsfähigkeit derselben beträgt 8640 cbm pro Tag.

Das Wasser wird Quellen im Wellen- und Muschelkalk, 320 m von der Stadt entfernt, entnommen und mittels eines in der Stadt hergestellten Pumpwerkes durch Dampfkraft auf 37,5 m Höhe gehoben. 1800 m von den Quellen und 300 m von der Stadt entfernt ist ein gemauertes, überwölbtes und mit Erde überfülltes Reservoir von 3000 cbm Inhalt hergestellt, dessen höchster Wasserstand 26 m bis 35 m über dem Versorgungsgebiete liegt.

Die Abgabe erfolgt einheitlich, constant theils mit theils ohne Hausreservoire. Hausanschlüsse und Messer für dieselben sind nicht obligatorisch. Das Wassergeld wird vielmehr nach Schätzung gezahlt. Für die Hausleitungen sind galvanisirte Eisenröhren und Bleiröhren (ungeschwefelt und unverzinnt) vorgeschrieben. Die Hauptleitungen sind mit Theer- und Asphaltanstrich versehen. Die Stadt ist kanalisirt und es sind Hausanschlüsse und Closeteinlässe gestattet.

Die gesammte Wasserabgabe hat 1882 2540400 cbm betragen. Sie war am grössten im Juni, nämlich 230609 cbm und am geringsten im Februar, nämlich 204450 cbm. Die Maximalabgabe pro Tag betrug 7439 cbm, die Minimalabgabe 6815 cbm. An Aussengemeinden wird kein Wasser abgegeben.

Das Strassensprengen erfolgt direct aus der Leitung; es sind dafür an 95 Tagen im Jahre 25954 cbm verbraucht. 5 Mann besprengen 194835 qm Strassenfläche einmal täglich und 29858 qm zweimal täglich. Eine besondere Rinnsteinspülung und eine regelmässige Spülung des Wasserrohrnetzes findet nicht statt. Für die directe Kanalspülung werden 42800 cbm, aus Hydranten abgegeben, verwendet. Für Feuerlöschzwecke sind 5140 cbm benutzt; es sind dafür 362 Hydranten vorhanden, welche unter Flur aufgestellt und mit Handentleerung versehen sind, aus denen zum Theil direct gespritzt wird. 46 Freibrunnen, theils continuirlich laufend, theils mit Selbstabschluss, geben im Jahre 334282 cbm ab. Oeffentliche Springbrunnen und öffentliche Badeanstalten erhalten kein Wasser aus der Leitung. Von öffentlichen Pissoirs mit Spülung aus der Leitung sind 15 Stück vorhanden.

Für Privatzwecke sind 1882 1858057 cbm abgegeben; es waren 1650 Häuser an die Leitung angeschlossen. Speciellere Angaben über die einzelnen Verwendungsarten fehlen.

431. **Kitzingen** hat 6966 Einwohner in 900 Wohnhäusern und 1630 Haushaltungen.

Das Trinkwasser wird 2000 m von der Stadt entfernt aus Quellen gesammelt und durch natürliches Gefälle mittels gusseiserner Röhren zugeleitet. Es gelangt an 9 laufenden Röhrenbrunnen zur allgemeinen Benutzung; es wird jedoch Privaten nicht zugeführt. Ausserdem bestehen noch 9 gegrabene, öffentliche Pumpenbrunnen von ca. 10 m Tiefe. Als Trinkwasser ist das Wasser gut, wie angestellte Untersuchungen bestätigt haben, und in stets genügender Menge vorhanden.

Die Hauptversorgung findet seit 1865 durch eine auf Kosten der Stadt mit einem Aufwande von 300000 M. vom Oberbaurath Moore d. Z. in Berlin ausgeführte Anlage statt. Dieselbe hat eine Maximalleistungsfähigkeit von 700 cbm pro Tag.

Das Wasser wird 300 m entfernt von der Stadt dem Main durch ein Dampfpumpwerk entnommen und 60 m hoch auf zwei 300 m entfernt liegende, künstliche Sandfilter von 400 qm Fläche gefördert. Von diesen gelangt es in ein gemauertes und überwölbtes Reservoir von 1500 cbm Inhalt, welches 600 m von der Stadt entfernt und 40 m höher als das Versorgungsgebiet durchschnittlich liegt.

Die Hausanschlüsse sind facultativ und es ist die Benutzung von Messern dafür nicht vorgeschrieben. Der Wasserpreis für den Hausgebrauch wird nach Schätzung festgestellt. Die Abgabe für die Häuser erfolgt nur für Brauchwasser, jedoch constant und ohne Anwendung von Hausreservoiren. Für die Hausleitungen sind Bleiröhren vorgeschrieben. Die Hauptleitungen sind innen gekälkt und aussen getheert. Die Stadt ist theilweise kanalisirt und es sind Closeteinlässe in die Kanäle nur bedingungsweise gestattet.

Die gesammte Abgabe an filtrirtem Flusswasser hat 1882 252438 cbm betragen und zwar am meisten im Juli, nämlich 24000 cbm und am wenigsten im Februar, nämlich 17000 cbm. Das Tagesmaximum des Consums hat 900 cbm und das Tagesminimum 300 cbm betragen.

Ein Verbrauch von Wasser für öffentliche Zwecke findet nur für Feuerlöschzwecke, wofür 70 Hydranten in durchschnittlich 80 m Entfernung aufgestellt sind, aus denen direct gespritzt wird, mit 100 cbm im Jahre und für die Fass-Aiche mit 600 cbm im Jahre statt.

Für Privatzwecke sind 1882 250000 cbm abgegeben. Es waren 600 Häuser mit 1200 Haushaltungen und 6000 Bewohnern an die Leitung angeschlossen. Dieselben verbrauchten 210000 cbm. In denselben waren 10 Badeeinrichtungen und 10 Closets in Benutzung und es waren 100000 qm Garten- und Hoffläche zum Besprengen veranlagt.

Für Gewerbebetrieb sind im Jahre 40000 cbm abgegeben. Der Preis pro cbm Wasser beträgt 18 Pf. bis 20 Pf.

h) Regierungsbezirk Schwaben.

432. **Neu-Ulm** hat 7744 Einwohner.

Die Versorgung erfolgt ausschliesslich aus gegrabenen Brunnen auf Privatgrundstücken. Oeffentliche Brunnen existiren nicht. Das Wasser ist als Trinkwasser gut, ausgenommen wenn Ueberschwemmungen eintreten, durch welche in der Regel ein Theil der Brunnen verdorben wird. Eine Untersuchung des Wassers hat seit mehreren Jahren nicht stattgefunden. Wassermangel tritt nie ein. Ein Bedürfniss nach einer Aenderung in der Versorgung liegt daher nicht vor.

433. **Dillingen** hat 5452 Einwohner in ca. 450 Wohnhäusern und ca. 600 Haushaltungen.

Für die Versorgung bestehen 10 öffentliche und ca. 250 private, gegrabene Brunnen von ca. 13 m Tiefe mit 12 m tiefem, aber constanten Wasserstande. An Brunnenwasser ist kein Mangel; dasselbe ist jedoch als Trinkwasser schlecht.

Es findet ferner die Zuleitung von Quellwasser durch natürliches Gefälle aus Quellen, die bis zu 1000 m von der Stadt entfernt entspringen, statt. Mit diesem Wasser werden 3 Laufbrunnen und 10 Pumpenbrunnen zur allgemeinen Benutzung versorgt. Auf Privatgrundstücke wird das Wasser nicht eingeleitet. Nach einer einheitlichen Versorgung ist das Bedürfniss vorhanden und es liegt der Plan für eine solche bereits vor.

434. **Nördlingen** hat 7837 Einwohner in 1153 Wohnhäusern und 1846 Haushaltungen.

Die Versorgung erfolgt aus Grundbrunnen von ca. 7 m Tiefe mit constantem Wasserstande, deren 56 für die öffentliche Benutzung und 444 auf Privatgrundstücken vorhanden sind. Das Wasser ist als Trinkwasser gut, wie Untersuchungen desselben bestätigt haben, und auch stets in genügender Menge vorhanden. Das Wasser einer im Orte entspringenden, natürlichen Quelle mit ausgezeichnetem Wasser versorgt ferner einen öffentlichen Brunnen, den Spitalbrunnen, und ausserdem 6 Brauereien. 5 andere Brauereien fördern das nöthige Wasser durch mittels Göpel getriebener Brunnenpumpen. Eine Aenderung der Versorgung liegt vorläufig nicht in der Absicht.

435. **Neuburg a. D.** hat 7690 Einwohner in 839 Wohnhäusern und 1536 Haushaltungen.

Die Versorgung erfolgt durch 10 öffentliche und 450 private, gegrabene Pumpenbrunnen. In neuerer Zeit sind auch verschiedene Röhrenbrunnen geschlagen. Die durchschnittliche Tiefe der Pumpenbrunnen in der unteren Stadt beträgt 8 m, in der oberen Stadt 25 m. In dieser, der Bergstadt, tritt daher häufig Wassermangel ein und es lässt das Wasser hier auch qualitativ viel zu wünschen übrig, mit Ausnahme von 2 öffentlichen und einigen Privatbrunnen, die gutes Trinkwasser liefern. Die beiden Kasernen werden durch eine Quellwasserleitung versorgt, die, früher für das Schloss dienend, nicht sehr ergiebig ist und aus 4000 m Entfernung das Wasser durch natürliches Gefälle mittels Röhren zuführt. Das Wasser ist qualitativ gut und weich. Auch für das Seminar besteht eine Quellwasserzuführung aus geringer Entfernung, die gutes Wasser liefert.

Für die Versorgung der Stadt liegt das Project der Zuführung von Quellwasser aus 7000 m Entfernung, dessen Qualität ganz vorzüglich ist, vor.

436. **Augsburg** hat 61 408 Einwohner.

Die Versorgung erfolgte früher ausser durch einzelne Pumpenbrunnen durch fünf verschiedene, städtische Brunnenwerke, die durch Wasserkraft betrieben werden und das Wasser aus Quellen, Brunnen etc. entnehmen und den verschiedenen Theilen der Stadt getrennt zuführen. Dieselben lieferten zusammen ca. 6000 cbm pro Tag. Dieses Wasser gelangt aus 68 öffentlichen Zier- und Laufbrunnen zum Ausflusse und wurde 877 Privathäusern zugeführt.

Seit 1879 besteht ferner eine einheitliche Versorgung, die vom städtischen Baubureau für Rechnung der Stadt mit einem Kostenaufwande von 2 000 000 M. hergestellt ist. Die Anlage hat einen jetzigen Buchwerth von 2 500 000 M. und besitzt eine Maximalleistungsfähigkeit von 15 000 cbm pro Tag.

Das Wasser wird den Grundwasserströmen des Lechfeldes im Siebentischwalde, 5000 m von der Stadt entfernt, entnommen. 3 Schachtbrunnen von 4 m Durchmesser und 6,5 m Wassertiefe sind hier, ca. 1500 m vom Lech entfernt, in 100 m Entfernung von einander abgeteuft und durch Sammelgallerien verbunden. Von hier fliesst das Wasser mit natürlichem Gefälle der 1000 m entfernten Maschinenanlage zu, in welcher dasselbe durch mit Turbinen getriebene Pumpen auf 50 m bis 60 m Höhe gehoben wird. Eine ausgedehnte Windkesselanlage (4 Windkessel von je 1,75 m Durchmesser und 10 m Höhe) und die

Art der Abgabe des Wassers an Private durch Kaliberhähne gestatten einen befriedigenden Betrieb, ohne dass ein Hochreservoir vorhanden ist.

Die Abgabe erfolgt einheitlich für Trink- und Brauchwasser. Der Anschluss der Privaten ist obligatorisch. Wassermesser sind nicht vorgeschrieben. Die Abgabe erfolgt vielmehr nach Kaliberhähnen und es wird pro 1 l Wasser pro Minute jährlich 16 M. und pro cbm 8 Pf. gezahlt. Als Material für die Hausleitungen ist verzinktes Schmiedeeisen vorgeschrieben. Die Hauptleitungen sind ohne einen inneren Ueberzug verlegt. Die Stadt ist kanalisirt und mit Hauseinlässen versehen; Closeteinlässe sind jedoch verboten.

Die Gesammtabgabe hat 1882 ca. 5000000 cbm betragen. Am Maximaltage sind 15000 cbm, am Minimaltage 10000 cbm Wasser gefördert. An Aussengemeinden sind im Jahre 9000 cbm verabreicht.

Für den öffentlichen Gebrauch entfallen 35 bis 40 Secundenliter. Das Verbrauchsquantum für Kanal- und Rinnsteinspülung, sowie für Strassensprengen, welches sowohl durch Sprengfässer als auch direct aus der Leitung geschieht, ist ebenso wie das für die übrigen Zwecke nicht speciell bestimmt. Das Rohrnetz wird zeitweise durch die Endhydranten gespült. 580 Hydranten in 80 m bis 90 m Entfernung sind unter Flur, mit Selbstentleerung versehen, aufgestellt und werden zum directen Spritzen benutzt. 3 continuirlich laufende Freibrunnen und 7 ständig spielende, öffentliche Springbrunnen werden aus der Leitung gespeist. Aus derselben wird auch das Wasser für die continuirliche Spülung eines 4 ständigen Pissoirs abgegeben.

Für Privatzwecke werden 210 cbm täglich nach Messern und 122 Secundenliter ständig laufend an 2253 Wohnhäuser abgegeben. Versuchsweise ist ein Wassermotor in Benutzung genommen.

437. **Memmingen** hat 8406 Einwohner in ca. 1000 Wohnhäusern und 2000 Haushaltungen.

Die Versorgung erfolgt ausser aus 34 öffentlichen und 355 privaten, gegrabenen Brunnen durch Quellen, die 1460 m von der Stadt entfernt erschlossen sind und deren Wasser durch ein Pumpwerk, das durch eine Jonvalturbine betrieben wird, 10 m hoch gehoben wird. Die Zuleitung erfolgt durch gusseiserne Röhren und es ist ein eisernes Reservoir von 100 cbm Inhalt am Ende derselben eingeschaltet.

Für Feuerlöschzwecke sind 79 Hydranten aufgestellt. 1878 waren 291 Grundstücke mit im Ganzen 502 Zapfstellen an die Leitung angeschlossen. Für die Hausleitungen sind eiserne oder bleierne Röhren vorgeschrieben. Für den Gewerbebetrieb findet keine Abgabe statt.

Das Wasser ist beständig gut, wie durch Untersuchungen desselben bestätigt ist und es ist auch stets in genügender Menge vorhanden. Ueber die Verbrauchsquantitäten fehlen speciellere Angaben.

438. **Kaufbeuren** hat 6268 Einwohner in 574 Wohnhäusern und 1460 Haushaltungen.

Die Versorgung erfolgt ausschliesslich durch künstliche Zuleitung. Das Wasser von 3 Quellgebieten wird mit natürlichem Gefälle und ferner das von einem Quellgebiete, nachdem es vorher künstlich durch Wasserkraft auf 10,2 m Höhe gehoben ist, zugeführt. Letzteres Pumpwerk ist Eigenthum der Heil- und Pflegeanstalt Kaufbeuren und nur für diese in Benutzung. Die übrigen Leitungen sind für Rechnung der Stadt vom Betriebsingenieur Kremser in Kaufbeuren hergestellt und seit 1868 in Benutzung. Die gesammte Ergiebigkeit der jetzigen Anlage beträgt pro Tag in maximo 1246 cbm.

Von den Zuleitungen sind drei aus eisernen und eine aus hölzernen Röhren hergestellt. Das Wasser tritt an den Quellen natürlich aus und wird in kleinen Bassins von ca. 2 cbm bis 4 cbm Fassungsraum gesammelt, welche 100 m bis 2500 m vom Orte entfernt liegen. Die Bassins für die beiden grösseren Leitungen haben je 5 cbm Inhalt und liegen 50 m bis 60 m höher als der Ort. Grössere Reservoire sind nicht vorhanden.

Die drei städtischen Leitungen führen die Namen: Oberbeurerleitung, Galgenholzleitung und Jordanbachleitung. Dieselben liefern bei normalem Wasserstande zusammen 900 cbm pro 24 Stunden, allerdings in der Stadt nur in den Parterreräumen auslaufend. Die Leitung der Heilanstalt liefert bei normalem Stande 236 l pro Minute. Im Ganzen sind 24 öffentliche Ausläufe mit je 6 l pro Minute vorhanden. Für Privateinleitungen ist für 1½ l pro Minute 90 M. einmalige Kaufsumme und jährlich 5,50 M. Wasserzins zu zahlen. Das Wasser ist gut und stets in genügender Quantität vorhanden.

439. **Kempten** hat 13 872 Einwohner in 1200 Wohnhäusern und 3164 Haushaltungen.

Die Versorgung erfolgt aus Quellen, die 2500 m und 4000 m vom Orte entfernt bei Kottern im Illerthale und bei Wielings gefasst und mittels eiserner Röhren durch natürliches Gefälle zugeleitet werden. Die jetzige Versorgung ist seit 1877 in Benutzung und für Rechnung der Stadtgemeinde vom Ingenieur Widmann daselbst ausgeführt. Dieselbe hat 350 000 M. gekostet. Der jetzige Buchwerth beläuft sich auf 340 000 M. und die Maximalleistungsfähigkeit pro Tag beträgt 2964 cbm.

Ein Hochreservoir ist nicht vorhanden. Die Versorgung erfolgt einheitlich für Trink- und Brauchwasser und constant. Es sind nur wenige Hausreservoire vorhanden. Wassermesser sind für Hausanschlüsse nicht vorgeschrieben. Die Zahlung für diese Anschlüsse, welche übrigens obligatorisch sind, beträgt pro Jahr für 1 l pro Minute 10 M. Für die Hausleitungen ist Gusseisen oder innen geschwefeltes Bleirohr vorgeschrieben. Die Hauptleitungen sind innen asphaltirt.

112 Hydranten in durchschnittlich 80 m Entfernung sind für Feuerlöschzwecke unter Flur, mit Selbstentleerung versehen, aufgestellt. Ein directes Spritzen daraus findet nicht statt. 20 continuirlich laufende Freibrunnen dienen für die allgemeine Benutzung. 2 öffentliche Springbrunnen spielen Tag und Nacht. Ein öffentliches Pissoir wird mit 4 l pro Minute ständig gespült. Das Rohrnetz wird jährlich einmal gespült. Die Spülung der Kanäle erfolgt durch Bachwasser. Das Strassensprengen geschieht mittels Sprengfässern.

Angaben über die Wasserverbrauchmengen im Ganzen, sowie für die verschiedenen Verbrauchszwecke liegen nicht vor. Die Versorgung soll nach anderweiter Mittheilung unter zu geringem Drucke stattfinden, so dass eine einheitliche, künstliche Hebung des Quellwassers wünschenswerth wäre. Das Wasser ist qualitativ immer gut und quantitativ stets genügend; es ist jedoch etwas hart. Die Temperatur an den Quellen beträgt durchschnittlich 8° C.

440. **Lindau** hat 5337 Einwohner in 461 Wohnhäusern und 1171 Haushaltungen.

Die Versorgung erfolgt durch zwei Quellenleitungen, deren eine schon seit 1446 das sogenannte „alte Wasser“, deren andere seit 1606 das sogenannte „neue Wasser“, beide mit natürlichem Gefälle, zuführt. In den 60er Jahren sind die früheren Holzröhren durch gusseiserne ersetzt.

Die eine Leitung wird aus Quellen, die 2430 m von der Stadt entfernt entspringen und in 8 Brunnenstuben gesammelt werden, gespeist. Die Quellen der anderen entspringen 1910 m von der Stadt entfernt und werden in 2 Brunnenstuben gefasst. Diese Brunnenstuben sind gemauert und überwölbt und dienen zugleich als Reservoire. Der Gewinnungspunkt der einen Leitung liegt 17 m, der der anderen 33 m höher als der Ort. Die Ergiebigkeit der beiden Leitungen beträgt in normalen Sommern 2240 cbm und bei langer Trockenheit im Winter 1479 cbm pro Tag.

Die grössere der Leitungen speist 12, die kleinere 9 öffentliche, continuirlich laufende Brunnen. Ausserdem bestehen auf Privatgrundstücken noch 159 solcher Brunnen, sowie auch Privatleitungen, die meistens aus Bleiröhren hergestellt sind. Das Wasser wird sowohl zu Haus- als zu Gewerbezwecken benutzt. Die Zahlung für dasselbe erfolgt seit 1818 durch einen Brunnenzins von 8,57 M. im Jahre für 3 l pro Minute.

Für Feuerlöschzwecke sind 9 Hydranten unter Flur aufgestellt, die jedoch nur als Zubringer für die Spritzen dienen können. Die Hauptleitungen sind anfangs zum grössten Theile innen gekälkt gewesen; früher sind sie im Innern theils mit Mennige angestrichen und theils werden sie jetzt im Innern heiss getheert. Das Wasser ist beständig gut, wie auch durch mehrfache Untersuchungen bestätigt ist. Für die nächste Zeit ist ein Umbau des Rohrnetzes in Aussicht genommen.

III. Königreich Sachsen.

a) Kreishauptmannschaft Dresden.

441. **Riesa** hat 6259 Einwohner in 485 Wohnhäusern und 1462 Haushaltungen.

Die Versorgung erfolgt ausschliesslich durch Brunnen, deren fast jedes Haus einen besitzt. Ausser diesen privaten sind 15 öffentliche Brunnen vorhanden. Das Wasser wird als gut und quantitativ genügend bezeichnet. Eine Untersuchung desselben hat nicht stattgefunden. Die Absicht zu einer Veränderung liegt nicht vor.

442. **Grossenhain** hat 11045 Einwohner in 825 Wohnhäusern und ca. 2500 Haushaltungen.

Zur Versorgung dienen 30 öffentliche und 297 private Brunnen, die gegraben sind und 4 m bis 5 m Tiefe bei ca. 3 m tiefem, ziemlich schwankendem Wasserstande haben. Das Wasser ist als Trinkwasser gut, wie Untersuchungen desselben bestätigt haben. Zeitweise ist das Wasser quantitativ nicht genügend. Ausserdem findet noch eine Versorgung mit Brauchwasser aus dem den Ort durchfliessenden Wasserlaufe, der Stöda, statt, deren Wasser mittels eines durch Wasserkraft betriebenen, der Stadt gehörenden Pumpwerkes gehoben wird. Dasselbe wird für öffentliche Zwecke und gegen Wasserzins auch zum Haus- und Gewerbebetriebe abgegeben.

443. **Meissen** hat 14166 Einwohner in 806 Wohnhäusern und 3517 Haushaltungen.

Für die Versorgung bestehen 23 öffentliche und 94 private Pumpenbrunnen, die gegraben sind und 8,8 m Tiefe haben. Der Wasserspiegel derselben ist schwankend und steht ca. 6,7 m unter Terrain. Das Wasser ist quantitativ stets genügend, als Trinkwasser aber mittelmässig, wie Untersuchungen eines Theiles der Brunnen bestätigt haben. Es findet ferner eine Einleitung von Grundwasser aus 1000 m Entfernung durch natürliches Gefälle mittels eiserner und hölzerner Röhren statt. Dasselbe kommt an 8 Laufbrunnen zur allgemeinen Benutzung und wird 20 Privatgrundstücken zum Hausgebrauch zugeführt. 8 anderen wird auch das Abwasser der öffentlichen Ausläufe zugeleitet. Das Bedürfniss nach einer besseren Versorgung ist erkannt und es liegt für eine solche bereits ein Plan vor.

444. **Radeberg** hat 6610 Einwohner in 493 Wohnhäusern und 1504 Haushaltungen.

Die Versorgung erfolgt durch gegrabene Brunnen, deren 8 für die öffentliche Benutzung und 33 auf Privatgrundstücken vorhanden sind. Ausserdem wird Quellwasser aus 2000 m Entfernung mittels Röhren aus Holz, Thon und Eisen durch natürliches Gefälle zugeleitet. Dasselbe gelangt auf 13 Grundstücken zur Vertheilung für verschiedenen Gewerbebetrieb. Das Brunnenwasser ist als Trinkwasser gut, wie durch Untersuchungen desselben nachgewiesen ist. Ein Wassermangel tritt nie ein und es ist daher ein Bedürfniss nach einer anderen Versorgungsart nicht vorhanden.

445. **Dresden** hat 220818 Einwohner in ca. 7200 Wohnhäusern.

Die Versorgung erfolgt ausser durch ca. 3000 gegrabene Privatbrunnen durch eine grössere Anzahl alter Wasserleitungen, die ca. 72000 cbm Quellwasser und 850000 cbm Fluss- und Teichwasser der Stadt im Laufe des Jahres mittels hölzerner und Sandsteinröhren, zum geringen Theile auch mittels gusseiserner Röhren zuführen.

Seit 1875 ist ferner eine einheitliche Versorgung in Betrieb, die Eigenthum der Stadt ist und vom Baurath Salbach dort mit einem Kostenaufwande von 7500000 M. hergestellt wurde. Der jetzige Buchwerth der Anlage beträgt 7900000 M. und es beläuft sich ihre Maximalleistungsfähigkeit im jetzigen Zustande auf 45000 cbm pro Tag.

Das Wasser wird ca. 500 m vor der Flurgrenze der Stadt, 50 m von der Elbe entfernt, durch Brunnen und Filterrohre aus dem Grundwasser erschlossen und durch Dampfkraft 60 m hoch gehoben, um einem Reservoire von 20000 cbm Inhalt, das gemauert, überwölbt und zur Hälfte in den Boden versenkt ist, zugeführt zu werden. Dasselbe liegt 1100 m vom Gewinnungsorte und 1000 m von der Stadt entfernt.

Die Versorgung erfolgt von hier für Trink- und Brauchwasser einheitlich, constant, ohne Anwendung von Hausreservoiren und in einheitlicher Druckzone. Der Anschluss der Häuser ist obligatorisch, jedoch nicht die Benutzung von Wassermessern für diese Anschlüsse; die Zahlung erfolgt vielmehr meistens nach Einschätzung. Für die Hausleitungen sind Zinnröhren mit Bleimantel vorgeschrieben. Die Hauptleitungen sind asphaltirt. Die Stadt ist kanalisirt und der grösste Theil der Häuser mit Hausauslässen versehen. Closetanlagen werden nur bedingungsweise und auf Widerruf gestattet.

Die gesammte Abgabe aus dieser Anlage hat im Jahre 1881 5539060 cbm betragen und zwar am meisten im Monat Juli, nämlich 646080 cbm und am wenigsten im Monat Februar, nämlich 343152 cbm. Die Maximalabgabe pro Tag hat 27112 cbm, die Minimalabgabe pro Tag 8712 cbm betragen. An Aussengemeinden sind im Jahre im Ganzen 9000 cbm abgegeben.

Der Verbrauch für öffentliche Zwecke hat im Jahre 579957 cbm betragen. 109430 cbm sind für öffentliche Gebäude, Anstalten, Krankenhäuser etc. verwendet. 141956 cbm sind durch Sprengfässer im Laufe des Jahres während 131 Tagen für 1194800 qm Strassenfläche benutzt. Eine directe Rinnsteinspülung findet nicht statt; wohl aber werden 20000 cbm Wasser im Jahre zu directer Kanalspülung benutzt. Die Spülung des Rohrnetzes findet alle 8 Tage statt und consumirt 30000 cbm im Jahre. Für Feuerlöschzwecke sind 5000 cbm im Jahre verwendet. Es sind dafür 1600 Hydranten unter Flur ohne Selbstentleerung in durchschnittlich 80 m Entfernung aufgestellt, aus denen bei Bränden direct gespritzt wird. 4 Freibrunnen mit Selbstabschluss geben im Jahre 2500 cbm Wasser ab. 24 öffentliche Fontainen spielen vom 1. April bis zum 1. October, einige den ganzen Tag, die grösseren jedoch nur 2 bis 8 Stunden täglich und consumiren im Jahre 326500 cbm. Für 17 öffentliche Pissoirs mit je 4 Ständen werden zu continuirlicher Spülung im Jahre 10000 cbm verwendet. Oeffentliche Badeanstalten sind nicht an die Leitung angeschlossen.

Für Privatzwecke wurden 1881 im Ganzen 6631 Häuser mit 222500 Bewohnern versorgt. Es waren darin 1100 Badeeinrichtungen, 2040 Closets, 550 Pissoirs und 480 Privatspringbrunnen in Gebrauch. Auch waren 2 Wassermotoren von im Ganzen 4 Pferdekräften in Benutzung. Eine Trennung des Verbrauchsquantums nach der Verwendung für häusliche Zwecke und für Industrie- und Gewerbezwecke kann der Art der Abgabe wegen nicht vorgenommen werden.

446. **Pirna** hat 11670 Einwohner in 625 Wohnhäusern.

Für die Versorgung sind 178 gegrabene Brunnen von 3 m bis zu 22 m Tiefe mit 2 m bis zu 20 m tiefem und ziemlich schwankendem

Wasserstande vorhanden. Das Wasser ist als Trinkwasser meistens ziemlich gut.

Die Hauptversorgung erfolgt aber seit 1868 durch eine der Stadt gehörige Quellwasserleitung, deren Herstellung 110000 M. gekostet hat. Das Wasser wird aus 2000 m Entfernung von der Stadt mittels gusseiserner Röhren durch natürliches Gefälle zugeführt und ist von sehr guter Qualität.

Das Wasser wird durch 13 Laufständer und durch 15 Druckständer für die allgemeine Benutzung abgegeben. 185 Wohnhäuser sind an die Leitung angeschlossen. Eine Erweiterung des Rohrnetzes wird beabsichtigt.

447. **Freiberg** hat 25440 Einwohner in 1443 Wohnhäusern und 5736 Haushaltungen.

Die Versorgung erfolgt durch 2 getrennte Anlagen, die eine für Trinkwasser, die andere für Brauchwasser. Beide Anlagen sind seit 1870 in Benutzung und von den Ingenieuren Gruner und Thiem in München für Rechnung der Stadtgemeinde hergestellt. Die gesammte Anlage hat 452775 M. gekostet.

Für das Quellwasser bestehen 3 getrennte Leitungen, aus 4 Quellen gespeist, die im Gneis entspringen mit je einem Reservoire von resp. 106 cbm, 42 cbm und 32 cbm Inhalt. Dieselben liegen 1000 m bis 1600 m von der Stadt entfernt und es wird aus denselben das Wasser durch natürliches Gefälle hauptsächlich mittels Steingutröhren zugeführt. In der Stadt gelangt es an 3 Wasserbassins und an 36 Druckständern zum Ausflusse. Ausserdem wird es 50 Privatgrundstücken, jedoch nur zum Hausbedarf, zugeführt. Das Wasser ist stets rein und geniessbar und es existirt nie Mangel daran. Die Menge des Quellwassers beträgt im Jahre 146000 cbm.

Die andere Anlage für Brauchwasser kann pro Tag in 12 Stunden im Sommer 1635 cbm, im Winter 1226 cbm liefern. Das Wasser wird einem der Hüttenteiche, welcher der Berg-Revier-Wasserlauf-Anstalt Freiberg gehört und 1350 ar Oberfläche hat, entnommen. Der Teich wird aus höher liegenden, oberen Teichen und aus Quellen gespeist und es findet in denselben eine Klärung des Wassers statt. Das Wasser wird von hier durch natürliches Gefälle auf 2985 m Entfernung einem gemauerten und überwölbten Reservoire von 1195 cbm Inhalt zugeführt, welches 1847 m von der Stadt entfernt und 21 m höher als der höchste Punkt derselben liegt.

Die Versorgung erfolgt constant und ohne Anwendung von Hausreservoiren. Der Anschluss der Häuser ist obligatorisch. Wassermesser sind dafür nicht vorgeschrieben. Die Stadt ist nur theilweise kanalisirt und es sind Closeteinlässe nicht allgemein gestattet. Für die Hausleitungen ist als Material Bleirohr vorgeschrieben. Die Hauptleitungen sind aussen und innen asphaltirt.

Die gesammte Abgabe an Brauchwasser betrug 1881 1 195 400 cbm und zwar am meisten im Juli, nämlich 101 370 cbm, und am wenigsten im Januar, nämlich 76 012 cbm. An Aussengemeinden werden 13 400 cbm bis 15 200 cbm im Jahre abgegeben.

Oeffentliche Gebäude, Anstalten etc. verbrauchen im Jahre 41 600 cbm. Für Strassensprengen werden mittels Sprengwagen im Jahre 4100 cbm für 4550 lfd. m bis 5000 lfd. m 4 m bis 5 m breite Strassenlänge verwendet. Directe Rinnsteinspülung und Kanalspülung findet nicht statt. Das Rohrnetz wird im Winter alle 2 Monate, im Sommer jeden Monat einmal gespült und es werden dafür im Jahre 600 cbm bis 800 cbm Wasser verwendet. Für Feuerlöschzwecke sind 150 Hydranten, in ca. 100 m Entfernung unter Flur, mit Selbstentleerung versehen, aufgestellt, aus denen nicht direct gespritzt wird. Für Löschzwecke werden 200 cbm bis 400 cbm im Jahre verbraucht. Freibrunnen und öffentliche Pissoirs mit Spülung existiren nicht. 2 öffentliche Fontainen spielen ca. 30 Tage im Jahre an Sonn- und Festtagen.

An die Leitung sind 1355 Häuser angeschlossen. Durch die Brauchwasserleitung werden gespeist 2420 Niederschraubhähne, 31 Badewannen, 3 Closets, 27 Pissoirs und eine Privatfontaine. Ferner sind durch Wassermesser 262 158 cbm im Jahre 1882 und durch Kaliberhähne 21 l pro Tag abgegeben. Aus der Trinkwasserleitung werden 36 l pro Tag an Private durch Kaliberhähne abgegeben und es sind 54 Niederschraubhähne an diese Leitung angeschlossen.

448. **Sebnitz** hat 6353 Einwohner in 452 Wohnhäusern und 1500 Haushaltungen.

Die Versorgung erfolgt durch Einleiten von Quellwasser mittels verschiedener, privater Leitungen, die ausserhalb des Ortes aus hölzernen Röhren, innerhalb desselben aber meist aus Eisen- und Bleiröhren, seltener aus Thonröhren hergestellt sind. Das Wasser kommt an ca. 100 Stellen auf Privatgrundstücken zum Ausflusse und ist von sehr verschiedener Qualität, theilweise sehr gut, theilweise sehr schlecht. Trotzdem früher Typhusfälle, die ziemlich viele Todesfälle zur Folge hatten, vorkamen, lässt das Privatinteresse der an den einzelnen Leitungen

Betheiligten die Nothwendigkeit einer allgemeinen, öffentlichen Versorgung nicht zum Durchbruch gelangen.

b) Kreishauptmannschaft Leipzig.

449. **Wurzen** hat 9716 Einwohner in 780 Wohnhäusern und 2202 Haushaltungen.

Die Versorgung erfolgt aus 23 öffentlichen und 110 privaten, gegrabenen Brunnen von ca. 13 m Tiefe mit einem 11 m bis 12 m tiefen, constanten Wasserstande. Das Wasser ist als Trinkwasser vorzüglich und in stets genügender Menge vorhanden. Ausserdem findet durch natürliches Gefälle mittels steinerner Röhren aus 3200 m Entfernung die Einleitung von Quellwasser statt, das an 3 unterirdischen Reservoiren zum Ausflusse gelangt, aus denen es mittels öffentlicher Handpumpen entnommen wird. Ein Bedürfniss zu einer veränderten Versorgung liegt nicht vor.

450. **Leipzig** hat 149081 Einwohner.

Die Versorgung erfolgt seit dem 1. Januar 1866 durch die vom Rathe der Stadt mit einem Kostenaufwande von 3493000 M. erbaute Stadtwasserkunst, welche von dem Rathsbaudirector Dost projectirt und von den Unternehmern Grisell und Doewra in London ausgeführt ist.

Das Wasser wird zu 2/3 aus dem Grundwasser der 4000 m von Leipzig entfernten Pleissenaue gewonnen; das übrige ist künstlich mit Sand filtrirtes Pleissewasser. Das Grundwasser wird durch in 5,0 m bis 5,5 m Tiefe verlegte durchlöcherte Thonröhren von 2328 m Länge erschlossen und mit dem Flusswasser zusammengeleitet. Das Wasser wird gemeinschaftlich durch Dampfkraft auf 41,6 m Höhe gehoben und einem 3451 m entfernt auf der Probstheider-Höhe gelegenen, überwölbten Reservoire von 4610 cbm Fassungsraum zugeführt. Von hier aus gelangt es durch ein im Ganzen 112 km langes Rohrnetz in der 3140 m entfernt liegenden Stadt zur Vertheilung. Die Maximalleistung des Sammelkanals beträgt 15000 cbm und die der Maschinenanlage 23000 cbm pro Tag.

Zur Vergrösserung des Versorgungsquantums und für Verbesserung der Wasserqualität liegt augenblicklich ein Project des Ingenieur Thiem in München zur Berathung vor, nach welchem 30000 cbm Grundwasser pro Tag erschlossen und mit Dampfkraft gehoben werden soll. Die Anlage ist zu 2000000 M. veranschlagt.

Die Versorgung erfolgt einheitlich für Brauch- und Trinkwasser und constant, ohne Zonentheilung und ohne Anwendung von Hausreservoiren. Der Anschluss der Häuser ist nicht obligatorisch und es erfolgt die Zahlung des Wassergeldes in der Regel nach Räumen und nur in besonderen Fällen nach Messern. Die Hausleitungen bestehen aus Bleiröhren. Die Hauptleitungen sind innen und aussen asphaltirt.

Die Wasserförderung hat 1881 im Ganzen 4 379 938 cbm oder durchschnittlich pro Tag 12 000 cbm betragen. Der höchste Tagesverbrauch, 20 459 cbm, hat am 3. Juli und der geringste, 8770 cbm, hat am 1. Januar stattgefunden. Der Monatsconsum war am grössten im Juli, nämlich 453 210 cbm und am geringsten im Februar, nämlich 289 362 cbm. Bei 153 789 Köpfen der dermaligen, gesammten Bevölkerung hat der durchschnittliche Verbrauch pro Kopf täglich 78 l betragen.

Für Strassensprengen, welches mittels Sprengfässern geschieht, für Kanal- und Rohrnetz-Spülung, für Feuerlöschzwecke und für Freibrunnen sind im Jahre 1881 annähernd 625 000 cbm oder durchschnittlich pro Tag pro Kopf der Bevölkerung 11 l verbraucht. Für Feuerlöschzwecke sind 795 Hydranten in ca. 150 m Entfernung aufgestellt, die nicht mit Selbstentleerung eingerichtet sind und nicht zum directen Spritzen benutzt werden. Ferner sind 34 Freibrunnen mit Selbstabschluss und 11 öffentliche Pissoirs mit constanter Spülung vorhanden. Oeffentliche Badeanstalten, aus der Leitung versorgt, existiren nicht und die Privatbadeanstalten decken ihren Consum nur zum Theil aus der Leitung.

Von der Abgabe für Privatzwecke einschliesslich des Industrie- und Gewerbeverbrauches im Jahre 1881 von 3 754 983 cbm sind 561 193 cbm oder 15% durch 651 Messer abgegeben. Im Ganzen haben 3679 Betheiligungen an der Wasserentnahme stattgefunden, von denen 686 auf die innere Stadt, 2928 auf die Vorstadt und der Rest auf Diverse, darunter 12 in Dorfgemeinden, entfallen. 1881 waren veranlagt:

1. durch Etagenleitungen versorgt (pro Raum 1,80 M.) 78271 bewohnbare Räume, 19 717 Küchen, Haushaltungen, 776 Badezimmer, also im Ganzen 98 764 Räume,

2. ferner durch Ständerleitungen versorgt (pro Raum 1,20 M.) 8166 bewohnbare Räume und 2252 Küchen, Haushaltungen etc., also im Ganzen 10418 Räume,

3. ferner 735 Pferde (je 3 M.), 319 Wagen (je 3 M.), 339 745,2 qm Garten- etc. Land (je 3 Pf.), 575,5 qm Gewächshäuser (je 30 Pf.), 22 Privatspringbrunnen (je 24 M., 45 M. resp. 99 M.) und 5243 Waterclosets (je 4,50 M.)

Der Abfluss der letzteren ist nur nach ihrer Desinfection in die Kanäle gestattet. (Die festen Excremente werden abgefahren). Endlich haben 131 Grundstücke Wasser zu Bauzwecken bezogen.

Die Selbstkosten der Wasserversorgung einschliesslich der Zinsen und der Amortisation im Betrage von 215 370,94 M. (4,92 Pf. pro cbm) haben 1881 349 374,52 M. (7,98 Pf. pro cbm) betragen. Die Einnahmen für nach Messern abgegebenes Wasser (11 Pf. pro cbm) haben 61 915,28 M. und für die Abgabe nach Schätzung 282 012,00 M. betragen. Ausser der jährlichen Verzinsung des Anlagekapitals mit 4% sind 539 226,30 M. bis Ende 1881 von demselben im Ganzen zur Abschreibung gekommen.

451. **Grimma** hat 8042 Einwohner in ca. 660 Wohnhäusern und 1836 Haushaltungen.

Die Versorgung erfolgt durch das Einleiten des Wassers von Quellen aus 80 m bis 600 m Entfernung von dem Innern der Stadt durch natürliches Gefälle mittels aussen und innen asphaltirter, gusseiserner Röhren. Ausser zur allgemeinen Benutzung wird das Wasser 77 Grundstücken, nämlich 37 derselben zum Hausgebrauch und 40 zu diesem und zum Gewerbebetriebe (Färbereien, Destillationen) zugeleitet. Das Wasser ist als Trinkwasser sehr gut und immer in gleichem, genügendem Quantum vorhanden. Der jetzige Zustand wird als die Bedürfnisse befriedigend bezeichnet.

452. **Oschatz** hat 7855 Einwohner in 583 Wohnhäusern und 1587 Haushaltungen.

Die Versorgung erfolgt ausser durch gegrabene und gesenkte Brunnen von 4 m bis 7 m Tiefe mit einem constanten Wasserstande, deren 16 öffentliche und 154 private vorhanden sind, durch Wasser, welches durch natürliches Gefälle mittels gusseiserner Röhren zugeführt wird.

Die Anlage ist vom Baurath Bake in Dresden für Rechnung der Stadt mit einem Kostenaufwande von 130000 M. ausgeführt und seit 1880 in Benutzung. Die Maximalleistungsfähigkeit derselben im jetzigen Zustande beträgt 390 cbm pro Tag.

Das Wasser wird in Lampersdorf, Rosenthal und Weinberg, 4200 m, 1300 m und 1000 m von der Stadt entfernt, aus natürlich austretenden Quellen, aus dem Grundwasser und aus einem offenen Wasserlaufe entnommen. Dasselbe wird drei in der Stadt selbst befindlichen Reservoiren zugeführt, von denen 2 von 48 cbm resp. 36 cbm Inhalt gemauert und überwölbt sind. Das dritte fasst 4 cbm und ist aus Schmiedeeisen gefertigt und unter Dach aufgestellt. Der Wasserstand der Reservoire steht 15 m resp. 6 m höher als das Versorgungsterrain.

Die Versorgung erfolgt einheitlich für Trink- und Brauchwasser, in verschiedenen Druckzonen, mit und ohne Hausreservoire. Ein Zwang zum Anschlusse der Häuser oder zur Verwendung von Wassermessern dafür besteht nicht. Die Hauptleitungen sind innen asphaltirt; die Hausleitungen bestehen aus Zinnbleirohr. Die Stadt ist kanalisirt und es hat der grösste Theil der Häuser Hauseinlässe; Closeteinlässe sind verboten.

Für Feuerlöschzwecke sind 34 Hydranten in durchschnittlich 90 m Entfernung, mit Selbstentleerung versehen, theils über, theils unter Flur aufgestellt, aus denen des geringen Druckes wegen nicht direct gespritzt wird. Ferner sind 28 Freibrunnen mit Selbstabschluss für die allgemeine Benutzung vorhanden. Ueber alle sonstigen öffentlichen Verwendungsarten des Wassers fehlen weitere Angaben; wahrscheinlich finden solche nicht in ausgedehnterem Maasse statt.

150 Häuser mit 400 Haushaltungen und 2000 Bewohnern sind an die Leitung angeschlossen. Auch Gewerbtreibende, als Gerber, Brennereien etc. entnehmen derselben das für sie nöthige Wasser.

Sämmtliches Wasser ist für alle Zwecke gut, wie es Untersuchungen des Brunnenwassers im Jahre 1876 und des Röhrenwassers im Jahre 1880 bestätigt haben. Auch tritt niemals ein Mangel an Wasser ein.

453. **Leisnig** hat 7293 Einwohner.

Die Versorgung erfolgt ausschliesslich durch mit natürlichem Gefälle mittels gusseiserner Röhren eingeleitetes Quellwasser, welches ca. 5000 m von der Stadt in der Seifersdorfer und Kieselbacher Flur gesammelt wird. In der Stadt selbst befindet sich ein Reservoir von 20 cbm Inhalt. Das Wasser ist gut, wie durch Untersuchungen desselben bestätigt ist und es ist in stets genügender Menge vorhanden. Dasselbe wird ausser zur allgemeinen Benutzung auch Privatgrundstücken abgegeben.

454. **Borna** hat 6896 Einwohner in 577 Wohnhäusern und 1530 Haushaltungen.

Der kleinere Theil der Stadt, der an den Gehängen der Wybraniederung liegt, wird nur aus Pumpenbrunnen versorgt; der grössere

Theil, in der Wybraniederung selbst gelegen, hat ausser den Pumpenbrunnen eine Flusswasserleitung. Ausser 10 öffentlichen sind 97 private Brunnen vorhanden, von denen die 36 auf der Höhe und an den Gehängen gelegenen gutes Wasser haben, während von den in der Niederung gelegenen 48 Stück nicht gutes ja selbst schlechtes Wasser haben. Die Tiefe der ersteren Brunnen wechselt von 7 m bis 19 m und die Tiefe bis zum Wasser von 6 m bis zu 16 m; für die letzteren sind diese Tiefen 3,5 m bis 8,5 m und 2,3 m bis 5,7 m. Die sämmtlichen Brunnen sind bis auf 8 Stück, die gesenkt sind, gegraben. Eine Untersuchung des Wassers der Brunnen hat nicht stattgefunden.

Das Flusswasser wird einem Mühlen-Obergraben in unmittelbarer Nähe der Stadt entnommen und mittels eiserner Röhren durch natürliches Gefälle 6 öffentlichen Laufbrunnen und 4 desgleichen Pumpenbrunnen zugeführt, ausserdem aber in 5 private Grundstücke direct und in 2 als Abwasser eingeleitet.

Nach einem Projecte des Geh. Bauraths Henoch soll eine Stunde von der Stadt aus einer mächtigen Kiesschicht Grundwasser erschlossen und der Stadt zugeführt werden. Die Kostspieligkeit der Anlage steht jedoch der Ausführung entgegen.

455. **Döbeln** hat 11802 Einwohner in 849 Wohnhäusern und 2778 Haushaltungen.

Die Versorgung erfolgt durch Pumpenbrunnen, deren 11 öffentliche und 200 private vorhanden sind. Dieselben sind 3,5 m bis zu 17 m tief und haben einen constanten Wasserstand von 3 m bis zu 15 m.

Ausserdem sind 3 Rohrleitungen von Holz, von Steinzeug und von Eisen vorhanden, welche Quellwasser mit natürlichem Gefälle aus 300 m bis zu 2000 m Entfernung herbeileiten. Dasselbe wird durch 6 hölzerne Kästen zum allgemeinen Gebrauche gestellt und ferner, allerdings nur zum Hausgebrauche, 74 Grundstücken zugeführt.

Dieses Wasser ist gut, ebenso auch das der Brunnen, wie die im Jahre 1881 vorgenommenen Untersuchungen der Brunnen, einige wenige Privatbrunnen ausgenommen, ergeben haben; auch ist die Quantität des Wassers genügend. Trotzdem liegt die Absicht einer einheitlichen Versorgung vor, wenngleich ein bestimmter Plan dafür noch nicht angenommen ist.

456. **Rochlitz** hat 5760 Einwohner in 506 Wohnhäusern und 1449 Haushaltungen.

Die Versorgung erfolgt aus 5 öffentlichen und 25 bis 30 gegrabenen und durch Bohrung vertieften Brunnen von 15 m bis 18 m Tiefe bei

13 m bis 16 m tiefem Wasserstande, der stark schwankt. Das Wasser ist trinkbar, aber sehr hart und es tritt zeitweise Mangel ein.

Ausserdem wird das Wasser von 4 Quellen und aus 2 Bächen aus 3000 m bis 4000 m resp. 2000 m Entfernung durch Röhren von Holz und Eisen mit natürlichem Gefälle zugeleitet und gelangt an 13 Laufbrunnen und 10 Pumpenbrunnen zur allgemeinen Benutzung. Auch sind 3 Hydranten aufgestellt. Es findet eine direkte Einleitung auf 7 Privatgrundstücke statt und auf 6 solche wird das Abwasser eingeleitet. Ein Bedürfniss nach einer besseren Versorgung ist erkannt.

457. **Mittweida** hat 9218 Einwohner in 752 Wohnhäusern und 2234 Haushaltungen.

Die Versorgung erfolgt aus gegrabenen Brunnen von 2 m bis zu 10 m Tiefe, deren im Ganzen 60 bis 80, davon 12 für die allgemeine Benutzung, vorhanden sind.

Ferner wird Quellwasser aus 500 m bis 1000 m Entfernung mit natürlichem Gefälle zugeleitet. Die Leitungen dafür bestehen in der Stadt aus gusseisernen, ausserhalb derselben aus hölzernen Röhren. Das Wasser wird an 8 continuirlichen Ausläufen zur allgemeinen Benutzung gestellt und das Abwasser der darunter befindlichen Bassins wird einzelnen Gewerbtreibenden zugeleitet. Im Uebrigen findet eine Zuleitung für Private nicht statt. Das Wasser ist meistens gut, wenn auch in Folge ungenügender Quellfassung mitunter trübe. Der Plan einer besseren Versorgung hat vorgelegen, ist aber vorläufig aufgegeben.

458. **Waldheim** hat 7764 Einwohner.

Die Versorgung erfolgt durch 15 öffentliche gegrabene Brunnen. Ferner wird durch drei Thonrohrleitungen Quellwasser für die allgemeine Benutzung zugeführt. Endlich ist für 20 Private noch eine Leitung aus eisernen Röhren, die Wasser aus einem offenen Wasserlaufe liefert, hergestellt. Das Brunnen- und das Quellwasser wird als gut bezeichnet; auch ist ein Mangel an Wasser nicht vorhanden, so dass ein Bedürfniss zu einer Aenderung nicht vorliegt.

459. **Kosswein** hat 6698 Einwohner in ca. 650 Wohnhäusern und 1686 Haushaltungen.

Die Versorgung erfolgt aus 10 öffentlichen und 37 privaten Brunnen, die gutes Trinkwasser in genügender Menge geben. Ausserdem wird Quellwasser mit natürlichem Gefälle aus 1500 m Entfernung durch Röhren von Holz und Thon zugeleitet und an 12 Laufbrunnen und 5 Pumpenbrunnen zur allgemeinen Benutzung gestellt. Eine Einleitung von Wasser auf Privatgrundstücke findet nicht statt.

460. **Penig** hat 5801 Einwohner in 567 Wohnhäusern und 1430 Haushaltungen.

Die Versorgung erfolgt durch Quellwasser, welches aus 3313 m Entfernung vom Orte durch eine gusseiserne Leitung mit natürlichem Gefälle zugeführt wird. Dasselbe dient der allgemeinen Benutzung und den Privaten sind Anschlüsse gestattet. Das Wasser ist stets vorzüglich und immer in genügender Quantität vorhanden.

461. **Burgstädt** hat 5296 Einwohner in 486 Wohnhäusern und 1214 Haushaltungen.

Die Versorgung erfolgt durch 37 öffentliche und 13 private, gegrabene Brunnen von ca. 8 m Tiefe mit einem ziemlich constanten Wasserstande und ferner durch Einleiten von Quellwasser durch natürliches Gefälle mittels Röhren aus Thon und Eisen aus 2500 m Entfernung vom Orte. Letzteres Wasser ist immer gut, während das Brunnenwasser zeitweise schlecht ist. Das Quellwasser dient zur allgemeinen Benutzung und wird auch 26 Grundstücken zugeführt, von denen es bei 11 ausser zum Hausgebrauche auch zum Gewerbebetriebe für Brauereien, Färbereien etc. benutzt wird. Wiederholte Untersuchungen des Quellwassers haben dessen Gesammtrückstand als einen geringen ergeben. Eine anderweitige Versorgung wird nicht beabsichtigt, da niemals Wassermangel eintritt.

462. **Hainichen** hat 8497 Einwohner in 705 Wohnhäusern und 2075 Haushaltungen.

Die Versorgung erfolgt ausser durch 7 öffentliche und ca. 120 private Brunnen durch eine von der Stadtgemeinde mit einem Kostenaufwande von ca. 40 000 M. hergestellte, einheitliche Anlage, die seit 1876 in Benutzung ist.

Das Wasser wird aus im Durchschnitt 1900 m Entfernung von der Stadt durch natürliches Gefälle mittels Röhren von Holz, Blei und Steingut zugeleitet. Dasselbe wird zum grössten Theile durch Drainage und zum geringeren Theile aus Quellwasser im Rossauer Walde, in der Ottendorfer, Bertelsdorfer und Falkenauer Flur, sowie auf Grundstücken der Stadtgemeinde gesammelt. Eine künstliche Reinigung des Wassers findet nicht statt. Im Orte selbst befindet sich ein gemauertes und überwölbtes Reservoir von 100 cbm Inhalt. Das Wasser wird nur der allgemeinen Benutzung anheimgestellt und nicht in die Häuser eingeführt. Dasselbe ist gut und quantitativ stets genügend, so dass es allen Anforderungen entspricht.

c) Kreishauptmannschaft Zwickau.

463. **Crimmitschau** hat 18925 Einwohner in 1249 Wohnungen und 4446 Haushaltungen.

Die Versorgung erfolgt aus gegrabenen Brunnen, deren 33 für öffentliche Zwecke vorhanden sind. Die Zahl der privaten Brunnen ist nicht festgestellt. Ausserdem wird noch Quellwasser aus 600 m Entfernung durch natürliches Gefälle mittels Röhren aus Steingut und Eisen zugeführt, jedoch nur für die allgemeine Benutzung und nicht für Private abgegeben. Das Wasser ist als Trinkwasser gut; Untersuchungen desselben haben freilich nicht stattgefunden. Es ist stets in genügender Menge vorhanden und daher ein Bedürfniss nach einer Aenderung nicht empfunden.

464. **Meerane** hat 22293 Einwohner in 1784 Wohnhäusern und 5117 Haushaltungen.

Die Versorgung erfolgt durch 78 öffentliche und 310 private Brunnen. Das Wasser wird als meistens gut, mitunter aber auch als schlecht bezeichnet und es tritt im Sommer häufig Wassermangel ein. Das Bedürfniss nach einer besseren Versorgung liegt daher nicht nur vor, sondern es besteht dafür auch ein fester Plan, dessen Ausführungszeit allerdings noch nicht abzusehen ist.

465. **Glauchau** hat 21358 Einwohner in 1621 Wohnhäusern und 5177 Haushaltungen.

Die Versorgung erfolgt seit 1856 durch Anlagen, die für städtische Rechnung hergestellt sind, mit Grund- und Quellwasser. Im Lugwitzthale, 1600 m von der Stadt entfernt, sind 2 Brunnen, die Grundwasser liefern, abgeteuft. Dasselbe wird durch ein Pumpwerk, welches durch Wasserkraft und aushilfsweise auch durch Dampfkraft betrieben wird, einem 1300 m entfernten, gemauerten, überwölbten und in den Boden versenkten Reservoir von 454 cbm Inhalt zugeführt. Dasselbe liegt 300 m von der Stadt entfernt, ca. 5 m höher als diese. In dieses Reservoir wird ferner das Wasser der 4600 m von der Stadt entfernten Reinholdsheimer Quelle mit natürlichem Gefälle eingeleitet und von hier aus die Mittel- und Niederstadt versorgt. Für die Oberstadt dient die Zuführung einer anderen, höher entspringenden, der Grumbacher Quelle, deren Wasser in einem 553 cbm fassenden, gemauerten Reservoir gesammelt wird und durch eine 6000 m lange Leitung mit natürlichem Gefälle zugeführt, die Stadt mit 10 m höherem Drucke als das andere Wasser erreicht.

Vorstehende beiden Anlagen haben 500000 M. gekostet. Sie haben eine tägliche Maximalleistungsfähigkeit von 1130 cbm. Endlich ist noch ein in der Stadt am Mühlgraben gelegenes, altes Pumpwerk 1865 für Versorgungszwecke umgebaut, welches mit Wasserkraft betrieben wird und täglich 182 cbm ungereinigtes Flusswasser in ein in einem Thurme aufgestelltes Blechbassin von 45 cbm Inhalt fördert, von wo es zur Abgabe gelangt.

Für Feuerlöschzwecke sind 69 Hydranten in durchschnittlich 120 m Entfernung über Flur, mit Selbstentleerung versehen, aufgestellt. 66 Freibrunnen mit Selbstabschluss dienen der allgemeinen Benutzung. Im Uebrigen findet eine Verwendung des Wassers für öffentliche Zwecke kaum statt. 281 Privatgrundstücken wird das Quellwasser zum Hausgebrauche und zum Gewerbebetriebe (Brauereien, Brennereien, Dampfkessel) zugeleitet. Nach Messern werden ca. 5000 cbm Wasser im Jahre zu 9 Pf. pro cbm abgegeben.

Das Wasser der Quellen soll von vorzüglicher Qualität sein und Untersuchungen desselben werden daher als nicht nothwendig bezeichnet.

466. **Hohenstein** hat 6437 Einwohner in 512 Wohnhäusern und 1500 Haushaltungen.

Ausser aus 6 öffentlichen Brunnen erfolgt die Versorgung durch Einleiten verschiedener Quellen mittels Röhren aus Steingut durch natürliches Gefälle. Die Hauptleitung führt durch einen Stollen und ist 1400 m lang. Andere Quellen sind durch Leitungen von 600 m, 350 m und 200 m Länge zugeführt. Privaten wird das Wasser nicht direct abgegeben, sondern nur aus den Ueberfällen. Auf diese Weise sind 21 Grundstücke für den Hausgebrauch, sowie eine Färberei versorgt. Das Wasser ist stets gut, wie durch Untersuchungen desselben bestätigt ist. Wassermangel tritt nie ein. Die Absicht zur Herstellung einer besseren Versorgung liegt aber trotzdem vor.

467. **Chemnitz** hat 95123 Einwohner in 2959 Wohnhäusern und 21174 Haushaltungen.

Die Versorgung erfolgt aus 75 öffentlichen und ca. 1500 privaten, gegrabenen Pumpenbrunnen von sehr verschiedener Tiefe mit einem bis über 3 m wechselnden Wasserstande. Ferner wird durch natürliches Gefälle Quellwasser mittels Röhren aus Holz, Steingut und Gusseisen eingeleitet. Die Quellen, welche die Leitungen speisen, liegen bis zu 2000 m von der Stadt entfernt. Das Quellwasser läuft an 18 öffentlichen Ständern aus und wird auch einzelnen Privaten zugeführt.

Einige dieser Leitungen sind ganz oder theilweise im Privatbesitze. Das Quellwasser ist stets gut; das der Pumpenbrunnen jedoch zum grössten Theil schlecht.

Seit 1875 besteht eine einheitliche Versorgung, die der Professor von Kankelwitz in Stuttgart im Auftrage der Stadt ausgeführt hat. Der jetzige Buchwerth derselben beträgt 2400000 M. und ihre Maximalleistungsfähigkeit pro Tag beläuft sich auf 7600 cbm bis 9000 cbm.

Das Wasser ist am Ausgange des Zwöritz-Thales bei den Dörfern Altchemnitz und Erfenschlag, etwa 3000 m von Chemnitz entfernt, mittels Brunnen und Filterröhren 30 m bis 40 m vom Zwöritzflusse entfernt, erschlossen. Ferner wird zum Theil Quellwasser, durch Stollen erschlossen, dem Hochreservoir durch natürliches Gefälle direct zugeleitet und ausnahmsweise wird auch Wasser aus einem offenen Wasserlaufe entnommen, welches durch Ueberrieselung von Wiesenflächen und Kieslagern geklärt ist. Das Wasser wird, mit Ausnahme des durch Stollen erschlossenen, durch Dampfkraft auf 27,5 m Höhe gehoben und einem 2800 m entfernt liegenden, gemauerten, überwölbten und in den Boden versenkten Reservoire von 2900 cbm Inhalt zugeführt, welches unmittelbar vor dem Stadtrohrnetze, 40 m bis 50 m höher als das Versorgungsgebiet liegt.

Der Gesammtverbrauch betrug 1881/82 ohne das von den Stollenquellen gelieferte, zu etwa 50000 cbm im Jahre anzunehmende Wasserquantum 833948 cbm oder im Tagesdurchschnitt 2285 cbm. Der höchste Tagesverbrauch fand am 4. Juni mit 4102 cbm, der geringste am 27. März mit 1011 cbm statt. Der grösste Monatsconsum trat im Juli mit 88305 cbm, der geringste im März mit 53911 cbm ein.

Für öffentliche Zwecke sind 1881/82 319398 cbm verwendet. Das Strassensprengen erfolgt zum Theil direct aus der Leitung durch 209 kleine Hydranten, die in 50 m Entfernung aufgestellt sind, mit einem Aufwand von ca. 28000 cbm im Jahre und ferner durch Sprengfässer an 63 Tagen im Jahre mit 130000 cbm. Für Rinnsteinspülung und Kanalspülung sind an 75 Tagen 15000 cbm verwendet. Für Feuerlöschzwecke sind 518 Hydranten in 80 m Entfernung unter Flur, mit Selbstentleerung versehen, aufgestellt. Durch 70 Freibrunnen mit Selbstabschluss sind 40000 cbm im Jahre abgegeben. Für öffentliche Springbrunnen sind 11000 cbm verbraucht. Für die continuirliche Spülung von 11 öffentlichen Pissoirs mit 22 Ständen sind 30000 cbm im Jahre benutzt. Von 3 privaten Badeanstalten, für die allgemeine Benutzung bestimmt, von denen eine ein überdachtes Schwimmbassin hat, sind 18500 cbm im Jahre aus der Leitung ausser dem aus den eigenen Brunnen bezogenen Wasser entnommen.

Für Privatzwecke sind 1881/82 durch 1955 Privatzuleitungen an 60421 Bewohner 514163 cbm oder 61,6 % des Gesammtverbrauches abgegeben.

468. **Werdau** hat 13654 Einwohner in 950 Wohnhäusern und 3009 Haushaltungen.

Die Versorgung erfolgt ausser durch Brunnen für das Trinkwasser, durch Zuleiten des Brauchwassers aus mehreren offenen Teichen, die 700 m von der Stadt entfernt hintereinander liegen. Die Einleitung geschieht durch natürliches Gefälle mittels gusseiserner Röhren. Eine Zuleitung auf Privatgrundstücke findet nicht statt. Als Trinkwasser ist dieses Wasser untauglich. Eine Aenderung der Versorgung wird nicht beabsichtigt.

469. **Zwickau** hat 35005 Einwohner in etwa 1600 Wohnhäusern und 7000 Haushaltungen.

Die Versorgung mit Brauchwasser erfolgt aus einem Mühlgraben. Das Wasser wird durch eine einfache Filtervorrichtung etwas geklärt und dann mittels zweier durch Wasserräder getriebener Pumpen in ein 10 m hoch aufgestelltes, kleines Reservoir gedrückt, von wo es für etwa ²/₃ der Stadt zur Vertheilung als Nutzwasser gelangt. Ausser durch 8 öffentliche Ausläufe wird dasselbe Privaten gegen Zahlung eines durch Regulativ normirten Wasserzinses zugeleitet.

Ferner besteht seit 1875 eine Trinkwasserversorgung, die vom dortigen Stadtbauamte unter Zuziehung der Ingenieure Gruner und Thiem in München mit einem Kostenaufwande von 400000 M. (ausser Grunderwerb) für Rechnung der Stadt ausgeführt ist.

Die Versorgung erfolgt aus 2 Quellen, deren Wasser durch getrennte Leitungen und aus besonderen Reservoiren mit natürlichem Gefälle dem in zwei Druckzonen geschiedenen Versorgungsgebiete, jedoch nur zur allgemeinen Benutzung, an öffentlichen Auslaufstellen zugeführt wird. Die höher gelegenen Quellen entspringen in 5830 m, die niederen Quellen in 2290 m Entfernung von der Stadt. Das Wasser derselben wird durch verschiedene Brunnen und Filterkanäle erschlossen. Für die höheren Quellen sind 2 gemauerte und überwölbte Reservoire von zusammen 800 cbm Inhalt und für die unteren ein solches von 400 cbm Inhalt hergestellt. Beide Vertheilungsleitungen für das Quellwasser haben 5287 m Länge. Mit denselben sind 85 Druckständer und 18 Hydranten verbunden.

Die Versorgung durch die Nutz- und Trinkwasserleitungen ist bislang ausreichend gewesen. Die localen Bodenverhältnisse sind ausgedehnten Rohrleitungen auch nicht günstig, was von einer Vervollkommnung zurückhält.

470. **Kirchberg** hat 6554 Einwohner.

Die Versorgung erfolgt aus ca. 30 gegrabenen und gesenkten Privatbrunnen mit constantem Wasserstande, die ein gutes Trinkwasser geben. Ausserdem wird aus ca. 2000 m Entfernung mittels hölzerner und thönerner Röhren Quellwasser durch natürliches Gefälle zugeleitet, welches an ca. 50 öffentlichen Brunnen zur allgemeinen Benutzung gelangt. Dasselbe wird auch ca. 30 Privatgrundstücken, davon 25 zum Gewerbebetriebe, zugeführt. Trotzdem wird eine Aenderung der Versorgung als ein Bedürfniss bezeichnet.

471. **Falkenstein** hat 5369 Einwohner in 415 Wohnhäusern und 1104 Haushaltungen.

Auf 50 Privatgrundstücken befinden sich gegrabene Brunnen mit darüber aufgestellten Pumpen. Das Wasser zum allgemeinen Gebrauche wird jedoch durch Einleiten von Quellwasser mit natürlichem Gefälle durch hölzerne Röhren aus ca. 1000 m Entfernung beschafft. Eine Zuleitung desselben auf Privatgrundstücke findet jedoch nicht statt. Das Wasser ist zum Trinken gut, wenn auch nach Regengüssen etwas trübe. Im Sommer reicht es oft nicht aus und auch im Winter fehlt es mitunter. Die Frage einer Aenderung des jetzigen Zustandes wird von der Stadtvertretung lebhaft discutirt. Ein bestimmter Plan zu einer neuen Versorgung liegt noch nicht vor.

472. **Lichtenstein** hat 5197 Einwohner in 456 Wohnhäusern und 1215 Haushaltungen.

Die Versorgung erfolgt durch 4 öffentliche und 15 private, gesenkte Brunnen von 4 m bis 18 m Tiefe mit einem schwankenden Wasserstande. Ausserdem findet eine Einleitung von Quellwasser durch 4 verschiedene Leitungen mit natürlichem Gefälle statt. Diese Leitungen bestehen aus eisernen und hölzernen Röhren und kommen aus einer Entfernung von bis zu 1200 m von der Stadt. Ausser zur allgemeinen Benutzung wird das Wasser 55 Privatgrundstücken zugeführt und auf 5 derselben ausser zum Hausgebrauche auch zu Gewerbszwecken, als Gerberei, Seifensiederei etc. verwendet. Das Wasser ist im Allgemeinen gut und quantitativ genügend. Eine Untersuchung desselben hat nicht stattgefunden und ein Bedürfniss nach einer Aenderung ist nicht erkannt.

473. **Stollberg i. S.** hat 6634 Einwohner.

Es war nicht möglich, Auskunft über die Versorgungsverhältnisse zu erhalten.

474. **Zschopau** hat 7991 Einwohner in 595 Wohnhäusern und 1994 Haushaltungen.

Für die Versorgung bestehen 57 gegrabene und gesenkte Brunnen von 6 m bis zu 19 m Tiefe, deren Wasserstand constant ist. Von diesen Brunnen sind 5 für die allgemeine Benutzung und 52 auf Privatgrundstücken vorhanden. Ausserdem wird Quellwasser durch natürliches Gefälle mittels Eisen- und Steingutröhren aus einem 345 m bis 500 m von der Stadt entfernten Quellgebiete zugeführt. Es bestehen 36 solcher Privatleitungen und es sind 134 Grundstücke mit Quellwasserleitung versehen, von denen 34 das Wasser auch zu Gewerbezwecken benutzen. Das Wasser ist als Trinkwasser gut und in stets genügender Menge vorhanden. Eine Untersuchung desselben hat nicht stattgefunden. Eine Aenderung in der Versorgung wird nicht beabsichtigt.

475. **Frankenberg** hat 10913 Einwohner in 720 Wohnhäusern und 2652 Haushaltungen.

Für die Versorgung bestehen 17 öffentliche und ca. 400 private gegrabene Brunnen von 7 m bis 12 m Tiefe mit einem 3 m bis 6 m tiefen aber schwankenden Wasserstande, deren Wasser quantitativ genügend und als Trinkwasser gut ist, wie Untersuchungen desselben bestätigt haben. Ausserdem wird Quell- und Flusswasser durch natürliches Gefälle mittels eiserner und hölzerner Röhren aus 800 m Entfernung von der Stadt zugeleitet. Dasselbe gelangt an 24 öffentlichen Laufbrunnen zur allgemeinen Benutzung und wird 30 Privaten direct zum Haus- und Gewerbebetriebe zugeführt. 8 Private haben auch Zuleitungen von dem Abwasser der Laufständer. Ein Bedürfniss nach einer Aenderung liegt nicht vor.

476. **Oederan** hat 5826 Einwohner in 463 Wohnhäusern und 1443 Haushaltungen.

Brunnen existiren nicht und die Versorgung erfolgt ausschliesslich durch 5 aus den verschiedenen Himmelsgegenden mit natürlichem Gefälle eingeleiteten Quellen. Als Material für die Röhren ist für den grösseren Theil Holz, für den kleineren Theil Steingut gewählt. Die Quellen entspringen in 500 m bis 3000 m Entfernung vom Orte. Eine grosse Anzahl von Häusern hat Privatzuleitungen. Das Wasser ist als Trinkwasser im Allgemeinen gut, bei einigen Leitungen jedoch nach längerem Regen etwas getrübt. Eine Untersuchung des Wassers ist nicht vorgenommen. Wassermangel existirt nie und zur Zeit liegt die Absicht zu einer Aenderung nicht vor.

477. **Marienberg** hat 6162 Einwohner in 330 Wohnhäusern und 1270 Haushaltungen.

Die Versorgung erfolgt durch Einleiten von Quellwasser, welches durch Stollen erschlossen ist, aus 3200 m Entfernung durch natürliches Gefälle mittels hölzerner Röhren. Das Wasser gelangt an 200 öffentlichen Laufbrunnen zur allgemeinen Benutzung und wird auch Privaten zum Gewerbe- und Hausgebrauche zugeführt. Das Wasser ist als Trinkwasser sehr gut; es tritt jedoch zeitweiser Mangel ein, so dass der Plan zu einer Veränderung vorliegt.

478. **Annaberg** hat 12956 Einwohner.

Die Versorgung erfolgte seit Jahrhunderten durch Quellen, die an den Gehängen des Pöhlberges durch bergmännische Arbeiten aufgeschlossen waren, deren Wasser durch natürliches Gefälle mittels hölzerner Rohrleitungen 300 öffentlichen und Privatausläufen zugeführt wurde.

Die Anlage wurde 1866, nachdem sie vom Geh. Baurath Henoch in Gotha für Rechnung der Stadt mit einem Kostenaufwande von 180000 M. umgebaut war, der Benutzung in vervollkommneter Form übergeben. Namentlich war das Rohrnetz durch gusseiserne Röhren hergestellt und die Quellfassungen erweitert. Der jetzige Buchwerth der Anlage beträgt ca. 250000 M.

Das Wasser wird 1000 m bis 1800 m von der Stadt entfernt durch verschiedene Stollen, den Bärenstollen, den Trainerstollen, den Hoffnungsstollen und den Drusenstollen erschlossen und 2 gemauerten Reservoiren, einem oberen und einem unteren, deren eines die Oberstadt und das andere die Unterstadt versorgt, von zusammen 425 cbm Inhalt zugeführt. Der gesammte Zufluss an Wasser hat pro Tag im Jahre 1881 im Januar um 1200 cbm bis 2200 cbm geschwankt und im Juli 800 cbm betragen. Eine Vermehrung der Wassermenge um 300 cbm pro Tag, sowie eine Vergrösserung des Reservoirinhalts ist ein dringendes Bedürfniss.

Eine Wasserverwendung für öffentliche Zwecke findet kaum statt. Für Feuerlöschzwecke sind allerdings 62 Hydranten, sowie für die allgemeine Benutzung 27 Freibrunnen vorhanden. 769 Häuser waren 1882 an die Leitungen angeschlossen. In denselben befanden sich 1713 Auslaufhähne, 35 Waterclosets, 80 Badeeinrichtungen. Ferner wurden 1881 durch 60 Wassermesser 37 197 cbm für den Gewerbe- und Grossbetrieb abgegeben.

479. **Buchholz** hat 6539 Einwohner in 429 Wohnhäusern und 1438 Haushaltungen.

Brunnen im Grundwasser des Ortes sind nur sehr vereinzelte vorhanden und es findet die Versorgung ausser durch directe Entnahme aus dem den Ort durchfliessenden Bach, der Sohma, nur durch künstlich eingeleitetes Wasser statt. Dasselbe wird an 17 verschiedenen Stellen durch Stollen und aus Quellen im städtischen Walde in 600 m bis 1000 m Entfernung vom Orte erschlossen und durch natürliches Gefälle mittels Röhren von Eisen und Thon zugeführt.

Das Wasser gelangt an 44 mit Abschluss versehenen öffentlichen und 52 Privatwasserbottichen zum Auslauf. Für jeden Privatauslauf ist jährlich 15 M. Wasserzins der Stadtkasse zu zahlen. Zu Gewerbszwecken wird Wasser nicht abgegeben. Dasselbe ist immer gut und es ist in stets ausreichender Menge vorhanden, so dass weder das Bedürfniss noch die Absicht nach einer einheitlichen Versorgung vorliegt. Ausser diesen städtischen Zuleitungen besteht noch eine private, die einer Fabrik gehört; dieselbe wird gleichfalls aus Quellen gespeist und versorgt auch noch einige Privathäuser mit Wasser.

480. **Lössnitz** hat 5805 Einwohner in 642 Wohnhäusern und 1398 Haushaltungen.

Das Trinkwasser wird durch 4 Bergstollen und aus 3 ausserhalb der Stadt auf communalem Eigenthum liegenden Quellen gewonnen. Die Zuleitung erfolgt mittels Rohrleitungen aus Eisen, Thon und Holz durch natürliches Gefälle. Das Wasser der Stollen ist gut, ebenso das der Quellen, ausgenommen nach heftigen Regengüssen, welche dasselbe etwas trüben. Auch tritt bei anhaltender Trockenheit eine Verminderung des Wassers, jedoch kein eigentlicher Mangel an Trinkwasser ein. Ein Stollen und eine Quelle dienen der Privatversorgung, die übrigen der allgemeinen Benutzung. Eine Aenderung in der Versorgung eintreten zu lassen, liegt die Absicht nicht vor.

481. **Schneeberg** hat 7642 Einwohner in 700 Wohnhäusern und 1600 Haushaltungen.

Eine im Jahre 1866 für Rechnung der Stadtgemeinde durch den Geh. Baurath Henoch in Gotha hergestellte Quellwasserleitung ist 1874 durch den Baurath Salbach in Dresden durch eine zweite Anlage bedeutend erweitert. Die Anlagen haben 356 000 M. gekostet und ihr jetziger Buchwerth beträgt 150000 M. Die Maximalleistungsfähigkeit derselben pro Tag beläuft sich auf 1400 cbm.

Das Wasser wird aus natürlichen Quellen, sowie aus dem Grundwasser durch Brunnen und Sammelkanäle erschlossen und mit natürlichem Gefälle aus 3000 m Entfernung durch die Griesbacher Leitung und aus 4000 m Entfernung durch die Langenbacher Leitung der Stadt zugeführt. Es sind 2 Reservoire vorhanden. Das eine fasst 300 cbm und liegt 2000 m vom Gewinnungsorte und 2000 m von der Stadt entfernt. Das andere, welches 1500 m vom Gewinnungsorte und 3000 m von der Stadt entfernt liegt, besteht aus einem durch den Felsen getriebenen Stollen von 1500 m Länge und 3000 cbm Fassungsraum. Der Wasserstand der Reservoire liegt 30 m bis 35 m höher als das Versorgungsgebiet.

Das Wasser dient als Brauch- und Trinkwasser und wird mittels gusseiserner Röhren, die ohne einen inneren Ueberzug verlegt sind, constant zugeleitet. Hausreservoire existiren nicht. Wassermesser sind nur bei grösserem Consum vorgeschrieben. Für Hausanschlüsse, die facultativ sind, wird Wassergeld nach Schätzung gezahlt. Die Hausleitungen bestehen aus eisernen und bleiernen Röhren. Der Ort ist kanalisirt und es sind Haus- und Closeteinlässe gestattet.

Für Feuerlöschzwecke sind 54 Hydranten unter Flur, mit Selbstentleerung versehen, aufgestellt; dieselben werden nicht zum directen Spritzen benutzt. 26 öffentliche Wasserständer mit Selbstabschluss und 19 solche, die continuirlich laufen, geben das Wasser für die allgemeine Benutzung ab. Eine öffentliche Fontaine spielt täglich 12 bis 14 Stunden. Das Rohrnetz wird monatlich 2mal gespült. Ueber sonstige Wasserabgabe für öffentliche Zwecke fehlen speciellere Angaben.

1882 waren 179 Häuser mit 432 Haushaltungen an die Leitung angeschlossen. In diesen waren 21 Badeeinrichtungen, 10 Closets, 2 Pissoirs und 8 Privatfontainen in Benutzung. Ferner fand durch 9 Wassermesser eine Abgabe statt. Das Wasser ist stets gut und in immer genügender Menge vorhanden. Ausser dieser künstlichen Versorgung sind ferner noch 12 öffentliche, gegrabene Brunnen in Gebrauch.

482. **Reichenbach i. V.** hat 16509 Einwohner in ca. 1200 Wohnhäusern.

Die Versorgung erfolgt ausser aus einigen älteren, städtischen und privaten Leitungen, sowie aus öffentlichen und privaten Brunnen seit 1865 durch eine für Rechnung der Stadt vom Geh. Baurath Henoch in Gotha hergestellte, einheitliche Anlage, die 240000 M. gekostet hat und jetzt mit 200 000 M. zu Buche steht. Dieselbe hat eine Maximalleistungsfähigkeit von 200 cbm pro Tag.

Das Wasser wird 3100 m von der Stadt entfernt in der Oberreichenbacher Flur, 500 m vom nächsten Wasserlaufe entfernt, aus Quellen und durch Sammelkanäle erschlossen, durch Spülkästen (?) einer künstlichen Reinigung unterzogen und einem gemauerten und überwölbten Reservoire von 800 cbm Fassungsraum zugeführt. Das letztere liegt 3000 m von der Stadt entfernt und dessen höchster Wasserstand liegt 8 m höher als das Versorgungsgebiet. Von hier fliesst das Wasser mittels gusseiserner, innen asphaltirter Röhren durch natürliches Gefälle der Stadt zu.

Die Versorgung erfolgt ohne Anwendung von Hausreservoiren für Brauch- und Trinkwasser einheitlich und constant. Für die Hausanschlüsse, die nicht obligatorisch sind, ist die Anwendung von Wassermessern vorgeschrieben. Der Ort ist kanalisirt und es sind Hausauslässe gestattet, Closetauslässe jedoch verboten.

1882 sind im Ganzen 32 100 cbm abgegeben. Es waren an die Leitung 181 Häuser mit 543 Haushaltungen und 2172 Bewohnern angeschlossen, in denen sich ca. 10 Closets, 3 Pissoirs und 10 Springbrunnen befanden und für welche ca. 20 000 qm Hof- und Gartenfläche für Sprengzwecke veranlagt waren. Für den Gewerbebetrieb wird kein Wasser abgegeben.

Für Feuerlöschzwecke sind 56 Hydranten in ca. 100 m Entfernung über Flur aufgestellt, aus welchen nicht direct gespritzt wird. Aus 32 Freibrunnen mit Selbstabschluss sind im Jahre 12 800 cbm entnommen. Das Rohrnetz wird allmonatlich gespült. Rinnstein- und Kanalspülung findet nicht statt. Das Strassensprengen geschieht durch Sprengfässer ca. 21 Tage im Jahre auf 12 400 qm Strassenfläche. Ein öffentlicher Springbrunnen spielt im Sommer von 7 Uhr Morgens bis 7 Uhr Abends. 3 öffentliche Pissoirs sind mit constanter Spülung versehen.

Das Wasser ist als Trinkwasser ausgezeichnet. Eine Untersuchung desselben hat nicht stattgefunden. In ganz trockenen Sommern lässt die Quantität in geringem Maasse nach. Die Zuführung einer ferneren Quelle ist daher beabsichtigt.

483. **Lengenfeld** hat 5120 Einwohner.

Eine künstliche Versorgung existirt nicht; dieselbe erfolgt nur aus Grundbrunnen im Orte.

484. **Treuen** hat 5565 Einwohner in 590 Wohnhäusern und 1201 Haushaltungen.

Ausser durch 2 öffentliche und 20 private Brunnen erfolgt die Versorgung durch mittels gusseiserner Röhren aus ca. 1000 m Entfernung eingeleitetes Quellwasser. An diese Leitung sind auch 2 Private angeschlossen. Das Wasser wird als ein gutes Trinkwasser bezeichnet, wenngleich Qualitätsuntersuchungen desselben nicht vorgenommen sind. Ein Bedürfniss nach einer Veränderung der Versorgung liegt nicht vor.

485. **Auerbach** hat 6258 Einwohner in 475 Wohnhäusern und 1212 Haushaltungen.

Für die Versorgung bestehen 3 öffentliche und 44 private Pumpenbrunnen, die gegraben sind, 7 m bis 10 m Tiefe haben und deren Wasserstand constant ist und 5 m bis 8 m tief unter Terrain liegt. Das Wasser ist als Trinkwasser gut, wenn auch bislang nicht untersucht.

Seit 1876 ist eine der Stadt gehörige Quellwasserversorgung in Benutzung, deren Herstellung 128000 M. gekostet hat. Das Wasser wird aus 4000 m Entfernung mittels gusseiserner und thönerner Röhren durch natürliches Gefälle zugeleitet. Für die allgemeine Benutzung sind 9 Laufbrunnen vorhanden. 291 Privatgrundstücken wird das Wasser zum Hausgebrauche und zum Gewerbebetriebe zugeführt.

486. **Eibenstock** hat 6706 Einwohner in 448 Wohnhäusern und 1361 Haushaltungen.

Ausser aus 10 öffentlichen Brunnen erfolgt die Versorgung durch Einleiten von Quellwasser, das an verschiedenen Punkten aus 50 m bis zu 2000 m Entfernung gesammelt wird, mit natürlichem Gefälle. Es besteht dafür eine grosse Zahl verschiedener Zuleitungen, die früher aus hölzernen Röhren hergestellt waren, in neuerer Zeit aber meist durch Steingutröhren und durch asphaltirte, gusseiserne Röhren ersetzt sind. Ausser den städtischen Leitungen gibt es eine grosse Zahl von Privatleitungen, da jede grössere Wirthschaft ihr eigenes Röhrenwasser hat. Bei anhaltend trockenem Wetter, auch wohl im Winter, entsteht zuweilen Wassermangel. Das Wasser ist, einzelne Fälle ausgenommen, stets gut, was durch Untersuchungen desselben bestätigt ist. Ein Bedürfniss nach einer einheitlichen Versorgung liegt nicht vor.

487. **Plauen i. V.** hat 35082 Einwohner in 2006 Wohnhäusern und 7582 Haushaltungen.

Die Versorgung erfolgt durch zwei Quellwasserleitungen mit natürlichem Gefälle, deren eine seit 1865, deren andere seit 1874 in Benutzung ist. Beide sind vom Geh. Baurath Henoch in Gotha für Rechnung der Stadt hergestellt. Die ältere, die Messbachleitung, hat 315000 M., die andere, die Syrauer Leitung, hat 273825 M., beide zusammen also 588825 M. (ohne Grunderwerb) in der ersten Anlage gekostet. Der jetzige Buchwerth beträgt 628486 M. und die Maximalleistung der Anlage in ihrem jetzigen Zustande rund 1800 cbm pro Tag.

Das eine Quellgebiet liegt 7000 m von der Stadt entfernt auf dem rechten Ufer der Elster beim Dorfe Messbach und hat ein Sammelgebiet von 157 ha. Das andere Quellgebiet liegt in 5700 m Entfernung von der Stadt auf dem linken Ufer beim Dorfe Syrau. Das Wasser wird theils durch Sammelbrunnen, theils durch Sammelkanäle und Sammelröhren aus dem Grundwasser erschlossen und je einem gemauerten, überwölbten und in den Boden versenkten Reservoire von 1200 cbm Inhalt, zusammen also von 2400 cbm Fassungsraum zugeführt. Das Reservoir der Messbachleitung liegt 4750 m von der Gewinnungsstelle und 2250 m von der Stadt, und das der Syrauleitung 5100 m von der Gewinnungsstelle und 600 m von der Stadt entfernt.

Die Zuleitung erfolgt durch aussen und innen asphaltirte, gusseiserne Röhren. Die Versorgung erfolgt für Haus- und Brauchwasser gemeinschaftlich, constant und ohne Anwendung von Hausreservoiren, jedoch in zwei Druckzonen getheilt, für die Messbachleitung mit 42,5 m, für die Syrauleitung mit 75,0 m Druck in der Stadt. Beide Leitungen bilden jedoch ein einheitliches Circulationssystem, dessen Scheidung in zwei Theile der sehr schwankenden Ergiebigkeit der Syrauleitung accommodirt wird. Durch Fassung von Reservequellen ist diese Schwankung etwas ausgeglichen.

Das Wasser ist als Trinkwasser gut. Trübungen der Syrauleitung in niederschlagreicher Zeit werden durch zeitweises Absperren einzelner Quellen beseitigt.

Der Anschluss der Häuser an die Leitung ist nicht obligatorisch, wohl aber die Anwendung von Wassermessern für diese Anschlüsse. Pro cbm Wasser sind 20 Pf. zu zahlen; pro Kopf jeder Haushaltung werden 10 l täglich unentgeltlich gewährt. Für die Hausleitungen ist kein bestimmtes Material vorgeschrieben. Die Stadt ist kanalisirt mit Hausanschlüssen; Closeteinlässe sind jedoch verboten.

Die gesammte Abgabe ohne die durch Freibrunnen und Hydranten hat 1882 361503 cbm betragen. Aussengemeinden wird kein Wasser abgegeben.

Oeffentliche Gebäude, Anstalten etc. haben im Jahre 14652 cbm verbraucht. Zum Strassensprengen und zur Kanalspülung sind nach Schätzung 2500 cbm verwendet. Besondere Rinnsteinspülung findet nicht statt. An Hydranten sind in durchschnittlich 100 m Entfernung unter Flur, mit Selbstentleerung versehen, 226 Stück aufgestellt, aus welchen bei Bränden zum Theil direct gespritzt wird. Für die allgemeine Benutzung dienen 39 Freibrunnen mit Selbstabschluss. 2 öffentliche Pissoirs mit 6 Ständen werden während der Sommermonate continuirlich gespült. Ein öffentlicher Springbrunnen ist vorhanden, aber nur selten in Thätigkeit. Das sog. Stadtbad mit 16 Wannen erhält nur aushilfsweise Wasser aus der Leitung.

1882 waren 1295 Häuser mit 20206 Bewohnern angeschlossen. 119 der Häuser erhielten das Wasser noch ohne Messer. Durch 1176 Messer wurden im Ganzen 176703 cbm abgegeben. Davon entfallen durch 291 Messer 90777 cbm für Industriezwecke und durch 885 Messer 85926 cbm für häusliche Zwecke.

Ausser vorstehend beschriebener Versorgung sind für verschiedentliche Häusercomplexe noch 6 kleinere, aus früheren Zeiten stammende Leitungen vorhanden, die das Wasser von in unmittelbarer Nähe der Stadt entspringenden Quellen nutzbar machen und solches theils in aufgestellte Bottiche, theils durch directe Zuleitung abgeben. Das gesammte, Plauen zugeleitete Wasser kann auf 400000 cbm im Jahre geschätzt werden.

488. **Oelsnitz** hat 5918 Einwohner in ca. 460 Wohnhäusern.

Für die Versorgung bestehen 2 ältere Quellwasserleitungen und 5 öffentliche sowie ca. 18 private, gegrabene Brunnen mit gering schwankendem Wasserstande. Dieselben haben eine Tiefe bis zu 24 m und einen Wasserstand von 4 m bis 8 m.

Seit 1875 besteht ferner eine einheitliche Versorgung durch eine grössere Quellwasserleitung, die für Rechnung der Stadt von der Firma J. & A. Aird in Berlin mit einem Kostenaufwande von 96000 M. hergestellt ist.

Die kleineren Quellen entspringen in 150 m bis 300 m Entfernung von der Stadt. Deren Zuleitung erfolgt nach vorheriger Klärung durch gusseiserne Röhren, sowie durch gedeckte Kanäle und Leitungen aus Holz und Thon. Die grösseren Quellen, welche eine Ergiebigkeit von 864 cbm pro Tag haben, werden 11000 m von der Stadt entfernt in einem Walde, 306 m vom nächsten Wasserlaufe, dem Lottengrüner Bache, entfernt, gesammelt und nach vorheriger Klärung durch natürliches Gefälle einem 400 m von der Stadt entfernt gelegenen, gemauert nnd überwölbt hergestellten Reservoire zugeführt, welches 208 cbm Inhalt hat und 11700 m entfernt vom Quellenursprunge liegt. Die Höhenlage desselben über dem Versorgungsgebiete beträgt 9 m.

Die Versorgung erfolgt ohne Anwendung von Hausreservoiren und einheitlich für Haus-, Trink- und Gewerbszwecke. Der Anschluss an die Leitung ist dem Belieben anheimgestellt und es erfolgt die Zahlung für das Wasser nach Schätzung, ausgenommen desjenigen für den Gewerbebetrieb, wofür die Anwendung von Messern obligatorisch ist. Für Hausleitungen ist Blei und Eisen als Material vorgeschrieben. Die Hauptleitungen sind ohne einen inneren Ueberzug verlegt. Der Ort ist kanalisirt und es sind Haus- und Closeteinlässe in die Kanäle gestattet.

Es sind 16 Hydranten in ca. 140 m Entfernung unter Flur aufgestellt. 3 Freibrunnen werden aus der Leitung versorgt. 3 öffentliche Springbrunnen spielen während 4 Monaten im Jahre 5 Stunden täglich. Ein öffentliches Pissoir verbraucht zur Spülung täglich 1 cbm Wasser.

1882 waren 164 Haushaltungen angeschlossen, deren Verbrauch im Jahre pro Haushaltung ca. 84 cbm und im Ganzen 13 780 cbm beträgt. Ausserdem werden 24 gewerbliche Anlagen versorgt. Das Wasser wird auf Grund vorgenommener Untersuchungen als gut bezeichnet.

489. **Markneukirchen** hat 5360 Einwohner in 450 Wohnhäusern und 1058 Haushaltungen.

Die Versorgung erfolgt aus 138 privaten Brunnen, die gegraben sind und von 5 m bis zu 35 m Tiefe haben. Der Wasserstand derselben ist zum grössten Theil ein stark schwankender; meistens ist jedoch genügendes Wasser vorhanden. Dasselbe ist auch in der Regel gut, wie theilweise Untersuchungen bestätigt haben. Ferner findet die Einleitung des Wassers von 2 Quellen aus 600 m und 1800 m Entfernung durch natürliches Gefälle mittels eiserner und thönerner Rohrleitungen statt. Dasselbe gelangt an 9 öffentlichen Laufständern zur Vertheilung, wird jedoch Privaten nicht zugeführt. Eine Aenderung der Versorgung ist ein Bedürfniss und es liegt für eine solche auch ein Plan bereits vor.

d. Kreishauptmannschaft Bautzen.

490. **Kamenz** hat 6820 Einwohner in 646 Wohngebäuden und 1678 Haushaltungen.

Die Versorgung findet sowohl durch gegrabene Pumpenbrunnen, als auch durch künstliche Zuführung statt. 19 öffentliche Pumpenbrunnen, von denen 8 gutes Trinkwasser liefern, und 45 bis 50 Privatbrunnen sind vorhanden. Das künstlich zugeführte Wasser findet allgemeine Benutzung durch 23 öffentliche Röhrenbrunnen, aus denen es frei ausfliesst. Ausserdem erhalten auf Grund eines Monopoles, welches sich bis auf das Jahr 1460 zurückführen lässt, 24 Häuser direct aus den

Versorgungsröhren zugeführtes Wasser und in späteren Jahren ist 18 Häusern das Recht auf Zuleitung des Abwassers aus den öffentlichen Röhrenbrunnen zugesprochen. Diese mit Wasserrecht versehenen Gebäude befinden sich jetzt meistens in den Händen von Gewerbtreibenden.

Es bestehen 5 verschiedene Rohrleitungen, die durch natürliches Gefälle Wasser zuleiten. Sie sind sämmtlich aus Holz hergestellt mit Ausnahme von kurzen Strecken Thonröhren, welche bei den in den letzten Jahren vorgenommenen Um- und Neubauten angewendet sind. Zwei Sammelteiche im sog. Nodelande, 2500 m von der Stadt entfernt gelegen, werden durch sehr ergiebige Quellen gespeist. Sie liegen ca. 15 m über den höchsten Punkten des sehr coupirten Terrains der Stadt. Von den Teichen führen 3 Leitungen den grössten Theil des Wassers zur Stadt. Eine 4. Leitung führt ferner aus 500 m Entfernung das spärliche Wasser des Trippelsbornes aus einem alten Stollen am Fusse des Hutberges mit geringem Gefälle zu. Eine 5. Leitung wird endlich durch drei ausgezeichnete Quellen gespeist, die dem tieferen Stadttheil mit 6 m Gefälle zugeführt werden. Das letztere Wasser ist als Trinkwasser zu benutzen, während das übrige Röhrenwasser der schlechten Fassung wegen dazu nicht geeignet ist. Zur Erlangung einer besseren Versorgung liegt zur Zeit kein ausgesprochenes Bedürfniss vor.

491. **Bautzen** hat 17 509 Einwohner.

Die Versorgung erfolgte früher durch 2 Pumpwerke, die mit Wasserkraft betrieben wurden, für deren eines als Reserve eine Dampfmaschine aufgestellt ist. Das Wasser wurde der Spree entnommen und einer künstlichen Reinigung nicht unterworfen, so dass es nur als Brauchwasser zu benutzen war. Für jedes der Pumpwerke war in einem Thurme ein Reservoir aufgestellt, von welchem aus das Wasser durch ein gemeinschaftliches Rohrnetz in der Stadt vertheilt wurde. Das Trinkwasser wurde aus gegrabenen Brunnen entnommen.

Seit 1878 ist eine für Rechnung der Stadt vom Baurath Salbach in Dresden hergestellte neue Versorgung in Benutzung. Dieselbe ist mit einem Kostenaufwande von 250 000 M. hergestellt und hat eine Maximalleistungsfähigkeit von 3000 cbm pro Tag.

Das Wasser wird 1600 m von der Stadt entfernt im Spreethale durch Brunnen und eine 730 m lange Sammelrohranlage aus dem Grundwasser erschlossen und durch Dampf- und Wasserkraft auf 50 m Höhe gehoben. Mitten in der Stadt befindet sich ein schmiedeeisernes Reservoir von 318 cbm Inhalt in einigen Thürmen unter Dach aufgestellt,

2500 m vom Gewinnungspunkte des Wassers entfernt. Der Wasserstand desselben liegt 32 m über dem Terrain der Oberstadt.

Das Wasser wird einheitlich für Brauch- und Trinkwasser, constant und ohne Hausreservoire abgegeben. Für die Hausanschlüsse, die dem Belieben überlassen sind, sind keine Messer vorgeschrieben; die Zahlung dafür erfolgt nach Schätzung. Die Hauptleitungen sind innen asphaltirt; für die Hausleitungen sind Zinnbleiröhren vorgeschrieben.

Weitere Mittheilungen waren nicht zu erhalten.

492. **Löbau** hat 6651 Einwohner.

Für die Versorgung sind 16 öffentliche und 6 private Brunnen von 7 m bis 14 m Tiefe mit 2 m bis 2,5 m constantem Wasserstande vorhanden. Dieselben sind gegraben und gesenkt. Das Wasser ist als Trinkwasser gut, wie durch Untersuchungen desselben bestätigt ist. Ausserdem findet aus 3/4 Stunden Entfernung die Einleitung von Quell- und Flusswasser durch natürliches Gefälle mittels gusseiserner und hölzerner Röhren statt. Dasselbe gelangt an 17 Pumpenbrunnen und auf 10 Privatgrundstücken als Brauchwasser zur Vertheilung. Die jetzige Versorgung ist genügend.

493. **Zittau** hat 22473 Einwohner in 1471 Wohnhäusern und 5242 Haushaltungen.

Die Versorgung erfolgt durch Zuleitung von Quellwasser mit natürlichem Gefälle mittelst städtischer Anlagen. Die erste Anlage wurde 1863 vom Stadbaurath Trummler und die Erweiterung 1875 vom Stadtbaurath Rudolf hergestellt. Die Maximalleistung pro Tag betrug bis 1873 600 cbm und später 1500 cbm. Die Anlagekosten belaufen sich auf 763000 M.

Durch die erste Anlage wurde das Wasser der Goldbachquelle (jetzt König Johann-Quelle genannt) und durch die zweite das der Weissbachquelle zugeführt. Erstere entspringt im Sandsteingebirge an den Hängen des Mühlsteinberges, 5485 m von der Stadt entfernt; die andere Quelle entspringt 1060 m von der ersteren entfernt. Das Wasser wird von 2 gemauerten, überwölbten und in den Boden versenkten Reservoiren von zusammen 2000 cbm Inhalt aus, deren Wasserstand 40 m höher als die Stadt liegt, mittels gusseiserner Röhren der Stadt zugeführt.

Wassermesser sind nur für grösseren Consum vorgeschrieben. Der Anschluss der Häuser ist facultativ gegen Zahlung von Wassergeld nach Schätzung. Für Hausleitungen sind Bleiröhren vorgeschrieben.

Die Stadt ist zum Theil kanalisirt; Hauseinlässe und Closeteinlässe in die Kanäle sind gestattet.

Das Strassensprengen erfolgt mittels Sprengfässern und aus den Hydranten. Für Feuerlöschzwecke sind in ca. 150 m Entfernung 150 Hydranten, meistens über Flur, aufgestellt, aus denen bei Bränden direct gespritzt wird. Es sind 15 Freibrunnen mit Selbstabschluss und 10 öffentliche Fontainen, die in der Regel nur Sonntags spielen, vorhanden. 2 öffentliche Pissoirs haben constante Spülung aus der Leitung. Eine städtische Badeanstalt mit überdachtem Schwimmbassin und 22 Wannen, die im Jahre von 26000 Badenden benutzt wird, entnimmt der Leitung nur 10000 cbm im Jahre, den kleineren Theil ihres Bedarfes.

An die Leitung waren 1882 1125 Häuser mit 3965 Haushaltungen und 17539 Bewohnern angeschlossen. Die Abgabe für den Hausgebrauch ist auf 152695 cbm und die für den Industrie- und Gewerbegebrauch auf 65800 cbm im Jahre geschätzt. 900 Häuser bezogen das Wasser nur für den Hausgebrauch. Für letzteren waren im Jahre 1882, durch 455 Messer bestimmt, 66350 cbm abgegeben. Für Industriezwecke wurden durch 50 Messer 57450 cbm entnommen. 5 Wassermotoren waren in Anwendung. 50 Badeeinrichtungen, 65 Closets, 10 Pissoirs und 50 Privatspringbrunnen befanden sich auf Privatgrundstücken. 157100 qm Hof- und Gartenfläche waren für Besprengen aus der Leitung veranlagt. Der Wasserpreis beträgt 12 Pf. pro cbm; für den Hausgebrauch wurden 10 l pro Kopf kostenfrei abgegeben.

Das Wasser ist immer in genügender Menge und in guter Qualität vorhanden, wie Untersuchungen desselben ergeben haben. Ausser dem Wasser der vorstehend beschriebenen Quellen gibt es in der Stadt noch 2 kleine Zuleitungen, die Wasser aus Dorfbächen zuführen.

IV. Königreich Württemberg.

a) Neckarkreis.

494. **Heilbronn** hat 24446 Einwohner in 1775 Häusern und 4750 Haushaltungen.

Die Versorgung erfolgte früher durch 40 gegrabene Brunnen von 8 m bis zu 25 m Tiefe mit 1,5 m bis 3 m Wasserstand, sowie durch die Einleitung von 2 Quellen aus 1900 m resp. 1800 m Entfernung mittels Thon- und Bleiröhren durch natürliches Gefälle, deren Wasser ausser für die allgemeine Benutzung auch 10 Grundstücken zugeführt wird. Das Wasser der Quellen ist gut, aber in trockenen Jahren zeitweise ungenügend.

Seit 1875 ist eine von der Stadtgemeinde nach dem Projecte des Oberbauraths Dr. v. Ehmann in Stuttgart erbaute, einheitliche Wasserversorgung in Betrieb, deren erste Anlage 1 109 203 M. gekostet hat und deren jetziger Buchwerth 1 163 000 M. beträgt. Die Maximalleistung derselben beläuft sich auf 2950 cbm pro Tag.

Das Wasser wird aus den natürlich austretenden Quellen des Horles- und Ochsenbrunnen, 9800 m von der Stadt und 2800 m vom nächsten Wasserlaufe entfernt, gesammelt und mittels durch Dampfkraft betriebene Pumpen auf 65 m Höhe gehoben. Es wird darauf einem gemauerten und überwölbten Reservoire von 2350 cbm Fassungsraum zugeführt, welches sich 8550 m von der Gewinnungsstelle und 1770 m von der Stadt entfernt befindet. Der höchste Wasserstand desselben liegt 55 m höher als die Stadt.

Der Anschluss der Häuser an die Leitungen ist obligatorisch und es wird als Wasserpreis für die gewöhnlichen Zwecke 4 % des Miethwerthes der Häuser erhoben. Die Stadt ist kanalisirt und es sind Hausanschlüsse gestattet.

Für die Hausleitungen sind Bleiröhren untersagt und schmiedeeiserne, galvanisirte Röhren empfohlen. Die gusseisernen Hauptleitungen sind innen und aussen getheert.

Die gesammte Abgabe an Wasser hat 1882 663 782 cbm oder 1819 cbm pro Tag betragen. Der grösste Verbrauch hat im December mit 63 095 cbm im Ganzen oder 2035 cbm pro Tag und der geringste im Februar mit 43 136 cbm im Ganzen oder 1540 cbm pro Tag stattgefunden. Der grösste Tagesconsum im Jahre 1882 belief sich auf 2418 cbm und der geringste auf 1080 cbm.

Für öffentliche Zwecke sind im Jahre 43 000 cbm oder 6,5 % des Gesammtconsums und zwar 9560 cbm nach Messern und 33 440 cbm nach Schätzung bestimmt verwendet. Davon entfallen 21 000 cbm auf öffentliche Gebäude und 1500 cbm auf Wasser zum Strassensprengen und Rinnsteinspülen, welches während 40 Tagen im Jahre durch Hydranten und Sprengfässer geschieht. 300 cbm sind zur Kanalspülung und 1600 cbm für Feuerlöschzwecke benutzt. Für letztere sind 436 Hydranten, 55 m bis 60 m von einander entfernt, unter Flur aufgestellt, aus welchen bei Bränden direct gespritzt wird. Freibrunnen sind nicht vorhanden. Zwei öffentliche Springbrunnen, von denen der eine Tag und Nacht und der andere nur periodisch spielt, verbrauchen im Jahre ca. 20 000 cbm. Ein öffentliches Pissoir mit 3 Ständen verbraucht für continuirliche Spülung 1500 cbm im Jahre. Eine private Badeanstalt für öffentliche Benutzung mit 15 Wannen entnimmt der Leitung 6500 cbm im Jahre.

Für Privatzwecke sind 1882 im Ganzen 620 782 cbm oder 93,5 % des ganzen Consums abgegeben und davon, durch Messer bestimmt, für Industrie- etc. Zwecke 91 045 cbm oder 13,7 % des Gesammtconsums. 1692 Wohnhäuser mit 4525 Haushaltungen und 24 125 Bewohnern waren an die Leitung angeschlossen. In denselben waren 127 Badeeinrichtungen, 18 Closets, 26 Pissoirs und 19 Springbrunnen in Benutzung und 50 500 qm Hof- und Gartenflächen waren zum Besprengen veranlagt.

495. **Backnang** hat 5736 Einwohner in 700 Wohnhäusern und 1188 Haushaltungen.

Die Versorgung erfolgt seit 1877 durch eine für Rechnung der Stadtgemeinde vom Oberbaurath Dr. v. Ehmann in Stuttgart hergestellte Quellwasserversorgung. Die Anlage hat 114 000 M. gekostet; deren jetziger Buchwerth beläuft sich auf 111 000 M. und die tägliche Maximalleistung der Anlage beträgt 470 cbm.

Das Wasser wird 2600 m vom Orte entfernt bei Seefeld, 3 m bis 4 m vom nächsten Oberflächenwasser entfernt, aus natürlich austretenden Quellen entnommen, welche die öffentlichen Brunnen der Stadt schon früher, durch hölzerne Röhren zugeleitet, aber ungenügend speisten. Dasselbe wird durch 4 Quellstuben mit entsprechenden Sickergalerien gesammelt und mittels einer 2600 m langen, gusseisernen Leitung durch natürliches Gefälle einem zweitheiligen, gemauerten, überwölbten und in den Boden versenkten Reservoire von 400 cbm Inhalt zugeführt. Dasselbe liegt 250 m von der Stadt entfernt und 44 m höher als dieselbe. In diese Reservoire wird ferner das durch ausgedehnte Sammelgalerien in den sog. Büttenen erschlossene Quellwasser durch eiserne Zweigleitungen eingeleitet.

Die Abgabe des Wassers erfolgt einheitlich für Trink- und Brauchwasser, constant und ohne Anwendung von Hausreservoiren. Der Anschluss der Häuser ist facultativ gegen Zahlung von Wassergeld. Die Hausleitungen bestehen aus galvanisirten, schmiedeeisernen Röhren. Die Hauptleitungen sind innen und aussen mit einem heissen Theeranstriche versehen. Der Ort ist kanalisirt und es sind theilweise an die Kanäle Hausanschlüsse ausgeführt.

Der gesammte Consum für Privatzwecke hat 1882 35500 cbm betragen und zwar 2958 cbm im Monate des stärksten und 2000 cbm im Monate des schwächsten Consums.

15830 cbm sind 1882 für Industrie und Gewerbezwecke, nach Messern bestimmt, deren ca. 100 aufgestellt sind, und 19670 cbm für den Hausgebrauch nach Schätzung abgegeben. Es waren 329 Häuser mit 416 Haushaltungen und 2050 Bewohnern durch 329 Zuleitungen mit der Leitung verbunden.

Für Strassensprengen, welches direct aus der Leitung an etwa 35 Tagen im Jahre 1882 erfolgt ist, sind 1750 cbm verbraucht. Besondere Rinnsteinspülung findet nicht statt. Für Spülung des Rohrnetzes sind 300 cbm, für Kanalspülung 100 cbm und für Feuerlöschzwecke 200 cbm im Jahre verbraucht. Es sind 65 Hydranten in durchschnittlich 75 m Entfernung aufgestellt, aus denen in tieferer Lage bei Bränden direct gespritzt wird. Der Druck an denselben beträgt 7 m bis 32 m. 6 Freibrunnen dienen der allgemeinen Benutzung. Oeffentliche Springbrunnen, öffentliche Pissoirs und öffentliche Badeanstalten sind nicht mit der Leitung verbunden.

Das Wasser ist gut und genügend. Die Temperatur desselben betrug bei 25° C. Luftwärme 10° bis 10,3° an den Quellen, 10,6° im Hochreservoir und 11° an den Ausläufen in der Stadt.

496. **Ludwigsburg** hat 16100 Einwohner in 780 Haupt- und 1350 Nebengebäuden mit 2030 Haushaltungen und 14 Anstalten.

Für die Versorgung sind 29 öffentliche und 35 private Brunnen vorhanden, von denen 46 Pumpenbrunnen sind. Ein Theil der öffentlichen, laufenden Brunnen wird durch das Wasser von kleinen, in nächster Umgebung der Stadt entspringenden Quellen durch Röhren von Eisen, Thon, Blei und Asphalt zugeführt, versorgt.

Seit 1866 besteht die erste Quellwasserleitung von grösserem Umfange, welche ebenso wie die späteren Anlagen für die Versorgung vom Oberbaurath Dr. v. Ehmann in Stuttgart ausgeführt ist. Dieselbe hat 161500 M. gekostet und liefert täglich 700 cbm Quellwasser, welches durch einen 10 m tiefen Schacht erschlossen und, durch ein mit Dampfkraft getriebenes Pumpwerk gehoben, einem 570 m davon entfernt und 30 m höher liegenden Reservoire beim Stuttgarter Thore zugeführt wird. Dasselbe fasst 476 cbm, ist gemauert und überwölbt und liegt 16 m höher als der Marktplatz. Das Wasser ist ebenso wie das der anderen Quellen vollständig klar und bedarf keiner künstlichen Reinigung.

Ein zweites Wasserwerk ist 1877 erbaut. Durch dasselbe wird das Wasser von Quellen zwischen Pflugfelden und Möglingen, 2800 m von der Stadt entfernt, welches durch einen Schacht erschlossen ist, durch gleichfalls mit Dampfkraft getriebene Pumpen auf 33 m Höhe gefördert und einem Reservoire zugeführt, welches in 1880 m Entfernung auf dem Römerhügel hergestellt ist. Dasselbe ist gemauert und überwölbt und fasst 950 cbm. Es ist ca. 2000 m vom Marktplatze entfernt und liegt 33 m über der mittleren Stadthöhe. Die Quelle liefert täglich 950 cbm. Diese Anlage hat 200000 M. gekostet.

Ein drittes Wasserwerk endlich ist 1882 erbaut. Durch dasselbe wird Quellwasser aus der Kornwestheimer Markung in der Nähe von Salon in einer ziemlich tiefen Thalmulde durch einen Schacht, der 10 m im Lichten weit ist, erschlossen und durch gleichfalls mit Dampfkraft betriebene Pumpen dem Reservoir auf dem Römerhügel zugeführt. Die tägliche Lieferung dieser Quelle beträgt 700 cbm und diese Anlage kostete 65000 M.

Die drei Anlagen liefern demnach zusammen 2350 cbm Wasser pro Tag und kosten 426500 M. incl. Grunderwerb. Aus denselben werden 552 Privatzuleitungen gespeist. Die Abgabe des Wassers erfolgt nach Schätzung und nur die grösseren Consumenten erhalten das Wasser durch Messer. Für Feuerlöschzwecke sind 75 Hydranten aufgestellt.

497. **Cannstadt** hat 16205 Einwohner in 1100 Wohnhäusern und 3650 Haushaltungen.

Eine Quellwasserleitung, aus gusseisernen Röhren bestehend, führt aus 1500 m Entfernung vom Orte das Wasser mit natürlichem Gefälle seit längerer Zeit 11 Wasserständern zur allgemeinen Benutzung zu, an denen es frei ausfliesst. Das Wasser ist in der Regel gut, bei Regenwetter jedoch mitunter etwas getrübt. Bei anhaltend trockenem Wetter tritt auch Mangel in dieser Leitung ein, die eine weitere Ausdehnung so wie so nicht gestattete, so dass vom Bauinspector Ehmann in Stuttgart für Rechnung der Stadt mit einem Kostenaufwande von 500000 M. eine neue, allgemeine Versorgung hergestellt ist, welche seit 1882 sich in Benutzung befindet und ein tägliches Maximalquantum von 2600 cbm liefern kann.

Das Wasser wird einem Quellgebiete, „in der Böschen“ genannt, 2000 m von der Stadt entfernt, entnommen und durch Wasserkraft auf 53 m Höhe gehoben. Ein gemauertes, überwölbtes und in den Boden versenktes Reservoir von 2400 cbm Inhalt liegt 2000 m vom

Gewinnungspunkte und 1500 m von der Stadt entfernt und 50 m höher als diese.

Die Versorgung erfolgt einheitlich für Brauch- und Trinkwasser und constant. Der Anschluss der Häuser ist freiwillig und es wird das Wassergeld nach Schätzung gezahlt. Wassermesser werden nur bei grösserer Abnahme angewendet. Der Ort ist kanalisirt. Die Hausleitungen bestehen aus innen verzinkten, schmiedeeisernen oder ebenso wie die Hauptleitungen aus innen mit Theeranstrich versehenen, gusseisernen Röhren.

Ueber die Wasserquantitäten, sowie über dessen Verwendung für die verschiedenen Verbrauchszwecke liegt noch kein Material vor, da die Anlage erst im August 1882 eröffnet ist. Das Wasser wird auf Grund eingehender, chemischer Analysen als gut bezeichnet.

498. **Stuttgart** hat mit den Vorstädten Häslach und Berg 117303 Einwohner (Zählung von 1880) in 5180 Hauptgebäuden und 5621 Nebengebäuden und 24885 Haushaltungen (Erhebungen von 1882).

Für die Versorgung bestehen ca. 1200 gegrabene Pumpenbrunnen von ca. 10 m Tiefe mit einem etwa 8 m tiefen, constanten Wasserstande, deren 28 der öffentlichen Benutzung dienen. Das Wasser der Brunnen ist von mittelmässiger Qualität. Die eigentliche Versorgung mit Trinkwasser sowohl als mit Brauchwasser erfolgt durch künstliche Anlagen, deren für jede Art von Wasser zwei getrennte Anlagen, nach den verschiedenen Höhenlagen der Stadt geschieden, ausgeführt resp. projectirt sind.

Das Trinkwasser wird aus 1000 m bis zu 6000 m Entfernung von der Stadt aus verschiedenen Quellen, die zu beiden Seiten des Nesenbaches und aus dessen Seitenthälern in der Keuper- und Juraformation entspringen, gesammelt und in einem gemauerten Reservoir von 500 cbm Inhalt, „in den Wannen“ gelegen, zusammengeleitet und von hier durch natürliches Gefälle mittels eiserner Röhren vertheilt. Der Umbau dieser älteren Anlage ist 1874 bis 1875 vom Oberbaurath Dr. v. Ehmann in Stuttgart, der auch die anderen Wasserwerksanlagen für diese Stadt projectirt und ausgeführt hat, mit einem Kostenaufwande von 100000 M. für Rechnung der Stadt ausgeführt. Die jetzige Ergiebigkeit dieser Quellwasserversorgung beträgt pro Tag 1650 cbm.

Das Wasser gelangt durch 43 Röhren an öffentlichen Brunnen und durch 110 Röhren an Ventilbrunnen zur allgemeinen Benutzung und wird nur auf 27 Privatgrundstücke, von denen es 4 auch zum

Gewerbebetriebe benutzen, eingeleitet. Das Wasser dieser Quellenleitung ist als Trinkwasser gut. Ein Mangel an öffentlichen Quellwasserausläufen existirt nur für einige aussenliegende Stadttheile.

Trotzdem wird das Trinkwasserquantum durch Erschliessung von Grundwasser aus den tiefer liegenden, reinen Kiesschichten des Neckarthales unterhalb Esslingen und bei Mettingen zu vermehren gesucht. Man hofft dadurch fernere 650 cbm Trinkwasser pro Tag zu erhalten, so dass das gesammte Trinkwasserquantum dann 2300 cbm pro Tag betragen würde. Das neu erschlossene resp. zu erschliessende Grundwasser wird durch eine besondere Pumpenanlage, die mit dem später zu erwähnenden Neckarwasserwerke verbunden ist, einer besonderen, 550 cbm fassenden Abtheilung der Bassinanlage dieses Werkes durch eine besondere Druckleitung zugeführt und von hier zur Vertheilung gebracht werden.

Die Versorgung mit Nutzwasser erfolgt für den höher gelegenen Theil der Stadt durch das Seewasserwerk und für den tiefer liegenden durch das Neckarwasserwerk.

Ersteres ist seit 1874 in für Rechnung der Stadt umgebautem Zustande in Betrieb. Der Umbau desselben hat 607 000 M. gekostet. Die Leistung der Anlage pro Tag beträgt 3000 cbm bis 3500 cbm. Das Wasser wird 5 grossen, künstlichen Seen von 750 000 cbm Inhalt und 26 ha Oberfläche im Rothwildparke, 9000 m von der Stadt entfernt und 172 m höher als der Schlossplatz liegend, entnommen. Dasselbe wird durch natürliches Gefälle mittels gusseiserner Röhren dem 4250 m entfernt und 125 m höher als der Schlossplatz liegenden Hasenberge zugeführt, wo es einer künstlichen Sandfiltration (5 Filter mit 950 qm Oberfläche) unterworfen wird. Alsdann gelangt es zu einem zweitheiligen, gemauerten, überwölbten und in den Boden versenkten Reservoire von 2400 cbm Fassungsraum, von wo es zur Vertheilung kommt.

Das neue Neckarwasserwerk ist seit 1882 in Betrieb. Der Kostenanschlag für dasselbe betrug 1 530 000 M. und die Maximalleistung desselben soll bei völligem Ausbau sich auf 20 000 cbm pro Tag steigern können. Das Wasser wird dem Neckar oberhalb des Berger Wasserhauses und der neuen Gasanstalt entnommen und durch einen gemauerten Kanal von 950 m Länge der am Neckar liegenden Anlage für eine künstliche Sandfiltration (4 Filter von 700 qm Oberfläche) zugeführt. Von hier gelangt es mittels durch unterschlägige Schaufelräder getriebene Pumpwerke, sowie event. durch eine mit Dampfkraft betriebene Pumpenanlage, die als Reserve ausgeführt ist, künstlich gehoben zu einem 2000 m entfernt und 85 m höher liegenden Reservoire von 9600 cbm Fassungsraum, welches in 2 Kammern ausgeführt ist. Das Reservoir ist gemauert, überwölbt und mit Boden überdeckt. Es liegt 2000 m von der Stadt entfernt und 55 m höher als der Schlossplatz. Die durch Wasserkraft getriebene Pumpenanlage kann 7600 cbm, die durch Dampfkraft betriebene Pumpenanlage 8500 cbm pro Tag fördern.

Die Wasserabgabe erfolgt von sämmtlichen Anlagen constant und ohne Anwendung von Hausreservoiren. Der Hausanschluss ist facultativ und es ist die Anwendung von Messern dafür nicht vorgeschrieben; die Zahlung für das Wasser erfolgt nach Taxe. Der grösste Theil der Stadt ist kanalisirt und mit Hausanschlüssen versehen; Closeteinlässe sind jedoch verboten. Für die Hausleitungen sind galvanisch verzinkte, schmiedeeiserne Röhren und bei grösseren Dimensionen gusseiserne Röhren vorgeschrieben. Die Hauptleitungen sind innen getheert oder mit Asphaltlack gestrichen.

Für die Grösse des Wasserconsums der Stadt ist zu beachten, dass das alte Neckarwasserwerk, das vor Herstellung des neuen, welches Eigenthum der Stadt ist, für Staat und Stadt gemeinschaftlich diente, jetzt Eigenthum des ersteren geworden ist und die meisten Staats-, Hof- und Militärgebäude, die Staatsbahnhöfe, die Springbrunnen auf dem Schlossplatze und in den königl. Gärten etc. versorgt. Dieses Werk wurde 1861 vom verstorbenen Baurath Moore erbaut. Das Wasser wird für diese Anlage dem Neckar durch einen Kanal oder direct entnommen und, durch Wasserkraft und event. als Reserve durch Dampfkraft 55 m hoch gehoben, einer 4800 m entfernt liegenden Anlage für künstliche Sandfiltration (3 Filter von 790 qm Oberfläche) zugeführt. Ein daneben liegendes, gemauertes und überwölbtes Reservoir für filtrirtes Wasser, welches 2400 cbm Fassungsraum hat, liegt 1000 m von der Stadt entfernt. Die tägliche Leistung des alten Neckarwasserwerkes beträgt 3500 cbm.

Die Abgabe an Nutzwasser aus den beiden städtischen Wasserwerken hat 1882 2 393 812 cbm betragen. Sie war am grössten im August, nämlich 227 484 cbm und am geringsten im Februar, nämlich 141 517 cbm. Der grösste Tagesconsum hat 9489 cbm (am 24. Juni) und der geringste 3653 cbm (am 29. Januar) betragen. Eine Wasserabgabe an Aussengemeinden ausser an die Vororte Haslach und Berg findet nicht statt. Die Aussengemeinde Gablenberg hat eine besondere Leitung.

Der Wasserverbrauch für öffentliche Zwecke betrug 1882 durchschnittlich pro Tag 2352 cbm. Davon entfielen 754 cbm auf öffentliche Anstalten, 63 cbm auf Strassensprengen, 100 cbm auf directe Kanal- und Rohrnetzspülung, 925 cbm auf öffentliche Freibrunnen, 90 cbm auf öffentliche Springbrunnen und 420 cbm als Spülwasser für öffentliche Pissoirs. Das Sprengen von 461700 qm Strassenfläche erfolgte an 50 Tagen im Jahre durch Sprengfässer. Besondere Rinnsteinspülung findet nicht statt. 14 öffentliche Pissoirs haben continuirliche Spülung. Ein öffentlicher Springbrunnen und 38 Röhren, die continuirlich laufen, sowie 131 Laufbrunnen mit Ventilverschluss werden mit Nutzwasser gespeist. Von öffentlichen Brunnen für Quell- und Nutzwasser sind im Ganzen 38 continuirlich laufende und 144 Ventilbrunnen vorhanden. 1122 Hydranten, in durchschnittlich 45 m Entfernung, sind unter Flur in gemauerten Schächten frostfrei aufgestellt. Dieselben werden bei Bränden in der Regel zum directen Spritzen benutzt.

Für Privatzwecke sind 1882 durchschnittlich pro Tag 3900 cbm und zwar 2600 cbm für den Hausgebrauch nach Schätzung, 1300 cbm für Gewerbe- und Industriezwecke, nach Messern bestimmt, abgegeben. Es waren Ende 1882 im Ganzen 2500 Häuser an die Leitung angeschlossen.

499. **Esslingen** hat 20758 Einwohner in 2368 Wohnhäusern und 3992 Haushaltungen.

Für die Versorgung sind ca. 60 öffentliche und private Pumpenbrunnen vorhanden, die aus dem je nach der Ortslage in 1,5 m bis zu 50 m Tiefe unter Terrain stehenden Grundwasser gespeist werden, welches Wasser theilweise durch Fabrikablässe in einen nicht vorwurfsfreien Zustand versetzt ist. Ferner sind 41 laufende, bezw. Ventilbrunnen vorhanden, früher meistens nur auf der einen, rechtsseitig vom Neckarkanal gelegenen Seite der Stadt, welche, mittels Rohrleitungen aus verschiedenen umliegenden Quellen gespeist, Trinkwasser für den allgemeinen Gebrauch geben. Die Herstellung dieser Quellwasserleitungen hat 55000 M. gekostet.

Seit 1877 ist ferner eine Grundwasserversorgung in Benutzung, welche für Rechnung der Stadt vom Oberbaurath Dr. v. Ehmann in Stuttgart mit einem Kostenaufwande von 357000 M. ausgeführt ist. Die Anlage hat eine Maximallieferungsfähigkeit von 2592 cbm pro 24 Stunden.

Das Wasser wird im Osten, oberhalb der Stadt, durch eine in 100 m Entfernung vom Neckar angelegte Filtergalerie von 90 m Länge, die diesem Flusse parallel läuft und deren Sohle durchlässig ist, aus dem Grundwasser erschlossen. Dasselbe wird in einer 95 m davon entfernt liegenden Pumpstation, die mit Dampfkraft getrieben wird, auf 65 m Höhe gehoben und mittels einer 1800 m langen Leitung einem Hochreservoir von 1632 cbm Fassungsraum zugeführt. Dieses Reservoir ist gemauert und überwölbt und liegt 200 m von der Stadt entfernt, durchschnittlich 50 m höher als das Versorgungsgebiet.

Die Versorgung erfolgt constant, ohne Anwendung von Hausreservoiren. 1882 waren 480 Wohnhäuser an die Leitung angeschlossen, von denen 16 das Wasser durch Messer bezogen. Der ganze Consum betrug im Jahre 281 000 cbm. Es sind 195 Hydranten für Feuerlöschzwecke aufgestellt, aus denen bei Bränden direct gespritzt wird.

Das Wasser ist von vorzüglicher Qualität, hell und klar und die Art der natürlichen Filtration, wie sie hier ausgeführt ist, ist die erste derartige Anlage in Württemberg.

b) Schwarzwaldkreis.

500. **Nürtingen** hat 5370 Einwohner in ca. 1100 Haushaltungen.

Für die Versorgung sind 10 öffentliche und 25 private Pumpenbrunnen vorhanden, die das Wasser aus dem Grundwasser entnehmen, welches im unteren Theile der Stadt 2,3 m tief, in dem höheren aber bis auf 10 m, ja bis auf 15 m tief unter Terrain steht.

Im Uebrigen erfolgt die Versorgung durch mit natürlichem Gefälle eingeleitetes Quellwasser, welches für die öffentliche Benutzung an 20 Ventilbrunnen, sowie an 8 laufenden Brunnen zur Abgabe gelangt. Von letzteren haben 4 Wasserkästen von 15 cbm bis 50 cbm Inhalt und läuft das Wasser bei ihnen aus je 4 Röhren. Die anderen haben je ein Rohr und Tröge von 2 cbm bis 5 cbm Inhalt. Ausserdem wird das Wasser durch 20 Hausleitungen abgegeben. Für Feuerlöschzwecke sind 50 Hydranten aufgestellt.

Das Wasser der Quellen wird 3 gemauerten und überwölbten Reservoiren zugeführt, aus denen es zur Vertheilung gelangt. Das eine liegt 1000 m von der Stadt entfernt und 10 m bis 25 m höher als diese; es fasst 200 cbm. Das zweite Reservoir liegt 700 m von der Stadt entfernt und 35 m höher als diese; es fasst 110 cbm. Die versorgenden Quellen liegen von diesen beiden Reservoiren 500 m bis 1500 m entfernt. Ein drittes Reservoir von 30 cbm Inhalt, welches 1500 m von der Stadt entfernt und 15 m bis 25 m höher als diese liegt, wird durch Quellen aus 300 m bis 1500 m Entfernung versorgt.

Endlich werden noch 2 Quellen, die 500 m bis 700 m von der Stadt entfernt und 3 m bis 5 m höher als diese entspringen, direct zugeleitet. Die Ergiebigkeit der durch Vermittlung der Reservoire für die Versorgung benutzten Quellen beträgt 500 cbm pro Tag. Die Anlagen haben ca. 70 000 M. gekostet.

501. **Mezingen** hat 5360 Einwohner in 636 Wohnhäusern und 1208 Haushaltungen.

Die Versorgung erfolgt aus 13 öffentlichen und 185 privaten Pumpenbrunnen, die das Wasser aus dem 3,5 m tief stehenden Grundwasser entnehmen. Ausserdem werden 3 laufende, öffentliche Brunnen durch das Wasser von 2 mit natürlichem Gefälle eingeleiteten Quellen gespeist. Das Wasser ist hart, aber quantitativ stets genügend. Ein Project, durch eine einheitliche Anlage 430 cbm Wasser pro Tag mit natürlichem Gefälle zuzuführen, war zu 31 000 M. veranschlagt und ist vorläufig nicht zur Ausführung gelangt.

502. **Baiersbronn** hat 5872 Einwohner in 650 Wohnhäusern und 1200 Haushaltungen.

Die Versorgung erfolgt ausser durch gegrabene Brunnen, deren 4 zur allgemeinen Benutzung und 396 auf Privatgrundstücken vorhanden sind, durch Einleiten von Quellwasser mit natürlichem Gefälle mittels hölzerner Röhren aus 1000 m bis 2000 m Entfernung. Das Wasser wird ausser zur allgemeinen Benutzung auch Privaten zugeführt. 2 Bierbrauereien haben ausserdem private Zuleitungen von Quellwasser. Das Wasser ist gut und in genügender Menge vorhanden, so dass ein Bedürfniss zu einer Aenderung nicht vorliegt.

503. **Reutlingen** hat 16 609 Einwohner in etwa 2000 Wohnhäusern.

Ausser aus 18 Pumpenbrunnen, welche das Wasser aus dem 8 m bis 10 m unter Terrain stehenden Grundwasser entnehmen, findet die Versorgung durch eine künstliche Zuleitung statt. Die Anlage dafür, welche vom Oberbaurath Dr. v. Ehmann in Stuttgart entworfen ist, ist jedoch erst theilweise seit 1876 hergestellt und mit einem Kostenaufwande von 130 000 M. zur Ausführung gelangt.

Das Wasser wird auf dem Siecherfelde durch Sickerdohlen aus dem Grundwasser erschlossen und in einer Quellstube zusammengeleitet. Die Ergiebigkeit der bis jetzt erschlossenen Quellen beträgt 1640 cbm pro Tag. Für das Wasser ist ein 54 cbm fassendes, gemauertes Reservoir in unmittelbarer Nähe der Stadt, an dem südlichen Ende derselben, aber in so niedriger Lage hergestellt, dass nur ein Theil der Stadt daraus versorgt werden kann. Für die allgemeine Benutzung dienen

10 öffentliche, laufende Brunnen, 21 Ventilbrunnen und 3 Pumpenbrunnen, welche sämmtlich aus der Leitung gespeist werden. Auch sind 150 Häuser mit Zuleitungen versehen, von denen 12 das Wasser, durch Messer bestimmt, erhalten. Von Hydranten sind bislang nur 10 Stück aufgestellt.

Bei dem demnächst erfolgenden Ausbaue des Werkes wird die Quellfassung ausgedehnt und die Anlage für eine künstliche Hebung, sowie ein entsprechendes Hochreservoir hergestellt werden.

504. **Tübingen** hat 11739 Einwohner in ca. 1300 Wohnhäusern und etwa 2500 Haushaltungen.

Für die Versorgung dienen 2 öffentliche und 45 private Pumpenbrunnen, die das Wasser aus dem 1,5 m tief unter Terrain stehenden Grundwasser entnehmen. Ausserdem wurden früher 6 öffentliche Laufbrunnen durch künstlich zugeleitetes Wasser versorgt.

Seit 1878 ist eine einheitliche Versorgung in Benutzung. Dieselbe ist für Rechnung der Stadt nach den Plänen des Oberbauraths Dr. v. Ehmann in Stuttgart mit einem Kostenaufwande von 330000 M. hergestellt und für eine tägliche Maximalleistung von 1600 cbm bestimmt.

Das Wasser wird im sogenannten Hanflande zwischen dem Neckar- und Steinlachgebiete aus dem Grundwasser durch einen mit Filtergalerien verbundenen Schacht erschlossen und durch Dampfkraft auf 73 m Höhe gehoben. 970 m von der Pumpstation entfernt, auf dem Oesterberge, ist ein gemauertes und überwölbtes Reservoir von 1665 cbm Inhalt hergestellt, welches 68 m über dem tiefsten Punkte der Stadt und 500 m von derselben entfernt liegt.

An die Leitung sind 650 Grundstücke angeschlossen, von denen 32 das Wasser durch Messer erhalten. Für Feuerlöschzwecke sind 150 Hydranten aufgestellt.

505. **Rottenburg** hat 7136 Einwohner in 1447 Haupt- und Nebengebäuden.

Die Versorgung erfolgt aus 31 öffentlichen und 39 privaten Pumpenbrunnen, die das Wasser aus dem 4,5 m bis 12 m tief unter Terrain stehenden Grundwasser entnehmen; bei 5 Brunnen steht das Wasser von 18 m bis zu 28 m tief. Ausserdem sind 4 laufende Brunnen für die allgemeine Benutzung vorhanden, denen Quellwasser durch natürliches Gefälle mittels eiserner Leitungen zugeführt wird. Die Versorgung genügt quantitativ und qualitativ, so dass an eine Aenderung nicht gedacht wird.

506. **Freudenstadt** hat 6026 Einwohner in 541 Wohnhäusern und ca. 1150 Haushaltungen.

Die Versorgung erfolgt seit 1878 durch eine Quellwasserversorgung, die für Rechnung der Stadtgemeinde vom Bauinspector Ehmann in Stuttgart mit einem Kostenaufwande von 150000 M. hergestellt ist.

Das Wasser wird aus 2 Quellgebieten mit natürlichem Gefälle zugeführt. Aus dem einen, 7000 m von der Stadt entfernt bei Kniebis gelegen, findet die Zuleitung durch gusseiserne Röhren statt. Für die Zuleitung aus dem anderen, 4000 m von der Stadt entfernt, bei Langenwald gelegenen Quellengebiete sind Steingutröhren benutzt. Für das Wasser der ersteren Quellen ist ca. 1000 m vom Mittelpunkte der Stadt entfernt ein Reservoir von 294 cbm Inhalt hergestellt, welches 12 m tiefer als die Quellfassung und 31 m höher als die Stadt liegt.

Der Anschluss der Häuser an die Leitungen ist nicht obligatorisch; Messer finden dafür keine Verwendung; das Wassergeld wird vielmehr nach Schätzung gezahlt. Für Hausleitungen sind galvanisch verzinkte, schmiedeeiserne Röhren vorgeschrieben. Die Hauptleitungen sind innen getheert. Die Kanalisation der Stadt ist eine ungenügende; Hauseinlässe in die Kanäle sind gestattet.

Ueber die Wasserabgabe im Allgemeinen und im Speciellen liegen keine Zahlen vor. Für Feuerlöschzwecke sind 50 Hydranten, durchschnittlich 60 m von einander entfernt, unter Flur aufgestellt. Dieselben werden zum directen Spritzen bei Bränden benutzt. 3 öffentliche Springbrunnen spielen continuirlich. Für den allgemeinen Gebrauch sind 19 continuirlich laufende Freibrunnen und 4 Ventilbrunnen aufgestellt. Auf vorstehende Zwecke scheint sich die Abgabe an Wasser für öffentliche Zwecke zu beschränken.

442 Privatgrundstücke sind an die Leitung angeschlossen. Das Wasser ist stets gut und genügend.

507. **Ebingen** hat 5555 Einwohner in 840 Wohnhäusern und 1329 Haushaltungen.

Die Versorgung erfolgt durch 32 gegrabene Brunnen von 2 m bis zu 10 m Tiefe mit stark wechselndem Wasserstande. 2 der Brunnen dienen der allgemeinen Benutzung; 30 davon liegen auf Privatgrundstücken. Ausserdem findet die Einleitung verschiedener Quellen, welche theils dicht am Orte, theils 1000 m und 3000 m davon entfernt entspringen, mittels eiserner und thönerner Röhren durch natürliches Gefälle statt. Dieses Wasser kommt durch Freibrunnen zum Auslauf, deren Abwasser ferner 15 Grundstücken zum Gewerbebetrieb zugeführt wird.

Das Wasser ist durchaus gut; Untersuchungen desselben haben nicht stattgefunden. Mangel an Wasser tritt nie ein und an eine Aenderung der Versorgung wird nicht gedacht.

508. **Rottweil** hat 6047 Einwohner.

Die Versorgung erfolgt seit 1874 durch eine vom Oberbaurath Dr. v. Ehmann in Stuttgart für Rechnung der Stadtgemeinde mit einem Kostenaufwande von 247000 M. hergestellte Anlage, deren Maximalleistungsfähigkeit pro Tag 850 cbm beträgt.

Das Wasser wird verschiedenen, etwa 3000 m von der Stadt im Brunnenthale und 60 m vom Neckarfluss entfernt entspringenden Quellen entnommen und ohne künstliche Reinigung durch Hebung mittels durch Dampfkraft betriebene Pumpen auf 96 m Höhe einem zweitheiligen, gemauerten und überwölbten Reservoire von 500 cbm, welches 100 m von der Stadt entfernt und 20 m bis 70 m höher als diese liegt, zugeführt.

Die Versorgung erfolgt einheitlich für Brauch- und Trinkwasser. Der Anschluss der Häuser ist obligatorisch. Die Zahlung für das Wasser hierfür erfolgt nicht nach Messern, sondern nach Schätzung. Für die Hausleitungen sind schmiedeeiserne und gusseiserne Röhren, erstere verzinkt, vorgeschrieben. Eine Kanalisation ist in Ausführung begriffen; die Einleitung von Closets in die Kanäle ist aber verboten.

Der Consum an Wasser hat 1882 im Ganzen 138700 cbm betragen. Der grösste Tagesconsum belief sich auf 400 cbm, der geringste auf 330 cbm.

Das Strassensprengen geschieht an 35 bis 40 Tagen im Jahre mittels Hydranten für ca. 1100 m Strassenlänge. Besondere Rinnsteinspülung findet nicht statt. Die Abgabe für die Spülung der Kanäle und des Wasserrohrnetzes ist eine unbedeutende. Für öffentliche Pissoirs und öffentliche Badeanstalten findet eine Verwendung des Leitungswassers überall nicht statt. Für Feuerlöschzwecke sind 72 Hydranten in durchschnittlich 60 m Entfernung unter Flur, nicht mit Selbstentleerung versehen, aufgestellt und dienen zum directen Spritzen bei Feuersgefahr. 2 öffentliche Springbrunnen, die im Sommer während der Tagesstunden spielen, verbrauchen im Jahre ca. 200 cbm Wasser. Durch 18 Freibrunnen mit Ventilabschluss werden im Jahre ca. 23100 cbm Wasser abgegeben. Die öffentlichen Gebäude verbrauchen im Jahre 3000 cbm.

An die Leitung sind 290 Privatgebäude mit ca. 620 Haushaltungen und 3400 Bewohnern angeschlossen. In diesen sind 8 Closets und

8 Springbrunnen vorhanden. Für Gewerbe- und Industriezwecke findet keine Abgabe von Wasser statt.

509. **Tuttlingen** hat 8313 Einwohner.

Die Versorgung erfolgt seit 1878 durch eine vom Oberbaurath Dr. v. Ehmann in Stuttgart auf Kosten der Stadtgemeinde für 50 000 M. hergestellte Quellwasserleitung. Der jetzige Buchwerth der Anlage beträgt in Folge späterer Erweiterungen 60 000 M. und die Maximalleistungsfähigkeit derselben beläuft sich auf 1025 cbm pro Tag.

Das Wasser wird 3500 m von der Stadt entfernt bei der Blaiche aus natürlich austretenden Quellen gesammelt und durch natürliches Gefälle mittels gusseiserner Leitungen ohne Anwendung eines Hochreservoirs zugeführt. Eine Abgabe an Private findet nicht statt; dieselbe erfolgt vielmehr nur durch continuirlich laufende Freibrunnen, deren 16 vorhanden sind. Für Feuerlöschzwecke sind 12 Hydranten in ca. 100 m Entfernung unter Flur und mit Selbstentleerung versehen, aufgestellt. Der Druck in der Leitung beträgt in der Stadt 15 m bis 17 m. Eine öffentliche Fontaine spielt im Sommer Tag und Nacht.

Das Wasser ist immer gut, wie durch wiederholte Untersuchungen desselben bestätigt ist und es ist auch in stetem Ueberflusse vorhanden.

c) Jagstkreis.

510. **Schwäbisch Hall** hat 9222 Einwohner in ca. 1000 Wohnhäusern.

Die Stadt liegt in einer hügeligen Erweiterung des Kocherbettes auf Muschelkalk, in welchem durch Brunnen erst in ca. 15 m Tiefe Wasser zu erhalten ist. Die Versorgung erfolgt daher seit Jahrhunderten durch eine Anzahl von Quellen, die durch hölzerne, zum grössten Theil aber durch steinerne Röhren zugeführt sind.

Diese Quellen dienen auch der seit 1871 in Betrieb befindlichen allgemeinen Versorgung zur Speisung, nachdem sie tiefer und besser gefasst sind. Dieselben entspringen auf der Hochebene, die bedeutendsten von ihnen bei Wenkrieden und Eltershofen, 2500 m von der Stadt entfernt. Sie werden von 9 verschiedenen Stellen und aus den verschiedensten Richtungen mittels gusseiserner Leitungen von im Ganzen 16 000 m Länge durch natürliches Gefälle in einem 250 m von der Stadt entfernt liegenden Reservoire zusammengeleitet. Dasselbe fasst 1500 cbm und die Sohle desselben liegt 60 m höher als der tiefste Punkt des Stadtgebietes. Das Reservoir ist gemauert und überwölbt.

Die Anlage ist Eigenthum der Stadt und im Jahre 1866 ist der Bau durch den derzeit dortigen Stadtbaumeister Kolb begonnen. Die ganze Anlage hat einschliesslich des städtischen Rohrnetzes 240000 M. gekostet. Die Ergiebigkeit derselben schwankt zwischen 2000 cbm pro Tag im Spätherbst und 400 cbm pro Tag im Hochsommer, so dass eine Zuführung neuer Quellen zum Reservoir in Aussicht genommen ist, da die oben erwähnten Brunnen jetzt im Sommer zur Aushilfe mit benutzt werden müssen.

Die Versorgung erfolgt einheitlich für Brauch- und Trinkwasser, constant und ohne Anwendung von Hausreservoiren. Zu den Privatleitungen werden galvanisirte, schmiedeeiserne Röhren verwendet. Für den Hausbedarf findet die Abgabe meistens durch Wassermesser statt. 1878 waren 500 Häuser an die Leitung angeschlossen und es hatten davon 230 Wassermesser. Der Wasserpreis beträgt 16 $^2/_3$ Pf. pro cbm. Die öffentliche Abgabe findet durch 24 Ventilbrunnen statt. 51 Hydranten sind aufgestellt und werden bei Bränden zum directen Spritzen benutzt.

Das Wasser ist gut, wie durch verschiedene Untersuchungen desselben bestätigt ist. Die Temperatur desselben steigt im Sommer auf über 9° bis 9,5° C.

511. **Aalen** hat 6659 Einwohner.

Die Versorgung erfolgt seit 1871 durch eine vom Oberbaurath Dr. v. Ehmann in Stuttgart für Rechnung der Stadt mit einem Kostenaufwande von 116571 M. hergestellte Anlage, deren Maximalleistungsfähigkeit pro Tag 500 cbm bis 600 cbm beträgt.

Das Wasser wird natürlich austretenden Quellen in den Heuthalbachwiesen, 2000 m von der Stadt und 20 m vom nächsten Wasserlaufe entfernt, entnommen und durch natürliches Gefälle einem gemauert und überwölbt hergestellten Reservoire von 840 cbm Inhalt zugeführt, welches 1600 m von der Stadt entfernt und 30 m höher als diese liegt.

Die Versorgung erfolgt einheitlich für Brauch- und Trinkwasser. Der Anschluss der Häuser ist nicht obligatorisch und die Benutzung von Messern ist dafür nicht vorgeschrieben; die Zahlung erfolgt vielmehr nach Schätzung. Die Hausleitungen bestehen aus galvanisirten, schmiedeeisernen Röhren.

Für öffentliche Zwecke sind im Jahre 1882 ca. 20000 cbm, davon 1500 cbm für Feuerlöschzwecke, benutzt. Es dienen für letzteren Zweck 40 Unterflur-Hydranten ohne Selbstentleerung, aus denen direct gespritzt wird. Oeffentliche Springbrunnen und öffentliche Pissoirs existiren nicht. Für die allgemeine Benutzung sind 18 Freibrunnen vorhanden. 150 Häuser mit 200 Haushaltungen sind an die Leitung angeschlossen. Für Privatzwecke sind im Jahre 117 000 cbm abgegeben, davon 18 500 cbm für den Hausgebrauch. Das Wasser ist gut und nur bei starker Trockenheit wird es zeitweise etwas knapp. Untersuchungen des Wassers sind nicht vorgenommen.

512. **Schwäb. Gmünd** hat 13 774 Einwohner.

Die Versorgung erfolgt aus 4 öffentlichen und 195 privaten Pumpenbrunnen, die das Wasser aus dem 4 m bis 10 m tiefen Grundwasser entnehmen. Ausserdem wird 4 öffentlichen Brunnen, sowie 5 Privatbrunnen Quellwasser durch natürliches Gefälle, welches im Sandsteinfelsen entspringt und in einer Brunnenstube gefasst ist, mittels eiserner Röhren zugeführt. Auch bestehen endlich noch einzelne kleine, private Quellenzuleitungen. Das Wasser ist als Trinkwasser gut, die Versorgung aber eine durchaus ungenügende, so dass eine Aenderung für die nächste Zeit in Aussicht genommen ist.

513. **Heidenheim** hat 6229 Einwohner.

Die Versorgung erfolgt aus 20 öffentlichen und 27 privaten Pumpenbrunnen, die das Wasser aus dem 6 m tiefen Grundwasser entnehmen. Das Wasser der meisten Brunnen ist hart. Die Versorgung genügt, da der Stadtbach für Feuerlöschzwecke etc. benutzt wird. Der Plan einer einheitlichen Versorgung scheiterte vor 10 Jahren an den zu hohen Kosten (200 000 M.) und der Befürchtung vor Wasserentziehungsklagen.

d) Donaukreis.

514. **Kirchheim** hat 6632 Einwohner in 849 Wohnhäusern und ca. 1000 Haushaltungen.

Die Versorgung erfolgt ausser aus 14 öffentlichen und ca. 50 privaten, gegrabenen Pumpenbrunnen, die aus dem 3 m bis 5 m tiefen Grundwasser gespeist werden, seit 1860 durch eine einheitliche Leitung, die vom Stadtbaumeister Huber für Rechnung der Stadt mit einem Kostenaufwande von 60 000 M. hergestellt ist. Das Wasser wird 3000 m vom Orte entfernt aus Quellen entnommen, deren Ergiebigkeit 240 cbm pro Tag beträgt. Eine zweite, seit 1828 bestehende Leitung führt das Wasser aus einer 2000 m von der Stadt entfernt entspringenden Quelle zu, deren Ergiebigkeit 100 cbm pro Tag beträgt. Ein Reservoir ist nicht vorhanden; ein solches würde jedoch zur Erhöhung der Leistungsfähigkeit der Leitungen von grossem Vortheile sein. Das Wasser wird mittels gusseiserner Röhren durch natürliches Gefälle

30 öffentlichen, laufenden Brunnen zugeführt. Dasselbe wird auch 3 privaten Grundstücken zu Gewerbszwecken abgegeben.

Endlich existirt noch eine Zuleitung aus dem 2000 m vom Orte entfernten Wasserlaufe, dem Lauterflusse, durch einen bedeckten Kanal; dieses Wasser durchfliesst die Stadt selbst in offenen Rinnen. Da die Menge des disponibelen Quellwassers bedeutend schwankt und im Sommer sehr nachlässt, so wird dann zur Aushülfe Lauterwasser in die Brunnenleitung eingelassen. Das Wasser der Pumpenbrunnen ist quantitativ constant. Das Quellwasser ist stets gut, wie Untersuchungen desselben bestätigt haben. Eine Absicht, die Versorgung zu ändern, liegt nicht vor.

515. **Göppingen** hat 10851 Einwohner.

Für die Versorgung sind 34 öffentliche und 40 private Pumpenbrunnen von 5 m bis 6 m Tiefe mit einem 1,5 m bis 2 m tiefen Wasserstande vorhanden. Letzterer wechselt in den Thalbrunnen mit dem der Fils. Das Wasser dieser Pumpenbrunnen ist grösstentheils schlecht. Ferner wird 2 öffentlichen Ventilbrunnen Quellwasser mit natürlichem Gefälle zugeführt, welches bei anhaltendem Regen sich jedoch trübt.

Das meiste Trinkwasser wird der am linksseitigen Thalabhange neben dem Christophsbade entspringenden Mineralwasserquelle, die das Göppinger Sauerwasser liefert, entnommen, weil jeder Einwohner berechtigt ist, sein Trinkwasser von hier unentgeldlich zu holen. Das Brauchwasser wird durch den Stadtbach, einem offenen Kanale, der aus dem Mühlkanal in Eislingen gespeist wird, zugeführt. Auch finden von diesem aus Zuleitungen durch Röhren auf Privatgrundstücke statt. Für solche sind pro 1 qcm des Einlaufrohres 3 M. pro Jahr zu zahlen. Das Bedürfniss nach einer Aenderung ist bisher nicht erkannt.

516. **Ulm** hat 32772 Einwohner in 2306 Wohnhäusern und 5862 Haushaltungen.

Die Versorgung erfolgt seit 1874 durch eine für Rechnung der Stadtgemeinde vom Oberbaurath Dr. v. Ehmann in Stuttgart hergestellte Anlage, deren erste Kosten 1030000 M. und deren jetziger Buchwerth 1062000 M. beträgt. Die jetzige Maximalleistungsfähigkeit der Anlage pro Tag beläuft sich auf 6200 cbm.

Das Wasser wird aus natürlich austretenden Quellen im Weiherbachthale, 900 m vom Blaubach und 7800 m von der Stadt entfernt, gewonnen. Die Quellen entspringen im Juragebirge und werden durch Sickerkanäle in einer Quellstube zusammengeleitet. Trotz weiterer Ausdehnung dieser Sammelanlagen hat die Ergiebigkeit sich zeitweise bis auf $^2/_3$ der mittleren Lieferung reducirt und es ist die eventuelle

Zuführung weiteren Wassers in die Quellenleitung im Weiherthale ins Auge gefasst. Von dem Sammelreservoire aus, welches 18,8 m höher als der höchste Terrainpunkt des Versorgungsgebietes liegt, wird das Wasser zeitweise direct zur Verwendung gebracht, zeitweise aber auch mittels Dampfkraft einem 727 m von der Stadt und 7800 m vom Gewinnungspunkte des Wassers entfernt liegenden Reservoire, welches gemauert, überwölbt und in den Boden versenkt ist, zugeführt. Dasselbe fasst 2469 cbm und liegt 21,4 m höher als der Gewinnungspunkt des Wassers und 40,3 m höher als die Stadt.

Der Anschluss der Häuser ist nicht obligatorisch; die Zahlung für das Wasser für den Hausgebrauch erfolgt nicht nach Messern, sondern nach Schätzung. Für Hausleitungen werden meistens verzinkte, schmiedeeiserne Röhren verwendet. Ein bestimmtes Material für diese Leitungen ist jedoch nicht vorgeschrieben. Die Stadt ist kanalisirt. Hausanschlüsse an die Kanäle sind erlaubt, Closeteinlässe aber verboten.

Ueber die Abgabemengen im Ganzen und für die einzelnen Verbrauchszwecke liegen keine Angaben vor, ausser dass durch die Dampfmaschinen im Jahre 1881/82 399 439 cbm Wasser auf den hohen Druck gehoben sind. Von den 8760 Jahresstunden 1881/82 wurde während 1129½ Stunden Hochdruck, während 781½ Stunden reducirter Hochdruck und während 6849 Stunden Niederdruck (Quellendruck) gegeben.

Das Strassensprengen erfolgt sowohl durch Sprengwagen als auch direct aus der Leitung. Besondere Rinnsteinspülung findet nicht statt. Es sind 28 Freibrunnen für die allgemeine Abgabe und 265 Hydranten für Feuerlöschzwecke vorhanden. Letztere stehen in 70 m bis 80 m Entfernung unter Flur und sind mit Selbstentleerung versehen. Das directe Spritzen aus denselben kann des verschiedenen Druckes wegen nicht immer stattfinden. Oeffentliche Springbrunnen und öffentliche Badeanstalten im Anschlusse an die Leitung bestehen nicht. Auch werden öffentliche Pissoirs nicht aus der Leitung gespült.

Die Zahl der Consumenten betrug Ende 1881/82 nach Schätzung versorgt 1921 und nach Messern 156, im Ganzen also 2077. Die Abgabe nach Messern betrug im Jahre 198 521 cbm, durch 158 verschiedene Messer bestimmt, davon 134 583 cbm an Bierbrauereien, 44 848 cbm für diverse Private und 19 090 cbm an Militärgebäude. 34 Privatfontainen wurden aus der Leitung gespeist.

517. **Biberach** hat 7799 Einwohner.

Seit 1878 besteht eine einheitliche Versorgung, die vom Bauinspector Ehmann in Stuttgart für Rechnung der Stadt mit einem Kostenaufwande von 150000 M. hergestellt ist. Dieselbe hat eine Maximalleistungsfähigkeit von 2304 cbm pro Tag.

Das Wasser wird im Quellenhause bei Biberach, 2000 m vom Orte entfernt, gefasst und ohne Vermittlung eines Reservoires durch natürliches Gefälle mittels gusseiserner Röhren zugeführt. Das Wasser hat in der Stadt noch einen Druck von 13 m Wassersäule.

Die Versorgung erfolgt einheitlich für Brauch- und Trinkwasser. Bei dem Anschlusse der Häuser, der nicht obligatorisch ist, erfolgt die Zahlung des Wassers nach Kaliberhähnen. Die Hausleitungen bestehen aus verzinkten Eisenröhren. Die Stadt ist theilweise kanalisirt; Closeteinlässe in die Kanäle sind jedoch verboten. Die Hauptleitungen sind ohne einen inneren Ueberzug verlegt.

Ueber die Abgabemengen im Ganzen und für die einzelnen Verbrauchszwecke fehlt es an Angaben. Strassensprengen und Kanalspülen geschieht mittels der Hydranten, deren 127 Stück in ca. 50 m Entfernung unter Flur, mit Selbstentleerung versehen, aufgestellt sind. 180 continuirlich laufende Freibrunnen sind vorhanden. Eine öffentliche städtische Badeanstalt mit 6 Wannen wird aus der Leitung versorgt. Für Rinnsteinspülen, für öffentliche Springbrunnen und für Spülung öffentlicher Pissoirs wird kein Wasser abgegeben. An die Leitung sind ca. 250 Häuser angeschlossen.

Das Wasser ist, wie durch häufigere Untersuchungen festgestellt ist, ziemlich hart, aber ausserordentlich klar und als Trinkwasser gesund; weniger gut eignet es sich zur Kesselspeisung. Die Temperatur desselben ist an der Quelle 7° und an den Ausläufen 8° bis 12°.

518. **Weingarten** hat 5232 Einwohner in 449 Wohnhäusern und ca. 1000 Haushaltungen.

Die Versorgung erfolgt ausschliesslich durch künstliche Zuleitung verschiedener Quellen durch natürliches Gefälle mittels Röhren von Stein und Eisen, zum geringen Theil auch von Holz. Das Wasser kommt an 29 öffentlichen und 87 privaten Laufbrunnen zur Vertheilung und ist in stets genügender Menge vorhanden. Das Wasser ist qualitativ verschieden, jedoch vorwiegend hart.

519. **Ravensburg** hat 10550 Einwohner in ca. 1100 Wohnhäusern und 2400 Haushaltungen.

Die Versorgung erfolgt durch Quellwasser, welches theils mittels Cementröhren, theils mittels gusseiserner Röhren, zugeleitet wird. Die Quellen entspringen auf einer Anhöhe östlich von der Stadt, die meisten ca. 950 m davon entfernt. Die äussersten Quellen liegen in 1400 m Entfernung. Die Zuführung des Wassers findet sowohl auf Privatgrundstücken durch laufende Brunnen, als auch für den Gewerbebetrieb statt. Für den allgemeinen Gebrauch sind 12 Ausläufe und auf Privatgrundstücken 269 Ausläufe für Quellwasser vorhanden. Das Wasser der Quellen ist, wenn auch reich an Kalkniederschlägen, doch ein stets frisches, sehr gutes und gleichmässiges und ein Wassermangel tritt nie ein, weshalb auch das Bedürfniss nach einer Aenderung nicht vorhanden ist.

Ausser dem Quellwasser wird noch das von ca. 40 auf Privatgrundstücken liegenden, gegrabenen Brunnen, die Kolkbrunnen genannt werden, benutzt. Dieselben haben circa 10 m Tiefe und einen ziemlich constanten, 1,5 m tiefen Wasserstand.

Anhang.

Die Rauhe Alb ist der Theil der schwäbischen Alb, welcher vom Schmiechthale bis in die Ulmer Gegend sich fortzieht und von Nord nach Süd zwischen Neckar und Donau eine Breite von 33 km hat.

Dieses Gebirge besteht in 150 m bis 200 m Mächtigkeit aus Kalk und Dolomit, welches Gestein so zerklüftet ist, dass es nicht im Stande ist, auf den Schichtenflächen Wasser zu sammeln und als Quelle zum Ausfluss zu bringen. In Folge dessen herrschte bei der grossen Zahl der kleinen und weitvertheilten Orte mit landwirthschaftlichen Betrieben eine solche Wassersnoth, dass der Plan einer allgemeinen Wasserversorgung der rauhen Alb, der vom Oberbaurath Dr. v. Ehmann in Stuttgart, dem ersten Staatstechniker für das öffentliche Wasserversorgungswesen in Württemberg, in der Grundidee bereits 1866 aufgestellt war, die Unterstützung der Regierung durch directe materielle Beihülfe, sowie durch Uebertragung aller Projectirungs- und Ausführungsarbeiten auf ihren ersten Staatstechniker fand. Dadurch konnte denn auch diese umfassende Arbeit selbst im Jahre 1881 zum annähernd vollständigen Abschlusse gelangen. Auf einer Fläche von 1800 qkm oder 30 Quadratmeilen liegen 100 kleine Ortschaften mit zusammen 40000 Einwohnern, die jetzt fast sämmtlich mit einer einheitlichen und künstlichen Wasserversorgung versehen sind.

Die ganze Anlage theilt sich eigentlich in 9 vollständig selbständige Wasserwerke, deren jedes das Wasser durch Quellen oder aus dem Grundwasser oder auch in einem Falle nach vorheriger Filtration aus einem offenen Wasserlaufe entnimmt, solches künstlich mit durch Wasserkraft getriebenen Pumpwerken hebt und durch Rohrleitungen

leitungen in den einzelnen Ortschaften zur Vertheilung gelangt. Diese Pumpstationen sind in ihrer Arbeitsleistung insofern verschieden, dass sie das Wasser entweder nur Einem Reservoire zuführen, oder aber dass sie durch verschiedene Druckleitungen auf verschiedenen Thalseiten oder nach verschiedenen Richtungen verschiedene, von einander unabhängige Reservoire füllen, oder aber endlich dass sie durch Eine Druckleitung gleichzeitig verschieden hoch gelegene Reservoire in selbstthätiger Weise versorgen. Von diesen Reservoiren findet theils die Versorgung einzelner Ortschaften direct statt; theils werden daraus wieder andere Reservoire, in der Nähe der zu versorgenden Ortschaften gelegen, selbstthätig gefüllt erhalten und aus diesen findet dann die Versorgung statt.

Es sind im Ganzen 62 Reservoire für die verschiedenen Zwecke von zusammen 20000 cbm Inhalt vorhanden. Dieselben sind sämmtlich gemauert, überwölbt und mit Boden überfüllt hergestellt und haben je nach dem Versorgungskreise, für welchen sie bestimmt sind, einen Inhalt von 250 cbm, 500 cbm, 800 cbm, 1200 cbm oder 1400 cbm, der in jedem Falle so bemessen ist, dass sie gefüllt den 6 bis 8 tägigen und einzelne sogar den 10 tägigen Verbrauch an Wasser fassen können. Durch die selbstthätige Füllung der Reservoire ist jede Gemeinde vollständig unabhängig von den anderen Gemeinden gemacht und ihr trotz der gemeinschaftlichen Pumpstation der von diesen unabhängige Wasserbezug stets gesichert.

Als Wasserquantum pro Kopf pro Tag ist unter Berücksichtigung des Viehstandes 75 l angenommen; die Leistungsfähigkeit der Pumpwerke aber ist auf 120 l bis 130 l pro Kopf festgestellt. Der wirkliche Consum der verschiedenen Orte beträgt im Mittel 55 l bis 60 l pro Kopf pro Tag.

Zum Betriebe der Pumpstationen sind 9 verschiedene Wasserkräfte von 12 bis 70 Pferdekräften mit 1,5 m bis zu 21,5 m Gefälle bei 160 bis 130 Secundenliter Aufschlagwasser, die zusammen 300 Pferdekräfte repräsentiren, zum Theil durch sehr künstliche Kanalbauten gewonnen. Dabei ist auf eventuell mögliche Vergrösserung der Betriebskraft durch Aufstellung von Dampfmaschinen und Dampfkesseln Rücksicht genommen. Die Leistung der 9 Pumpwerke beträgt im Ganzen 5000 cbm Wasser pro Tag, welches auf 117 m bis auf 310 m Höhe gefördert wird.

Die ganze Länge der Haupt- und Zweigleitungen beläuft sich auf 360000 lfd. m und die der schmiedeeisernen, galvanisirten Hausleitungen auf 140000 lfd. m. Es sind in den verschiedenen Orten im hochgelegenen Reservoiren zuführt, von wo es wieder durch Rohr-Ganzen 7000 Hauswasserleitungen hergestellt und 1600 Hydranten aufgestellt. Durchschnittlich befinden sich also in jeder der 100 Ortschaften 16 Hydranten, aus denen meistens bei Bränden direct gespritzt werden kann. Die Minimaldruckhöhe in den Versorgungskreisen beträgt nur in wenigen Fällen 5 m bis 6 m; dieselbe ist meistens 12 m bis 25 m und steigt bis zu 70 m.

Für die Bestimmung der Rohrdimensionen für die Vertheilungsleitungen ist angenommen, dass gleichzeitig mindestens 3, bezw. 6 bis 7 Hydranten je einen kräftigen Strahl mit einer Ausflussmenge von 0,3 cbm bis 0,6 cbm pro Minute gestatten sollen. Die wirklich gemessenen Ausflussmengen haben meistens mehr als 0,25 cbm, ja oft 1,1 cbm bis 1,2 cbm pro Minute betragen.

Die gesammten Anlagekosten werden sich nach dem 1881 über diese Versorgung von Herrn v. Ehmann veröffentlichten Berichte, der gelegentlich der Stuttgarter Gewerbeausstellung erschienen ist und dem die vorstehenden und nachfolgenden Angaben entnommen*) sind, auf 5688010 M. belaufen, wovon 962065 M. vom Staate und 4419078 M. von den betreffenden Ortschaften gezahlt sind.

Die erste oder Eybgruppe umfasst die Orte Böhmenkirch, Schnittlingen mit Ziegelhütte, Christophshof, Stötten, Waldhausen, Weiler, Steinkirch mit Ravenstein und Trasenberg, Kuchalp, Hofstett (O.-A. Geislingen) und Gerstetten, Heuchstetten, Heutenburg, Gussenstadt, Heldenfingen (O.-A. Heidenheim), die auf der Geislinger Alb zu beiden Seiten des dieselbe der Länge nach durchschneidenden Eybflusses und zum Theil auf der Heidenheimer Alb liegen. Die Gruppe umfasst 7321 Einwohner und es ist die Versorgung seit Herbst 1880 in Benutzung. Die Anlage hat im Ganzen 860531 M. gekostet, wovon 208597 M. vom Staate und 651934 M. von den Gemeinden getragen sind. Es macht das pro Kopf 117,54 M. Anlagekosten total und 89,05 M. excl. des Staatsbeitrages.

Das Wasser wird aus natürlichen Qnellen im unteren Eybthale in der Nähe der Bahnlinie Stuttgart-Geislingen-Ulm gesammelt und einem neben der 650 m vom Quellenursprunge entfernt liegenden Pumpstation erbauten Hauptsammler, der auch als Sandfang dient, durch eiserne Röhren zugeführt. Von hier wird das Wasser durch ein durch die Wasserkraft der Eyb getriebenes Pumpwerk auf 245 m resp. 282 m

*) Die Gruppe 5 war damals noch nicht ganz vollendet.

Höhe gehoben und verschiedenen 5000 m bis zu 14000 m entfernt liegenden Reservoirenzugeführt.

Es sind solcher Reservoire im Ganzen 11 Stück von zusammen 3124 cbm Inhalt vorhanden, nämlich bei Weiler etc. für 256 Personen, bei Waldhausen für 192 Personen und bei Steinkirch etc. für 363 Personen je ein Reservoir von je 160 cbm Inhalt, bei Böhmenkirch für 1716 Personen ein Reservoir von 645 cbm Inhalt, bei Gussenstadt für 976 Personen ein Reservoir von 440 cbm Inhalt, bei Gerstetten etc. für 2399 Personen ein Reservoir von 645 cbm Inhalt, bei Heldenfingen für 812 Personen, bei Stötten für 239 Personen und bei Schnittlingen für 298 Personen je ein Reservoir von 260 cbm Inhalt, bei Kuchalp für 97 Personen ein Reservoir von 104 cbm Inhalt und auf einem gräflichen Gute für 15 Personen ein Reservoir von 30 cbm Inhalt.

Die Vertheilungsleitungen haben eine gesammte Länge von 95000 m, von 150 mm bis 25 mm Durchmesser. In Abständen von ca. 45 m sind in den verschiedenen Orten im Ganzen ca. 300 Hydranten in gemauerten Schächten unter Flur aufgestellt. Eine grössere Zahl öffentlicher Ventilbrunnen mit Selbstabschluss dient der allgemeinen Benutzung. Die Hausleitungen sind hier wie bei den übrigen Gruppen von galvanisirten, schmiedeeisernen Röhren, meistens von 20 mm und 25 mm Weite, hergestellt.

Im Jahre 1881 waren 1500 Privatzuleitungen in Benutzung. Der durchschnittliche tägliche Wasserverbrauch betrug im Ganzen 405 cbm oder pro Kopf 55 l. Die Leistung der Maschinenanlage ist auf 10 Secundenliter festgestellt.

Die zweite oder obere Filsgruppe umfasst die Orte Westerheim, Hohenstadt, Oberdrachenstein, Weilerhöhe (O.-A. Geislingen), Laichlingen, Feldstetten (O.-A. Münsingen) und Machtolsheim, Merklingen, Nellingen, Hof Aichen (O.-A. Blaubeuren) mit 7773 Einwohnern. Die Anlage ist seit Herbst 1876 in Betrieb und hat im Ganzen 925586 M. (119,07 M. pro Kopf) gekostet, wovon 179358 M. der Staat und 746228 M. (96,00 M. pro Kopf) die Gemeinden gezahlt haben.

Das Wasser wird durch einen im Filsthale in der Kiesschicht abgeteuften Schacht aus dem Grundwasser erschlossen. Dasselbe wird von der beim Dorfe Mühlhausen a. d. F. gelegenen, durch die Wasserkraft der oberen Fils getriebenen Pumpenanlage auf 286 m resp. 305 m Höhe gehoben und auf 7000 m Entfernung dem höchst gelegenen Reservoire bei Westerheim mit 1100 Einwohnern zugeführt.

Dasselbe hat 1200 cbm Inhalt und es sind ferner an Reservoiren vorhanden für Hohenstadt etc. mit 610 Einwohnern, für Feldstetten mit 950 Einwohnern und für Nellingen etc. mit 1125 Einwohnern je ein Reservoir von 260 cbm Inhalt, für Laichlingen mit 2450 Einwohnern und für Machtolsheim etc. mit 1485 Einwohnern je ein Reservoir von 600 cbm Inhalt.

Im Ganzen sind 280 Hydranten aufgestellt und über 1500 Hausleitungen eingerichtet. Das täglich consumirte Wasserquantum beträgt 405 cbm bis 410 cbm. Die Länge des ganzen Rohrnetzes beläuft sich auf 75 000 m.

Die dritte oder Blaugruppe umfasst die Orte Speissen mit Winnenden und Ziegelhütte, Suppingen, Berghülen, Bühlenhausen, Treffensbuch, Sonderbuch, Asch und Wippingen (O.-A. Blaubeuren), die auf der Blaubeurer Alb zu beiden Seiten des Blautopfes liegen und zusammen 3514 Einwohner haben. Die Anlage ist seit Sommer 1876 in Betrieb und hat im Ganzen 557 561 M. (158,67 M. pro Kopf) gekostet, wovon 119 444 M. der Staat und 438 117 M. (124,67 M. pro Kopf) die betheiligten Gemeinden gezahlt haben.

Das Wasser wird durch einen in die tiefliegenden Kiesschichten des Untergrundes abgesenkten Schacht aus dem Grundwasser in unmittelbarer Nähe von Blaubeuren erschlossen und mittels eines Pumpwerkes, das, dicht unterhalb des Blautopfes gelegen, durch Wasserkraft getrieben wird, auf 180 m, 205 m resp. 255 m Höhe gehoben und 5 Reservoiren von im Ganzen 1680 cbm Inhalt zugeführt.

Das Hauptreservoir bei Suppingen etc. mit 600 Einwohnern hat 630 cbm Inhalt. Für Berghülen etc. mit 980 Einwohnern und Sonderbuch etc. mit 940 Einwohnern ist je ein Reservoir von 330 cbm Inhalt, für Seissen mit 640 Einwohnern ein Reservoir von 240 cbm Inhalt und für Wippingen mit 375 Einwohnern ein Reservoir von 150 cbm Inhalt vorhanden.

Die Gesammtlänge der verlegten Röhren von bis einschliesslich 25 mm Durchmesser beträgt 34 000 m. Es sind 170 Hydranten aufgestellt und 20 öffentliche Brunnen in Benutzung. 625 Privatleitungen waren Ende 1880 vorhanden.

Die vierte oder Blaubeurer-Lauter Gruppe umfasst die Orte Bermaringen mit Hohenstein und Ziegelhütte, Themmenhausen, Scharenstetten, Tomerdingen, Weidach, Bollingen, Böttingen, Dornstadt mit Ziegelhütte (O.-A. Blaubeuren), die im östlichen Theile des Blaubeurer Bezirkes liegen und zusammen 3676 Einwohner haben.

Die Anlage ist seit dem Sommer 1875 in Betrieb und hat im Ganzen 595497 M. (162 M. pro Kopf) gekostet, wovon 116442 M. vom Staate und 479055 M. (130,32 M. pro Kopf) von den Gemeinden gezahlt ist.

Das Wasser wird aus mehreren oberhalb der Pumpstation beim Dorfe Wippingen entspringenden Quellen gesammelt und einem 150 m entfernten Sammelschachte zugeführt. Von hier wird es durch ein Pumpwerk, das durch die Wasserkraft der Blaubeurer Lauter betrieben wird, entnommen und bis auf 200 m Höhe dem entferntest liegenden Reservoire durch eine 8700 m lange Rohrleitung zugeführt. Die Leistung der Pumpen beträgt 4,3 bis 4,5 Secundenliter. Die Höhenlage der übrigen Reservoire beträgt 117 m, 136 m und 157 m.

Es sind im Ganzen 6 Reservoire mit im Ganzen 1800 cbm Fassungsraum vorhanden und zwar für Bermaringen etc. mit 877 Einwohnern, für Weidach mit 176 Einwohnern und für Bollingen mit 876 Einwohnern je ein Reservoir von 370 cbm Inhalt und für Themmenhausen mit 384 Einwohnern, für Scharenstetten mit 555 Einwohnern und für Tomerdingen mit 808 Einwohnern je ein Reservoir von 230 cbm Inhalt.

Die Gesammtlänge der Leitungsröhren beträgt 45 000 m. 150 Hydranten und 19 öffentliche Brunnen waren 1881 aufgestellt und im Ganzen 725 Hausleitungen in Benutzung.

Die fünfte oder untere Filsgruppe umfasst die Orte Aufhausen, Türkheim, Wittingen, Amstetten mit Bahnhof, Neuhaus und Steighof, Oppingen, Stubersheim, Schalkstetten, Hofstett-Emerbuch, Bräunisheim, Sontbergen, Oberböhringen (O.-A. Geislingen), Radelstetten (O.-A. Blaubeuren), Reutti, Ettlenschiess, Sinabronn, Holzkirch, Altheim, Ballendorf, Börslingen, Weidenstetten, Neenstetten, Schechstetten, Zähringen, Söglingen (O.-A. Ulm) mit im Ganzen 6875 Einwohnern. Die Anlage ist seit Ende 1880 in Benutzung und hat im Ganzen 1 225 000 M.*) (178,16 M. pro Kopf) gekostet, wovon vom Staate 288 200 M. und von den Gemeinden 936 800 M. (136,26 M. pro Kopf) gezahlt ist.

Das Wasser wird durch Sickerkanäle von 115 m Länge, die bis auf die unteren Kiesschichten des Thales abgeteuft sind, sowie durch einen Schacht von 2,7 m Durchmesser aus dem Grundwasser erschlossen und natürlichen Quellen entnommen. Durch eine zwischen Hausen und dem Bade Ueberkingen gelegene Pumpstation, die durch die

*) Diese Zahlen sind nur annähernde.

Wasserkraft der Fils getrieben wird und eine Leistung von 11 Secundenliter hat, wird dieses Wasser auf 310 m Höhe gehoben und dem 2700 m entfernt gelegenen Hauptreservoir bei Aufhausen, welches 485 Einwohner hat, zugeführt.

Für diese Gruppe sind im Ganzen 15 Reservoire, die zusammen 4869 cbm Inhalt haben und zwar ausser dem vorerwähnten, welches 1030 cbm Inhalt hat, für Oppingen mit 194 Einwohnern ein Reservoir von 165 cbm Inhalt, für Reutti mit 185 Einwohnern, für Radelstetten mit 142 Einwohnern und für Schalkstetten mit 303 Einwohnern je ein Reservoir von 160 cbm Inhalt, für Oberböhring mit 126 Einwohnern, für Wittingen mit 43 Einwohnern und für Sinabronn mit 115 Einwohnern je ein Reservoir von 104 cbm Inhalt, für Türkheim mit 451 Einwohnern, für Bräunisheim etc. mit 336 Einwohnern und für Ballendorf mit 714 Einwohnern je ein Reservoir von 260 cbm Inhalt, für Stubersheim etc. mit 864 Einwohnern, für Weidestetten etc. mit 1503 Einwohnern und für Altheim mit 1035 Einwohnern je ein Reservoir von 645 cbm Inhalt und endlich für Amstetten etc. mit 379 Einwohnern ein Reservoir von 167 cbm Inhalt.

Die Gesammtlänge der Rohrleitungen beträgt in dieser Gruppe 104 000 m, die Zahl der öffentlichen Brunnen 61, die der Hydranten 350 und die der Hausleitungen 1200.

Die sechste oder Münsinger-Lautergruppe umfasst die Orte Tiefenhülen, Frankenhofen, Granheim (O.-A. Ehingen), Bremelau mit Heuhof und Dürrenstetten, Ehestetten mit Hof Maxfelden, Münzdorf, Aichelau (O.-A. Münsingen), welche zu beiden Seiten des Lauterthales auf den Höhen der Münsinger Alb und im Bezirke Ehingen liegen und zusammen 3676 Einwohner haben. Die Anlage ist seit Mai 1879 in Benutzung und hat 460 680 M. (228,17 M. pro Kopf) gekostet, wovon vom Staate 114 832 M. und von den Gemeinden 345 848 M. (171,29 M. pro Kopf) gezahlt ist.

Das Wasser wird aus einer am Fusse des Berges entspringenden Quelle von über 5 Secundenliter Ergiebigkeit gewonnen. Es wird mittels einer durch die Wasserkraft der Münsinger Lauter getriebenen Pumpenanlage auf 175 m Höhe gehoben und den 5 vorhandenen Reservoiren von im Ganzen 1375 cbm Inhalt zugeführt.

Für Bremelau etc. mit 486 Einwohnern ist ein Reservoir von 325 cbm Inhalt vorhanden; ferner für Frankenhofen etc. mit 283 Einwohner, für Ehestetten etc. mit 371 Einwohnern und für Aichelau mit 342 Einwohnern je ein Reservoir von 250 cbm Inhalt; endlich für Granheim mit 400 Einwohnern und für Münzdorf mit 161 Einwohnern je ein Resèrvoir von 150 cbm Inhalt. Die Gesammtlänge der Rohrleitungen beträgt 39 000 m, die Zahl der öffentlichen Brunnen 24, die der Hydranten 105 und die der Privatleitungen 320.

Die siebente oder Zwiefalter-Aachgruppe umfasst die Orte Pfronstetten, Huldstetten, Tigerfeld, Aichstetten, Geisingen, Wilsingen (O.-A. Münsingen), Itthausen, Dürrenwaldstetten mit der Staatsdomäne Ohnhülben (O.-A. Riedlingen) mit zusammen 1976 Einwohnern. Die Anlage ist seit November 1879 in Betrieb und hat im Ganzen 506 286 M. (256,21 M. pro Kopf) gekostet, wovon vom Staate 117 312 M., von den Gemeinden 388 974 M. (196,85 M. pro Kopf) gezahlt ist.

Die Pumpstation liegt bei Zwiefalten gegenüber der ehemaligen Benedictiner-Abtei und erhält die Betriebskraft durch die Aach. Das Quellwasser, welches durch dasselbe gefördert wird, wird durch einen in dem wasserreichen Wiesengrunde abgeteuften Quellenschacht erschlossen. Die grösste Förderhöhe für dasselbe beträgt 265 m für das am entferntesten gelegene Reservoir bei Itthausen, welches 260 cm Inhalt hat. Die Rohrleitung von der Pumpstation bis zu diesem Reservoir hat 14 000 m Länge.

Ausser diesem Reservoire für Itthausen, einem Orte von 292 Einwohnern, sind noch 6 andere Reservoire in der Gruppe vorhanden, nämlich für Huldstetten mit 385 Einwohnern ein Reservoir von 410 cbm Inhalt, für Wilsingen mit 248 Einwohnern ein Reservoir von 345 cbm Inhalt, für Tiegerfeld etc. mit 519 Einwohnern, für Pfronstetten mit 326 Einwohnern und für Dürrenwaldstetten mit 159 Einwohnern je ein Reservoir von 165 cbm Inhalt, endlich für eine Staatsdomäne ein Reservoir von 60 cbm Inhalt.

Die Gesammtlänge der Rohrleitungen beträgt 37 000 m. An Hydranten sind 100 und an öffentlichen Ventilbrunnen 23 aufgestellt. Von Hausleitungen sind 350 in Benutzung.

Die achte oder untere Schmiechgruppe umfasst die Orte Justingen, Ingstetten (O.-A. Münsingen), Hausen (O.-A. Blaubeuren) mit zusammen 1294 Einwohnern. Die Anlage ist seit dem Sommer 1871 in Betrieb und hat 160 658 M. (124,15 M. pro Kopf) gekostet, wovon 44 657 M. der Staat und 116 001 M. (89,64 M. pro Kopf) die Gemeinden getragen haben.

Das Wasser wird der Schmiech entnommen, welche auch die Betriebskraft für die Pumpenanlage liefert, die bei Theuringshofen im unteren Schmiechthale liegt. Dasselbe wird durch ein aus perforirten

Steinen gebildetes Vorfilter zum Reinwasserschachte geleitet. Aus diesem wird es durch die Pumpen auf 200 m Höhe in das 3500 m entfernt liegende Reservoir bei Justingen, welches 591 cbm Inhalt hat, gefördert. Von diesem aus wird ein zweites Reservoir von 235 cbm Inhalt, welches bei Hausen, das 365 Einwohner hat, versorgt. Das erstere Reservoir dient für 1050 Personen.

Der Wasserbedarf beträgt im Durchschnitt 120 cbm pro Tag. Die Rohrleitungen haben im Ganzen 16500 m Länge; wovon auf die Druckleitungen 3500 m entfallen.

Es sind 18 öffentliche Brunnen und 25 Hydranten vorhanden und ca. 50 Privatleitungen in Benutzung.

Die neunte oder obere Schmiechgruppe umfasst die Orte Mehrstetten, Magolsheim, Ennabeuren, Sontheim (O.-A. Münsingen) mit zusammen 2867 Einwohnern. Die Anlage ist seit dem Sommer 1878 in Betrieb und hat im Ganzen 396211 M. (138,41 M. pro Kopf) gekostet, wovon vom Staat 80090 M. und von den Gemeinden 316121 M. (110,47 M. pro Kopf) gezahlt ist.

Die Betriebskraft wird gleichfalls der Schmiech, aber 450 m höher beim Dorfe Gundershofen, entnommen. Das zu fördernde Wasser wird aus Quellen in unmittelbarer Nähe der Pumpstation durch unterirdisch angelegte Sammler erschlossen und auf 173 m resp. 230 m Höhe zwei Reservoiren zugeführt, die 5000 m resp. 4000 m entfernt auf den rechts und links vom oberen Schmiechthale gelegenen Hochflächen der Alb sich befinden. Das eine Reservoir, bei Mehrstetten gelegen, hat 330 cbm Inhalt und das bei Magolsheim gelegene hat 1200 cbm Inhalt. Ausserdem ist noch für Ennabeuren und Sontheim mit zusammen 1505 Einwohnern ein Reservoir von 600 cbm Inhalt angelegt.

Die gesammte Länge der Rohrleitungen beträgt 35000 m. Es sind 120 Hydranten und 13 Freibrunnen vorhanden und ca. 600 Hauswasserleitungen in Benutzung.

V. Grossherzogthum Baden.

a) Kreis Konstanz.

520. **Freiburg i. B.** hat 36401 Einwohner in 2488 Wohnhäusern und 7027 Haushaltungen.

Die Versorgung erfolgt seit 1876 durch eine Anlage, welche für Rechnung der Stadt nach dem Projecte des Oberbaurath Gerstner in Karlsruhe durch den Ingenieur Lueger, jetzt in Stuttgart, ausgeführt ist. Die erste Anlage hat 1 082 165 M. gekostet; der jetzige Buchwerth derselben beläuft sich auf 1 330 626 M. Die Maximalleistungsfähigkeit der Anlage beträgt nach Jahreszeit und Witterung variirend 7500 cbm bis 12 000 cbm pro Tag.

Das Wasser wird ca. 120 m vom nächsten Wasserlaufe entfernt im Dreisamsthale in der Gemarkungsgemeinde Ebnet, 4500 m von der Stadt entfernt, durch Sammelkanäle, welche das natürlich austretende Quellwasser fassen, aus dem auf Gneis ruhenden Diluvium erschlossen und in einem Sammelbrunnen zusammengeleitet, von wo es ohne vorherige, künstliche Reinigung durch natürliches Gefälle zur Verwendung gelangt. 5300 m vom Gewinnungspunkte und 160 m von der Stadt entfernt ist ein zweitheiliges, gemauertes und überwölbtes Reservoir von 4000 cbm Inhalt hergestellt, dessen Wasserstand 37 m unter dem Gewinnungspunkte und 30 m höher als der höchste Terrainpunkt des Versorgungsgebietes liegt, dessen niedrigster und höchster Punkt nur um etwa 12 m variiren. Die Zuleitung und die Vertheilung des Wassers geschieht durch innen getheerte, gusseiserne Leitungen.

Die Wasserabgabe erfolgt einheitlich für Brauch- und Trinkwasser, in einer Druckzone, constant und ohne Anwendung von Hausreservoiren. Die Abgabe an Private ist facultativ und die Zahlung des Wassergeldes erfolgt nach Schätzung, ausgenommen für Gewerbszwecke, Gärten etc., für welche die Aufstellung von Messern vorgeschrieben ist.

Ueber Verbrauchsmengen liegen weder im Ganzen noch für die einzelnen Zwecke Angaben vor; ausgenommen, dass für Strassensprengen im Jahre ca. 12 000 cbm verwendet werden. 360 Hydranten dienen für Feuerlöschzwecke. 37 Freibrunnen geben das Wasser zum allgemeinen Gebrauche ab. 7 öffentliche Fontainen werden aus der Leitung gespeist und 5 öffentliche Pissoirs daraus gespült.

6 Wassermotoren mit im Ganzen 6 Pferdekräften sind in Benutzung. 1830 Häuser mit 5160 Haushaltungen und ca. 27 000 Einwohnern waren Ende 1882 an die Leitung angeschlossen. Das Wasser ist ständig gut und trotz des wechselnden Zuflusses tritt ein Wassermangel nicht ein.

521. **Villingen** hat 5974 Einwohner in 665 Wohnhäusern und 1344 Haushaltungen.

Die Versorgung erfolgt durch die Einleitung von Quellwasser mit natürlichem Gefälle aus 3 verschiedenen Richtungen. Die eine, aus östlicher Richtung kommende Zuleitung dient nur für wenige laufende Brunnen. Die in nördlicher Richtung einmündende Leitung wird aus Quellen in den Steinkreuzwiesen, 1500 m von der Stadt entfernt, gespeist und tritt mit 8 m Druck in die Stadt ein. Für dieselbe besteht kein Reservoir und sie versorgt 12 öffentliche Laufbrunnen mit 79 cbm pro Tag, sowie 19 Häuser mit 111 cbm pro Tag durch freie Ausläufe.

Die aus westlicher Richtung eintretende Leitung ist 1873 hergestellt. Sie erhält das Wasser aus Quellen, die 9000 m von der Stadt entfernt am Wurstbrunnen entspringen. Eine 3500 m lange Cementrohrleitung führt das Wasser einem Reservoire zu, welches 5500 m von der Stadt entfernt und 35 m höher als diese liegt. Dasselbe ist gemauert und überwölbt und fasst 100 cbm. Die Zuleitung zur Stadt besteht aus innen getheerten, gusseisernen Röhren und für die Hausleitungen werden Bleiröhren benutzt. Die Leitung versorgt 33 öffentliche Laufbrunnen mit 345 cbm pro Tag, sowie 30 Häuser mit 293 cbm pro Tag durch freie Ausläufe.

Die an diese und an die nördliche Leitung angeschlossenen Häuser haben Wassergeld zu zahlen. Durch die beiden Leitungen gelangen zusammen 828 cbm Wasser pro Tag durch 45 öffentliche und 39 private Ausläufe zur Abgabe. Nach vorgenommenen Analysen ist das Wasser beider Zuleitungen als nicht besonders gut zu bezeichnen.

522. **Lörrach** hat 6726 Einwohner in 430 Wohnhäusern und 1400 Haushaltungen.

Für die Versorgung sind ca. 60 gegrabene Pumpenbrunnen vorhanden, von denen 6 der allgemeinen Benutzung dienen. Der Wasserstand der Brunnen liegt 12 m bis 15 m tief unter Terrain und schwankt ziemlich stark. Ferner wird mittels eiserner Röhren aus ca. 1000 m Entfernung Quellwasser durch natürliches Gefälle zugeführt. Dasselbe kommt an 12 öffentlichen, continuirlich laufenden Brunnen zum Ausfluss und wird auch einem einzigen Privaten zum Hausgebrauche zugeführt.

Das Wasser ist als Trinkwasser im Allgemeinen gut, wie 1882 vorgenommene Untersuchungen desselben bestätigt haben. Bei anhaltender Trockenheit tritt Wassermangel ein. Die Vorarbeiten für die Herstellung einer einheitlichen Versorgung sind in Angriff genommen.

523. **Konstanz** hat 13372 Einwohner in 1020 Wohnhäusern und 3500 Haushaltungen.

Nachdem die zuerst hergestellte Hochdruckleitung den Anforderungen nicht entsprach, sind 1200 m von Konstanz entfernt artesische Brunnen gebohrt, deren Wasser durch ein provisorisches Pumpwerk gehoben und einem 8 m hoch aufgestellten, provisorischen, hölzernen Reservoir zugeführt wird. Von hier wird das Wasser durch gusseiserne

Röhren vertheilt und ausser zu öffentlichen auch zu häuslichen und gewerblichen Zwecken verwendet.

Dasselbe wird als Trink- und Brauchwasser benutzt und befindet sich in gleichmässig gutem Zustande, was durch vorgenommene Untersuchungen nachgewiesen ist. Die Lieferung der Brunnen beträgt 72 Secundenliter oder 6220 cbm pro 24 Stunden. Die Anlage ist vom Oberbaurath Gerstner in Karlsruhe auf Kosten der Stadt hergestellt. Weitere Mittheilungen über die Verbrauchsmengen und Gebrauchszwecke etc. liegen nicht vor.

b) Kreis Offenburg.

524. **Offenburg** hat 7274 Einwohner in 713 Wohnhäusern und 1511 Haushaltungen.

Die Versorgung erfolgt durch 27 öffentliche und 142 private, gesenkte Pumpenbrunnen, deren Wasserstand in den höher gelegenen Theilen der Stadt 12 m bis 15 m tief liegt und ziemlich constant ist. Ferner besteht eine Zuleitung von Quellwasser durch natürliches Gefälle mittels eiserner Röhren aus 1300 m Entfernung von der Stadt. Die Ergiebigkeit der Quellen beträgt 163 cbm pro Tag. Dieses Wasser kommt an 18 laufenden Brunnen zur allgemeinen Benutzung, wird aber Privaten nicht zugeführt. Das Wasser ist als Trinkwasser im Allgemeinen gut; freilich ist das der Quelle ziemlich kalkhaltig, das der Brunnen ziemlich eisenhaltig. Auch lässt die Quelle bei anhaltender Dürre etwas nach. Die Absicht zur Herstellung einer einheitlichen Versorgung liegt wohl vor; die Ausführung ist aber noch in weiter Ferne.

525. **Lahr** hat 9390 Einwohner in 1972 Haushaltungen.

Die Versorgung der Stadt erfolgte ausser aus gegrabenen und gesenkten Brunnen schon seit langen Jahren durch Quellen, die aus dem sogenannten Giessen, 5000 m von der Stadt entfernt, durch natürliches Gefälle zugeleitet wurden. Seit Ende 1882 ist durch eine bessere und ausgedehntere Fassung der Quellen, sowie durch eine Reservoiranlage und ein ausgedehntes Rohrnetz eine einheitliche Quellwasserversorgung geschaffen, die für Rechnung der Stadt vom Ingenieur Lueger in Stuttgart mit einem Kostenaufwande von 250000 M. ausgeführt wurde. Die Maximalleistungsfähigkeit der Anlage beträgt 1300 cbm pro Tag.

300 m von der Stadt entfernt ist ein gemauertes und überwölbtes Reservoir von 900 cbm Inhalt hergestellt, welches 45 m höher als das Versorgungsgebiet und 11 m tiefer als die Quellen liegt. Das Wasser wird demselben durch natürliches Gefälle mittels Cementröhren von

450 m und gusseisernen, innen asphaltirten Röhren von 8600 m Länge und 200 mm Durchmesser zugeführt.

Das Wasser wird einheitlich für Trink- und Brauchwasser und constant abgegeben. Für die Privatleitungen wird Wassergeld nach Schätzung erhoben und es sind Messer nur für Gewerbetreibende vorgeschrieben. Die Stadt ist nicht kanalisirt. Ueber die Verbrauchsmengen und die Gebrauchszwecke fehlen wegen der kurzen Zeit, welche die Anlage erst in Benutzung ist, noch speciellere Angaben. Das Wasser ist als Trinkwasser sehr gut und von stets gleicher Qualität. Ueber letztere haben eingehende Untersuchungen stattgefunden.

c) Kreis Baden.

526. **Rastatt** hat 12356 Einwohner in 815 Wohnhäusern und 1823 Haushaltungen.

Die Versorgung mit Brauchwasser erfolgt aus dem die Stadt durchziehenden Gewerbekanale, der aus der Murg gespeist wird. Das Wasser desselben wird mittels durch Wasserkraft betriebener Pumpen in einen Behälter gehoben, der ca. 1000 m vom Mittelpunkte der Stadt entfernt und 131 m hoch über Meereshöhe aufgestellt ist. Die Vertheilung geschieht von hier mittels gusseiserner Röhren. Die Abgabe des Wassers erfolgt an 258 Private zum Hausgebrauche und an 274 zu diesem und zu Gewerbszwecken, z. B. an 16 Bierbrauereien etc.

Das Trinkwasser wird durch gebohrte Pumpenbrunnen aus dem Grundwasser, dessen Stand mit dem der Murg schwankt, erschlossen. Es sind deren 34 öffentliche und ca. 200 private vorhanden. Dieselben haben 5 m bis 6,5 m Tiefe. Das Brunnenwasser ist als Trinkwasser meist gut und lässt nur an wenigen Stellen etwas zu wünschen übrig, wie die Untersuchungen desselben bestätigt haben. Das Brauchwasser ist jedoch quantitativ und qualitativ mangelhaft. Ein Plan, der für eine einheitliche Versorgung aufgestellt war, ist der zu hohen Kosten wegen vorläufig zurückgestellt.

527. **Baden-Baden** hat 11923 Einwohner in 1200 Wohnhäusern und 2000 Haushaltungen.

Die Versorgung erfolgt seit 1879 durch eine einheitliche Anlage, die für Rechnung der Stadt mit einem Kostenaufwande von 700000 M. hergestellt ist. Die Maximallieferungsfähigkeit derselben pro Tag beträgt 2000 cbm.

Das Wasser wird 12000 m von der Stadt entfernt aus Quellen, die am Ruhberge natürlich austreten, gesammelt und durch natürliches

Gefälle einem gemauerten, überwölbten und in den Boden versenkten Reservoire von 2000 cbm Inhalt zugeführt, welches 12000 m vom Gewinnungsorte und 1000 m von der Stadt entfernt, etwa 100 m höher als diese liegt.

Die Vertheilung des Wassers erfolgt einheitlich als Trink- und Brauchwasser, constant und ohne Anwendung von Hausreservoiren. Der Anschluss der Häuser ist facultativ, die Benutzung von Messern für diese Anschlüsse ist aber obligatorisch. Für Hausleitungen werden verzinkte, schmiedeeiserne Röhren verwendet. Die Hauptleitungen sind ohne einen inneren Ueberzug verlegt. Die Stadt ist zum grössten Theile kanalisirt und mit Hausanschlüssen an die Kanäle versehen; auch Closeteinlässe in diese sind gestattet.

Die Abgabe für Privatzwecke hat 1882 59 174 cbm, nach Messern abgegeben, betragen; davon entfallen 4094 cbm für Industrie- und Gewerbezwecke. 460 Häuser waren an die Leitung angeschlossen. Ein 2 pferdiger Wassermotor war in Benutzung. 10 Freibrunnen dienen der allgemeinen Benutzung. Directe Rinnstein- und Kanalspülung findet nicht statt. Ueber Verbrauchsmenge und Gebrauchsart des Wassers für öffentliche Zwecke fehlen specielle Angaben. Für öffentliche Springbrunnen, Badeanstalten und Pissoirs findet eine Abgabe aus der Leitung nicht statt.

d. Kreis Karlsruhe.

528. **Bruchsal** hat 11 373 Einwohner.

Die Versorgung erfolgt in den einzelnen Theilen der Stadt in verschiedener Weise. Der grösste Theil derselben erhält das Wasser aus öffentlichen und privaten Pumpenbrunen, ein Theil aber auch aus Quellen, die in Strassenhöhe frei austreten. Ein Stadttheil mit dem Zellengefängnisse, dem Schlosse und der Kaserne wird aus einer besonderen, fiscalischen Leitung versorgt, für welche ein Reservoir von 1500 cbm Inhalt ca. 18 m hoch über dem betreffenden Stadttheile angelegt ist. Ferner ist ein Drittel der Stadt bis jetzt in Benutzung einer Quell- resp. Grundwasserleitung, deren weitere Ausdehnung demnächst beabsichtigt ist.

Das Wasser wird 4000 m von der Stadt entfernt im Rohrbachhölzchen aus dem Grundwasser erschlossen und einem sowohl von dem Gewinnungspunkte, als von der Stadt ca. 2000 m entfernt gelegenen, gemauerten, überwölbten und in den Boden versenkten Reservoire von 66 cbm Inhalt zugeführt, welches 30 m höher als das Versorgungsgebiet liegt. Die Maximalmenge des abgegebenen Wassers beträgt 432 cbm pro 24 Stunden und das durchschnittliche Quantum des bis jetzt gefassten Wassers pro 24 Stunden beläuft sich auf 1300 cbm, von welcher Menge jedoch die Leitung nur ein Drittel zuführen kann. Durch Aufschliessen ferneren Grundwassers wird gehofft, das disponible Quantum ferner um 226 cbm zu erhöhen, und es sollen dann sowohl die Zuleitung als auch die Vertheilungsleitung in der Stadt bedeutend ausgedehnt werden. Ferner beabsichtigt man, ein Reservoir von 500 cbm Inhalt in 25 m Höhe über dem Strassenterrain der Stadt herzustellen, so dass die Anlage alsdann den Bedürfnissen von 5000 Einwohnern genügen würde. Die gesammten Kosten dafür werden 150 000 M. betragen.

Der bis jetzt aus der Leitung versorgte Theil der Stadt benutzt dasselbe als Brauch- und Trinkwasser. Hausreservoire sind nicht vorhanden. 111 Privatgrundstücke sind angeschlossen, für welche Wassergeld gezahlt wird. Wassermesser sind nicht in Gebrauch.

529. **Karlsruhe** hat 50 180 Einwohner in 2285 Wohnhäusern und 9808 Haushaltungen.

Seit 1822 beteht eine Wasserleitung, welche das Wasser aus Quellen, die in 4500 m Entfernung von der Stadt entspringen, erhält und, nachdem dasselbe durch Wasserkraft künstlich gehoben ist, durch gusseiserne Röhren 19 öffentlichen, laufenden Brunnen, sowie einigen Ausläufen im Grossherzoglichen botanischen Garten zuführt. Für diese Zwecke ist das vorhandene Wasserquantum genügend. Für den Bedarf der Grossherzoglichen Haushaltung besteht ferner seit 1866 ein besonderes Wasserwerk, das mittels durch Dampfkraft getriebener Pumpen einem Brunnen Grundwasser entnimmt. Die Maximalleistung dieser Anlage beträgt pro Tag 2500 cbm und deren Herstellungskosten haben 463 385 M. betragen.

Für die Stadt ist seit 1871 eine für deren Kosten von dem Baudirector Gerwig und dem Oberbaurath Gerstner in Karlsruhe hergestellte Wasserversorgung in Betrieb. Die Anlage hat eine tägliche Maximalleistungsfähigkeit von 10 500 cbm. Die ersten Anlagekosten haben 1 404 552 M. betragen; der jetzige Buchwerth beträgt 1 711 737 M.

Das Wasser wird 480 m von der Stadt entfernt durch Brunnen und Sammelkanäle aus dem Kiesgrunde des Rüppurrer Waldes erschlossen und durch Dampfkraft in ein gusseisernes Reservoir von 90 cbm Inhalt, welches 26,5 m hoch über Terrain unter Dach in einem Thurme aufgestellt ist, gehoben, von wo es zur Vertheilung in der Stadt gelangt. Innerhalb derselben befinden sich noch 4 Gegenreservoire, welche von

Schmiedeeisen gefertigt sind, von je 225 cbm Inhalt, die 16,5 m hoch über Terrain auf künstlichem Unterbau, etwa 2600 m von der Pumpstation entfernt, aufgestellt sind. Dieselben werden nur des Nachts in Benutzung genommen.

Die Versorgung erfolgt in einheitlicher Druckzone, constant, für Trink- und Brauchwasser gemeinschaftlich und ohne Anwendung von Hausreservoiren. Der Anschluss der Häuser an die Wasserleitung ist nicht obligatorisch; auch ist die Anwendung von Wassermessern dafür nicht vorgeschrieben. Die Einschätzung des Wassergeldes für den Hausbedarf erfolgt nach dem Miethwerthe. Die Kanalisation der Stadt ist noch sehr unvollständig und es sind bis jetzt Closeteinlässe verboten. Für Hausleitungen ist kein bestimmtes Material vorgeschrieben. Die Hauptröhren sind innen getheert.

Die gesammte Abgabe von Wasser hat 1881 1 381 143 cbm oder durchschnittlich 3784 cbm pro Tag betragen. Der grösste Monatsconsum fand im Juli mit 212 393 cbm im Ganzen oder 6851 cbm pro Tag und der kleinste Monatsconsum im Februar mit 64 399 cbm im Ganzen oder 2300 cbm pro Tag statt. Die Abgabe am Maximaltage betrug 10 512 cbm und am Minimaltage 1649 cbm. Am stärksten Consumtage war der grösste Stundenverbrauch 6,45%, der geringste 0,9% des Tagesverbrauches. Der grösste Stundenconsum überall betrug 7,89%, der geringste 0,65% des betreffenden Tagesconsums. An Aussengemeinden fand keine Abgabe von Wasser statt.

Von dem vorhin angegebenen Jahresconsum entfallen 385 796 cbm oder 27,9% auf Wasser für öffentliche und 995 347 cbm oder 72,1% auf Wasser für Privatzwecke. Von ersterem Quantum sind 26 508 cbm durch Messer und 359 288 cbm durch Schätzung bestimmt. Von dem öffentlichen Consum an Wasser entfallen 51 288 cbm für öffentliche Gebäude, 21 299 cbm für Strassensprengen (42 000 m Strassenlängen sind an 96 Tagen im Jahre sowohl durch Sprengfässer, als auch direct durch Hydranten gesprengt) und 13 320 cbm zu continuirlicher Spülung öffentlicher Pissoirs, deren 9 Stück vorhanden sind, von denen bei 4 der Consum nach Messern, bei 5 nach Schätzung festgestellt wird. Für Freibrunnen, deren 46 vorhanden sind, von welchen 4 continuirlich laufen und 42 mit Selbstabschluss versehen sind, sind 87 551 cbm im Jahre abgegeben. 6 öffentliche Fontainen, die von Anfang April bis Mitte October, im Ganzen 180 Tage im Jahre täglich 12 Stunden gespielt haben, haben 161 338 cbm verbraucht. Für die Spülung der Rinnsteine und der Kanäle findet eine Abgabe nicht statt. Zur Spülung des Rohrnetzes, die nur jährlich einmal und zwar der mangelhaften Kanalisation wegen nur in einem kleinen Theile desselben stattfinden kann, sind 1000 cbm im Jahre verbraucht. Für Feuerlöschzwecke sind 289 Hydranten unter Flur, mit Selbstentleerung versehen, aufgestellt, aus denen bei Bränden, soweit der Druck es gestattet, direct gespritzt wird. Ausserdem sind für Löschzwecke 464 Privatfeuerhähne in Höfen, Gängen und Speichern angebracht. Der Consum für Feuerlöschzwecke wird als ein unbedeutender bezeichnet. Aus der Leitung wurden auch zwei Badeanstalten, eine städtische, die kein Schwimmbassin hat, in der im Jahre ca. 25000 Bäder abgegeben sind und eine öffentliche Privatanstalt mit 14 Wannen, in der im Jahre ca. 10000 Bäder verabreicht sind, mit 50000 cbm im Jahre versorgt.

An die Leitung sind 1881 1748 Häuser mit 5924 Haushaltungen und 28842 Bewohnern angeschlossen gewesen. Es waren darin 408 Badeeinrichtungen, 842 Closets, 93 Pissoirs und 117 Privatspringbrunnen in Benutzung. Der Consum für den Hausgebrauch betrug in diesem Jahre 691762 cbm, wovon 22645 cbm, nach Messern bestimmt, abgegeben wurden. Der Consum für Industrie- und Gewerbszwecke belief sich auf 303585 cbm, wovon 103581 cbm, nach Messern bestimmt, abgegeben wurden. Wassermotoren waren nicht in Benutzung.

530. **Ettlingen** hat 5608 Einwohner.

Die Versorgung erfolgt seit 1871 durch eine vom Oberbaurath Dr. v. Ehmann in Stuttgart für Rechnung der Stadt mit einem Kostenaufwande von 174014 M. hergestellte Quellwasserleitung. Die Maximalleistung derselben beläuft sich auf 860 cbm pro Tag. Der jetzige Buchwerth der Anlage beträgt 172636 M.

Das Wasser wird 1000 m von der Stadt entfernt, aus fünf verschiedenen, natürlich entspringenden Quellen, in einem Reservoire gesammelt und durch eigenes Gefälle ohne künstliche Hebung der Stadt zugeleitet. Die Abgabe des Wassers erfolgt ausser für öffentliche Zwecke auch an Private, jedoch gegen Zahlung auf Grund von Einschätzung.

196 Grundstücke sind an die Leitung angeschlossen, von welchen das Wasser bei 9 derselben ausser für den Hausgebrauch auch zu gewerblichen Zwecken benutzt wird. Es sind 60 Hydranten aufgestellt und 2 Springbrunnen werden aus der Leitung gespeist, die, ausgenommen im Winter, ständig spielen. Das Wasser ist gut, wie durch Untersuchungen desselben nachgewiesen ist und stets quantitativ genügend.

531. **Durlach** hat 7474 Einwohner in 800 Wohnhäusern und 1532 Haushaltungen.

Für die Versorgung bestehen 30 öffentliche und 50 private Pumpenbrunnen von 2 m bis 4 m Tiefe. Ferner werden durch aus 200 m Entfernung mittels eiserner Röhren zugeleitetes Quellwasser 3 öffentliche und 4 private Brunnen versorgt. Endlich sind noch 5 öffentliche und 6 private Brunnen vorhanden, die aus der Leitung des Wasserwerkes von Karlsruhe gespeist werden.

Das Quellwasser lässt in trockenen Sommern quantitativ etwas nach; dasselbe ist aber qualitativ, wie Untersuchungen desselben ergeben haben, vorzüglich. Auch das Brunnenwasser ist als Trinkwasser gut.

532. **Pforzheim** hat 24037 Einwohner in 1627 Wohnhäusern und 4804 Haushaltungen.

Die Versorgung erfolgt seit 1875 durch eine für Rechnung der Stadtgemeinde vom Oberbaurath Dr. v. Ehmann in Stuttgart hergestellte Anlage, deren erste Kosten 1194124 M. betragen haben. Der jetzige Buchwerth derselben beläuft sich auf 1224891 M. Die tägliche Maximalleistung der Anlage in ihrem jetzigen Zustande beträgt 9900 cbm.

Das Wasser wird 2 Quellen, im bunten Sandstein entspringend, entnommen und durch natürliches Gefälle zugeführt. Diese Quellen liegen im Grösselthalein der Gemeinde Engelsbrand, 2000 m von Engelsbrand und 8500 m von Pforzheim entfernt. Die eine Quelle, die Jaxtquelle, entspringt 29,4 m höher als die andere, 400 m davon entfernt gelegene, die Reichstetter Quelle. Beide Quellen werden durch Stollen und Kanäle erschlossen und getrennten Sammelstuben zugeführt, welche durch eine 420 m lange Leitung verbunden sind. Eine 8680 m lange, gusseiserne Leitung führt das Wasser zu dem 700 m von der Stadt entfernt hergestellten Hochreservoire von 2700 cbm Inhalt, welches gemauert, überwölbt und mit Boden überdeckt ist. Der höchste Wasserstand desselben liegt 60 m über dem Marktplatze und 30 m über dem Bahnhofsplanum, sowie 77,75 m unter dem Sammelpunkte der Quelle.

Die Versorgung erfolgt in einheitlicher Druckzone, constant, gemeinschaftlich für Trink- und Brauchwasser und ohne Anwendung von Hausreservoiren. Der Anschluss an die Leitung geschieht auf Antrag des Hauseigenthümers nach Veranlagung. Messer finden nur ausnahmsweise Verwendung. Die Hausleitungen bestehen aus galvanisirten, schmiedeeisernen Röhren. Die Hauptleitungen sind ohne einen inneren Ueberzug verlegt. Die Stadt ist theilweise kanalisirt; Closeteinlässe sind aber untersagt.

Ueber die Jahresabgabe, sowie über die einzelnen Verwendungszwecke sind, da in letzter Zeit keine Messungen vorgenommen sind, weil das Wasser immer im Ueberfluss vorhanden ist, Angaben nicht gemacht. An Aussengemeinden findet eine Abgabe von Wasser nicht statt.

Das Strassensprengen geschieht mittels Sprengfässern und auf freien Plätzen direct aus der Leitung. Besondere Rinnstein- und Kanalspülung findet nicht statt. Das Wasserrohrnetz wird 2 bis 3 mal im Jahre gespült. Für Feuerlöschzwecke sind 402 Hydranten in gemauerten Schächten in je ca. 42 m Entfernung, theils mit Selbstentleerung versehen, aufgestellt. Es sind 11 Freibrunnen, von denen 9 mit Selbstabschluss versehene und 2 continuirlich laufende sind, für die öffentliche Abgabe in Benutzung. 2 öffentliche Springbrunnen werden im Sommer aus der Leitung gespeist. Oeffentliche Pissoirs, mit Spülung aus der Leitung versehen, existiren nicht.

Ende 1882 bestanden für die Wasserabgabe 1340 Anschlüsse nach Schätzung und 40 nach Messern. Es waren zur Zahlung von Wassergeld 11 829 Zimmer, 514 Waschküchen, 196 Badezimmer, 61 Closets und Pissoirs, 131 Pferde, 98 Rinder, 54 Schweine und 23 Personenwagen veranlagt; ferner zahlten 141 Fabriklocale als Räume und 263 mit einer Arbeiterzahl von 4842 Personen Wassergeld; endlich fand solches von 37 Bäckereien, 31 Metzgereien und 108 Wirthschaften statt. Durch 53 Wassermesser wurden 65 400 cbm im Jahre abgegeben. 19 Motoren mit zusammen 10 Pferdekräften waren in Benutzung. 53 324 qm Hof- und Gartenfläche wurden aus der Leitung besprengt und es waren auch 12 Privatspringbrunnen an die Leitung angeschlossen.

Das Wasser ist sehr gut und in stets reichlicher Menge vorhanden.

e) Kreis Mannheim.

533. **Weinheim** hat 7159 Einwohner in 936 Wohnhäusern und 1527 Haushaltungen.

Die Versorgung erfolgt aus 18 öffentlichen und 80 privaten Pumpenbrunnen von 6 m bis zu 24 m Tiefe, die durch das Grundwasser des Ortes gespeist werden. Ferner findet die Einleitung des Wassers einer grösseren Zahl von Quellen meist mittels eiserner Röhren bis aus 1500 m Entfernung durch natürliches Gefälle statt, welches an 15 öffentlichen Laufbrunnen zur Abgabe gelangt. Das Wasser ist gut und nur ausnahmsweise in trockenen Jahreszeiten etwas knapp. Die Zahl der öffentlichen Brunnen soll jedoch vermehrt werden und ein Project dafür ist in Arbeit.

534. **Mannheim** hat 53 465 Einwohner.

Die Versorgung erfolgt ausschliesslich aus gegrabenen und gesenkten Brunnen, deren 77 für die allgemeine Benutzung und ca. 2000 auf privaten Grundstücken vorhanden sind. Die Qualität des Wassers ist verschieden. Das Wasser einzelner Brunnen ist schlecht und dasselbe ist durchweg sehr hart. Vorarbeiten für eine einheitliche Versorgung sind schon seit Jahren in verschiedener Richtung und von verschiedenen Seiten gemacht. Augenblicklich hat die Stadt selbst die Bearbeitung eines Planes für die Versorgung in die Hand genommen.

f) Kreis Heidelberg.

535. **Heidelberg** hat 25136 Einwohner in 1576 Wohnhäusern und 5243 Haushaltungen.

Die Versorgung erfolgt mit Quellwasser und es ist die Anlage dafür Eigenthum der Stadt. Sie wurde vom Oberbaurath Dr. v. Ehmann in Stuttgart erbaut und ist seit 1873 eröffnet. Sie ist mit einem Kostenaufwande von 1098282 M. in der ersten Anlage hergestellt. Der jetzige Buchwerth derselben beträgt 1057600 M. Die Quellwasserzuleitungsröhren sind für 4400 cbm Wasser pro 24 Stunden genügend; jedoch soll die Stadt bei reichlichen Quellenzuflüssen nur über 2500 cbm bis 3000 cbm pro Tag disponiren können.

Das Wasser wird aus im bunten Sandstein entspringenden Quellen, sowie aus künstlich erschlossenem Grundwasser aus einem Sammelgebiete von ca. 150 ha, 1000 m entfernt vom Neckar und 4950 m entfernt von der Stadt, in der Nähe des Wolfsbrunnens durch Stollenanlagen, die 45 m bis 50 m unter der Oberfläche liegen, erschlossen. 3150 m von der Stadt und 1800 m von der Wasserfassung entfernt ist ein zweitheiliges, gemauertes und überwölbtes Reservoir von im Ganzen 2990 cbm Inhalt hergestellt, in welches das Wasser mit natürlichem Gefälle eintritt und von wo aus in der Stadt noch ein Druck von ca. 50 m bei gefülltem Reservoir vorhanden ist.

Das Wasser wird constant und einheitlich als Trink- und Brauchwasser, ohne Anwendung von Hausreservoiren und unter einheitlichem Drucke geliefert. Die gusseisernen Röhren sind innen asphaltirt. Die Hausleitungen sind aus galvanisirten, schmiedeeisernen Röhren herzustellen vorgeschrieben; Bleiröhren sind dafür verboten. Die Stadt ist kanalisirt und mit Hauseinlässen versehen. Der Anschluss der Häuser an die Wasserleitung ist nicht obligatorisch und es erfolgt die Zahlung des Wassergeldes nach Einschätzung.

Ueber die verbrauchten und disponiblen Wasserquantitäten liegen keine bestimmten Angaben vor. Angeschlossen an die Leitung waren

Ende 1881 1170 Häuser mit 3500 Haushaltungen und ca. 21000 Bewohnern. Durch 100 Messer sind im Jahre 1881 58433 cbm Wasser abgegeben. Es sind 138 Badezimmer, 417 Closets, 3 Privatspringbrunnen und 2 Pissoirs mit Spülung (auf den Bahnhöfen) an die Leitung angeschlossen, während die 4 öffentlichen Pissoirs ohne Spülung sind. Ferner sind 26665 qm Gartenflächen zum Sprengen veranlagt. Der Tarif vom März 1881 stellt baldige Einstellung der Verwendung des Wassers für diesen Zweck und für private Springbrunnen in Aussicht.

331 Hydranten ohne Selbstentleerung, unter Flur und in ca. 75 m Entfernung aufgestellt, werden direct für Feuerlöschzwecke zum Spritzen benutzt. 12 Freibrunnen dienen für die allgemeine Abgabe von Wasser und 2 öffentliche Fontainen springen während der Sommermonate den Tag über, wenn Wasser genug vorhanden ist. Zwei private Badeanstalten zur allgemeinen Benutzung mit 20 Wannen werden aus der Leitung gespeist.

VI. Grossherzogthum Hessen.

a) Provinz Starkenburg.

536. **Offenbach** hat 28449 Einwohner in 1510 Wohnhäusern und 6700 Haushaltungen.

Für die Versorgung besteht seit 1873 eine einheitliche Anlage, die für Rechnung der Stadt von der Firma J. & A. Aird in Berlin mit einem Kostenaufwande von 666000 M. hergestellt und später durch die Stadtgemeinde in eigener Regie weiter ausgebaut ist, so dass der Buchwerth der Anlage jetzt 828000 M. beträgt. Die Leistungsfähigkeit derselben schwankt zwischen 3500 cbm und 4300 cbm pro Tag, je nach der Jahreszeit.

Das Wasser wird in den fiscalischen, Fürstlich Isenburgischen und Gräflich Schönbornschen Waldungen bis zu 5000 m von der Stadt entfernt gewonnen. Die Sammelfläche hat eine Grösse von 1200 ha und liegt 3000 m bis 5700 m vom Main entfernt. Das Wasser wird aus der auf einem undurchlässigen Lettegrunde ruhenden Humus- und thonigen Sandschicht durch gusseiserne und thönerne Sammelröhren von im Ganzen 8972 m Länge erschlossen. Dieselben sind in Kiesumschüttung verlegt und es sind in dieselben 28 Fangbrunnen eingeschaltet, um eventuell mitgenommenen Triebsand ausscheiden zu können. Die Quellenfassungsstränge, deren einzelne Länge verschieden ist und bis zu 2700 m beträgt, werden in 5 Sammelbrunnen zusammengeleitet. Aus diesen wird das Wasser einem Reservoire zugeführt, welches 2225 m von der Stadtgrenze entfernt und 21,7 m über Null des Mainpegels liegt, während das Versorgungsgebiet 6 m bis 7 m über Null liegt. Das Reservoir fasst 2500 cbm und ist gemauert, überwölbt und in den Boden versenkt.

Die Versorgung erfolgt einheitlich für Trink- und Brauchwasser, in einer Druckzone, constant und ohne Anwendung von Hausreservoiren. Der Anschluss der Häuser ist freigestellt; er findet aber nur bei Anwendung von Wassermessern statt. Für Hausleitungen ist kein besonderes Material vorgeschrieben; die Hauptleitungen sind innen asphaltirt. Die Stadt ist kanalisirt; Closeteinlässe sind aber nicht gestattet.

Die gesammte Abgabe an Private betrug 1874: 102 558 cbm, 1875: 125 451 cbm, 1876: 153 433 cbm, 1877: 177 154 cbm, 1878: 182 412 cbm, 1879: 189 949 cbm, 1880: 212 916 cbm. 1880 fand der grösste Monatsgebrauch der Privaten im Juli mit 22 426 cbm, der geringste im Januar mit 13 574 cbm statt. Der Consum am 17. März 1882, bei einem Consum von 18 835 cbm für den ganzen Monat März, betrug von Morgens 6 Uhr bis Abends 6 Uhr im Ganzen 1380 cbm und zwar in den einzelnen Stunden Morgens 6—7: 104,5 cbm, 7—8: 113,5 cbm, 8—9: 102,4 cbm, 9—10: 130,2 cbm, 10—11: 120,9 cbm, 11—12: 135,8 cbm; nachmittags 12—1: 100,0 cbm, 1—2: 119,9 cbm, 2—3: 116,5 cbm, 3—4: 108,6 cbm, 4—5: 102,4 cbm, 5—6: 113,5 cbm.

Die Wassergeld-Einnahme von Privaten belief sich 1874 auf 36 402 M., 1882 aber auf 80 628 M. Ende 1874 waren 371 Private an die Leitung angeschlossen; Ende 1882 betrug deren Zahl 864.

Ueber die Mengen des für öffentliche Zwecke verbrauchten Wassers liegen keine Angaben vor. Es sind vorhanden 74 Freibrunnen mit Selbstabschluss, 162 Hydranten auf 21 500 m Baulänge der Leitungen vertheilt und ein öffentlicher Springbrunnen, welcher im Winter abgestellt wird. Das Strassensprengen geschieht mit aus Hydranten gefüllten Sprengfässern. Besondere Rinnstein- und Kanalspülung findet nicht statt; öffentliche Pissoirs mit Spülung sind nicht vorhanden.

Das Wasser ist ein gutes, reines Trinkwasser, wie durch Untersuchungen bestätigt ist. Der Verbrauch an Wasser beträgt nur etwa die Hälfte des disponiblen Quantums, welches übrigens auch noch durch weitere Zuführungen von Quellwasser vergrössert werden könnte.

537. **Darmstadt** hat 40874 Einwohner.

Die Versorgung erfolgt seit 1881 durch eine einheitliche Anlage, die mit einem Kostenaufwande von 1500000 M. für Rechnung der Stadtgemeinde durch die Firma Aird & Marc in Berlin, vertreten durch ihren Ingenieur Müller, ausgeführt ist. Der jetzige Buchwerth der Anlage beläuft sich auf 1556325 M. und die Maximalleistungsfähigkeit derselben beträgt 4400 cbm bei 22stündiger Maschinenarbeit pro Tag.

Das Wasser wird im Griessheimer Eichwäldchen durch verschiedene Tiefbrunnen erschlossen und durch Dampfkraft auf 91 m Höhe gehoben. Auf der der Pumpstation entgegengesetzten Seite der Stadt und an deren Grenze, 9799 m von ersterer entfernt, liegt ein zweitheiliges Hochreservoir, welches gemauert, überwölbt und in den Boden versenkt ist. Der Inhalt desselben beträgt 4500 cbm. Das Versorgungsgebiet liegt 30 m bis 50 m tiefer als der höchste Wasserstand des Reservoirs.

Die Versorgung erfolgt einheitlich für Brauch- und Trinkwasser, constant und ohne Anwendung von Hausreservoiren. Der Anschluss der Häuser an die Leitung ist facultativ, die Anwendung von Wassermessern dafür aber obligatorisch. Als Material für die Hausleitungen ist geschwefeltes Bleirohr empfohlen. Die Hauptleitungen haben einen inneren Anstrich mit Asphaltlack erhalten. Die Stadt ist theilweise kanalisirt; Haus- und Closeteinlässe in die Kanäle sind nach vorheriger Ablagerung der festen Theile gestattet.

Die gesammte Wasserförderung betrug 1881/82 549241 cbm. Davon sind 267573 cbm an 1375 mit Messern versehene Grundstücke abgegeben. 145330 cbm sind für Füllen und Reinigen von Rohrnetz und Reservoir, sowie auf Verluste zu rechnen. 22328 cbm entfallen auf den Consum von Grundstücken, die das Wasser noch ohne Messer erhielten. Es waren Ende März 1882 im Ganzen von den vorhandenen 2400 Grundstücken 1442 Grundstücke an die Leitung angeschlossen und davon wurden, wie oben angegeben, 1375 nach Messern versorgt. Nach den verschiedenen Consumzwecken getrennt vertheilen sich die 1442 (2400) Anschlüsse (die Zahl in Klammern gibt die überall vorhandene Zahl Betriebe etc.) wie folgt: Privatleute und Gewerbe ohne Wasserbedarf 1232 (1932), Gewerbe mit Wasserbedarf 156 (388), öffentliche Anstalten 9 (15), Fabriken mit Dampfbetrieb 21 (30), desgleichen ohne Dampfbetrieb 3 (10), grössere Gewerbebetriebe 8 (8), Brauer 12 (15), Eisenbahn 1 (1).

Für öffentliche Zwecke sind 8341 cbm und zwar 7495 cbm für Strassensprengen, 300 cbm für Feuerwehrzwecke und 546 cbm für

Kanalspülung verwendet. 21 000 cbm hat die Fontaine am neuen Palais verbraucht und 84 600 cbm sind gelegentlich der Maschinenproben als Ueberlaufwasser verloren worden. Das Sprengen der Strassen geschieht direct aus der Leitung und durch Sprengfässer und hat an 45 Tagen im Jahre stattgefunden. Besondere Rinnsteinspülung findet nicht statt. Für die monatliche Spülung des Rohrnetzes sind 55 776 cbm im Jahre verwendet. Für Feuerlöschzwecke sind 310 Hydranten in ca. 80 m Entfernung mit Selbstentleerung unter Flur aufgestellt, aus denen direct gespritzt wird. Durch einen continuirlich laufenden Freibrunnen sind im Jahre 21 000 cbm abgegeben. Ein öffentlicher Springbrunnen hat 100 cbm im Jahre verbraucht. Oeffentliche Badeanstalten benutzen die Leitung nicht und öffentliche Pissoirs werden nicht daraus gespült.

538. **Bensheim** hat 5891 Einwohner.

Mittheilungen über die Art der Versorgung waren nicht zu erhalten.

b) Provinz Oberhessen.

539. **Giessen** hat 16 855 Einwohner in ca. 1250 Wohnhäusern und 3600 Haushaltungen.

Weitaus die grösste Zahl der Häuser hat Pumpenbrunnen auf den Höfen und es sind ferner 18 solcher zur allgemeinen Benutzung vorhanden. Das Wasserquantum ist stets genügend; jedoch ist dasselbe, wenn auch im Allgemeinen gut, zum Theil von schlechter Qualität, wie kürzlich vorgenommene Untersuchungen noch für 2 öffentliche Brunnen ergeben haben.

Zur Herstellung einer besseren Versorgung haben die Vorarbeiten schon vor einigen Jahren begonnen. Der Plan zur Einführung von Quellwasser mit natürlichem Gefälle zur Speisung der öffentlichen Brunnen, sowie von Hydranten, ist soweit gediehen, dass die Vollendung der Ausführung im Herbst 1883 zu erwarten ist

c) Provinz Rheinhessen.

540. **Mainz** hat 60 905 Einwohner in 2865 Wohnhäusern und 12 400 Haushaltungen.

Zur Versorgung sind an gegrabenen und gesenkten Pumpenbrunnen 50 Stück für die allgemeine Benutzung und ca. 1750 auf privaten Grundstücken vorhanden. Von den öffentlichen Brunnen liefern nur 40 ein zum Genuss brauchbares Wasser.

Es bestehen ferner 4 Leitungen, die mittels gusseiserner, innen meistens asphaltirter Rohrleitungen durch natürliches Gefälle Trinkwasser zuführen, das an öffentlichen Brunnen zur allgemeinen Benutzung gelangt, Privaten aber nicht zugeleitet wird.

Die eine derselben, die Römerthalleitung ist gemeinschaftliches Eigenthum der Stadt und der Militärbehörde. Sie wird aus Quellen gespeist, von deren Wasserquantum letztere 390 cbm, erstere 258 cbm erhält. Dieses Quantum wird zur Speisung von 34 öffentlichen Ventilbrunnen und von 7 Ausläufen in gemeinnützigen Anstalten, ferner für 4 Wasserstrahlen an Laufbrunnen und für 3 Wasserstrahlen für öffentliche Pissoirs benutzt.

Die zweite, die Karthäuserleitung, ist in ihrer Ergiebigkeit sehr schwankend. Sie liefert durchschnittlich 130 Minutenliter und speist 3 Ventilbrunnen, 3 Pumpenbrunnen und 5 Laufbrunnen. Die dritte, die Kapuzinerleitung, speist nur einen Laufbrunnen und ist in ihrer Wassermenge sehr variabel. Die Mombacherthorleitung hat einen Zufluss von ca. 15 Minutenliter und speist 4 Laufbrunnen und einen Pumpenbrunnen.

Das Wasser dieser verschiedenen Leitungen ist, wie durch zu verschiedenen Zeiten vorgenommene Untersuchungen desselben bestätigt ist, gut, das der Römerthalleitung sogar sehr gut und es besteht in der Altstadt ein eigentlicher Wassermangel niemals, wohl aber in der Neustadt.

Ausser vorstehend angeführten Versorgungen besteht noch seit 1863 eine einheitliche Anlage mit einem beschränkten Versorgungsgebiete, die Eigenthum des Dr. August Rautert in Mainz ist. Die Leistungsfähigkeit derselben pro Tag beträgt 2500 cbm; dieselbe wird aber in kurzer Zeit auf 5000 cbm gesteigert sein.

Das Wasser wird innerhalb der Ringmauern der Stadt durch Schachtabteufung und Tiefbohrungen erschlossen. Die Quellen liegen in tertiären Kalkschichten, welche einen Theil des sogenannten Mainzer Beckens, der Höhenwand südwestlich von Mainz, bilden. Das Wasser steht im Brunnenschachte zur Zeit der Ruhe 3,9 m über Null des Mainzer Pegels, ist krystallklar und wird durch Dampfkraft gehoben. Auf einem alten Festungsthurm innerhalb der Ringmauern ist ein schmiedeeisernes Reservoir von 140 cbm Inhalt, 53 m über Null und 200 m von der Gewinnungsstelle entfernt aufgestellt.

Die Versorgung erfolgt constant, einheitlich für Brauch- und Trinkwasser, in einheitlicher Druckzone und ohne Anwendung von Hausreservoiren. Für den Anschluss der Häuser sind Wassermesser obligatorisch. Die Hauptleitungen sind meistens goudronirt. Die Stadt ist kanalisirt mit Hauseinlässen; Closeteinlässe sind aber verboten.

Die gesammte Abgabe betrug 1882 195 185 cbm und zwar während eines Monats am meisten im Juli, nämlich 18 360 cbm und am wenigsten im Februar, nämlich 13 902 cbm. Die grösste Tagesabgabe war 964 cbm (am 12. August), die geringste 343 cbm (am 10. December).

Aus dieser Leitung sind 1882 in den Monaten vom Mai bis August 14 700 cbm zum Strassensprengen entnommen. 4 Ventilbrunnen dienen zur allgemeinen Benutzung und es erhält der Eigenthümer des Wasserwerkes pro Jahr für jeden solchen Brunnen 300 M. 3 Pissoirs mit 9 Ständen werden continuirlich mit täglich 9 cbm Wasser gespült. Oeffentliche Springbrunnen und öffentliche Badeanstalten werden nicht aus der Leitung versorgt. Auch findet aus derselben keine Abgabe für Rinnstein- und Kanalspülung statt.

Ende 1882 waren 449 Häuser an die Leitung angeschlossen. Seit Jahren sind Vorarbeiten für eine einheitliche Versorgung im Gange, ohne dass sie bis jetzt zu einem festen Plane geführt haben Vorläufig ist ein Rohrplan, nach welchem der Ausbau des Stadtrohrnetzes allmählich erfolgen soll, angenommen und es wird die provisorische Speisung dieses Netzes, soweit es streckenweise vollendet sein wird, bis auf weiteres laut Vertrag vom 3. Februar 1883 aus der vorbeschriebenen Dr. Rautert'schen Wasserkunst erfolgen.

541. **Kastel** hat 6169 Einwohner in 500 Wohnhäusern und 1156 Haushaltungen.

Die Versorgung erfolgt aus 6 öffentlichen und 150 privaten Brunnen, die 7,5 m bis zu 37 m tief sind und einen 5 m bis 12,5 m tiefen, aber schwankenden Wasserstand haben. Das Wasser ist als Trinkwasser gut, ausgenommen nach dem Hochwasser, wie durch Untersuchungen desselben nachgewiesen ist. Eine Aenderung der Versorgung ist ein Bedürfniss und es würde eine solche mit Quellwasser sich aus der Erbenheimer Höhe, eine Stunde von der Stadt entfernt, leicht erreichen lassen, wenn die Militärbehörde damit einverstanden wäre.

542. **Bingen** hat 7050 Einwohner in 656 Wohnhäusern.

Die Versorgung erfolgt ausser aus 20 gegrabenen Brunnen zur allgemeinen Benutzung und ca. 150 solcher auf Privatgrundstücken, durch Einleiten von Quellwasser vom östlichen Ende der Stadt her. Dasselbe wird durch natürliches Gefälle mittels goudronirter, gusseiserner Röhren zugeführt. Dieses Wasser wird jedoch Privaten nicht zugeleitet, sondern nur zur allgemeinen Benutzung gestellt. Das Quellwasser ist als Trinkwasser immer gut; das Brunnenwasser ist es jedoch grösstentheils nicht. Die Ergiebigkeit der Quelle verringert sich nur dann, wenn mehrere trockene Jahre aufeinander folgen. Eine Aenderung der Versorgung wird nicht beabsichtigt.

543. **Alzey** hat 5415 Einwohner in 848 Wohnhäusern und 1261 Haushaltungen.

Die Versorgung erfolgt durch 4 öffentliche und 31 private, gegrabene Brunnen und durch Einleiten von Quellwasser aus 800 m Entfernung mittels eiserner Röhren durch natürliches Gefälle. Dieses letztere Wasser dient nur für die allgemeine Benutzung und wird Privatgrundstücken nicht zugeführt. Das Wasser ist durchschnittlich gut; bei anhaltender Dürre tritt jedoch zeitweise ein Mangel ein. Eine Untersuchung des Wassers hat bisher nicht stattgefunden.

544. **Worms** hat 19005 Einwohner in 1834 Wohnhäusern und 4000 bis 4500 Haushaltungen.

Die Versorgung erfolgt ausschliesslich aus Brunnen, die in der Regel bis zum Wasserspiegel gegraben nnd dann gesenkt werden. Dieselben haben je nach der örtlichen Lage 6 m bis zu 16 m Tiefe und 1 m bis 2 m Wasserstand; letzterer schwankt schwach. Neuerdings sind auch einige amerikanische Röhrenbrunnen hergestellt. 77 Brunnen dienen der allgemeinen Benutzung und 200 bis 300 befinden sich auf privaten Grundstücken. Das Wasser ist im Allgemeinen als Trinkwasser gut, wie wiederholte Untersuchungen desselben bestätigt haben, wenngleich einige Male locale Verhältnisse zum Schliessen von Brunnen geführt haben. Die Quantität des Wasser genügt stets und es muss daher das Bedürfniss nach einer besseren Versorgung anderen, dringenden Anforderungen gegenüber vorläufig zurückstehen.

Der die Stadt durchfliessende Eisbach ist stark durch Unrath und Industrieabgänge verunreinigt.

VII. Grossherzogthum Meklenburg-Schwerin.

545. **Rostock** hat 36967 Einwohner in ca. 3200 Wohnhäusern und 8000 Haushaltungen.

Die Versorgung erfolgt seit 1867 durch eine einheitliche Anlage, die vom Ingenieur Kümmel, jetzigem Director der Gas- und Wasserwerke in Altona, für Rechnung der Stadt mit einem Kostenaufwande von 700000 M. hergestellt ist. Die Maximalleistungsfähigkeit der Anlage beträgt 3700 cbm pro Tag.

Das Wasser wird der Warnow in ihrem oberen Theile in unmittelbarer Nähe der Stadt entnommen, auf künstlichen Sandfiltern, deren 3 von zusammen 1365 qm Oberfläche vorhanden sind, gereinigt und mittels Dampfkraft auf 32 m Höhe gehoben. 1378 m von der Pumpstation entfernt ist mitten in der Stadt ein gusseisernes Reservoir von 1080 cbm Inhalt auf künstlichem, gemauerten Unterbau unter Dach aufgestellt.

Die Versorgung erfolgt einheitlich für Trink- und Brauchwasser, constant und ohne Anwendung von Hausreservoiren. Der Anschluss der Häuser ist nicht obligatorisch und es erfolgt die Zahlung für das Wasser nach Schätzung, ausser bei Gewerbtreibenden, für welche die Benutzung von Messern obligatorisch ist. Die Hauptleitungen sind vor dem Verlegen mit keinem inneren Ueberzuge versehen. Für die Hausleitungen sind Bleiröhren vorgeschrieben. Die Stadt ist kanalisirt; Hauseinlässe sind gestattet, Closeteinlässe aber verboten.

Die Gesammtabgabe hat 1881 673 791 cbm betragen. Sie war am grössten im Mai, nämlich 64 690 cbm und am geringsten im Februar, nämlich 48 070 cbm. Die grösste Abgabe an einem Tage betrug 1880 cbm, und die geringste 1330 cbm. Die Abgabe erfolgt nur innerhalb der Stadt.

Von der ganzen Abgabe entfallen 321 468 cbm auf öffentliche Zwecke, 208 530 cbm auf Wasser für den Hausgebrauch und 143 793 cbm auf Wasser für Industrie- und Gewerbebetrieb.

1881 waren 2384 Häuser an die Leitung angeschlossen. 40 Freibrunnen mit Abschlusshähnen dienten der allgemeinen Benutzung. 4 öffentliche Pissoirs waren mit Spülung aus der Leitung versehen. An ca. 70 Tagen im Jahre wurden die Strassen mittels Sprengfässern gesprengt. 250 Hydranten und 2 öffentliche Springbrunnen waren mit der Leitung verbunden.

546. **Wismar** hat 15 518 Einwohner.

Die Stadt wird seit 1863 mit Quellwasser, welches aus 4000 m Entfernung durch natürliches Gefälle zugeleitet wird, sowie durch ungereinigtes Flusswasser, das künstlich gehoben wird, versorgt. Die Anlagen dafür sind Eigenthum der Stadt und haben ca. 185 000 M. gekostet. Eine Erweiterung derselben wird als wünschenswerth bezeichnet.

547. **Bützow** hat 5192 Einwohner in 528 Wohnhäusern und 1319 Haushaltungen.

Die Versorgung erfolgt aus 14 öffentlichen und 69 privaten, gegrabenen Brunnen von 4 m bis 5 m Tiefe mit einem um 1,0 m bis 1,5 m schwankenden Wasserstande. Das Wasser derselben ist als Trinkwasser meistens gut. Eine 1882 stattgehabte Untersuchung der Brunnen hat jedoch mehrere derselben für Trinkwasser als ungeeignet erkennen lassen. Das Brauchwasser wird dem Warnow-Flusse, der unmittelbar an der Stadt vorbeifliesst und in mehreren Armen durch und um die Stadt führt, entnommen. Dasselbe ist im Sommer zeitweise nicht vorwurfsfrei. Wassermangel existirt nicht und die Absicht, eine Aenderung in der Versorgung eintreten zu lassen, liegt nicht vor.

548. **Güstrow** hat 11 997 Einwohner.

Für die Versorgung dienen Brunnen, die meistens hartes Wasser liefern, deren 12 in der Stadt und 30 in den 4 Vorstädten sich befinden. Ferner wird durch zwei getrennte Leitungen Wasser künstlich zugeleitet.

Die eine Leitung dient für die eine Hälfte der inneren Stadt und entnimmt das Wasser aus dem Gevier-Mühlbache, dem Ausflusse eines nahe bei der Stadt gelegenen, grösseren Landsees. Die Leitung hat 1000 m Länge und versorgt durch natürliches Gefälle einige öffentliche Ausläufe. Das Wasser ist auch in einige Privatgrundstücke eingeleitet.

Für die andere Leitung, die Nebelleitung, wird das Wasser der Nebel oberhalb der Mühlthor'schen Mühle entnommen und durch ein mit Wasserkraft getriebenes Pumpwerk in ein in einem Thurme aufgestelltes, hölzernes Reservoir gehoben, von wo es zur Vertheilung an verschiedenen öffentlichen Ausläufen und in 50 bis 60 Privathäusern durch Kaliberhähne gelangt. Die Anlage stammt aus den 30er Jahren und es war schon vor mehreren Jahren das Bedürfniss, das Druckwasser auch den höheren Theilen der Stadt zuzuführen, als ein dringendes erkannt und dahingehende Unterhandlungen im Gange, über deren Resultat jedoch keine weitere Mittheilungen vorliegen.

549. **Tetrow** hat 5675 Einwohner in 750 Wohnhäusern und ca. 2000 Haushaltungen.

Die Versorgung erfolgt seit 1864 durch eine von der Stadt hergestellte Quellwasserversorgung, welche 120 000 M. gekostet hat. Das Wasser wird am Köthel'schen Holze an der Friedr.-Franz-Bahn, 2000 m von der Stadt entfernt, gefasst und mittels einer gusseisernen und einer Thonrohrleitung durch natürliches Gefälle einem 2,2 m tiefer als der Gewinnungspunkt und 1150 m davon entfernt liegenden, gemauerten und überwölbten Reservoire zugeführt, welches 800 m von der Stadt entfernt und ca. 15 m höher als diese liegt.

Die Versorgung erfolgt einheitlich für Brauch- und Trinkwasser. Die Leitung speist innerhalb der Stadt 10 Freibrunnen mit 160 cbm in. 24 Stunden und es ist fast jedes Haus, jedoch nur im unteren Stockwerke, mit einer Einführung versehen. Für die Hausleitungen sind Bleiröhren verwendet. Das Wassergeld wird nach dem Miethwerthe mit 3,50 M. bis 28,50 M. pro Jahr und für Bierbrauer mit doppelt so viel gezahlt. Der gesammte Verbrauch an Wasser beträgt 794 cbm pro 24 Stunden; die Ergiebigkeit der Quelle beläuft sich aber auf über 2000 cbm.

Das Wasser ist als Trinkwasser gut, hat jedoch wenig Kohlensäure. Die Temperatur desselben ist constant 7°. Es hat schon einige Male eine plötzliche Trübung des Wassers durch Lehmmassen stattgefunden. Allwöchentlich findet eine Spülung der Leitungen statt.

550. **Malchin** hat 6075 Einwohner in 720 Wohnhäusern und ca. 1500 Haushaltungen.

Für die Versorgung bestehen 35 öffentliche und 25 private Brunnen von 7 m bis zu 22 m Tiefe. Das Wasser ist quantitativ genügend und als Trinkwasser gut, wie theilweise Untersuchungen desselben bestätigt haben.

551. **Schwerin** hat 30146 Einwohner in 1857 Wohnhäusern.

Die Versorgung erfolgt ausschliesslich durch gegrabene und gesenkte Brunnen. Es sind deren 62 für die allgemeine Benutzung vorhanden. Die Zahl der Brunnen auf den Privatgrundstücken ist nicht bekannt. Dieselben sind von sehr verschiedener Tiefe und haben einen stark schwankenden Wasserstand. Das Wasser derselben ist, einzelne Brunnen ausgenommen, meist als Trinkwasser brauchbar. Untersuchungen desselben haben zu sehr verschiedenen Resultaten geführt. Ein Wassermangel tritt nie ein. Die Absicht zu einer einheitlichen Versorgung liegt wohl vor; ein dringendes Bedürfniss ist es aber nicht. Es existiren dafür bereits verschiedene Projecte.

552. **Parchim** hat 9063 Einwohner in 1023 Wohnhäusern und 2105 Haushaltungen.

Die Versorgung erfolgt ausser aus der den Ort durchfliessenden Elde durch Pumpenbrunnen, deren 20 bis 30 der allgemeinen Benutzung dienen und deren Wasser theilweise quantitativ und qualitativ als Trinkwasser genügt. Untersucht ist dasselbe nicht. Die Zahl der Privatbrunnen ist nicht angegeben. Die Absicht nach einer Aenderung liegt nicht vor.

553. **Ludwigslust** hat 6269 Einwohner.

Die Versorgung erfolgt ausschliesslich aus privaten, gegrabenen und gesenkten Brunnen von 2 m bis 6 m Tiefe mit constantem Wasserstande; es sind deren ca. 100 Stück vorhanden. Das Wasser derselben ist als Trinkwasser gut und genügend. Ersteres ist durch Untersuchungen bestätigt.

554. **Waren** hat 6389 Einwohner in 498 Wohnhäusern und ca. 1600 Haushaltungen.

Die Versorgung erfolgt ausschliesslich aus gegrabenen und gesenkten Brunnen von 4 m bis 12 m Tiefe mit 3 m bis 10 m tiefem Wasserstande. 20 Brunnen dienen der allgemeinen Benutzung und 16 befinden sich auf Privatgrundstücken. Der Wasserstand derselben ist ein nur wenig schwankender und die Quantität ist stets genügend. Qualitativ ist das Wasser verschieden; untersucht ist dasselbe jedoch nicht. Der Ort wird durch einen Bach, der zwei Seen verbindet, durchschnitten. Ein Bedürfniss nach einer anderen Versorgung liegt nicht vor.

VIII. Grossherzogthum Sachsen-Weimar.

555. **Eisenach** hat 18624 Einwohner in 1600 Wohnhäusern und 3720 Haushaltungen.

Die Versorgung erfolgt seit 1874 durch eine Quellwasserversorgung, die vom Director Fried. Ziegler dort für Rechnung der Stadt mit einem Kostenaufwande von 496500 M. hergestellt ist. Der jetzige Buchwerth der Anlage beträgt 458800 M. Die tägliche Maximalleistungsfähigkeit derselben in ihrem jetzigen Zustande beläuft sich auf 2400 cbm.

Das Wasser wird dem Farnrodaer Quellgebiete, welches 7950 m von Eisenach und 250 m vom nächsten Wasserlaufe, dem Erbstrom, entfernt liegt, theils aus natürlich austretenden Quellen entnommen, theils durch gesenkte Brunnenschächte erschlossen. Dasselbe wird mittels gusseiserner Röhren, die innen asphaltirt sind, von dem Quellhause aus, welches 68 m höher als das städtische Terrain liegt, durch natürliches Gefälle zugeleitet. In der Stadt selbst befindet sich ein gemauertes, überwölbtes und in den Boden versenktes Reservoir von 740 cbm Inhalt.

Die Versorgung erfolgt einheitlich für Trink- und Brauchwasser, constant und ohne Anwendung von Hausreservoiren. Die Hausanschlüsse und Wassermesser für solche sind nicht obligatorisch. Für das Hauswasser wird meistens 5% des eingeschätzten Miethwerthes bezahlt. Für Hausleitungen werden fast ausnahmslos Bleirohre angewendet. Die Stadt ist theilweise kanalisirt und mit Hauseinlässen versehen; die Einlässe von Closets sind nur bedingungsweise erlaubt.

Die gesammte Wasserabgabe hat 1882 876 000 cbm betragen. Dieselbe findet ausser für die Stadt auch für 3 Dörfer durch je 3 laufende Brunnen statt.

Das Strassensprengen geschieht durch aus der Leitung gefüllte Sprengfässer während ca. 100 Tagen im Jahre täglich 2 mal. Rinnsteinspülung findet je nach Bedürfniss aus den Hydranten statt. Die Kanäle werden monatlich und das Rohrnetz jährlich einmal gespült. Für Feuerlöschzwecke sind 285 Hydranten unter Flur, mit Selbstentleerung versehen, in 80 m bis 100 m Entfernung aufgestellt, aus denen direct gespritzt wird. Es sind 5 continuirlich laufende und 6 intermittirend laufende, mit Patentverschluss versehene Brunnen vorhanden. Eine öffentliche Fontaine spielt im Jahre 200 Tage Tag und Nacht. Oeffentliche Pissoirs mit Spülung existiren nicht.

An die Leitung waren 1882 1200 Häuser mit 2790 Haushaltungen und 15000 Bewohnern angeschlossen. 4 Wassermotoren von zusammen 5 Pferdekräften sind in Gebrauch. 50 Badeeinrichtungen, 35 Closets, 42 Privatpissoirs mit 90 m Standlänge und 21 Privatspringbrunnen sind in Benutzung.

556. **Weimar** hat 19 944 Einwohner.

Sämmtliche städtische und eine Anzahl fiscalischer Brunnen werden durch Quellen gespeist, die 1000 m bis 2000 m von der Stadt entfernt gefasst sind und deren Wasser mittels eiserner und Thonröhren durch natürliches Gefälle zugeführt wird. In der alten Stadt fliesst das Wasser durch Laufständer aus; in den neuen, höher gelegenen Theilen sind Pumpenbrunnen dafür vorhanden.

Für eine einheitliche Versorgung ist augenblicklich eine Quellwasserleitung für Rechnung der Stadt in Ausführung begriffen.

557. **Apolda** hat 15 630 Einwohner in 1372 Wohnhäusern und 3813 Haushaltungen.

Für die Versorgung sind ausser verschiedenen gegrabenen Brunnen auf Privatgrundstücken 14 solcher für die allgemeine Benutzung vorhanden. Dieselben haben 4 m bis 5 m Tiefe und einen 1,5 m bis 2,5 m tief liegenden Wasserstand, welcher sich constant hält.

Seit 1876 erfolgt die Versorgung durch eine einheitliche Anlage, die nach dem Projecte des Geh. Baurath Henoch in Gotha für Rechnung der Stadt durch die Unternehmer J. & A. Aird in Berlin mit einem Kostenaufwande von 170 876 M. hergestellt ist. Die Leistungsfähigkeit der Anlage beträgt in ihrem jetzigen Zustande 250 cbm pro Tag.

Das Wasser wird der 2400 m von der Stadt entfernt entspringenden Apfelbachquelle und ferner beim Dorfe Schöten, 2800 m von Apolda und 15 m bis 20 m vom nächsten Wasserlaufe entfernt, aus dem Grundwasser entnommen. Dasselbe wird mittels gusseiserner Röhren in zwei besonderen Leitungen durch natürliches Gefälle je einem Reservoire zugeführt. Diese Reservoire sind gemauert, überwölbt und in den Boden versenkt hergestellt. Sie liegen 100 m resp. 550 m von der Stadt und 2600 m resp. 3490 m von den Bezugsorten des Wassers entfernt. Sie fassen 108 cbm resp. 140 cbm und ihr höchster Wasserstand liegt 18 m resp. 44,5 m höher als die Stadt.

Die Versorgung erfolgt einheitlich für Brauch- und Trinkwasser und constant. Für die Anschlüsse der Häuser, die facultativ sind, ist die Anwendung von Wassermessern obligatorisch. Für die Hausleitungen sind Bleiröhren vorgeschrieben. Die Hauptleitungen sind zum Theil im Inneren asphaltirt, zum Theil ohne inneren Ueberzug. Der Ort ist nicht kanalisirt.

Ueber die Verbrauchsquantitäten liegen Angaben weder im Ganzen noch im Einzelnen vor. Für Feuerlöschzwecke sind in 100 m bis 150 m Entfernung 88 Hydranten mit Selbstentleerung aufgestellt, aus denen direct gespritzt wird. Ein öffentlicher Springbrunnen und 49 Freibrunnen mit Selbstabschluss sind vorhanden.

53 Häuser mit ca. 105 Haushaltungen waren 1882 an die Leitung angeschlossen und verbrauchten 10 754 cbm Wasser im Jahre. Für gewerbliche Zwecke sind im Jahre im Ganzen 5591 cbm an drei Consumenten abgegeben.

Das Wasser ist als Trinkwasser dauernd gut. Im Sommer treten die Quellen etwas zurück und es liegt die Absicht einer allmählichen Vergrösserung der Anlage vor.

558. **Jena** hat 10 337 Einwohner.

Die Versorgung mit Trinkwasser erfolgte früher durch Quellen aus dem Mühlthale. Seit 1878 ist eine für Rechnung der Stadt vom Geh. Baurath Henoch in Gotha hergestellte Versorgung in Benutzung, deren erste Anlage 215 000 M. gekostet hat. Der jetzige Buchwerth derselben beträgt 240 000 M.

Das Wasser wird ca. 6000 m von der Stadt entfernt auf der Ammerbacher Flur aus 5 natürlich austretenden, neben einander liegenden Quellen in einem Sammelbrunnen zusammengeleitet und ohne vorherige künstliche Reinigung durch natürliches Gefälle einem 300 cbm fassenden Reservoire, welches gemauert, überwölbt und in den Boden versenkt ist, zugeleitet. Dasselbe liegt 4800 m von den Quellen und 1000 m von der Stadt entfernt.

Das Wasser wird einheitlich als Brauch- und Trinkwasser zugeführt. Für die Hausanschlüsse, die nicht obligatorisch sind, wird der Wasserverbrauch nach Schätzung festgestellt bezahlt. Die Hauptleitungen haben keinen inneren Ueberzug vor dem Verlegen erhalten. Die Stadt ist theilweise kanalisirt und mit Hausanschlüssen versehen, jedoch ohne Closeteinlässe.

Die Wasserabgabe hat 1882 im Ganzen ca. 75 500 cbm betragen. Davon sind 18 230 cbm an die Gemeinde Ammerbach und 21 900 cbm an die Landesheilanstalt abgegeben. Für Strassensprengen mittels Sprengfässern, die einzige öffentliche Benutzung des Wassers, sind im Jahre 800 cbm verwendet.

Für Privatzwecke sind ca. 36 000 cbm an 270 Häuser mit 267 Haushaltungen abgegeben, in denen sich 30 Badeeinrichtungen, 20 Closets und 5 Privatpissoirs befanden.

Die Temperatur des Wassers ist fast constant 8°, höchstens um 0,1° schwankend. Untersuchungen des Wassers werden regelmässig vom Professor Reichardt dort vorgenommen.

559. **Neustadt a. O.** hat 5186 Einwohner in 575 Wohnhäusern und 1286 Haushaltungen.

Für die Versorgung sind 15 öffentliche und ca. 100 private Brunnen vorhanden. Ausserdem wird das Wasser einer 1700 m von der Stadt entfernt entspringenden Quelle, der Bouteillequelle mittels hölzerner Röhren durch natürliches Gefälle zugeführt und an 3 öffentlichen Ausläufen zur allgemeinen Benutzung gestellt, auf Privatgrundstücke jedoch nicht eingeleitet. Das Quellwasser ist, wie Untersuchungen bestätigt haben, viel reiner als das Brunnenwasser.

560. **Weida** hat 5238 Einwohner in 474 Wohnhäusern und 1328 Haushaltungen.

Die Versorgung erfolgt durch gegrabene Brunnen, deren eine grössere Zahl auf Privatgrundstücken und 5 für den öffentlichen Gebrauch vorhanden sind. Dieselben haben 12,5 m bis 15 m Tiefe und einen schwankenden Wasserstand. Dieses Brunnenwasser wird meistens als Trinkwasser benutzt. Ferner wird der Altstadt und der Neustadt in zwei getrennten Leitungen aus 1250 m Entfernung ausserhalb des Ortes angesammeltes Tageswasser und Quellwasser mit natürlichem Gefälle zugeführt, jedoch nur zur allgemeinen Benutzung, nicht auf Privatgrundstücke eingeleitet. In den Jahren 1880 und 1881 sind die alten, hölzernen Röhren mit einem Kostenaufwande von 130000 M. zum grössten Theile durch gusseiserne ersetzt und seitdem tritt ein Mangel an Wasser nicht mehr ein. Die jetzige Versorgung zu ändern liegt keine Absicht vor.

IX. Grossherzogthum Meklenburg-Strelitz.

561. **Neubrandenburg** hat 8406 Einwohner in 700 Wohnhäusern.

Die Versorgung erfolgt ausschliesslich aus gegrabenen Brunnen. Es sind solcher 10 für die allgemeine Benutzung und ca. 300 Stück auf Privatgrundstücken vorhanden. Das Wasser ist durchschnittlich gut. Untersuchungen desselben haben nicht stattgefunden. Wassermangel tritt nie ein und das Bedürfniss nach einer Aenderung liegt nicht vor.

562. **Friedland** hat 5452 Einwohner.

Die Versorgung erfolgt durch 213 gegrabene Brunnen, von denen 27 zur allgemeinen Benutzung dienen und 186 sich auf privaten Grundstücken befinden. Dieselben haben ca. 8 m Tiefe und einen constanten Wasserstand. Ausserdem wird mittels hölzerner Röhren aus 800 m Entfernung durch natürliches Gefälle Quellwasser zugeleitet, welches jedoch nicht in die Privatgrundstücke eingeleitet wird, sondern nur für die allgemeine Benutzung dient. Das Wasser ist als Trinkwasser gut, wenngleich Untersuchungen desselben nicht stattgefunden haben. Es ist nie Mangel daran und daher auch die Absicht zu einer Aenderung nicht vorhanden.

563. **Neustrelitz** hat 9407 Einwohner in 404 Wohnhäusern und 2295 Haushaltungen.

Für die Versorgung bestehen nur gegrabene und gebohrte Brunnen von 3 m bis 9 m Tiefe, deren Wasserstand constant ist. Für die allgemeine Benutzung dienen 32 derselben und 102 befinden sich auf privaten Grundstücken. Das Wasser ist als Trinkwasser gut, wie Untersuchungen desselben bestätigt haben. Dasselbe ist quantitativ stets genügend, so dass ein Bedürfniss nach einer Aenderung nicht vorliegt.

Für die Fontainen im Schlossgarten, sowie für das Strassensprengen und für Löschzwecke soll ferner eine künstliche Leitung bestehen, über welche jedoch nähere Mittheilungen fehlen.

X. Grossherzogthum Oldenburg.

564. **Oldenburg** hat 18416 Einwohner in 2260 Wohnhäusern und 4100 Haushaltungen.

Die Versorgung erfolgt grösstentheils aus gegrabenen Brunnen, von denen ca. 2000 Stück vorhanden sind. Ferner sind in den letzten Jahren etwa 50 abyssinische Brunnen geschlagen. Theilweise wird auch das Regenwasser in gemauerten und cementirten Regenwassercysternen gesammelt und benutzt. Das Wasser der einzelnen Brunnen ist sehr verschieden, da der Untergrund der Stadt wechselnd aus Sand, Lehm, Thon und Moor besteht. In einzelnen Stadttheilen ist ein zeitweiser Mangel an Wasser vorhanden. Für eine einheitliche Versorgung liegt ein fester Plan vor, dessen Ausführung aber noch nicht in Angriff genommen ist.

XI. Herzogthum Braunschweig.

565. **Braunschweig** hat 75038 Einwohner.

Die Versorgung erfolgt seit 1865 durch eine städtische Anlage, die vom Oberingenieur Clauss dort mit einem Kostenaufwande von 833773 M. hergestellt ist. Der jetzige Buchwerth der Anlage beträgt 1272335 M. und die jetzige Maximalleistungsfähigkeit derselben pro Tag 17000 cbm.

Die Entnahme des Wassers erfolgt 700 m oberhalb der Stadt aus der Ocker. Das Wasser wird durch Klärung und künstliche Sandfiltration in einem Filter von 1408 qm Filterfläche gereinigt und dann durch Dampfkraft auf 41 m Höhe gehoben. Ein Reservoir ist nicht vorhanden, wohl aber ein Standrohr.

Das Wasser wird gleichzeitig als Trink- und Brauchwasser benutzt und constant, unter einheitlichem Drucke und ohne Anwendung von Hausreservoiren abgegeben. Weder Hausanschlüsse noch Wassermesser sind obligatorisch. Die Zahlung des Hauswassers erfolgt nach Schätzung. Die Hauptleitungen haben einen inneren und äusseren Goudronüberzug erhalten. Für die Hausleitungen sind Röhren von Blei und von Gusseisen vorgeschrieben. Die Stadt ist theilweise kanalisirt und es sind Hauseinlässe in die Kanäle hergestellt. Die Anlage von Closeteinlässen unterliegt der besonderen Entscheidung der Polizei.

Die gesammte Wasserabgabe hat 1881 3763901 cbm betragen. Der Monatsconsum war am grössten im Juli, nämlich 399985 cbm und am geringsten im Februar, nämlich 248699 cbm. Die Maximaltagesabgabe belief sich auf 16020 cbm und die Minimaltagesabgabe auf 6872 cbm. Der grösste stündliche Consum betrug 857 cbm und der geringste 168 cbm.

Für öffentliche Zwecke sind 1881 316400 cbm abgegeben. Das Wasser für öffentliche Gebäude wird wie das für Private bezahlt. Das Strassensprengen findet, allerdings nicht auf alle Strassen ausgedehnt, 2 mal täglich mittels Sprengwagen statt. Rinnsteinspülung erfolgt im Herbst und im Frühjahr 2 mal wöchentlich und im Sommer täglich aus Hydranten mittels Schläuchen. Directe Kanalspülung findet nur auf besondere Veranlassung statt. Eine Rohrnetzspülung erfolgt, da es bei den bisherigen Einrichtungen nicht möglich ist, stets filtrirtes Wasser zu liefern, häufiger je nach Bedarf. 467 Hydranten sind unter Flur in ca. 100 m Entfernung aufgestellt und werden zum directen Spritzen bei Feuersgefahr benutzt. Es sind 4 öffentliche Freibrunnen, die continuirlich laufen, vorhanden. 2 öffentliche Springbrunnen spielen täglich in den Morgenstunden von 6 bis 8 Uhr und Sonntags den ganzen Tag. 2 Privatbadeanstalten für den allgemeinen Gebrauch erhalten Leitungswasser, durch Messer abgegeben. 9 öffentliche Pissoirs sind mit continuirlicher Spülung versehen.

Für Privatzwecke sind 1881 2976683 cbm abgegeben. Es waren 3193 Häuser mit 51088 Bewohnern an die Leitung angeschlossen. Darin befanden sich 320 Badeeinrichtungen, 1637 Closets, 147 Pissoirs und 129 Springbrunnen. Durch 39 Messer sind 154418 cbm im Jahre entnommen.

566. **Wolfenbüttel** hat 12131 Einwohner.

Die Versorgung erfolgt aus 18 gegrabenen Flachbrunnen von 6 m bis 8 m Tiefe mit einem sehr stark schwankenden Wasserstande von 2,3 m bis 4 m Tiefe. Ferner sind 7 gebohrte Tiefbrunnen von 50 m bis 58 m Tiefe vorhanden. Das Wasser der Tiefbrunnen ist sehr gut; das der Flachbrunnen ist nicht durchgängig gut. Eine Untersuchung des Wassers der verschiedenen Brunnen hat zu dem Schliessen einiger derselben geführt. Eine andere Art der Versorgung einzuführen, liegt eine Absicht nicht vor.

567. **Helmstedt** hat 8684 Einwohner in 802 Wohnhäusern und 2028 Haushaltungen.

Die Versorgung erfolgt durch Pumpenbrunnen, die gesenkt sind und deren Wasserstand nur wenig schwankt. Es sind solcher für die allgemeine Benutzung 15 Stück vorhanden; die Zahl der Privatbrunnen ist nicht bekannt. Ausserdem wird durch natürliches Gefälle mittels gusseiserner Röhren das Wasser von 4 Quellen aus 500 m bis 2000 m Entfernung 12 öffentlichen Lauf- und 16 öffentlichen Pumpenbrunnen zugeführt und, auf 124 Privatgrundstücken eingeleitet, für Haus- und Gewerbezwecke abgegeben. Endlich durchfliesst auch ein Bach den Ort. Die Versorgung ist genügend. Das Brunnenwasser ist als Trinkwasser gut, wie durch Untersuchungen nachgewiesen ist. Eine Aenderung in der Versorgung wird daher nicht beabsichtigt.

568. **Schöningen** hat 6615 Einwohner in 564 Wohnhäusern und 1536 Haushaltungen.

Die Versorgung erfolgt aus gegrabenen Brunnen, deren 11 für die allgemeine Benutzung vorhanden sind. Die Zahl derjenigen auf Privatgrundstücken ist nicht angegeben. Das Wasser der ersteren ist als Trinkwasser zu benutzen, das der letzteren, die meistens von geringer Tiefe sind, ist bei der grösseren Zahl als Trinkwasser unbrauchbar. Das Brauchwasser wird einem Bache entnommen, der den Ort in der ganzen Länge durchfliesst. Wassermangel tritt nie ein; das Bedürfniss nach einer einheitlichen Versorgung hat indess zu einem festen Plane für dieselbe geführt, über dessen Bauausführung jedoch noch keine Mittheilungen vorliegen.

569. **Holzminden** hat 7801 Einwohner in 656 Wohnhäusern und 1478 Haushaltungen.

Für die Versorgung bestehen 17 öffentliche und 205 private Pumpenbrunnen, von denen 221 gegraben und einer gesenkt ist. Dieselben haben 6 m bis 14 m Tiefe und einen 3 m bis 12 m tiefen, constanten Wasserstand. Das Wasser ist als Trinkwasser durchschnittlich gut und stets genügend. Ausserdem ist das Wasser eines Flusses durch offene Gräben und gedeckte Kanäle durch die Stadt geleitet. Für eine bessere Versorgung liegt ein Plan vor, an dessen Ausführung jedoch noch nicht herangetreten ist.

570. **Blankenburg** hat 5117 Einwohner in 470 Wohnhäusern und 1043 Haushaltungen.

Für die Versorgung bestehen gegrabene Brunnen, die nicht aus dem Grundwasser, sondern aus einem den Ort durchziehenden Mühlgraben gespeist werden. Ausserdem sind 2 gebohrte Brunnen vorhanden. Das Wasser ist im Allgemeinen als Trinkwasser gut, wie durch Untersuchungen desselben bestätigt ist. Seit 1882 erfolgt die Versorgung durch eine von dem Hoflieferanten Lüning in Braunschweig für Rechnung der Stadtgemeine mit einem Kostenaufwande von 116000 M. hergestellte Anlage.

Das Wasser wird 3000 m von der Stadt entfernt auf der Schöthwiese südlich von Hüttenrode aus zu Tage austretenden Quellen gesammelt und durch natürliches Gefälle mittels gusseiserner Rohrleitungen einem Reservoire von 250 cbm Inhalt zugeführt, welches in Beton hergestellt und überwölbt ist. Dasselbe liegt 2730 m vom Gewinnungspunkte des Wassers und 270 m von der Stadt entfernt und 54 m höher als letztere.

Der Anschluss der Häuser ist facultativ und es sind Wassermesser dafür nicht vorgeschrieben. Für die Hausleitungen werden Bleiröhren benutzt. Die Hauptleitungen sind innen mit Angus Smith'schem Anstriche versehen. Nur einzelne Strassen der Stadt sind kanalisirt; Hauseinlässe sind gestattet; Closeteinlässe bedürfen jedoch der Genehmigung der vorgesetzten Behörde.

79 Hydranten sind in 80 m bis 100 m Entfernung unter Flur, mit Selbstentleerung versehen, aufgestellt und werden zum Spritzen direct benutzt. 2 Freibrunnen dienen dem allgemeinen Gebrauche. Im Uebrigen findet eine Abgabe von Wasser für öffentliche Zwecke nicht statt.

307 Privatgrundstücke, von denen auf 29 das Wasser auch zum Gewerbebetriebe benutzt wird, sind angeschlossen. In denselben befinden sich 10 Badeeinrichtungen, 15 Closets und 2 Privatspringbrunnen. Ueber die Wassermengen im Ganzen und für bestimmte Verbrauchszwecke fehlen speciellere Angaben. Das Wasser ist sehr gut, wie durch Untersuchungen constatirt ist.

XII. Herzogthum Sachsen-Meiningen.

571. **Meiningen** hat 11 227 Einwohner in 721 Wohnhäusern und 2348 Haushaltungen.

Die Versorgung erfolgt durch Einleiten von Quellwasser aus Entfernungen bis auf 2000 m durch natürliches Gefälle mittels Röhren aus Eisen und Thon. Das Wasser ist als Trinkwasser stets gut, vorübergehende Trübung bei Reparaturarbeiten ausgenommen. In trockenen Jahren tritt auch ein zeitweiser Mangel ein. Das Bedürfniss nach einer einheitlichen Versorgung, namentlich für die entlegeneren Stadttheile, liegt wohl vor; dessen Befriedigung ist aber noch nicht ernstlich ins Auge gefasst.

572. **Hildburghausen** hat 5453 Einwohner in 586 Wohnhäusern und 1218 Haushaltungen.

Die Versorgung erfolgt durch Quellwasser, welches durch natürliches Gefälle, ca. 1/2 Stunde von der Stadt entfernt, gefasst und mittels Thon- und Cementröhren zugeleitet wird. Es gelangt an 22 öffentlichen, sowie an 10 privaten, laufenden Ständern in der Stadt zum Ausflusse. Das Wasser wird als sehr gutes Trinkwasser bezeichnet, wie solches auch eine 1877 vorgenommene Untersuchung desselben bestätigt hat. Auch ist dasselbe in stets genügender Menge vorhanden.

573. **Pössneck** hat 7069 Einwohner in 665 Wohnhäusern und 1763 Haushaltungen.

Ausser aus 3 öffentlichen Pumpenbrunnen erfolgt die Versorgung durch mit natürlichem Gefälle eingeleitetes Quellwasser. Die entferntesten Quellen liegen in 3500 m Abstand von der Stadt. Der grösste Theil der Zuleitungen besteht aus Steingutröhren; doch sind auch 800 m gusseiserne und 100 m Bleiröhren dazu verwendet. Das Wasser kommt innerhalb der Stadt in 30 Brunnenbottichen für die allgemeine Benutzung zum Auslaufe. Das Wasser von den Ueberläufen der Bottiche wird Privatgrundstücken zum Hausgebrauche zugeleitet. Das Wasser ist recht gut, wie 1877 vorgenommene Untersuchungen desselben bestätigt haben. 1873 ist die Ergiebigkeit der Quellen auf ihr Minimum gesunken, nämlich auf 150 cbm bis 200 cbm pro 24 Stunden, ohne dass desshalb ein Mangel an Wasser fühlbar geworden wäre. Für Gewerbebetrieb wird ferner das Wasser eines Baches benutzt. Der Wunsch nach einer einheitlichen Versorgung ist nur theilweise vorhanden.

574. **Saalfeld** hat 7458 Einwohner in 749 Wohnhäusern und 1524 Haushaltungen.

Die Versorgung erfolgt durch Zuleitung von Quellwasser aus 2760 m resp. 1810 m Entfernung von der Stadt mittels Röhren von Eisen und Thon durch natürliches Gefälle. 32 Privatgrundstücke sind zum Hausgebrauche und 5 zum Gewerbebetriebe an die Leitung angeschlossen. Das Wasser ist gut, in trockenen Jahren aber mitunter nicht genügend. Es ist daher die Anlage einer besseren Versorgung ins Auge gefasst, welche voraussichtlich 1884 in Betrieb kommen wird.

575. **Sonneberg** hat 8860 Einwohner.

Ueber die Art der Versorgung war keine Auskunft zu erhalten.

XIII. Herzogthum Sachsen-Altenburg.

576. **Altenburg** hat 26 241 Einwohner in ca. 1700 Wohnhäusern und über 6000 Haushaltungen.

Die Versorgung erfolgt seit 1867 durch eine einheitliche Anlage, die vom Geh. Baurath Henoch in Gotha für Rechnung der Stadt mit einem Kostenaufwande von 503 634 M. hergestellt ist und eine Maximalleistungsfähigkeit von 1500 cbm pro Tag hat. Seit 1876 ist ferner eine zweite von demselben Herrn erbaute Reserveanlage in Benutzung, die 167 341 M. gekostet hat und eine Maximalleistung von 450 cbm pro Tag besitzt. Beide Versorgungen zusammen haben demnach 670 975 M. gekostet und können 1950 cbm pro Tag liefern.

Die erstere Anlage entnimmt Quell- und Drainagewasser in 10 000 m Entfernung von der Stadt einem 1190 ha grossen Sammelgebiete mittels 112 Brunnen von 3 m bis 4 m Tiefe in den Thälern von Trefula, Mohlis und Greicha bei der Stadt Schmölln und führt solches der Stadt durch natürliches Gefälle zu. Für die zweite Anlage wird Grundwasser aus einem Schachtbrunnen von 18 m Tiefe, der 10 m vom sogenannten deutschen Bache entfernt abgeteuft ist, erschlossen. Die Gewinnungsstelle liegt 1560 m von der Stadt entfernt und das Wasser wird mittels Dampfkraft künstlich auf 45 m Höhe gehoben. Für jede der beiden Anlagen sind getrennte, gemauerte und überwölbte Reservoire vorhanden. Das für die ältere Anlage ist zweitheilig, fasst 2860 cbm und liegt 7500 m von der Stadt und 4500 m vom Gewinnungspunkte entfernt. Das der Reserveanlage fasst 360 cbm, liegt 280 m von der Stadt entfernt und befindet sich auf der dem Gewinnungspunkte entgegengesetzten Seite.

Die Versorgung erfolgt einheitlich für Brauch- und Trinkwasser, constant und ohne Hausreservoire. Der Anschluss der Häuser ist facultativ. Wassergeld dafür wird bei den älteren Anschlüssen nach Schätzung, bei den neueren aber nach Messern bestimmt gezahlt. Die Hauptleitungen sind innen asphaltirt; für die Hausleitungen sind Bleiröhren vorgeschrieben. Die Stadt ist kanalisirt; Hauseinlässe und Closeteinlässe sind erlaubt.

Ueber die abgegebenen Wassermengen liegen weder im Ganzen, noch für die einzelnen Gebrauchszwecke Angaben vor. Das Strassensprengen geschieht durch Sprengfässer. Für Kanal- und Rinnsteinspülung sowie für Spülung des Rohrnetzes findet eine Wasserabgabe nicht statt. Es sind 34 Freibrunnen mit Selbstabschluss und eine öffentliche Fontaine, die im Sommer des Sonntags ca. 10 Stunden spielt, an die Leitung angeschlossen. 2 öffentliche Pissoirs erhalten continuirliche Spülung aus der Leitung. 121 Hydranten, mit Selbstentleerung versehen, sind unter Flur aufgestellt und werden direct zum Spritzen benutzt. Für öffentliche Badeanstalten findet eine Wasserabgabe nicht statt.

900 Häuser sind an die Leitung angeschlossen, davon 220 auch zu Gewerbezwecken. 460 Häuser erhalten das Wasser nach Messern. 1876 waren in den Privatgrundstücken 16 Closets, 60 Badeeinrichtungen, 12 Pissoirs, 43 Springbrunnen und 3 Wassermotoren von zusammen 3 Pferdekräften vorhanden.

Das Wasser ist als Trinkwasser gut, wie Untersuchungen des Professors Reichardt in Jena bestätigt haben, und es existirt niemals ein Mangel daran.

577. **Eisenberg** hat 6277 Einwohner.

Ueber die Versorgung war es nicht möglich, irgend welche Auskunft zu erlangen.

578. **Schmölln** hat 6394 Einwohner.

Ueber die Versorgung war keine Auskunft zu erlangen.

579. **Ronneburg** hat 5485 Einwohner in 1289 Wohnhäusern und 1474 Haushaltungen.

Zur Versorgung dienen gegrabene Brunnen, deren 3 für die allgemeine Benutzung vorhanden sind; die Zahl derjenigen auf Privatgrundstücken ist nicht bekannt. Die Hauptversorgung erfolgt mit künstlich eingeleitetem Quellwasser durch eine der Stadt gehörige Anlage, die seit 1875 in Benutzung und vom Ingenieur Fraissivet in Altenburg ausgeführt ist und 61 220 M. gekostet hat. Die Anlage wurde 1879 mit einem Kostenaufwande von 11 280 M. erweitert und es beläuft sich der gesammte Buchwerth der jetzigen Anlage auf 67 450 M. Die Maximalleistung derselben beträgt in ihrem jetzigen Zustande ca. 350 cbm pro Tag.

Das Wasser der ersten Anlage wird 3440 m von der Stadt entfernt bei „hintere Zellen“ aus natürlich austretenden Quellen in gemauerten und überwölbten Reservoiren, welche 95 m höher als der Ort liegen, gesammelt und durch natürliches Gefälle mittels gusseiserner Röhren zugeführt. Die zweite Quellfassung findet bei Rothenberg statt.

Das Wasser gelangt als Trink- und Brauchwasser einheitlich zur Vertheilung. Es wird den Privaten auf Verlangen gegen durch Schätzung festgestelltes Wassergeld zugeführt. Für die Hausleitungen dienen Bleiröhren. Ueber die Wasserabgabe im Ganzen und für die verschiedenen Gebrauchszwecke liegen keine Angaben vor.

Für die allgemeine Benutzung dienen 22 Freibrunnen mit Selbstabschluss. An die Leitung sind 185 Privatgrundstücke, davon 45 auch für den Gewerbebetrieb, angeschlossen. Das Wasser ist immer gut und stets in genügender Menge vorhanden. Eine Untersuchung desselben hat nicht stattgefunden.

XIV. Herzogthum Sachsen-Coburg-Gotha.

580. **Gotha** hat 26525 Einwohner.

Die Versorgung erfolgt seit 1872 durch die „Actiengesellschaft für Wasserversorgung zu Gotha“. Die Anlage ist vom Geh. Baurath Henoch in Gotha mit einem Kostenaufwande von 900000 M. hergestellt. Der jetzige Buchwerth derselben beträgt 934000 M. Die jetzige Maximalleistungsfähigkeit der Anlage beläuft sich auf 2400 cbm pro Tag.

Das Wasser wird 24000 m von der Stadt entfernt am grossen Buchenberge im Thüringerwalde durch Fassen der im Porphyr entspringenden Carolus- und Gespringquellen gewonnen und durch eiserne Röhren mit natürlichem Gefälle der Stadt zugeführt. 12000 m von der Stadt und ebensoweit von dem Ursprunge der Quellen entfernt ist ein gemauertes und überwölbtes Reservoir von 1500 cbm Inhalt hergestellt, dessen höchster Wasserstand 62 m über dem Eingange zum Residenzschlosse liegt.

Das Wasser dient einheitlich als Trink- und Brauchwasser. Es wird constant, unter einheitlichem Drucke und ohne Anwendung von Hausreservoiren abgegeben. Der Anschluss der Häuser ist facultativ. Wassermesser dafür sind nicht obligatorisch. Das Wasser für den Hausgebrauch wird nach Schätzung bezahlt. Die Hauptleitungsrohre sind innen mit Asphaltlack angestrichen. Für die Hausleitungen sind Bleiröhren vorgeschrieben. Die Kanalisation des Ortes ist erst theilweise durchgeführt; für den übrigen Theil liegt ein Project dafür vor.

581. **Ohrdruf** hat 5627 Einwohner in 711 Wohnhäusern und 1210 Haushaltungen.

Die Versorgung erfolgt seit Herbst 1874 durch eine einheitliche Anlage, die vom Geh. Baurath Henoch in Gotha für Rechnung der Stadt hergestellt ist. Dieselbe hat 150000 M. gekostet und hat eine tägliche Maximalleistungsfähigkeit von 900 cbm.

Das Wasser wird 4150 m von der Stadt entfernt aus natürlichen Quellen im Porphyrgebirge gewonnen und durch natürliches Gefälle einem 5780 m entfernt, auf der entgegengesetzten Seite der Stadt liegenden Reservoire von 340 cbm Inhalt, zugeführt. Dasselbe ist gemauert und überwölbt und liegt 1630 m von der Stadt entfernt und 35 m höher als die mittlere Höhe des Versorgungsterrains, welche um 8 m in der Höhe variirt.

Die Wasserabgabe findet einheitlich für Brauch- und Trinkwasser und constant statt. 1875 waren 300 Wohnhäuser mit 600 Haushaltungen an die Leitung angeschlossen und es waren 45 Hydranten aufgestellt. Neuere Mittheilungen fehlen.

582. **Coburg** hat 15 791 Einwohner in 1229 Wohnhäusern und 3712 Haushaltungen.

Die Versorgung erfolgt durch 5 öffentliche und 192 private, gegrabene Brunnen, die das Wasser aus dem Grundwasser der 1 m bis 3 m tief liegenden Kiesschicht in der Stadt selbst entnehmen. Ausserdem wird Quellwasser an 27 öffentlichen Brunnenständern abgegeben, aber nicht auf Privatgrundstücke eingeleitet. Dasselbe wird an den Abhängen der die Stadt begrenzenden Höhenzüge, 1500 m bis 2000 m von der Stadt entfernt, gesammelt und durch natürliches Gefälle mittels gusseiserner und Steingutröhren zugeleitet. Das Brunnenwasser ist als Trinkwasser gut. 1873 fand eine Untersuchung des Quellwassers durch Dr. Claus in Eisfeld und Professor Reichardt in Jena statt, die ein ziemlich gutes Resultat ergab.

Der Gedanke der Einführung einer allgemeinen Versorgung ist schon öfter discutirt; er musste aber wegen Mangels genügenden Quellwassers vorläufig aufgegeben werden. Man hat sich daher auf die Verbesserung der bestehenden Leitungen beschränkt.

XV. Herzogthum Anhalt.

583. **Zerbst** hat 14 201 Einwohner in 1670 Wohnhäusern und 3491 Haushaltungen.

Die Versorgung erfolgt aus 58 öffentlichen und ca. 900 privaten Brunnen. Ausserdem wird das Brauchwasser aus dem die Stadt mit verschiedenen Armen durchschneidenden Nuthebache direct entnommen.

584. **Rosslau** hat 5384 Einwohner in 588 Wohnhäusern und 1310 Haushaltungen.

Ausser aus der den Ort durchfliessenden Rössel erfolgt die Versorgung ausschliesslich aus Brunnen innerhalb des Ortes. Es sind solcher 7 für die allgemeine Benutzung und 507 auf privaten Grundstücken vorhanden; der Wasserstand derselben ist constant und die Qualität des Wassers als Trinkwasser gut.

585. **Koswig** hat 5453 Einwohner in ca. 800 Wohnhäusern und 1200 Haushaltungen.

Die Versorgung erfolgt ausser durch 15 öffentliche, gegrabene Brunnen von ca. 7 m Tiefe mit einem 5 m tiefen Wasserstande seit 1876 durch eine einheitliche Anlage, die für Rechnung der Stadt vom Ingenieur Fr. Meissel in Halle a. d. Saale mit einem Kostenaufwande von 32000 M. hergestellt ist. Der Buchwerth derselben beläuft sich augenblicklich auf 28000 M.

Das Wasser wird 2000 m vom Orte entfernt bei Pfaffenheidegarten aus Quellen durch einen Brunnen von 2,7 m Durchmesser und 6 m Tiefe mit einem 2 m tiefen Wasserstande gesammelt, der zugleich als Reservoir dient. Es fliesst von hier durch natürliches Gefälle mittels eiserner Röhren der Stadt zu.

Das Wasser findet einheitlich als Brauch- und Trinkwasser Verwendung. Hausreservoire sind nicht in Gebrauch. Hausanschlüsse sind dem Belieben überlassen. Die Zahlung des Wassers hierfür erfolgt nach Schätzung, nicht nach Messern. Zu Hausleitungen werden verzinnte Bleiröhren benutzt. Die Stadt ist theilweise kanalisirt; Hauseinlässe in die Kanäle sind gestattet, Closeteinlässe aber verboten.

Ueber die Verbrauchsmengen im Ganzen und für die einzelnen Gebrauchszwecke liegen keine Zahlen vor. An die Leitung sind 160 Grundstücke zum Hausgebrauche angeschlossen. 3 Grundstücke benutzen das Wasser auch zu gewerblichen Zwecken.

Das Wasser ist, wie durch Untersuchungen festgestellt ist, fast chemisch rein und ein Wassermangel tritt niemals ein.

586. **Dessau** hat 23266 Einwohner in 1686 Wohnhäusern und 5800 Haushaltungen.

Die Versorgung erfolgt durch eine einheitliche, städtische Anlage, die seit 1877 in Betrieb ist und vom Kunstmeister Meissel in Halle a. d. Saale mit einem Kostenaufwande von 460000 M. hergestellt ist Die Maximalleistungsfähigkeit derselben pro Tag beträgt 4000 cbm.

Das Wasser wird durch einen Brunnen, 1450 m von der Stadt entfernt, im Ackerplan: IV. Loos bei Dessau aus dem Grundwasser gewonnen. Derselbe ist auf 7,4 m Tiefe abgeteuft und 1600 m vom nächsten Wasserlaufe, der Mulde, entfernt. Das Wasser wird mittels Dampfkraft in ein schmiedeeisernes Reservoir von 562 cbm Fassungsraum, welches 28 m hoch auf künstlichem Unterbau unter Dach aufgestellt ist, gefördert.

Das Wasser wird durch gusseiserne Röhren zugeleitet und in den Häusern mittels Bleiröhren vertheilt. Die Abgabe erfolgt für Brauchwasser (für Trinkwasser anscheinend nicht) constant und ohne Anwendung von Hausreservoiren. Der Anschluss der Häuser und die Anwendung von Wassermessern dafür ist nicht obligatorisch. Die Zahlung des Wassergeldes erfolgt mit der Gebäudesteuer nach dem Taxwerthe der Gebäude. Die Stadt ist nicht kanalisirt.

Die gesammte Abgabe an Wasser hat 1882 424433 cbm betragen. Der grösste Monatsconsum war 72553 cbm, der geringste 19083 cbm. Die grösste Tagesabgabe belief sich auf 3400 cbm, die geringste auf 500 cbm.

1882 sind für öffentliche Zwecke 200000 cbm verwendet. Für öffentliche Gebäude sind im Jahre 8000 cbm abgegeben. Für Strassensprengen ist kein Leitungswasser benutzt, wohl aber für Rinnsteinspülung und zwar 30000 cbm im Jahre, mittels Hydranten entnommen. Für Spülung des Rohrnetzes sind 130000 cbm und für Feuerlöschzwecke 1000 cbm im Jahre verwendet. Für letzteren Zweck sind 182 Hydranten in ca. 100 m Entfernung unter Flur, mit Selbstentleerung versehen, aufgestellt. Das Spritzen geschieht direct aus den Hydranten. Durch 3 Freibrunnen mit Selbstabschluss sind im Jahre 900 cbm abgegeben. Ein öffentlicher Springbrunnen hat 500 cbm (von früh bis Abends 11 Uhr) im Jahre consumirt. Oeffentliche Pissoirs, aus der Leitung gespült, existiren nicht.

1882 waren 1475 Häuser mit 5280 Haushaltungen an die Leitung angeschlossen und verbrauchten im Jahre 224000 cbm. Es waren in denselben 180 Badeeinrichtungen, 93 Closets, 32 Pissoirs und 98 Privatspringbrunnen in Benutzung. 42000 qm Garten- und Hoffläche war zur Wasserzahlung veranlagt.

Das Wasser ist zeitweise schlecht, da es Eisen und Algen enthält. Seit 1877 angestellte Untersuchungen desselben von Professor Reichardt in Jena und von Dr. Reichardt in Dessau haben zu keinem Resultate darüber, wie das Wasser zu verbessern sein möchte, geführt und man ist jetzt im Begriffe, den Brunnen zu verlassen und statt dessen künstlich durch Sand filtrirtes Muldewasser zu pumpen.

587. **Köthen** hat 14362 Einwohner.

Die Versorgung erfolgt ausschliesslich aus Grundbrunnen innerhalb des Stadtterrains und es ist das Bedürfniss nach einer einheitlichen

Versorgung schon seit einer Reihe von Jahren ein dringendes gewesen. Einem seit December 1881 abgeteuften Versuchsbrunnen ist unter Leitung des Bauraths Salbach in Dresden seit dieser Zeit ununterbrochen vermittels einer mit einer Locomobile betriebenen Centrifugalpumpe Wasser entnommen, um über dessen dauernde Leistungsfähigkeit in quantitativer und qualitativer Beziehung vor Ausführung einer darauf angewiesenen Anlage ein definitives Urtheil zu erhalten. Diese Versuche haben bislang zu einem so befriedigenden Resultate geführt, dass man nunmehr wohl baldigst zum Bau übergehen wird.

588. **Bernburg a. d. Saale** hat 18593 Einwohner in 1820 Wohnhäusern und 4425 Haushaltungen.

Die Versorgung erfolgt seit 1874 durch eine einheitliche Anlage, die Eigenthum der Stadtgemeinde ist und vom Baurath Salbach in Dresden mit einem Kostenaufwande von 641428 M. hergestellt wurde. Der jetzige Buchwerth derselben beträgt 666209,68 M. und ihre Maximalleistungsfähigkeit beläuft sich auf 3000 cbm pro Tag.

Das Wasser ist künstlich erschlossenes Grundwasser. Dasselbe wird 500 m von der Stadt entfernt bei Pfaffenbusch im Saalethale durch 3 Brunnen von 3,5 m Durchmesser und 6 m Tiefe in 80 m Abstand von der Saale gewonnen und durch Dampfkraft auf 54,3 m Höhe gehoben. 650 m vom Gewinnungspunkte und 600 m von der Stadt entfernt ist auf künstlichem Unterbau ein schmiedeeisernes Reservoir von 500 cbm Inhalt unter Dach aufgestellt. Das Versorgungsgebiet liegt 20 m bis 50 m unter dem höchsten Wasserstande des Reservoirs.

Die Versorgung erfolgt einheitlich für Brauch- und Trinkwasser constant und ohne Anwendung von Hausreservoiren. Der Anschluss an die Leitung ist für die Häuser obligatorisch. Die Anwendung von Wassermessern dafür ist nicht vorgeschrieben. Für die Hausleitungen müssen Zinnbleiröhren angewendet werden. Die Hauptröhren sind ohne einen inneren Ueberzug verlegt. Die Stadt ist nicht kanalisirt.

Die Gesammtabgabe betrug 1882 329130 cbm und es belief sich das Monatsmaximum, welches im Juli verbraucht wurde, auf 34669 cbm und das Monatsminimum, im December verbraucht, auf 22304 cbm. Die grösste Tagesabgabe war 1660 cbm und die geringste 570 cbm. An Aussengemeinden fand eine Abgabe von Wasser nicht statt.

Für öffentliche Zwecke sind 1882 im Ganzen 46000 cbm verwendet, davon 20000 cbm nach Messern bestimmt und 26000 cbm nach Schätzung. Für öffentliche Gebäude, Anstalten etc. sind 20000 cbm abgegeben. Zum Strassensprengen, welches direct aus der Leitung geschieht, sind 4700 cbm, für Rinnsteinspülung, welche aus den Hydranten erfolgt, sind 3500 cbm und für Spülung des Rohrnetzes, welche alle 4 Wochen stattfindet, sind 3500 cbm im Jahre verwendet. Für Feuerlöschzwecke sind 252 Hydranten in 80 m bis 100 m Entfernung unter Flur aufgestellt. Dieselben sind nicht mit Selbstentleerung versehen und es wird aus ihnen direct gespritzt; für diesen Zweck sind 800 cbm im Jahre verwendet. Aus 12 Freibrunnen mit Selbstabschluss sind im Jahre 3000 cbm abgegeben. 5 öffentliche Springbrunnen, die 150 Tage im Jahre à 10 Stunden spielen, haben während dieser Zeit 10000 cbm verbraucht. Für continuirliche Spülung von 4 öffentlichen Pissoirs sind 500 cbm im Jahre verwendet.

Für Privatzwecke sind im Jahre 1882 283000 cbm benutzt und zwar 30000 cbm für Industrie- und Gewerbezwecke, davon 25000 cbm nach Messern bestimmt, und 253000 cbm für den Hausgebrauch von 1643 an die Leitung angeschlossenen Häusern, in denen 4050 Haushaltungen und 19600 Bewohner waren. In den Häusern befanden sich 93 Badeeinrichtungen, 67 Closets, 19 Pissoirs von 57 m Standlänge und 12 Privatspringbrunnen in Benutzung. Das Besprengen der Strassen mittels Schläuchen ist den Privaten freigegeben. Das Wasser ist als Trinkwasser gut. Es wird jährlich 4 mal von Dr. Hulsch in Bernburg einer Prüfung unterzogen.

XVI. Fürstenthum Schwarzburg-Sondershausen.

589. **Sondershausen** hat 6110 Einwohner in 648 Wohnhäusern und 1381 Haushaltungen.

Für die Versorgung sind 3 öffentliche und 20 private, gegrabene Brunnen von ca. 8 m Tiefe mit einem 6 m tiefen Wasserstande vorhanden. Ausserdem bestehen 2 Quellwasserleitungen, von denen die eine seit 1854, die andere seit 1870 in Benutzung ist. Die Herstellung der letzteren hat 45000 M. gekostet und es ist dieselbe vom Geh. Baurath Henoch in Gotha angelegt.

Das Wasser wird mittels gusseiserner Röhren durch natürliches Gefälle aus 2000 m und aus 4000 m Entfernung zugeleitet. Ausser durch 15 Laufbrunnen mit Selbstverschluss für die öffentliche Abgabe wird das Wasser auch auf 12 Privatgrundstücke, davon auf 4 auch zum Gewerbebetriebe, eingeleitet. In ca. 200 m Entfernung sind in den Strassen Hydranten aufgestellt.

Für das fürstliche Schloss und den Park besteht eine besondere Quellwasserleitung.

590. **Arnstadt i. Th.** hat 10516 Einwohner in ca. 1000 Wohnhäusern und 2800 Haushaltungen.

Ausser aus zwei öffentlichen Brunnen und einer nicht grossen Zahl von Privatbrunnen erfolgt die Versorgung durch von 3 Stellen her eingeleitetes Quellwasser aus je ca. 800 m Entfernung vom Marktplatze. Dem grösseren Theile der Stadt fliesst das Wasser mit natürlichem Gefälle zu. Für den oberen Theil derselben, dessen Consum etwa 1/5 des Gesammtconsums ausmacht, wird das Wasser durch Pumpen, die durch Wasserkraft getrieben werden, künstlich gehoben.

Die Leitungen bestehen aus gusseisernen Röhren. Sie vertheilen das Wasser an 40 öffentlichen Brunnen für die allgemeine Benutzung. Ausserdem werden 166 Privatgrundstücke durch directe Einleitung mit Wasser für den Hausgebrauch und den Gewerbebetrieb versorgt.

Das Wasser der Quellen ist als besonders gut bekannt und nach einer 1873 von Professor Dr. Reichardt in Jena vorgenommenen Untersuchung für vorzüglich erklärt.

XVII. Fürstenthum Schwarzburg-Rudolstadt.

591. **Rudolstadt** hat 8747 Einwohner in 740 Wohnhäusern und 2320 Haushaltungen.

Die Versorgung erfolgt aus gegrabenen Brunnen, deren sich ca. 190 auf privaten Grundstücken befinden. 12 Stück mit aufstehenden eisernen Pumpen dienen der allgemeinen Benutzung. Dieselben haben ca. 9 m Tiefe und 2,5 m Wasserstand, welcher nur in sehr trockenen Jahren hinuntergeht. Ferner wird durch natürliches Gefälle mittels gusseiserner Röhren Quellwasser eingeleitet.

Das Wasser einer Quelle, die bei Eichfeld, 3000 m von der Stadt entfernt und 44 m hoch über derselben entspringt, wird auf das Schloss und von hier zur Stadt geleitet. Das Wasser einer zweiten, die bei Schaala entspringt, wird gleichfalls der Stadt zugeführt. Das Quellwasser kommt in der Stadt durch 11 Laufbrunnen und 6 Druckständer zur allgemeinen Benutzung. 6 Gewerbtreibende erhalten das Ueberfallwasser aus den Laufbrunnen und nur 2 Privaten und der Stadtbrauerei wird das Quellwasser direct zugeleitet.

Das Wasser ist als Trinkwasser gut. Nach angestellten Untersuchungen ist dasjenige einiger gegrabenen Brunnen nicht gut. In sehr trockenen Jahren reducirt sich die Ergiebigkeit der Quellen auf circa die Hälfte. Für eine einheitliche Versorgung liegt der Plan maassgebenden Personen zur Begutachtung vor.

XVIII. Fürstenthum Reuss, ältere Linie.

592. **Zeulenroda** hat 7277 Einwohner.

Die Versorgung erfolgt aus 110 gegrabenen Brunnen von 6 m bis 18 m Tiefe mit einem schwankenden Wasserstande. 18 derselben dienen der allgemeinen Benutzung. Ausserdem wird durch natürliches Gefälle aus 50 m, 300 m und 1000 m Entfernung mittels Röhren aus Eisen, Thon und Holz, in der Stadt theilweise auch in verdeckten Kanälen geleitet, Tages- und Drainagewasser und Quellwasser, sowie das Wasser aus 4 ausserhalb der Stadt künstlich angelegten Teichen zur allgemeinen Benutzung, jedoch nicht auf Privatgrundstücke, zugeführt. 8 offene Röhrenkästen dienen zur Entnahme des Wassers.

Das Brunnenwasser ist als Trinkwasser sehr gut; das Röhrenwasser ist jedoch nur zeitweise dafür benutzbar. Vorübergehend existirt auch ein Mangel an Wasser. Der Plan für eine einheitliche Versorgung liegt fertig vor; er ist aber noch nicht in Ausführung genommen.

593. **Greiz** hat 15061 Einwohner in 1036 Wohnhäusern und 3481 Haushaltungen.

Die Versorgung erfolgt seit 1879 durch eine vom Geh. Baurath Henoch ausgeführte Anlage. Dieselbe ist Eigenthum der Stadt und es hat deren Herstellung 223142 M. gekostet. Der jetzige Buchwerth derselben beträgt 229104 M. und die tägliche Maximalleistung beträgt im Durchschnitt 300 cbm.

Das Wasser wird 7000 m resp. 3000 m von der Stadt entfernt in der Nähe der Dorfgemeinden Kahmer und Schönfeld aus natürlich austretenden Quellen gesammelt und ohne vorherige künstliche Reinigung durch natürliches Gefälle einem Reservoire von 400 cbm Fassungsraum zugeführt, welches 500 m vom Mittelpunkte der Stadt und 6500 m resp. 2500 m vom Gewinnungspunkte entfernt liegt. Es ist gemauert, überwölbt und in den Boden versenkt.

Die Versorgung erfolgt einheitlich für Trink- und Brauchwasser, constant und ohne Anwendung von Hausreservoiren. Der Anschluss der Gebäude ist facultativ; für dieselben ist aber die Aufstellung von Wassermessern obligatorisch. Für die Hausleitungen werden Zinnbleiröhren verwendet. Der Ort ist nur zum kleinsten Theile kanalisirt und mit Hauseinlässen versehen.

Die gesammte Abgabe für Privatzwecke hat im Jahre 1882 61 500 cbm betragen und zwar während eines Monats am meisten, nämlich im Juni 5700 cbm und am wenigsten, nämlich im Februar 3600 cbm. Die grösste Tagesabgabe belief sich auf 210 cbm, die geringste auf 115 cbm.

Es waren 1882 384 Häuser an die Leitung angeschlossen, welche 41 500 cbm verbrauchten. 20 000 cbm wurden für Gewerbszwecke verwendet.

Das Strassensprengen geschieht durch Sprengfässer. Das Rohrnetz wird allmonatlich gespült. Für Feuerlöschzwecke dienen 113 Hydranten in ca. 80 m Entfernung, die unter Flur, mit Selbstentleerung versehen, aufgestellt sind und aus denen direct gespritzt wird. Oeffentliche Springbrunnen, öffentliche Badeanstalten, öffentliche Pissoirs mit Spülung existiren nicht im Anschluss an die Leitung. Ueber die Menge des Wasserverbrauches für öffentliche Zwecke fehlen specielle Angaben.

XIX. Fürstenthum Reuss, jüngere Linie.

594. **Gera** hat 27 117 Einwohner in 1700 Wohnhäusern und 6057 Haushaltungen.

Für die Versorgung besteht eine sehr grosse Zahl von privaten Brunnen. Ferner sind 27 öffentliche, gegrabene Brunnen von 2 m bis zu 29 m Tiefe mit einem 1 m bis 6 m tiefen Wasserstande vorhanden. Ausserdem wird Quellwasser und Flusswasser auf Kosten der Stadtgemeinde künstlich zugeführt.

Das Quellwasser wird aus 3 Quellen, dem sog. Regierungswasser, durch 3900 m lange Leitungen mit natürlichem Gefälle einem grösseren Bassin, vor dem sich ein Cokestrainer zum Zurückhalten grober Unreinlichkeiten befindet, zugeführt. Eine vierte Quelle, die Becksquelle, wird gleichfalls in das Bassin eingeleitet, und es wird das Wasser von hier mittels Thonröhren zur Stadt geführt, wo es an 15 öffentlichen Wasserständern und auf 63 Privatgrundstücken zum Auslaufe gelangt. Die Ergiebigkeit der Quellen schwankt zwischen 140 cbm und 260 cbm.

Das Flusswasser wird aus einem aus der Elster unmittelbar am Orte abgeleiteten Mühlgraben direct entnommen und ohne vorherige Reinigung mittels Dampfkraft und Wasserkraft auf 82,8 m Höhe gehoben. Eine für gleichen Zweck seit 1687 dienende zweite Anlage ist 1866 bis 1867 umgebaut. Die jetzige Leistung von jedem der beiden Pumpwerke pro Tag beträgt 800 cbm. Die Kosten der Anlage belaufen sich jetzt auf 125 000 M.

200 m vom Pumpwerke und 300 m von der Stadt entfernt ist ein gemauertes, überwölbtes und in den Boden versenktes Reservoir von 800 cbm Inhalt hergestellt. Das künstlich gehobene Wasser dient nur als Brauchwasser. Die Abgabe erfolgt constant, ohne Anwendung von Hausreservoiren und nur nach Wassermessern zum Preise von 12 Pf. pro cbm. Der Anschluss der Häuser ist nicht obligatorisch. Für die Hausleitungen sind Bleiröhren vorgeschrieben. Die Hauptleitungen sind innen getheert. Die Stadt ist kanalisirt und mit Hauseinlässen versehen; auch Closeteinlässe sind gestattet.

Im Jahre 1882 sind im Ganzen 250 000 cbm Flusswasser abgegeben. Das Maximum der monatlichen Abgabe betrug 30 000 cbm, das Minimum 11 000 cbm.

Für öffentliche Zwecke sind im Jahre im Ganzen 50 000 cbm verwendet. 3400 cbm sind in öffentlichen Gebäuden verbraucht. Zum Strassensprengen sind 6000 cbm durch Sprengfässer und direct aus der Leitung verwendet. 1000 cbm sind für die Spülung des Rohrnetzes und 1500 cbm für den Feuerlöschdienst verbraucht. Für letzteren sind 115 Hydranten in 80 m Entfernung unter Flur, mit Selbstentleerung versehen, aufgestellt, aus denen direct gespritzt wird. 3 öffentliche Springbrunnen verbrauchten im Jahre 1500 cbm Wasser. 2 öffentliche Pissoirs mit 5 Ständen werden mit 1500 cbm im Jahre continuirlich gespült. 36 000 cbm gelangen im Jahre durch 40 Freibrunnen, mit Selbstabschluss versehen, und durch 5 Ständer mit constanten Ausläufen, die zugleich die Rinnstein- und Kanalspülung bewirken, zum Ausfluss.

An die Leitung sind 500 Privatgrundstücke angeschlossen. Es werden 70 kleine Gewerbebetriebe, 47 Dampfkessel, Brauereien, Eisenbahn etc. aus der Leitung versorgt. 1876 waren 41 Badeeinrichtungen, 33 Waterclosets, 35 Privatfontainen und 3 Privatpissoirs in Benutzung.

Das Quellwasser ist zeitweise trübe und auch mitunter in der Quantität nicht ausreichend. Die Brunnen sind zum Theil schlecht und einzelne derselben sind auf Grund geschehener Untersuchungen geschlossen. Erweiterungen und Verbesserungen der Versorgung werden beabsichtigt.

XX. Fürstenthum Waldeck.

Vacat.

XXI. Fürstenthum Schaumburg-Lippe.

595. **Bückeburg** hat 5083 Einwohner in ca. 500 Wohnhäusern und 1053 Haushaltungen.

Für die Versorgung sind 193 private und 10 öffentliche, gegrabene Brunnen von 6 m Tiefe mit einem 3 m tiefen, constanten Wasserstande vorhanden. Ausserdem hat die Stadt mit einem Kostenaufwande von 70000 M. im Jahre 1874 eine Zuleitung von Grundwasser durch natürliches Gefälle mittels eiserner Röhren aus 2000 m Entfernung herstellen lassen, durch welche 14 Laufbrunnen, die der allgemeinen Benutzung dienen, versorgt werden. Privaten wird kein Wasser aus der Leitung zugeführt.

XXII. Fürstenthum Lippe-Detmold.

596. **Lemgo** hat 6108 Einwohner in 870 Wohnhäusern und 1428 Haushaltungen.

Die Versorgung erfolgt aus gegrabenen Brunnen, deren Wasserstand constant ist und die ein meist gutes Trinkwasser liefern, wie eine theilweise Untersuchung derselben bestätigt hat. Die Brunnen, deren Zahl ca. 400 beträgt, befinden sich nur auf Privatgrundstücken; öffentliche Brunnen existiren nicht. Quantitativ ist das Wasser genügend. Den Ort durchfliesst ein Wasserlauf, die Bega. Die Idee einer einheitlichen Versorgung ist schon verschiedentlich aufgetaucht, aber es ist vorläufig von deren Realisirung abgesehen.

597. **Detmold** hat 8053 Einwohner in 811 Wohnhäusern und 1640 Haushaltungen.

Die Versorgung erfolgt ausschliesslich aus gegrabenen Brunnen, deren jedes Haus mindestens einen hat und deren 5 für die allgemeine Benutzung vorhanden sind. Das Wasser derselben ist zum grössten Theile gut. Vereinzelte Untersuchungen haben allerdings ein zweifelhaftes Resultat ergeben. Wassermangel tritt nie ein und das Bedürfniss nach einer Aenderung liegt nicht vor. Für das fürstliche Schloss besteht eine künstliche Zuleitung mittels hölzerner Röhren durch natürliches Gefälle.

XXIII. Freie und Hansastädte.

598. **Lübeck** hat 51055 Einwohner in 6000 Wohnhäusern und 11844 Haushaltungen.

Die Versorgung erfolgt seit 1867 durch eine für Rechnung der Stadt vom Baudirector Dr. Krieg hergestellte, einheitliche Anlage.

Dieselbe hat 700 000 M. gekostet. Der jetzige Buchwerth derselben beläuft sich in Folge stattgehabter Erweiterungen auf 1 100 100 M. Die Leistungsfähigkeit der jetzigen Anlage beträgt 15 000 cbm pro Tag.

Das Wasser wird der Wackenitz, einem Nebenflusse der Trave und dem Abflusse des Ratzeburger Sees, 2000 m vom Mittelpunkte der Stadt entfernt, entnommen, durch Sandfiltration mittels dreier Filter von im Ganzen 1250 qm Fläche künstlich gereinigt und durch Dampfkraft auf 25 m Höhe, resp. bei Hochdruck auf 35 m Höhe gehoben. 50 m vom Gewinnungspunkte des Wassers entfernt ist ein gusseisernes Reservoir von 1100 cbm Inhalt auf künstlichem Unterbau unter Dach aufgestellt. Der Leitungsdruck beträgt in der Stadt 12 m bis 26 m.

Die Versorgung erfolgt einheitlich für Brauch- und Trinkwasser, constant und mit sehr geringen Ausnahmen ohne Anwendung von Hausreservoiren, jedoch in 2 Druckzonen. Der Wasseranschluss der Häuser und die Benutzung von Wassermessern dafür ist nicht obligatorisch. Die Zahlung für das Wasser für den Hausgebrauch erfolgt nach Schätzung. Die Hauptleitungen sind innen und aussen asphaltirt; für die Hausleitungen sind Bleiröhren vorgeschrieben. Die Stadt ist kanalisirt; Hauseinlässe und Closeteinlässe sind erlaubt.

Die gesammte Abgabe hat 1882 3 200 000 cbm betragen. Der grösste Monatsconsum fand im August mit 325 000 cbm und der geringste im Februar mit 229 000 cbm statt. Der grösste Tagesverbrauch betrug 11 500 cbm und der geringste 7000 cbm. An Aussengemeinden findet keine Abgabe von Wasser statt.

Angaben über die Vertheilung des Consums auf die verschiedenen Verbrauchszwecke fehlen. Das Strassensprengen geschieht durch Sprengfässer. Für Feuerlöschzwecke sind 480 Hydranten in ca. 75 m Entfernung unter Flur, mit Selbstentleerung versehen, aufgestellt, aus denen direct gespritzt wird. 180 Freibrunnen mit Selbstabschluss sind für die allgemeine Benutzung vorhanden. 2 öffentliche Springbrunnen spielen an 200 Tagen im Jahre je 3 Stunden. 25 öffentliche Pissoirs sind mit continuirlicher Spülung versehen.

2577 Wohnhäuser sind an die Leitung angeschlossen. Es sind darin 1200 Closets und 65 Privatspringbrunnen vorhanden. Ein Wassermotor ist in Benutzung.

599. **Bremerhaven** hat 14 239 Einwohner in ca. 800 Wohnhäusern und 2900 Haushaltungen.

Die Versorgung erfolgt durch zwei private Gesellschaften, deren eine, in Firma „J. H. Eits Wwe.“, seit 1838 besteht. Die andere in Firma

„Schwoon, Köper & Co.“ ist seit 1852 in Thätigkeit. Beide entnehmen das Wasser in der Nähe der Stadt Lehe aus in 3 m bis zu 300 m vom Geesteflusse abgeteuften Brunnen. Die ältere Gesellschaft benutzte zum Heben des Wassers zuerst eine Windmühle, dann seit 1852 einen Pferdegöpel und seit 1852 eine Dampfmaschine. Die andere Gesellschaft hat stets mit einer solchen gearbeitet.

Die Stadt ist kanalisirt und Closeteinlässe sind gestattet, die Gesellschaften erlauben jedoch die Benutzung von Wasserspülung nicht. Die Versorgung erfolgt einheitlich, constant und ohne Hausreservoire. Die gusseisernen Leitungen sind innen asphaltirt; für die Hausleitungen ist kein bestimmtes Material vorgeschrieben.

Ueber die gelieferten Wassermengen ist nichts bestimmtes zu erfahren. Für öffentliche Zwecke scheint die Verwendung sich auf Hydrantenversorgung, deren 29 unter Flur aufgestellt sind, auf die Spülung eines öffentlichen Pissoirs mit 100 cbm im Jahre und auf die Speisung von 17 Wasserpfosten zu beschränken. Letztere dienen jedoch nicht der allgemeinen Benutzung, sondern sind nur durch einen besonderen Schlüssel zu öffnen, dessen Besitz im Jahre 6 M. kostet. Es sind 1200 solcher Schlüssel abgegeben; ca. 700 Wohnungen sind mit Wasserleitungen versehen und zahlen ohne Rücksicht auf ihre Grösse 15 M. pro Jahr. Für den Schiffsbedarf wird das Wasser zum Preise von 1 M. pro cbm abgegeben, soweit nicht andere Vereinbarungen getroffen sind.

600. **Bremen** hat 112 453 Einwohner in ca. 15 900 Wohnhäusern und 27 900 Haushaltungen.

Für die Versorgung sind 212 öffentliche Brunnen (die Zahl der Privatbrunnen ist nicht bekannt) von 3,5 m bis 6,2 m Tiefe mit 2 m bis 4,7 m tiefem und um etwa 1 m schwankendem Wasserstande vorhanden. Das Wasser derselben wird periodisch untersucht und ist theil- und zeitweise schlecht; die betreffenden Brunnen werden dann geschlossen.

Ferner besteht für die Wasserbeschaffung eine Vereinigung von Consumenten, die sogenannte „alte Wasserversorgungsanstalt“. Dieselbe entnimmt unmittelbar in der Stadt aus der Weser das Wasser und führt dasselbe durch Leitungen aus Gusseisen, Holz und Blei ihren Mitgliedern zu. 225 Grundstücke sind an diese Versorgung angeschlossen, darunter 2 Bierbrauereien, 4 Brennereien, 4 Weingeschäfte, 5 Bierhallen, 1 Hotel, 6 Schlächtereien etc. Das Wasser ist zum Trinken nicht zu gebrauchen.

Die Hauptversorgung findet seit 1873 einheitlich durch eine vom Oberbaurath Berg, jetzt in Hannover, hergestellte Anlage statt, die Eigenthum der Stadt ist. Die ersten Kosten derselben betrugen 3 719 000 M.; der jetzige Buchwerth derselben beläuft sich auf 3 666 300 M. Die tägliche Maximalleistungsfähigkeit der Anlage in ihrer jetzigen Ausdehnung beträgt 16 500 cbm.

Das Wasser wird der Weser am Werder, ca. 300 m vor ihrem Eintritte in die Stadt, entnommen, durch Sandfiltration auf 5 Filtern von 4375 qm Fläche künstlich gereinigt und durch Dampfkraft in zwei auf künstlichem Unterbau unter Dach aufgestellte, schmiedeeiserne Reservoire von 3380 cbm Inhalt auf 42,54 m über den Nullpunkt der Weser gehoben. Der höchste Wasserstand der Reservoire liegt 31 m über der Terrainhöhe des höchsten und 42,3 m über der des niedrigsten Stadttheiles.

Die Versorgung erfolgt einheitlich für Brauch- und Trinkwasser, constant und ohne Anwendung von Hausreservoiren. Hausanschlüsse und Wassermesser sind nicht obligatorisch. Für die Hausleitungen ist Gusseisen und Blei als Material vorgeschrieben. Die Hauptleitungen sind im Innern mit Angus Smith's Composition überzogen. Die Stadt ist kanalisirt; Hauseinlässe in die Kanäle sind gestattet, Closeteinlässe aber verboten.

Die gesammte Abgabe hat 1882 2 354 000 cbm betragen. Am stärksten war sie im Juli, nämlich 240 100 cbm und am schwächsten im Februar, nämlich 152 900 cbm. Der Consum betrug am Maximalverbrauchstage 13 000 cbm und am Minimalverbrauchstage 3600 cbm.

Der Gesammtverbrauch für öffentliche Zwecke kann zu 270 000 cbm angenommen werden. Zum Strassensprengen werden im Jahre ca. 16 000 cbm, die mittels Sprengfässern vertheilt werden, aus der Leitung entnommen. Besondere Rinnsteinspülung findet nur gelegentlich aus Hydranten statt. Ein Gleiches gilt für Kanal- und Rohrnetzspülung. Für Feuerlöschzwecke werden im Jahre ca. 1000 cbm Wasser verwendet; es dienen dafür 825 Hydranten, die unter Flur aufgestellt und mit Selbstentleerung versehen sind. Ein öffentlicher Springbrunnen spielt 150 Tage im Jahre jeden Tag 8 Stunden. 232 Freibrunnen, mit Selbstabschluss versehen, dienen zur allgemeinen Wasserentnahme. Eine öffentliche Badeanstalt, eine private Anlage, mit überdachtem Schwimmbassin und 66 Wannenbädern, wird im Jahre von 186500 Personen (davon 73 600 im Schwimmbassin) benutzt. Diese Anstalt entnimmt der Leitung 40 950 cbm und ferner ca. 50 800 cbm besonderen Brunnen.

7328 Wohnhäuser mit ca. 51 300 Bewohnern sind an die Leitung angeschlossen. 3 Wassermotoren und 133 Privatspringbrunnen sind in Benutzung. Durch Messer bestimmt sind 1882 abgegeben für den Hausgebrauch 43 200 cbm und für Industrie- und Gewerbezwecke 488 900 cbm.

601. **Hamburg** (289 859) *) hatte ultimo 1882 mit seinen Vororten und Aussenorten Barmbeck (16 057), Rotherbaum (14 300), Eimsbüttel (16 229), Hohenfelde (11 330), Billwärder Ausschlag (10 799), Uhlenhorst (8722), Eilbeck (7716), Hamm (7279), Borgfelde (6858), Havestehude (5710) im Ganzen 418 400 Einwohner auf 14 601 Grundstücken in 90 000 bis 100 000 Haushaltungen.

Die Versorgung erfolgt seit 1849 durch eine einheitliche Anlage, die vom Staate durch die Section der Baudeputation für die Stadtwasserkunst hergestellt ist. Die erste Anlage kostete 2 694 779 M., der jetzige Buchwerth derselben beträgt ca. 11 000 000 M. Die Maximalleistungsfähigkeit der jetzigen Anlage beläuft sich unter Berücksichtigung reichlicher Reserve auf 105 000 cbm pro Tag.

Das Wasser wird bei Rothenburgsort, ca. 3000 m vom Deichthore entfernt, der Elbe entnommen, durch Ablagerung in verhältnissmässig sehr kleinen Bassins geklärt und durch Dampfkraft gehoben. Die Förderhöhe beträgt am Tage 42 m, bei Nacht 60 m. Es sind 3 Reservoire von zusammen 13 900 cbm Inhalt, gemauert und überwölbt, resp. überdacht, vorhanden, welche innerhalb der Stadt, 3500 m resp. 6500 m vom Gewinnungspunkte entfernt und ca. 30 m höher als dieser, liegen.

Die Versorgung erfolgt einheitlich für Brauch- und Trinkwasser, in zwei Druckzonen, jedoch grösstentheils constant und unter Anwendung von Hausreservoiren. Der Anschluss der Häuser und die Aufstellung von Wassermessern dafür ist nicht obligatorisch. Die Hauptleitungen sind innen mit heissem Steinkohlentheer überzogen. Für Hausleitungen ist kein bestimmtes Material vorgeschrieben. Die Stadt ist kanalisirt mit Haus- und Closetanschlüssen.

Die gesammte Abgabe hat 1882 31 545 687 cbm betragen. Die Tagesabgabe war am grössten am 29. September, nämlich 105 575 cbm, am geringsten am 5. März, nämlich 62 615 cbm. Eine Abgabe an Gemeinden ausserhalb des Staatesgebietes findet nicht statt.

Das Strassensprengen erfolgte 1882 an 121 Tagen mittels direct angeschlossener Schläuche. Die Spülung des Wasserrohrnetzes findet

*) Die Zahlen in den Klammern geben die Einwohnerzahlen nach der Volkszählung von 1880.

in regelmässigem Turnus statt. Nur gelegentlich dieser Spülung findet auch eine Rinnsteinspülung, sowie eine Spülung des Kanalnetzes statt. Ausgenommen davon sind einige hochgelegene Stellen der Kanäle, die eine regelmässige besondere Spülung verlangen, für welche durch Extraeinlässe ca. 10000 cbm Wasser im Jahre verwendet werden. Für Feuerlöschzwecke sind 3589 Hydranten vorhanden, die in 60 m bis 120 m Entfernung unter Flur und nicht mit Selbstentleerung versehen, aufgestellt sind. 16 Freibrunnen mit Selbstabschluss befinden sich auf den Deichen und auf den Marktplätzen. Der Kaiserbrunnen, eine öffentliche Fontaine, sprang im Jahre 1882 an 10 Tagen 5 bis 6 Stunden täglich. Aus der Leitung werden 97 Pissoirs mit je 2 bis 12 Ständen continuirlich gespült.

Die Wasch- und Badeanstalten auf dem Schweinemarkte und auf dem Schaarmarkte erhalten das Wasser unentgeltlich aus der Leitung. Erstere hat 65 Wannenbäder, die im Jahre 1882 von 95638 Personen, und ferner 33 Waschstände, die von 19567 Personen benutzt sind. Die Anstalt auf dem Schaarmarkte hat ein im Sommer und Winter zu benutzendes, überdachtes Schwimmbassin, 40 Wannenbäder und 3 Cabinen für Douchen. 1882 betrug die Zahl der in dieser Anstalt verabreichten Wannenbäder 66232 und die Zahl der das Schwimmbad benutzenden Personen 59747.

Die Abgabe von Wasser nach Messern betrug 1882 1600000 cbm. 1881 waren 5440 Badeeinrichtungen, 65111 Closets und ca. 150 Springbrunnen auf Privatgrundstücken in Benutzung. Mit Wasser versorgt sind 1882 14601 Grundstücke mit 418400 Bewohnern.

Das Wasser ist weich und in gut abgelagertem Zustande zu jeder häuslichen Benutzung geeignet; doch liegt das Bedürfniss grösserer Reinigung vor, wozu die Herstellung einer künstlichen Sandfiltration ins Auge gefasst ist. Die definitive Genehmigung des Projectes dafür ist noch nicht erfolgt.

XXIV. Elsass-Lothringen.

602. **Weissenburg** hat 6185 Einwohner.

Die Versorgung für Private erfolgt aus Pumpenbrunnen, welche fast in jedem Grundstück vorhanden sind und gutes Wasser liefern. Auf einigen Plätzen sind Laufbrunnen für allgemeinen Gebrauch, welche durch Quellwasser gespeist werden. Nähere Angaben fehlen.

603. **Hagenau** hat 12688 Einwohner.

Nachrichten über die Art der Versorgung waren nicht zu erlangen.

604. **Zabern** hat 6605 Einwohner in 714 Wohnhäusern und 1392 Haushaltungen.

Die Versorgung erfolgt ausser aus gesenkten Brunnen von verschiedener Tiefe, deren 3 für die allgemeine Benutzung und 30 auf Privatgrundstücken vorhanden sind, durch die Einleitung von 5 Quellen mit natürlichem Gefälle. Bei 4 derselben besteht die Zuleitung aus gusseisernen Röhren; bei der einen, die aus 3000 m Entfernung zugeleitet wird, sind dafür ausserdem theilweise überdeckte Kanäle und Thonröhren benutzt. Die Quellen entspringen 1600 m, 1500 m, 2000 m und 3000 m von der Stadt entfernt. Die letztere Quelle dient ausschliesslich für 10 Wohnhäuser. Die Quellen enthalten zum Theil eine Mischung von Quell- und Drainagewasser. Das Wasser der verschiedenen Leitungen kommt durch öffentliche Laufbrunnen zur Abgabe. Dasselbe ist in der Regel gut und nur zeitweise und für kurze Dauer nicht genügend. Eine einheitliche Versorgung herzustellen wird nicht beabsichtigt.

605. **Brumath** 5545 Einwohner.

Nachrichten über die Art der Versorgung sind nicht zu bekommen gewesen.

606. **Bischweiler** hat 6827 Einwohner.

Die Versorgung erfolgt durch 14 öffentliche und 352 private Brunnen. Das Wasser ist immer in gutem Zustande und in stets genügender Menge vorhanden, so dass die Absicht einer Aenderung nicht vorliegt.

607. **Strassburg i. E.** hat 104471 Einwohner in 5964 Wohnhäusern und 22229 Haushaltungen.

In den ausserhalb der Wälle gelegenen Vororten wohnen 23158 Einwohner in 2520 Wohnhäusern und 5217 Haushaltungen. Dieselben werden ausschliesslich durch gegrabene oder gesenkte Brunnen von geringer Tiefe, welche sämmtlich auf Privatgrundstücken liegen, versorgt, deren genaue Zahl nicht angegeben ist, da fast jedes Haus einen solchen besitzt. Das Brunnenwasser wird, wenn nicht besondere Anlagefehler vorliegen, als regelmässig gut bezeichnet. Eine Untersuchung desselben hat nur ausnahmsweise in besonderen Fällen stattgefunden. Wassermangel in den Brunnen hat sich nur vereinzelt eingestellt und es kann demselben durch Vertiefen der Brunnen leicht abgeholfen werden, so dass für die Vororte kein Bedürfniss zu einer anderen Versorgung vorliegt.

Die Stadt innerhalb der Wälle besitzt seit 1879 eine einheitliche Versorguug, die für Rechnung der Stadtgemeinde von dem Stadtbauamte hergestellt ist. Die erste Anlage hat ca. 1600000 M. gekostet; der jetzige Buchwerth derselben beläuft sich auf ca. 1900000 M. und die jetzige Maximalleistungsfähigkeit der Anlage beträgt 18000 cbm pro Tag.

Das Wasser wird 3900 m von der Stadt entfernt durch Brunnen und Tiefbohrungen im Grundwasser, theils unmittelbar neben Oberflächenwasser erschlossen und durch Hebung mittels Dampfkraft auf 46,4 m Höhe gefördert. Innerhalb der inneren Stadt, am südlichen Ende derselben, befindet sich, auf künstlichem Unterbau unter Dach aufgestellt, ein schmiedeeisernes Reservoir von 1050 cbm Inhalt, aus welchem die Vertheilung des Wassers erfolgt.

Die Versorgung geschieht einheitlich für Brauch- und Trinkwasser, constant und theils mit, theils ohne Benutzung von Hausreservoiren. Der Anschluss der Häuser ist nicht obligatorisch, wohl aber die Anwendung von Wassermessern für diese Anschlüsse. Die Hauptleitungen sind ohne einen inneren Ueberzug verlegt; für die Hausleitungen ist kein bestimmtes Material vorgeschrieben. Der Ort ist kanalisirt und mit Hauseinlässen versehen; auch Closeteinlässe sind erlaubt.

Die ganze Abgabe an Wasser hat 1881/82 1098666 cbm betragen. Der grösste Monatsconsum fand im Juli mit 145662 cbm und der geringste im Februar mit 76544 cbm statt. Am stärksten Verbrauchstage sind 6203 cbm und am schwächsten 3821 cbm abgegeben. Eine Abgabe an Aussenbezirke findet nicht statt.

Für öffentliche Zwecke sind, theils nach Messern bestimmt, theils nach Schätzung festgestellt, 812105 cbm verbraucht. Davon entfallen auf öffentliche Gebäude, Anstalten etc. (incl. Schlachthaus) 33000 cbm. Zum Strassensprengen sind 44660 cbm, davon 16200 cbm an 90 Tagen im Jahre direct aus der Leitung und 28480 cbm an 101 Tagen, durch Sprengfässer vertheilt, verwendet. Durch 61 Trottoirrinnenspüler sind an 118 Tagen 10900 m Rinnenlängen täglich 11 Stunden mit 154379 cbm im Ganzen gespült. Für Kanal- und Rohrnetzspülung, sowie zur Verhütung des Einfrierens der oberirdisch liegenden Röhren in den Brückenpassagen sind im Jahre 6300 cbm verwendet. 440 Hydranten in durchschnittlich 80 m Entfernung sind unter Flur aufgestellt; dieselben hatten ursprünglich eine Einrichtung zur Selbstentleerung, die jedoch später entfernt ist. Aus den Hydranten wird bei Bränden direct gespritzt. Das im Jahre für Feuerlöschzwecke benutzte Wasserquantum ist nicht bekannt. Durch 3 continuirlich laufende Freibrunnen werden im Jahre 11 800 cbm abgegeben. 3 öffentliche Springbrunnen, die von Ende März bis Ende October 112 Tage täglich 5 Stunden spielen, verbrauchen im Jahre 31 429 cbm. Für die Spülung von 32 öffentlichen Pissoirs mit im Ganzen 62 lfd. m Rieselröhren sind im Jahre 298 716 cbm verwendet. Oeffentliche Badeanstalten werden nicht aus der Leitung versorgt.

Für Privatzwecke wurden im Jahre 1881/82 286 565 cbm, davon 180 804 cbm für den Hausgebrauch und 105 757 cbm für Gewerbe- und Industriezwecke abgegeben. Es waren 1173 Häuser mit 4810 Haushaltungen und ca. 19 240 Bewohnern an die Leitung angeschlossen. Ein Wassermotor war in Benutzung; ferner 285 Badeeinrichtungen, 434 Closets, 100 Privatpissoirs und 40 Privatspringbrunnen.

·608. **Barr i. E.** hat 5857 Einwohner in 687 Wohnhäusern und 1460 Haushaltungen.

Die Versorgung erfolgt ausser durch etwa 300 private und 3 öffentliche, gegrabene Brunnen von 5 m bis 6 m Tiefe mit einem constanten Wasserstande durch Quellwasser, welches aus 3 Quellen, in 90 m, 360 m und 2000 m Entfernung von der Stadt entspringend, durch natürliches Gefälle mittels gusseiserner Röhren zugeleitet wird. Dasselbe gelangt durch öffentliche Ausläufe zur allgemeinen Benutzung. Auf Privatgrundstücke wird es nicht eingeleitet.

Das Wasser ist als Trinkwasser gut. Eine Untersuchung desselben hat nicht stattgefunden. Wassermangel kommt nicht vor. Eine Aenderung der Versorgung ist daher kein Bedürfniss.

609. **Schlettstadt** hat 8979 Einwohner (einschliesslich Militär) in 977 Wohnhäusern und 2201 Haushaltungen.

Die Versorgung erfolgt ausschliesslich durch Brunnen. Es sind 39 öffentliche und eine grosse Zahl privater vorhanden, letztere vielfach im Innern der Gebäude angelegt. Das Wasser wird, wenn auch keine speciellen Untersuchungen stattgefunden haben, doch als gut bezeichnet und ist stets in genügender Menge vorhanden. Die Absicht einer Aenderung liegt trotzdem vor, allerdings erst für spätere Zeit.

610. **Markirch** hat 11 524 Einwohner in 1138 Wohnhäusern und 2439 Haushaltungen.

Für die Versorgung sind zahlreiche Brunnen, sowohl öffentliche, als private, vorhanden, bei welchen die Tiefe des Wasserstandes je nach der Lage der Felsen sehr verschieden ist. Ausserdem wird das Wasser verschiedener Quellen sowie Tageswasser in einer nahe am Orte gelegenen Brunnenstube gesammelt und mittels hölzerner Röhrenleitungen von 100 m bis 1000 m Länge durch natürliches Gefälle zur Vertheilung gebracht. Ausser zur allgemeinen Benutzung findet dasselbe auch, so lange Ueberfluss davon vorhanden ist, auf Privatgrundstücke eingeleitet, zum Hausgebrauch Verwendung. Endlich besteht noch für das Wasser aus natürlichen Wasserläufen eine künstliche Zuleitung zur eventuellen Benutzung. Das Brunnenwasser ist, einzelne Privatbrunnen ausgenommen, als Trinkwasser gut. Eine Untersuchung desselben hat allerdings nicht stattgefunden. Es ist in immer genügender Menge vorhanden und an eine Aenderung der Versorgung wird daher nicht gedacht.

611. **Rappoltsweiler** hat 6013 Einwohner in 783 Wohnhäusern und 1382 Haushaltungen.

Die Versorgung erfolgt aus 15 öffentlichen und 160 privaten, gegrabenen und gesenkten Brunnen. Ferner wird durch 5 Leitungen Quellwasser aus ca. 700 m Entfernung durch natürliches Gefälle mittels Leitungen aus Thonröhren zur öffentlichen Benutzung zugeführt, jedoch auf Privatgrundstücke nicht eingeleitet. Das Wasser ist als Trinkwasser gut und immer in genügender Menge vorhanden. Untersuchungen desselben in qualitativer Beziehung sind augenblicklich im Gange und es liegt die Absicht, eine einheitliche Versorgung einzuführen, vor.

612. **Münster i. E.** hat 5136 Einwohner.

Nachrichten über die Art der Versorgung waren nicht zu erhalten.

613. **Colmar** hat 26106 Einwohner in 2651 Wohnhäusern und 5973 Haushaltungen.

Für die Versorgung mit Trinkwasser bestehen 130 öffentliche und 420 private Brunnen von 3 m bis 8 m Tiefe mit einem um nur 1,5 m schwankenden Wasserstande. Das Wasser der Brunnen ist im Durchschnitt gut und in stets genügender Menge vorhanden. Durch die Strassenrinnen von ca. 25000 m Länge fliesst constant Wasser, welches aus einem Mühlbache abgezweigt ist. Auch wird dessen Wasser durch Cementbetonröhren aus 2000 m Entfernung mit natürlichem Gefälle zugeführt und in 46 Privatgrundstücke zum Hausgebrauche eingeleitet.

Augenblicklich ist der Bau einer einheitlichen Versorgung begonnen, welche Ende 1884 in Betrieb kommen wird. Dieselbe wird nach den Plänen und unter Leitung des Ingenieurs Gruner in München für Rechnung der Stadt nach einem Kostenvoranschlage von 710000 M.

ausgeführt und bezweckt die Zuleitung von Wasser, welches in dem Canton Rudenwadel aus dem Grundwasserstrome des Rheinthals durch Brunnen erschlossen und durch ein mit Dampfkraft betriebenes Pumpwerk in ein auf künstlichem Unterbau unter Dach aufgestelltes, schmiedeeisernes Reservoir von 1200 cbm Inhalt gehoben werden soll, von wo es durch ein 30000 m langes Rohrnetz, mit dem 375 Hydranten verbunden sein werden, zur Vertheilung gelangen wird.

614. **Gebweiler** hat 12452 Einwohner.

Die Versorgung erfolgt grösstentheils aus etwa 30 Brunnen mit Grundwasser; Quellwasser kommt nur an zwei öffentlichen Brunnen zum Ausfluss. Seit Jahren verfolgt man den Plan, eine einheitliche Wasserleitung für die Stadt herzustellen und das Wasser oberhalb Linthal aus der Bruch zu entnehmen. Bis jetzt ist derselbe jedoch noch nicht zur Ausführung gelangt.

615. **Thann** hat 7535 Einwohner.

Ueber die Art der Versorgung waren keine Nachrichten zu bekommen.

616. **Mülhausen i. E.** hat 63629 Einwohner in 4463 Wohnhäusern und 13215 Haushaltungen.

Die Versorgung erfolgt seit 1859 durch eine einheitliche Anlage, die Eigenthum der Stadt ist. Dieselbe wurde von Adrian Cheret mit einem Kostenaufwande von 200000 M. hergestellt. Der jetzige Buchwerth der Anlage beträgt 360000 M.

Das Wasser wird durch einen Brunnen, der 80 m vom Flusse Boller entfernt abgesenkt ist und dessen Boden 7 m unter dem Oberflächenwasser liegt, erschlossen, wobei es eine natürliche Filtration durch Kies und Sand erfährt und daher stets klar ist. Dasselbe wird durch Dampfmaschinen 34,50 m hoch gehoben und zwei gemauerten Reservoiren, einem offenen und einem überwölbten, welche in 25 m Entfernung von der Pumpstation liegen, zugeführt. Der höchste Wasserstand der Reservoire liegt 27,50 m höher als das Terrain der Stadt.

Das Wasser wird durch gusseiserne Röhren, die mit einem inneren Theerüberzuge versehen sind, zugeleitet. Dasselbe ist für alle Zwecke zu benutzen. Häuser, welche viel Wasser verbrauchen, haben Hausreservoire; der grösste Theil derselben jedoch nicht. Hausanschlüsse sind dem Belieben der Besitzer überlassen und Wassermesser dafür sind nicht obligatorisch. Das Wassergeld für den Hausgebrauch wird nach der Personenzahl berechnet; nach Messern kostet es 32 Pf. bis 44 Pf. pro cbm. Für die Hausleitungen sind Bleiröhren und galvanisirte schmiedeeiserne Röhren vorgeschrieben. Closeteinlässe sind in die völlig durchgeführte städtische Kanalisation gestattet.

Die Wasserabgabe hat 1882 im Ganzen 383480 cbm betragen und zwar am meisten im Monat Juli, nämlich 44000 cbm und am wenigsten im Monat December nämlich 24340 cbm. Der Maximalverbrauch an einem Tage belief sich auf 1500 cbm und der Minimalverbrauch auf 800 cbm. An Aussengemeinden findet keine Wasserabgabe statt. Das bislang gelieferte Quantum ist vielmehr selbst für die Stadt nicht hinreichend, da die Hauptzuleitung von einem zu geringen Durchmesser ist. Eine neue Leitung soll diesem Uebel demnächst abhelfen.

Für öffentliche Zwecke sind 1882 178532 cbm, davon 4800 cbm für öffentliche Gebäude verwendet. Für Strassensprengen, sowie für Rinnstein- und Kanalspülung wird der Leitung kein Wasser entnommen. 8 öffentliche Freibrunnen mit Handabschlüssen verbrauchen 12500 cbm im Jahre. Für Feuerlöschzwecke dienen 18 Hydranten in ca. 500 m Entfernung, welche über Flur und nicht mit Selbstentleerung versehen aufgestellt sind und aus denen nicht direct gespritzt wird. Der Verbrauch für Feuerlöschzwecke beträgt 160 cbm im Jahre. Das Rohrnetz wird vierteljährlich gespült und es werden dafür 580 cbm im Jahre benutzt. Eine städtische, öffentliche Badeanstalt mit 91 Wannenbädern verbrauchte im Jahre 153192 cbm. Dieselbe wurde 1882 von 51064 Badenden besucht. 2 öffentliche Pissoirs verbrauchen für continuirliche Spülung 7300 cbm im Jahre.

Für Privatzwecke wurde 1882 204948 cbm abgegeben, davon 32400 cbm für Gewerbezwecke und 172548 cbm für den Hausgebrauch, von letzterem 48000 cbm durch Messer bestimmt. 675 Wohnhäuser mit 1220 Haushaltungen und 6100 Bewohnern waren an die Leitung angeschlossen.

617. **Diedenhofen** hat 7155 Einwohner.

Zum Zwecke der Herstellung einer einheitlichen Versorgung ist das Wasser der Mosel, ferner das Wasser aus einem 500 m davon entfernt im Sand- und Kiesbette derselben abgesenkten Brunnens und endlich das Wasser einer 10000 m von der Stadt entfernten Quelle bei Morlingen einer Untersuchung unterzogen. Es wird dem letzteren Wasser der Vorzug gegeben und man wird zu dessen Zuleitung übergehen, wenn die Entschädigungsansprüche wegen Wasserentziehung nicht zu hoch werden sollten und wenn die Ergiebigkeit der Quelle (150 l pro Kopf pro Tag verlangt) durch weitere Untersuchungen sich als dauernd bestätigt hat.

618. **Metz** hat 53131 Einwohner.

Die Versorgung geschieht durch eine einheitliche Quellwasserversorgung, die für Rechnung der Stadt vom Ingenieur van der Noot mit einem Kostenaufwande von 3000000 M. hergestellt ist. Die Maximalleistung der Anlage beträgt 10000 cbm und dieselbe ist seit 1865 in Betrieb.

Das Wasser wird von Gorze aus 15000 m Entfernung zur Stadt geleitet, in welcher es durch Vermittlung von 4 gemauerten, überwölbten und in den Boden versenkten Reservoiren von im Ganzen 10000 cbm Fassungsraum, die innerhalb der Stadt liegen, zur Vertheilung gelangt. Die Zuleitung besteht theils aus gemauerten Kanälen und theils aus gusseisernen Röhren.

Die Abgabe erfolgt constant und für Trink- und Brauchwasser gemeinschaftlich. Die Hauptleitungen sind im Innern getheert. Für die Hausleitungen ist kein bestimmtes Material vorgeschrieben. Der Anschluss an die Leitung ist nicht obligatorisch, wohl aber die Aufstellung von Wassermessern für die Grundstücke, auf denen eine Industrie oder ein Gewerbe betrieben wird; ein gleiches gilt für grössere Anstalten, Behörden etc. Im Uebrigen wird die Concession zur Wasserentnahme nach Abschätzung des Consums ertheilt.

Die gesammte Abgabe betrug 1882 2440000 cbm oder 6712 cbm pro Tag. Davon entfielen auf den Mai als Maximalmonat pro Tag 14000 cbm und auf den October als Minimalmonat pro Tag 3500 cbm. Die Abgabe am Maximalverbrauchstage war 15000 cbm und am Minimalverbrauchstage 3000 cbm.

Für Privatzwecke werden täglich 2000 cbm abgegeben. Weitere Angaben über Gebrauchszwecke und Verbrauchsmengen fehlen, ausgenommen, dass eine Rinnsteinspülung täglich während 4 Stunden stattfindet. Chemische oder mikroskopische Untersuchungen werden nicht regelmässig vorgenommen, wohl aber Temperaturmessungen in den Reservoiren. Das Wasser hat eine Temperatur von im Mittel 8,5° im Winter und 9,5° im Sommer.

619. **Ars a. d. Mosel** hat 5989 Einwohner.

Für die Versorgung bestehen keine künstliche Einrichtungen. Dieselbe erfolgt nur aus Grundbrunnen.

620. **Forbach** hat 7114 Einwohner in 615 Wohnhäusern und 1164 Haushaltungen.

Die Versorgung erfolgt durch gegrabene Brunnen, welche je nach der Lage der Stadttheile von sehr verschiedener Tiefe sind. Es sind deren 13 für die allgemeine Benutzung und ca. 75 auf Privatgrundstücken vorhanden.

Das Wasser ist im Allgemeinen gut, theilweise jedoch schlecht und zwar meistens wegen ungünstiger Lage der Brunnen. Trotzdem kein Wassermangel existirt, liegt ein Project für eine allgemeine Versorgung zu baldiger Ausführung vor. Es wird beabsichtigt, ein am tiefsten Punkte der Stadt entspringendes Quellwasser durch Dampfkraft in ein so hoch anzulegendes Reservoir zu heben, dass von hier aus die ganze Stadt mit genügendem Drucke versorgt werden kann.

621. **Saargemünd** hat 9573 Einwohner.

Ueber die Versorgung dieser Stadt sind keine Mittheilungen eingegangen.

Alphabetisches Verzeichniss.

(Die in Klammern angegebenen Bezeichnungen geben die Stelle der Orte in dem Inhaltsverzeichnisse an.)

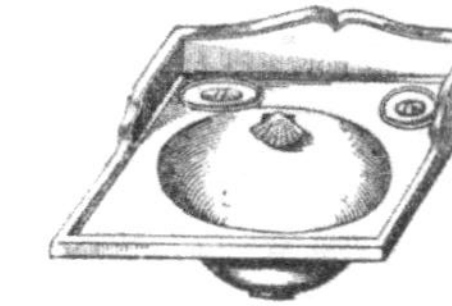

Campe & Co.

BERLIN C.,

Seydelstrasse 24.

Specialität:

Englische Fayence-Waaren zur Wasserleitung.

Erstes, grösstes und reich ausgestattetes Lager in:

Cabinet-Stands (Wasch-Tische),
Pflug-Basins (Waschbecken) in weiss, marmorirt, bunt und golddecorirt,
Urinals,

Urinal-Cradle (Nischen-Becken),
Fountain-Hand-Bassin,
Drinking-Fountains (Wandbecken),
Tip-Up-Bassins (Kipp-becken),

Container,
Closets,
Closettrichter (mit Patent- und Rundspüler für I., II. u. III. Classe Closet; französische Closets; Jenningscloset; National-Patent-Closet; amerikanische Monitor-Patent-Carrcloset, Mainzercloset und Zimmercloset),

Bidets,
Sinks (Einsätze),
Schiff- und **Eisenbahn-Aborte,**
Douchen, Gläser.

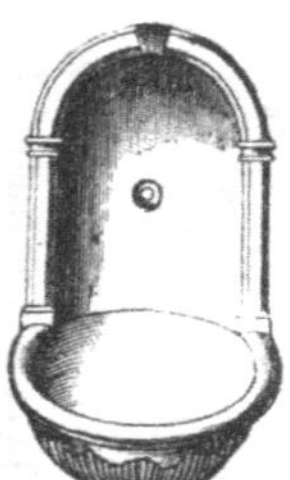

Wir wollen nicht unterlassen, noch ganz besonders auf den Vorzug des **englischen Fabrikats** vor dem deutschen aufmerksam zu machen, indem ersteres bei weitem **stärker gearbeitet, viel härter, reiner in der Farbe, d. h. viel weisser und von grösserer Zuverlässigkeit der Dimensionen** ist.

Behufs Veranschaulichung der Zweckmässigkeit dieser englischen Toiletten-Aufsätze befassen wir uns neuerdings besonders mit Herstellung „completer Waschtoiletten und Bidets" jeden Genres in stilgerechter, elegantester wie auch in einfacherer Ausführung. Unser Musterlager in **completen Waschtoiletten** ist derartig ausgestattet, dass wir es wohl als einzig in seiner Art bezeichnen dürfen und demnach jeglichem Bedarf und Geschmack gerecht werden zu können glauben, auch bietet dasselbe **für Fachmänner ein reiches Studium.**

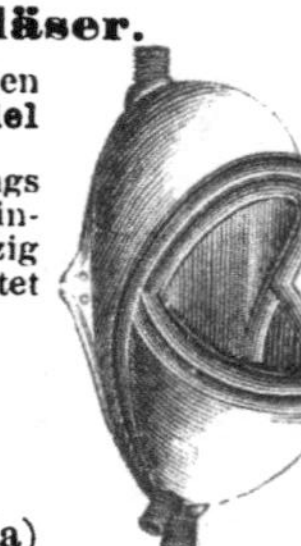

Illustrirte Preiscourante gratis.

CAMPE & CO.

24 Seydelstrasse BERLIN C., Seydelstrasse 24.

(8a)

Berlin, O. Mühlenstr. 24.
Détail-
Verkauf.

Münsterberg in Schles.
Fabrik und
Engros-Lager.

Deutsche Thonröhren- und Chamotte-Fabrik.

Thonröhren.

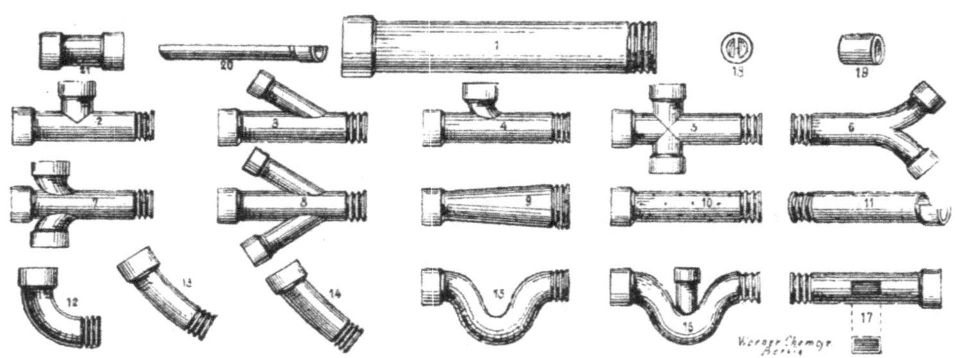

Specialität:

Abonnements-Einladung

auf

Centralblatt für Elektrotechnik

erste deutsche

Zeitschrift für angewandte Elektricitätslehre.

Herausgegeben von

F. Uppenborn jun.,

Ingenieur und Elektrotechniker in Nürnberg.

Diese Zeitschrift macht es sich zur Aufgabe, die Fortschritte die auf elektrotechnischem Gebiete gemacht werden, mitzutheilen, allen einschlägigen Tagesfragen näher zu treten, dann aber auch die Vergangenheit, d. i. die vorgängigen Leistungen, auf welchen stets die gegenwärtigen Errungenschaften basiren, in Form von historischen Rückblicken etc. zur Kenntniss ihrer Leser zu bringen. Die Arbeiten des Auslandes werden theils durch besondere Artikel, theils in der „Rundschau", welche jeder Nummer beigegeben wird, behandelt. Ferner sollen elektrotechnische Probleme in Specialartikeln nach Thunlichkeit Berücksichtigung finden. Ein Fragekasten bietet den Lesern Gelegenheit, sich über sie speciell interessirende Fragen Aufklärung zu verschaffen. Ausserdem wird die Zeitschrift Besprechungen einschlägiger Fachwerke, Berichte über deutsche Patente und Auszüge aus der englischen Patentrolle bringen.

Das Centralblatt für Elektrotechnik erscheint **alle 10 Tage.**

Das Abonnement erfolgt semesterweise zum Preise von 10 M.

Bestellungen nehmen alle Buchhandlungen, Postanstalten, sowie die Unterzeichnete an, welche auch

Probenummern gratis und franco

auf Verlangen versendet.

München und Leipzig.

R. OLDENBOURG,
Verlagsbuchhandlung.

LEOPOLD LIEBRECHT, Berlin NO.,

Grosse Frankfurterstrasse 72/73.

Fabrik sämmtlicher Artikel der **Gas-, Wasser-** und **Dampfleitungsbranche. Massenfabrikation** und **Specialität** von:

Hähnen und **Ventilen**

für obige Zwecke.

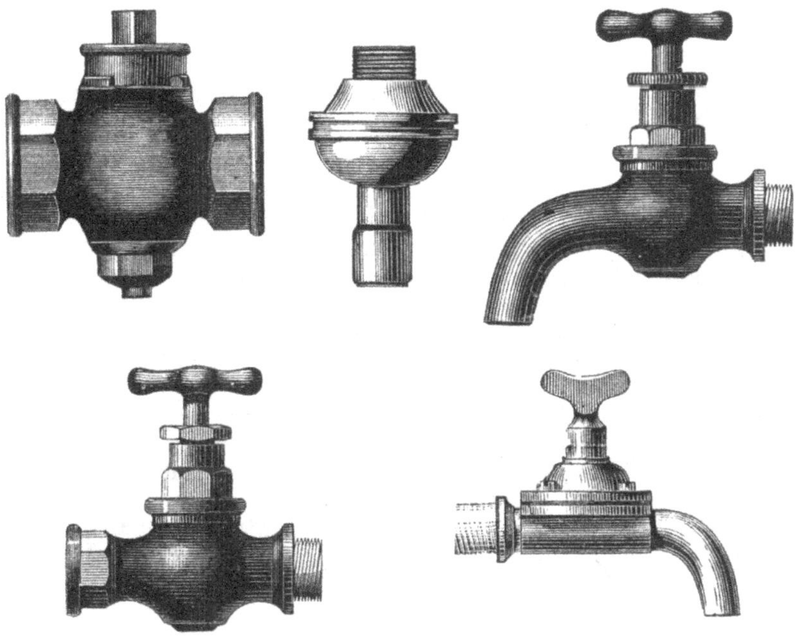

Fabrik der von mir neu construirten **Badewannen** für **Sand-** und trockene **Schwitzbäder**, sowie der ebenfalls von mir construirten **Badewanne** mit **geruchloser Gasheizung.**

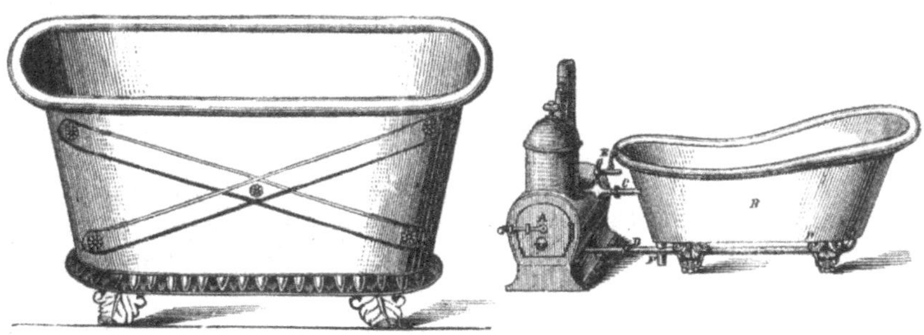

Specialität: Complete Badeeinrichtungen, als **Badewannen, Oefen, Badebatterien, Brausen** etc. in den verschiedensten Arten.

Lager von **Eisenfittings** in schmiedbarem Guss, sowie **Fayencewaaren** für obige Zwecke etc. (16)

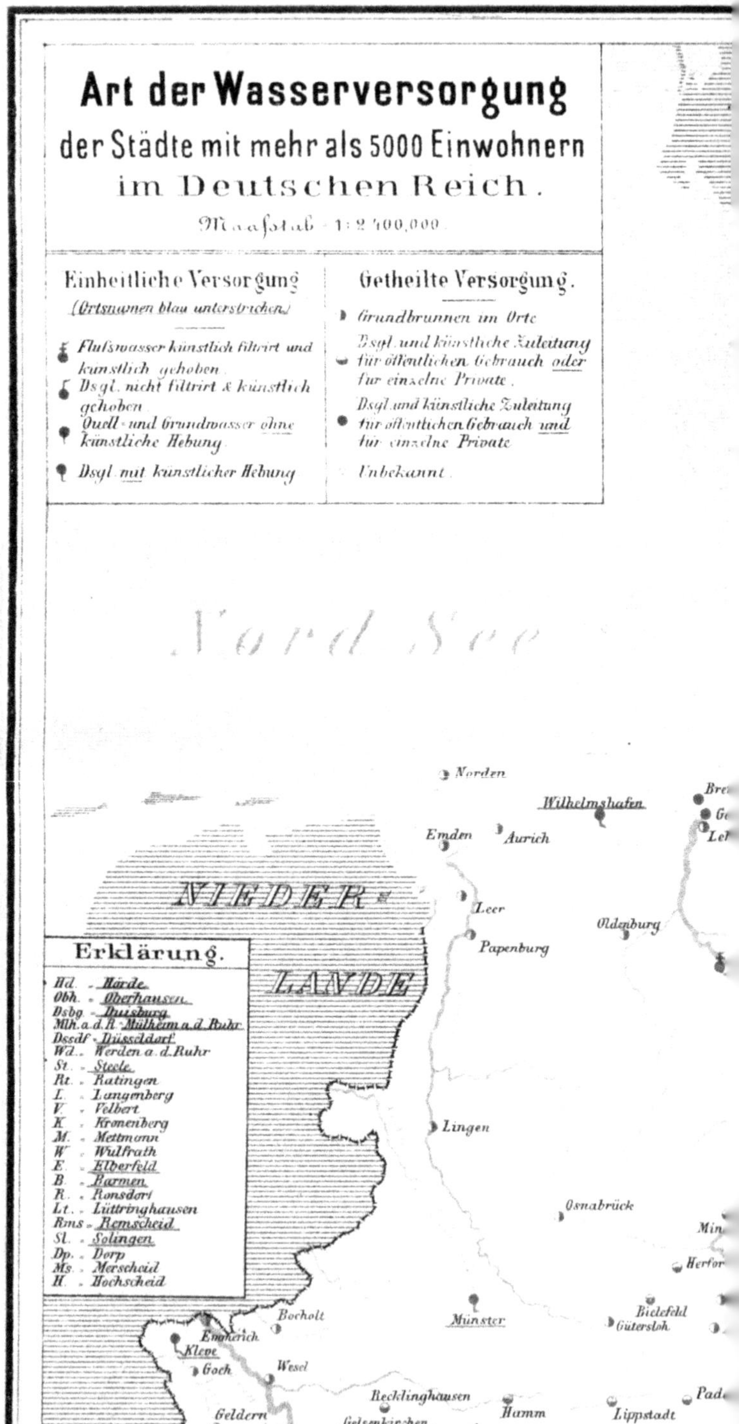
Art der Wasserversorgung
der Städte mit mehr als 5000 Einwohnern
im Deutschen Reich.
Maaſstab 1: 2 400,000
Einheitliche Versorgung
(Ortsnamen blau unterstrichen)
Flusswasser künstlich filtrirt und künstlich gehoben.
Dsgl. nicht filtrirt & künstlich gehoben.
Quell- und Grundwasser ohne künstliche Hebung.
Dsgl. mit künstlicher Hebung
Getheilte Versorgung.
Grundbrunnen im Orte
Dsgl. und künstliche Zuleitung für öffentlichen Gebrauch oder für einzelne Private.
Dsgl. und künstliche Zuleitung für öffentlichen Gebrauch und für einzelne Private.
Unbekannt.
Nord See
NIEDER-
LANDE
Erklärung.
Hd. - Hörde.
Obh. - Oberhausen.
Dsbg. - Duisburg.
Mlh. a. d. R. - Mülheim a. d. Ruhr
Dssdf. - Düsseldorf
Wd. - Werden a. d. Ruhr
St. - Steele.
Rt. - Ratingen
L. - Langenberg
V. - Velbert
K. - Kronenberg
M. - Mettmann
W. - Wülfrath
E. - Elberfeld
B. - Barmen
R. - Ronsdorf
Lt. - Lüttringhausen
Rms. - Remscheid
Sl. - Solingen
Dp. - Dorp
Ms. - Merscheid
H. - Hochscheid
Norden
Wilhelmshafen
Emden
Aurich
Leer
Papenburg
Oldenburg
Lingen
Osnabrück
Herford
Bielefeld
Gütersloh
Bocholt
Münster
Emmerich
Kleve
Goch
Wesel
Recklinghausen
Hamm
Lippstadt
Geldern
Ruhrort
Gelsenkirchen

MARK
Sonderburg
Eckernförde
Kiel
Neumünster
Segeberg
Lübeck
Wismar
Rostock
Barth
Stralsund
Greifswald
Bützow
Demmin
Anklam
Teterow
Güstrow
Malchin
Wandsbeck
Hamburg
Schwerin
Friedland
Waren
Parchhim
Ludwigslust
Neustrelitz
Lüneburg
Pritzwalk
Wittstock
Perleberg
Wittenberge
Uelzen
Kyritz
Neu-Ruppin
Salzwedel
Havelberg
Eberswalde
Celle
Stendal
Rathenow
Bernau
Gardelegen
Tangermünde
Nauen
Spandau
BERLIN
Charlottenburg
Brandenburg
Potsdam
Köpenick
Peine
Neuhaldensleben
Braunschweig
Helmstedt
Magdeburg
Burg
Wolfenbüttel
Neustadt Magdeburg
Schöningen
Oschersleben
Buckau
Luckenwalde
Schönebeck
Zerbst
Kosmig
Goslar
Wernigerode
Halberstadt
Egeln
Rosslau
Wittenberg
Jüterbock
Dahme
Klausthal
Quedlinburg
Stassfurt
Aken
Dessau
Blankenburg
Aschersleben
Bernburg
Köthen

Ost
Stolp
Ruegenwalde
Schlawe
Kolberg
Koeslin
olgast
Treptow a.R.
Belgard
Rummelsburg
Swinemünde
Kammin
Wollin
Greifenberg
Ueckermünde
Schivelbein
Labes
Neustettin
Konitz
Pasewalk
Gollnow
Dramburg
Graberg
Stettin
Prenzlau
Jastrow
Stargard
Deutsch Krone
Gartz a.O.
Greifenhagen
Pyritz
Arnswalde
Schneidemühl
Schwedt a. O.
Angermünde
Soldin
Königsberg i. Neum.
Friedberg i. Neum.
Landsberg a. W.
Rogasen
Wrietzen
Strausberg
Küstrin
Sonnenburg
Schwerin a.d.W.
Drossen
Zielenzig
Meseritz
Posen
Fürstenwalde
Frankfurt a.O.
Schwiebus
Schrimm
Züllichau
Crossen a.O.
Lübben
Guben
Grünberg
Lissa
Neusalz a.O.
Fraustadt
Krotoschin
Forst
Sommerfeld
Kottbus
Rawitsch

Memel
Tilsit
Königsberg
Wehlau
Jnsterburg
Gumbinnen
Goldap
Braunsberg
Bartenstein
Elbing
Heilsberg
Rastenburg
Marienburg
Lyk
Allenstein
Marienwerder
Osterode
Strasſburg a.D.
RUSS=

Kempen
Krefeld
Viersen
Dülken
Dahlen
Rheydt
Neuss
Odenkirchen
Leichlingen
Soest
Schwerte
Iserlohn
Arnsberg
Hagen i.W.
Menden
Hohenlimburg
Altena
Lüdenscheid
Lennep
Gräfrath
Wipperfürth
Burscheid
KÖLN
Mülheim a. Rh.
Gummersbach
Jülich
Ehrenfeld
Eschweiler
Düren
Deutz
Kalk
Bergisch Gladbach
Aachen
Burtscheid
Siegburg
Siegen
Stolberg b. Aachen
Bonn
Eupen
Euskirchen
Marburg
Malmedy
Giessen
Wetzlar
Neuwied
Andernach
Ehrenbreitstein
Koblenz
Ems
Limburg a. d. Lahn
Mayen
Oberlahnstein
Homburg v. d. Höhe
Boppard
Wiesbaden
Bockenheim
Frankfurt a. M.
Hanau
Biebrich-Mosbach
Kastel
Offenbach
Bingen
Mainz
Kreuznach
DARMSTADT
Trier
Alzey
Worms
Bensheim
Frankenthal
Diedenhofen
Ober-Neukirchen
Dürkheim
Kaiserslautern
Ludwigshafen
Weinheim
Ottweiler
Mannheim
Saarlouis
Neustadt a. H.
Heidelberg
Malstatt-Burbach
St. Ingbert
Speier
St. Johann
Saarbrücken
Zweibrücken
Germersheim
Ars a. d. M.
Metz
Forbach
Saargemünd
Pirmasens
Landau
KARLSRUHE
Bruchsal
Weissenburg
Durlach
Ettlingen
Hagenau
Rastatt
Pforzheim
Bischweiler
Zabern
Brumath
Baden
STUTTGART
STRASSBURG
Baiersbronn
Tübingen
Offenburg
Freudenstadt
Rottenburg
Barr
FRANK-
Lahr
Schlettstadt
Markirch
Rappoltsweiler
Ebingen
Colmar
Rottweil
Münster i. E.
Freiburg
Villingen
Gebweiler
Tuttlingen
Thann
Mülhausen
REICH
Lörrach
Konstanz
SCHWEIZ

Hettstedt
Bitterfeld
Nordhausen
Eisleben
Sangershausen
Halle a.d.S.
Delitsch
Eilenburg
Torgau
Sondershausen
Merseburg
Wurzen
Leipzig
Grimma
Oschatz
Riesa
Mühlhausen
Sömmerda
Weissenfels
Leisnig
Meissen
Langensalza
Naumburg
Borna
Döbeln
Gotha
Erfurt
Apolda
Zeitz
Waldheim
Rosswein
Weimar
Jena
Eisenberg
Altenburg
Rochlitz
Mittweida
Ohrdruf
Arnstadt
Gera
Penig
Burgstädt
Freiberg
Schmalkalden
Rudolstadt
Possneck
Hohenstein
Hainichen
Chemnitz
Frankenberg
Weida
Werdau
Glauchau
Lichtenstein
Zschopau
Oederan
Neustadt a.O.
Zeulenroda
Greiz
Zwickau
Stollberg
Marienberg
Meiningen
Suhl
Saalfeld
Reichenbach
Lössnitz
Annaberg
Treuen
Auerbach
Kirchberg
Schneeberg
Plauen
Falkenstein
Buchholz
Eibenstock
Hildburghausen
Sonneberg
Oelsnitz
Markneukirchen
Coburg
Hof
Selb
Schweinfurt
Kulmbach
Bayreuth
Bamberg
Erlangen
Fürth
Amberg
Nürnberg
Schwabach
Ansbach
Neumarkt
Weissenburg
Regensburg
Eichstätt
Straubing
Nördlingen
Ingolstadt
Deggendorf
Dillingen
Neuburg a.D.
Passau
Freising
Landshut
Augsburg
Landsberg
MÜNCHEN
Kaufbeuren
Rosenheim

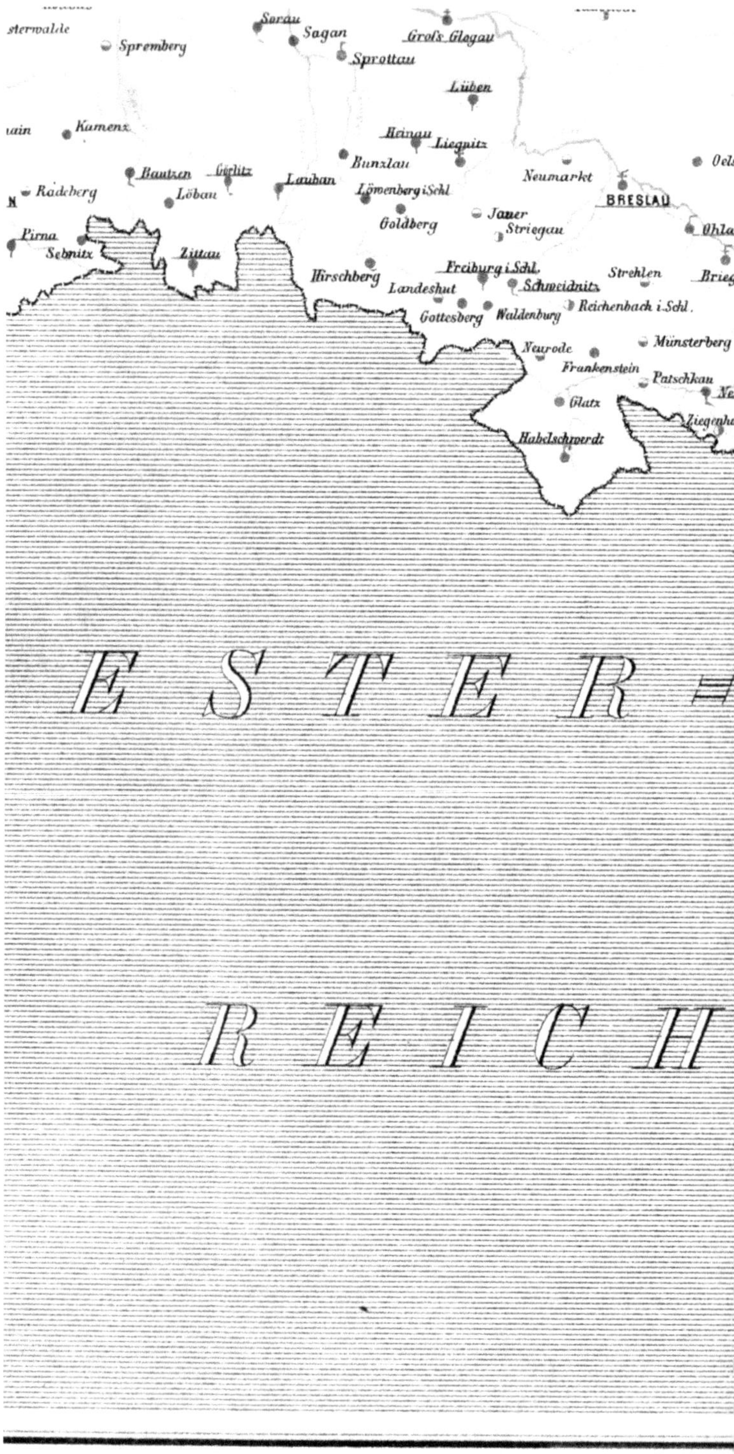
Sorau
Sagan
Groſs Glogau
Spremberg
Sprottau
Lüben
Kamenz
Haynau
Liegnitz
Bunzlau
Oels
Neumarkt
Bautzen
Görlitz
Lauban
Radeberg
Löbau
Löwenberg i. Schl.
BRESLAU
Jauer
Goldberg
Striegau
Ohlau
Pirna
Sebnitz
Zittau
Hirschberg
Freiburg i. Schl.
Strehlen
Brieg
Landeshut
Schweidnitz
Gottesberg
Waldenburg
Reichenbach i. Schl.
Neurode
Münsterberg
Frankenstein
Patschkau
Glatz
Habelschwerdt
E S T E R =
R E I C H

LAND
Beuthen
Königshütte
Kattowitz
Myslowitz
Nikolai

www.ingramcontent.com/pod-product-compliance
Lightning Source LLC
LaVergne TN
LVHW081352011026
849161LV00013BA/2793